全国高等教育自学考试指定教材

公共课程

高等数学(工专)

（含：高等数学（工专）自学考试大纲）

(2018 年版)

全国高等教育自学考试指导委员会 组编

主编 吴纪桃 漆 毅

图书在版编目(CIP)数据

高等数学：工专：2018年版/吴纪桃，漆毅主编．—北京：北京大学出版社，2018.10

全国高等教育自学考试指定教材

ISBN 978-7-301-29920-3

Ⅰ.①高… Ⅱ.①吴… ②漆… Ⅲ.①高等数学—高等教育—自学考试—自学参考资料 Ⅳ.①O13

中国版本图书馆CIP数据核字(2018)第218946号

书　　名	高等数学（工专）(2018年版) GAODENG SHUXUE
著作责任者	吴纪桃　漆　毅　主编
责任编辑	潘丽娜
标准书号	ISBN 978-7-301-29920-3
出版发行	北京大学出版社
地　　址	北京市海淀区成府路205号　100871
网　　址	http://www.pup.cn　新浪微博：@北京大学出版社
电子信箱	zpup@pup.cn
电　　话	邮购部010-62752015　发行部010-62750672　编辑部010-62752021
印 刷 者	河北滦县鑫华书刊印刷厂
经 销 者	新华书店
	787毫米×1092毫米　16开本　18.5印张　460千字
	2018年10月第1版　2020年11月第4次印刷
定　　价	39.00元

组编前言

21世纪是一个变幻难测的世纪，是一个催人奋进的时代．科学技术飞速发展，知识更替日新月异．希望、困惑、机遇、挑战，随时随地都有可能出现在每一个社会成员的生活之中．抓住机遇，寻求发展，迎接挑战，适应变化的制胜法宝就是学习——依靠自己学习、终生学习．

作为我国高等教育组成部分的自学考试，其职责就是在高等教育这个水平上倡导自学、鼓励自学、帮助自学、推动自学，为每一个自学者铺就成才之路．组织编写供读者学习的教材就是履行这个职责的重要环节．毫无疑问，这种教材应当适合自学，应当有利于学习者掌握和了解新知识、新信息，有利于学习者增强创新意识，培养实践能力，形成自学能力，也有利于学习者学以致用，解决实际工作中所遇到的问题．具有如此特点的书，我们虽然沿用了"教材"这个概念，但它与那种仅供教师讲、学生听，教师不讲、学生不懂，以"教"为中心的教科书相比，已经在内容安排、编写体例、行文风格等方面都大不相同了．希望读者对此有所了解，以便从一开始就树立起依靠自己学习的坚定信念，不断探索适合自己的学习方法，充分利用自己已有的知识基础和实际工作经验，最大限度地发挥自己的潜能，达到学习的目标．

欢迎读者提出意见和建议．

祝每一位读者自学成功．

全国高等教育自学考试指导委员会

2018年6月

目 录

高等数学(工专)自学考试大纲

高等数学(工专)

全国高等教育自学考试工科类公共课程

高等数学(工专)自学考试大纲

全国高等教育自学考试指导委员会 制定

大纲前言

为了适应社会主义现代化建设事业的需要，鼓励自学成才，我国在20世纪80年代初建立了高等教育自学考试制度. 高等教育自学考试是个人自学、社会助学和国家考试相结合的一种高等教育形式. 应考者通过规定的专业考试课程并经思想品德鉴定达到毕业要求的，可获得毕业证书；国家承认学历并按照规定享有与普通高等学校毕业生同等的有关待遇. 经过30多年的发展，高等教育自学考试为国家培养造就了大批专门人才.

课程自学考试大纲是国家规范自学者学习范围、要求和考试标准的文件. 它是按照专业考试计划的要求，具体指导个人自学、社会助学、国家考试、编写教材、编写自学辅导书的依据.

随着经济社会的快速发展，新的法律法规不断出台，科技成果不断涌现，原大纲中有些内容过时、知识陈旧. 为更新教育观念，深化教学内容和方式、考试制度、质量评价制度改革，使自学考试更好地提高人才培养的质量，各专业委员会按照专业考试计划的要求，对原课程自学考试大纲组织了修订或重编.

修订后的大纲，在层次上，本科参照一般普通高校本科水平，专科参照一般普通高校专科或高职院校的水平；在内容上，力图反映学科的发展变化，增补了自然科学和社会科学近年来研究的成果，对明显陈旧的内容进行了删减. 全国高等教育自学考试指导委员会公共课课程指导委员会组织制定了《高等数学（工专）自学考试大纲》，经教育部批准，现颁发施行. 各地教育部门、考试机构应认真贯彻执行.

全国高等教育自学考试指导委员会

2018年10月

Ⅰ. 课程性质与课程目标

一、课程的性质、地位和任务

“高等数学(工专)”是工科各专业高等专科自学考试计划中的一门重要的基础理论课程，是为培养各种高等专科工程技术人才而设置的.在当今科学技术飞速发展、特别是计算机科学及其应用日新月异的时代，数学已日益渗透到各个科技领域，学习任何一门科学或工程技术专业都会用到许多数学知识，而其中最基本的则是高等数学中的微积分学与线性代数.学习本课程不仅为自学考试计划中多门后继课程提供必要的数学基础，而且也是提高学生科学素养的一个重要途径.

二、本课程的基本要求与重点

本课程的**基本要求**为

1. 获得一元函数微积分学的系统的基本知识、基本理论和基本方法.
2. 获得线性代数的初步知识.

本课程的**重点**是：一元函数的导数和积分的概念、计算及其应用.

在学习过程中，首先要切实理解基本概念和基本理论，了解其背景和意义.在此基础上掌握基本的计算方法和技巧，注重培养熟练的运算能力和处理一些简单实际问题的能力；同时，使抽象思维和逻辑推理的能力得到一定的提高.

三、本课程与有关课程的联系

本课程由一元函数微积分学和线性代数初步两部分构成.微积分学以函数为研究对象，主要讲述函数的导数、微分和积分等概念、方法、计算和应用，而极限概念则是阐述这些概念和方法的基本工具.线性代数初步则主要介绍关于线性方程组、行列式和矩阵的最基本的概念和计算.为此，学习本课程的考生应当具备高中数学及物理的知识基础.通过本课程的学习，将为工科各专业的基础课和专业课奠定必要的数学基础.

Ⅱ. 考核目标

课程中各章的内容均由若干知识点所组成. 在自学考试命题中**知识点就是考核点**. 因此，课程自学考试大纲中所规定的考试内容是以分解为考核知识点的形式给出.

因各知识点在课程中的地位、作用及知识自身的特点不同，自学考试中将对各知识点分别按四个认知层次确定其考核要求. 这四个认知层次从低到高依次是：识记；领会；简单应用；综合应用. 它们之间是递升的关系，后者必须建立在前者的基础上，其含义分别是：

“识记”——能对考试大纲中的定义、定理、公式、性质、法则等有清晰准确的认识并能作出正确的选择和判断.

“领会”——要求对大纲中的概念、定理、公式、法则等有一定的理解，清楚它与有关知识点的联系和区别，并能给出正确的表述和解释.

“简单应用”——会用大纲中各部分的少数几个知识点解决简单的计算、证明或应用问题.

“综合应用”——在对大纲中的概念、定理、公式、法则理解的基础上，会运用多个知识点经过分析、计算或推导解决稍复杂一些的问题.

需要特别说明的是，试题的难易与认知层次的高低虽有一定的联系，但二者并不完全一致，在每个认知层次中都可以有不同的难度.

Ⅲ. 课程内容和考核要求

第一章 函 数

一、学习目的与要求

函数是数学中最基本的概念之一,它从数学上反映各种实际现象中量与量之间的依赖关系,是微积分的主要研究对象.

本章总的要求是:理解一元函数的定义及函数与图形之间的关系;了解函数的几种常用表示法;理解函数的几种基本特性;理解函数的反函数及它们的图形之间的关系;掌握函数的复合和分解;熟悉基本初等函数及其图形的性态;知道什么是初等函数;能对比较简单的实际问题建立其中蕴涵的函数关系.

二、考核的知识点

1. 一元函数的定义及其图形.
2. 函数的表示法.
3. 函数的几种基本特性.
4. 反函数及其图形.
5. 复合函数.
6. 初等函数.
7. 简单函数关系的建立.

三、考核要求

1. 一元函数的定义及其图形,要求达到“领会”层次.

1.1 清楚一元函数的定义,理解确定函数的两个基本要素——定义域和对应法则,知道什么是函数的值域.

1.2 清楚函数与其图形之间的关系.

1.3 会计算函数在给定点处的函数值.

1.4 会由函数的解析式求出它的自然定义域.

2. 函数的表示法,要求达到“识记”层次.

2.1 知道函数的三种表示法——解析法、表格法、图像法及它们各自的特点.

2.2 清楚分段函数的概念.

3. 函数的几种基本特性,要求达到“简单应用”层次.

3.1 清楚函数的有界性、单调性、奇偶性、周期性的含义.

3.2 会判定比较简单的函数是否具有上述特性.

4. 反函数及其图形,要求达到“领会”层次.

4.1 知道函数的反函数的概念,清楚单调函数必有反函数.

4.2 会求比较简单的函数的反函数.

4.3 知道函数的定义域和值域与其反函数的定义域和值域之间的关系.

4.4 清楚函数与其反函数的图形之间的关系.

5. 复合函数,要求达到"综合应用"层次.

5.1 清楚函数的复合运算的含义及可复合的条件.

5.2 会求比较简单的复合函数的定义域.

5.3 会做多个函数按一定顺序的复合,会把一个函数分解成几个简单函数的复合.

6. 初等函数,要求达到"简单应用"层次.

6.1 知道什么是基本初等函数,熟悉其定义域、基本特性和图形.

6.2 知道反三角函数的主值范围.

6.3 知道初等函数的构成.

7. 简单函数关系的建立,要求达到"简单应用"层次.

7.1 会对比较简单的实际问题通过几何、物理或其他途径建立其中蕴涵的函数关系.

四、本章重点、难点

本章**重点**:函数概念和基本初等函数.

本章**难点**:函数的复合.

第二章 极限与连续

一、学习目的与要求

极限理论是微积分学的基础.微积分中的基本概念都是借助极限方法描述的.连续函数是使用最为广泛的函数.所以学好本章将为以后的学习奠定必要的基础.

本章**总的要求**是:理解极限和无穷小量的概念,知道它们之间的关系;熟练掌握极限的运算法则;掌握无穷小量的基本性质;清楚无穷大量的概念及其与无穷小量的关系;能熟练运用两个重要极限;理解无穷小量的比较和高阶无穷小量的概念;理解函数的连续性和间断点;知道初等函数的连续性;清楚闭区间上连续函数的基本性质.

二、考核的知识点

1. 数列及其极限.
2. 数项级数.
3. 函数极限.
4. 极限的运算法则和两个重要极限.
5. 无穷小量及其性质和无穷大量.
6. 无穷小量的比较.
7. 函数的连续性概念和连续函数的运算.
8. 函数的间断点.
9. 闭区间上连续函数的性质.

三、考核要求

1. 数列及其极限,要求达到"领会"层次.

1.1 知道数列的定义、通项及其在数轴上的表示.

1.2 知道单调数列和有界数列,会判别比较简单的数列的单调性和有界性.

1.3 理解数列收敛的含义及其几何意义.

2. 数项级数的基本概念,要求达到"领会"层次.

2.1 知道级数的定义,了解级数的收敛和发散的概念.

2.2 知道级数收敛的必要条件.

2.3 会判断等比级数的敛散性并在收敛时求出其和.

3. 函数极限,要求达到"简单应用"层次.

3.1 理解各种函数极限的含义及其几何意义.

3.2 理解函数的单侧极限,知道函数极限与单侧极限之间的关系.

4. 极限的运算法则和两个重要极限,要求达到"综合应用"层次.

4.1 熟知极限的四则运算法则,并能熟练地运用.

4.2 熟知两个重要极限,并能熟练运用.

5. 无穷小量及其性质和无穷大量,要求达到"简单应用"层次.

5.1 理解无穷小量的概念.

5.2 理解无穷小量与变量极限之间的关系.

5.3 掌握无穷小量的性质.

5.4 理解无穷大量的概念,知道它与无穷小量的关系.

5.5 会判别比较简单的变量是否为无穷小量或无穷大量.

6. 无穷小量的比较,要求达到"简单应用"层次.

6.1 清楚无穷小量之间高阶、同阶、等价的含义.

6.2 会判断两个无穷小量的阶的高低或是否等价.

7. 函数的连续性和连续函数的运算,要求达到"简单应用"层次.

7.1 清楚函数在一点连续和单侧连续的定义,知道它们之间的关系.

7.2 知道函数在区间上连续的定义.

7.3 知道连续函数经四则运算和复合运算后仍是连续函数.

7.4 知道单调的连续函数必有单调并连续的反函数.

7.5 知道初等函数的连续性.

8. 函数的间断点,要求达到"简单应用"层次.

8.1 清楚函数在一点间断的定义和两类间断点.

8.2 会找出函数的两类间断点.

8.3 会判别分段函数在分段点处的连续性.

9. 闭区间上连续函数的性质,要求达到"领会"层次.

9.1 知道闭区间上连续函数必有界,并有最大值和最小值.

9.2 知道闭区间上连续函数的介值定理与零点定理.

9.3 会用零点定理判断函数方程在指定区间中根的存在性.

四、本章重点、难点

本章**重点**：极限和无穷小量的概念，极限的运算法则，两个重要极限及其应用，函数的连续性.

本章**难点**：极限概念.

第三章 一元函数的导数与微分

一、学习目的与要求

函数的导数和微分是由于解决实际问题(如求曲线的切线和运动的速度等)的需要而建立起来的，是微分学中最重要的概念，这两个概念密切相关，它们在科学和工程技术中有极为广泛的应用.

本章**总的要求**是：理解导数和微分的定义，清楚它们之间的关系；知道导数的几何意义和作为变化率的实际意义；知道平面曲线的切线方程和法线方程的求法；理解函数可导与连续之间的关系；熟练掌握函数求导的各种法则，特别是复合函数的求导法则；熟记基本初等函数的求导公式并能熟练地运用各种求导法则计算函数的导数；清楚高阶导数的定义；熟练掌握微分的基本公式和运算法则.

二、考核的知识点

1. 导数的定义及其几何意义和物理意义.
2. 平面曲线的切线和法线.
3. 函数可导与连续的关系.
4. 可导函数的和、差、积、商的求导法则.
5. 复合函数求导法则.
6. 反函数的求导法则.
7. 基本初等函数的导数.
8. 高阶导数.
9. 微分的定义.
10. 微分的基本公式和运算法则.

三、考核要求

1. 导数的定义及其几何意义和实际意义，要求达到“领会”层次.

1.1 熟知函数的导数和左、右导数的概念，知道它们之间的关系.

1.2 知道函数在一点的导数的几何意义.

1.3 知道导数作为变化率的实际意义.

1.4 知道函数在区间上可导的含义.

2. 平面曲线的切线和法线，要求达到“简单应用”层次.

2.1 知道曲线在一点处切线和法线的定义并会求它们的方程.

3. 函数可导与连续的关系，要求达到“领会”层次.

3.1 清楚函数在一点连续是函数在该点可导的必要条件.

4. 可导函数的和、差、积、商的求导法则，要求达到“综合应用”层次.

4.1 能熟练运用可导函数的和、差、积、商的求导法则.

5. 复合函数的求导法则,要求达到“综合应用”层次.

5.1　熟练掌握复合函数的求导法则.

5.2　对于由多个函数的积、商、方幂所构成的函数,会用对数求导法计算其导数.

6. 反函数的求导法则,要求达到“识记”层次.

6.1　清楚反函数的求导法则.

7. 基本初等函数的导数,要求达到“综合应用”层次.

7.1　熟记基本初等函数的求导公式并能熟练运用.

8. 高阶导数,要求达到“领会”层次.

8.1　知道高阶导数的定义.了解二阶导数的物理意义.

8.2　会求初等函数的二阶导数.

9. 微分的定义,要求达到“领会”层次.

9.1　了解微分作为函数增量的线性主部的含义.

9.2　清楚函数的微分与导数的关系及函数可微与可导的关系.

10. 微分的基本公式和运算法则,要求达到“简单应用”层次.

10.1　熟知基本初等函数的微分公式.

10.2　熟知可微函数的和、差、积、商及复合函数的微分法则.

10.3　会求函数的微分.

四、本章重点、难点

本章**重点**:导数和微分的定义及其相互关系;导数的几何意义和作为变化率的实际意义,各种求导法则.

本章**难点**:复合函数的求导法则.

第四章　微分中值定理与导数的应用

一、学习目的与要求

本章主要介绍微分学在研究函数性态和有关实际问题中的应用,这些应用的理论基础是微分中值定理.

本章**总的要求**是:知道微分中值定理;熟练掌握求各种未定式的值的洛必达法则;会用导数的符号判定函数的单调性;理解函数的极值概念并掌握其求法;清楚函数的最值及其求法并能解决简单的应用问题;了解曲线的凹凸性和拐点的概念,会用函数的二阶导数判定曲线的凹凸性和计算拐点的坐标.

二、考核的知识点

1. 微分中值定理.
2. 洛必达法则.
3. 函数单调性的判定.
4. 函数的极值及其求法.
5. 函数的最值及其应用.
6. 曲线的凹凸性和拐点.

三、考核要求

1. 微分中值定理,要求达到“领会”层次.

1.1 能正确陈述罗尔定理,知道其几何意义.

1.2 能正确陈述拉格朗日中值定理并清楚其几何意义.

1.3 知道导数恒等于零的函数必为常数,导数处处相等的两个函数只能相差一个常数.

2. 洛必达法则,要求达到“综合应用”层次.

2.1 清楚应用洛必达法则的条件,能熟练地使用洛必达法则计算$\frac{0}{0}$和$\frac{\infty}{\infty}$型未定式的值.

2.2 能识别其他类型的未定式,并会应用洛必达法则求其值.

3. 函数单调性的判定,要求达到“简单应用”层次.

3.1 清楚导数的符号与函数单调性之间的关系.

3.2 会确定函数的单调区间和判别函数在给定区间上的单调性.

3.3 会用函数的单调性证明简单的不等式.

4. 函数的极值及其求法,要求达到“综合应用”层次.

4.1 理解函数极值的定义.

4.2 知道什么是函数的驻点,清楚函数的极值点与驻点和不可导点之间的关系.

4.3 掌握函数在一点取得极值的两种充分条件.

4.4 会求函数的极值.

5. 函数的最值及其应用,要求达到“综合应用”层次.

5.1 知道函数最值的定义及其与极值的区别.

5.2 清楚最值的求法并能解决比较简单的求最值的应用问题.

6. 曲线的凹凸性和拐点,要求达到“简单应用”层次.

6.1 清楚曲线在给定区间上“凹”“凸”的定义.

6.2 会确定曲线的凹凸区间.

6.3 知道曲线的拐点的定义,会求曲线的拐点.

四、本章重点、难点

本章**重点**:拉格朗日中值定理;洛必达法则的应用,函数单调性的判定,函数的极值、最值的求法和实际应用.

本章**难点**:函数最值的应用.

第五章 一元函数积分学

一、学习目的与要求

一元函数积分学是微积分学的另一个重要组成部分.不定积分可看成是微分运算的逆运算,而定积分则源于曲边图形的面积计算和已知物体运动的速度求行走的路程等实际问题.与微分学一样,积分学也有广泛的应用.微分方程的理论和方法几乎是与微积分学同时发展起来的,具有广泛的实际应用.

本章**总的要求**是:理解原函数和不定积分的概念,清楚微分运算和不定积分运算之间的关系;理解定积分的概念及其几何意义,熟悉不定积分和定积分的基本性质;了解定积分的积分中值定理;理解变上限积分及其求导公式;掌握牛顿-莱布尼茨公式;熟记基本积分公式;熟练掌握不定积分和定积分的换元积分法和分部积分法,并能熟练地运用它们计算不定积分和定积分;理解微分方程的基本概念,掌握可分离变量微分方程;清楚无穷限反常积分的定义,在比较简单的情况下会依据定义求出其值;会用定积分解决较简单的几何问题和实际问题,并理解用定积分处理非均匀的整体问题的思路和方法.

二、考核的知识点

1. 原函数和不定积分的概念及不定积分的基本性质.
2. 基本积分公式.
3. 不定积分的换元积分法.
4. 不定积分的分部积分法.
5. 定积分概念及其几何意义.
6. 定积分的基本性质和中值定理.
7. 变上限积分与牛顿-莱布尼茨公式.
8. 定积分的换元积分法和分部积分法.
9. 定积分的几何应用.
10. 定积分的一些物理应用.

三、考核要求

1. 原函数和不定积分概念及不定积分的基本性质,要求达到“领会”层次.

1.1 清楚原函数和不定积分的定义,了解它们的联系与区别.

1.2 理解微分运算和不定积分运算互为逆运算.

1.3 熟记不定积分的基本性质.

2. 基本积分公式,要求达到“简单应用”层次.

2.1 熟记基本积分公式,并能熟练运用.

3. 不定积分的换元积分法,要求达到“简单应用”层次.

3.1 能熟练运用第一换元积分法(即凑微分法).

3.2 掌握第二换元积分法,知道几种常见的换元类型.

3.3 会求比较简单的有理函数的不定积分.

4. 不定积分的分部积分法,要求达到“简单应用”层次.

4.1 掌握分部积分法,能熟练地用它求几种常见类型的不定积分.

4.2 理解微分方程的概念,会解变量分离的微分方程.

4.3 会解决简单的微分方程应用题.

5. 定积分概念及其几何意义,要求达到“领会”层次.

5.1 理解定积分的概念并了解其几何意义.

5.2 清楚定积分与不定积分的区别,知道定积分的值完全取决于被积函数和积分区间,与积分变量采用的记号无关.

6. 定积分的基本性质和中值定理,要求达到“领会”层次.

6.1 掌握定积分的基本性质.

6.2　能正确叙述定积分的中值定理,了解其几何意义,知道连续函数在区间上的平均值的概念及其求法.

7. 变上限积分与牛顿-莱布尼茨公式,要求达到"综合应用"层次.

7.1　理解变上限积分是积分上限的函数并会求其导数.

7.2　掌握牛顿-莱布尼茨公式,并领会其重要的理论意义.

7.3　会用牛顿-莱布尼茨公式计算定积分.

7.4　会计算分段函数的定积分.

8. 定积分的换元积分法和分部积分法,要求达到"简单应用"层次.

8.1　掌握定积分的换元积分法和分部积分法.

8.2　知道对称区间上奇函数或偶函数的定积分的性质.

8.3　会计算简单的反常积分.

9. 定积分的几何应用,要求达到"简单应用"层次.

9.1　会计算在直角坐标系中平面图形的面积.

9.2　会计算旋转体的体积.

9.3　会求曲线的弧长.

10. 定积分的一些物理应用,要求达到"领会"层次.

10.1　会计算变速直线运动在一定时间段内所经历的路程.

10.2　会计算变力沿直线段所做的功.

四、本章重点、难点

本章**重点**:不定积分和定积分的概念及其计算;变上限积分求导公式和牛顿-莱布尼茨公式;定积分的应用.

本章**难点**:求不定积分,定积分的应用.

第六章　线性代数初步

一、学习目的与要求

本章介绍线性方程组、行列式和矩阵的最初步的知识,它们在科技和工程中有广泛的应用.本章虽只讲低维的情况,从而显得比较具体,但实际上它们是线性代数中该部分内容的一个雏形,有一定的普遍意义.本章概念较多,有很多数值计算,要注意计算的准确性.

本章**总的要求**是:结合二、三元线性方程组,了解二、三阶行列式的定义及其与线性方程组的关系;掌握行列式的基本性质和计算方法;知道矩阵的定义及有关概念;掌握矩阵的各种运算及运算规则;清楚矩阵乘法运算的运算规则与数的运算规则的差别;知道可逆矩阵和逆矩阵的定义及其基本性质;会求可逆矩阵的逆矩阵;知道关于线性方程组的一些基本概念;会用克莱姆法则和消元法的矩阵形式求线性方程组的解.

二、考核的知识点

1. 二、三元线性方程组和二、三阶行列式.

2. 行列式的性质和计算.

3. 矩阵的概念和矩阵的初等行变换.

4. 三元线性方程组的消元解法.

5. 矩阵的运算及其运算规则.

6. 可逆矩阵和逆矩阵.

三、考核要求

1. 二、三元线性方程组和二、三阶行列式,要求达到"领会"层次.

1.1 知道关于线性方程组的一些基本概念.

1.2 熟知二、三阶行列式的定义.

1.3 会在一定条件下用克莱姆法则求线性方程组的解.

2. 行列式的性质和计算,要求达到"简单应用"层次.

2.1 掌握行列式的各种性质.

2.2 掌握行列式的按行(列)展开.

2.3 会利用行列式的性质化简行列式并计算其值.

3. 矩阵概念及矩阵的初等行变换,要求达到"领会"层次.

3.1 知道矩阵的定义及有关概念.

3.2 知道什么是零矩阵和单位矩阵.

3.3 清楚矩阵的初等行变换的定义.

3.4 知道什么是行最简形矩阵,会用初等行变换把矩阵化成行最简形.

4. 三元线性方程组的消元解法,要求达到"简单应用"层次.

4.1 知道线性方程组的初等变换的定义,清楚初等变换不改变方程组的解.

4.2 掌握求解线性方程组的消元法.

4.3 知道线性方程组可能无解,或有唯一解,或有无穷多个解.

4.4 在有无穷多个解的情况下会求出方程组的一般解.

4.5 知道线性方程组的系数矩阵和增广矩阵的概念.能熟练地用矩阵的初等行变换把线性方程组的增广矩阵化成行最简形的方法求方程组的解.

5. 矩阵的运算及其运算规则,要求达到"简单应用"层次.

5.1 掌握矩阵的加法和数乘矩阵运算及其运算规则.

5.2 掌握矩阵的乘法及其运算规则.

5.3 掌握矩阵的转置及有关的运算规则.

5.4 清楚矩阵的运算规则与数的运算规则的异同.

6. 可逆矩阵与逆矩阵,要求达到"领会"层次.

6.1 清楚方阵的行列式的定义及有关方阵乘积的行列式的结果.

6.2 知道可逆矩阵和逆矩阵的定义及矩阵可逆的条件.

四、本章重点、难点

本章**重点**:行列式的性质和计算,矩阵的各种运算及其运算规则,解线性方程组的消元法.

本章**难点**:矩阵运算,解线性方程组的消元法.

Ⅳ. 关于大纲的说明与考核实施要求

一、自学考试大纲的目的和作用

课程自学考试大纲是根据专业考试计划的要求,结合自学考试的特点确定.其目的是对个人自学、社会助学和课程考试命题进行指导和约定.

课程自学考试大纲明确了课程自学内容及其深广度,规定出课程自学考试的范围和标准,是编写自学考试教材的依据,也是进行自学考试命题的依据.

二、关于自学教材

《高等数学(工专)》,全国高等教育自学考试指导委员会组编,吴纪桃、漆毅主编,北京大学出版社,2018 年版.

三、关于自学要求

自学要求中指明了课程的基本内容,以及对基本内容要求掌握的程度.

属于自学要求中的知识点构成了课程内容的主体部分.因此,自学要求中的内容是自学考试中考核的主要内容.自学要求中对内容掌握程度的要求是依据专业考试计划和专业培养目标确定的.因此在自学考试中将按自学要求中提出的掌握程度对基本内容进行考核.

在自学要求中,对其各部分内容掌握程度的要求由低到高分为四个层次,其表达用词依次是:了解、知道;理解、清楚、会;会用、掌握;熟练掌握.

为有效地指导个人自学和社会助学,在各章的自学要求中都指明了基本内容中的重点内容和难点内容.

本课程共 7 学分.

四、自学方法指导

微积分是一个发展比较成熟的数学分支,经过三百多年来众多数学家的不断努力,它的概念、方法已显得明了易懂;线性代数初步虽概念较多,但由于只讲低维的情况,形象具体,也不难领会.只要认真,是能够学好这门课程的.然而,它在研究的对象和处理问题的方法上与初等数学毕竟存在很大差别,这就要求有良好的学习方法.为此,应注意以下事项:

1. 在学习每一章内容之前,先认真了解本自学考试大纲中该章各知识点的考核要求,做到心中有数.

2. 务必重视对课程中基本概念、基本理论和基本方法的学习,要下足够的功夫,反复思考,不能满足于字面上的了解.

在学习中,就一元微积分而言,要了解概念提出的背景、要点及其几何意义或实际意义,并通过一二个典型例子将它想透;还要了解各个概念之间的联系,掌握好重要的定理和公式,了解它们成立的条件和得到的结论,弄清条件与结论的关系,以及这些定理和公式的意义和理论价值.对线性代数的内容则应着重理解行列式的定义和性质,矩阵的各种运算的定义和运算规则,并了解它们在求解线性方程组问题中的应用.

3. 必须十分重视计算,主要是导数和微分、不定积分和定积分、极限、行列式和矩阵以及解线性方程组的消元法等的计算.基本的计算必须十分熟练,为此要做相当数量和有一定难度的题(教材和辅导材料中的例题可当做习题).要注意计算的准确性.在处理定积分的几何应用时必须画好草图.定理、公式和法则要准确使用.计算结果必须化成最简的形式.

4. 注意导数和积分的应用练习,通过几个典型例题,掌握其分析和处理问题的方法及解题的步骤,在此基础上独立做些应用题,以提高运用所学知识解决实际问题的能力.为此,要掌握基本的初等数学和物理知识.

5. 要有意识地提高自己抽象思维和逻辑推理的能力,它是科学素养的一个重要方面.为此,应能了解一些重要的定理、公式在推导过程中的难点和关键点,并做些简单的证明题.

6. 关于自学学时的安排.

由于考生各方面情况的差异,以下建议仅供参考

章 次	内 容	学 时
一	函数	20
二	极限与连续	45
三,四	一元函数微分学	120
五	一元函数积分学	115
六	线性代数初步	60
总计		360

五、关于社会助学

1. 要熟知考试大纲对本课程总的要求和各章的知识点,准确理解对各知识点要求达到的认知层次和考核要求,并在辅导过程中帮助考生掌握这些要求,不要随意增删内容和提高或降低要求.

2. 要结合典型例题,讲清楚基本概念、定理、公式和法则,重点和难点更要讲透,引导学生注意基本理论的学习.更要十分重视基本的计算方法和计算技巧的讲解.应要求考生课后抓紧复习,认真做题,帮助考生达到考核要求,并培养良好的学风,提高自学能力.不要押题、猜题.

3. 建议助学单位授课课时不少于120学时.

六、关于试卷结构及考试的有关说明

1. “识记”“领会”“简单应用”“综合应用”四个认知层次的试题所占分数依次约为15分,35分,35分,15分.

2. 试卷的难度可大致分为:易,中等偏易,中等偏难,难.它们所占分数依次约为:20分,40分,30分,10分.

3. 试题的题型为:单项选择题、填空题、计算题、综合题(包括应用题和证明题).题量依次为:5, 10, 8, 2,共计25题.所占分数依次约为10分,30分,48分,12分.共计100分.

4. 各章内容分数的分布大致是:

第一、二章:函数,极限与连续 约15分

第三、四章:一元函数微分学 约40分

第五章:一元函数积分学 约30分

第六章:线性代数初步　　　　　　　　　　　　约15分

5. 本课程的考试适用于高等教育自学考试工科类各专科专业的考生.

6. 考试方式为笔试、闭卷;考试时间为150分钟;60分为及格线.考试时只允许带钢笔、铅笔、圆规、三角板、橡皮等文具用品,不允许带计算器、有关参考书等.

高等数学(工专)试题样卷

一、单项选择题:本大题共 5 小题,每小题 2 分,共 10 分. 在每小题列出的备选项中,只有一项是最符合题目要求的,请将其选出.

1. 设 $f(x)=\dfrac{\sin x}{1+x^2}$,则 $f(\sqrt{x})=(\quad)$.

A. $\dfrac{\sin x}{1+x}$ B. $\dfrac{\sin\sqrt{x}}{1+x^2}$ C. $\dfrac{\sin x^2}{1+x^4}$ D. $\dfrac{\sin\sqrt{x}}{1+x}$

2. 设 $f(x)=\begin{cases}2x-1, & x\leqslant 0,\\ x^2, & x>0,\end{cases}$ 则 $\lim\limits_{x\to 0}f(x)=(\quad)$.

A. 等于 1 B. 等于 0 C. 等于 -1 D. 不存在

3. 将一个收敛级数的第 1 项、第 2 项、第 3 项去掉,构成一个新级数,则该新级数( ).

A. 不再收敛 B. 可能会收敛 C. 仍收敛 D. 部分和可能无界

4. $\int \mathrm{d}(x^2+1)=(\quad)$.

A. x^2+1 B. x^2+C C. $\dfrac{x^3}{3}+x$ D. $\dfrac{x^3}{3}+C$

5. 设 $\begin{bmatrix}1 & 2\\ 2 & 3\end{bmatrix}\boldsymbol{X}=\begin{bmatrix}1 & 0\\ 1 & 1\end{bmatrix}$,则二阶矩阵 $\boldsymbol{X}=(\quad)$.

A. $\begin{bmatrix}-1 & 2\\ 1 & -1\end{bmatrix}$ B. $\begin{bmatrix}1 & -2\\ -1 & 1\end{bmatrix}$ C. $\begin{bmatrix}-1 & 2\\ 1 & 1\end{bmatrix}$ D. $\begin{bmatrix}1 & 2\\ 1 & -1\end{bmatrix}$

二、填空题:本大题共 8 小题,每小题 4 分,共 32 分.

6. 函数 $y=\arccos 2x$ 的定义域为________.

7. 极限 $\lim\limits_{x\to 1}\dfrac{\ln(x+1)+x+1}{x}=$________.

8. 设 $y=x\mathrm{e}^x$,则 $y'(0)=$________.

9. 设函数 $f(x)$ 在点 x_0 可导且 $f'(x_0)=1$,则 $\lim\limits_{h\to 0}\dfrac{f(x_0+2h)-f(x_0)}{h}=$________.

10. $\int_0^1 \mathrm{e}^x\,\mathrm{d}x=$________.

11. 曲线 $y=1-x^2$ 与 x 轴所围面积为________.

12. 行列式 $\begin{vmatrix}1 & 2 & -1\\ 2 & -1 & 1\\ 1 & -1 & -1\end{vmatrix}=$________.

13. 设矩阵 $\boldsymbol{A}=\begin{bmatrix}1 & 0\\ 0 & 2\end{bmatrix}$,$\boldsymbol{B}=\begin{bmatrix}2 & 0 & 0\\ 0 & 1 & 1\end{bmatrix}$,$\boldsymbol{C}=\begin{bmatrix}1 & 3 & 0\\ -3 & -1 & 2\end{bmatrix}$,则 $\boldsymbol{AB}+\boldsymbol{C}=$________.

三、计算题:本大题共 7 小题,每小题 6 分,共 42 分.

14. 求极限 $\lim\limits_{x\to+\infty}\dfrac{\ln(6+2x)}{\ln(1+x^2)}$.

15. 设函数 $y=\sqrt{x+x^2}$,求 $\dfrac{\mathrm{d}y}{\mathrm{d}x}$.

16. 求曲线 $y=1+\tan x$ 在点 $\left(\dfrac{\pi}{4},2\right)$ 处的切线方程.

17. 求不定积分 $\int \mathrm{e}^{\sin x}\cos x\mathrm{d}x$.

18. 讨论曲线 $y=x^4-6x^3+12x^2-10$ 的凹凸性,并求出其拐点.

19. 计算定积分 $\int_1^{\mathrm{e}} x\ln x\mathrm{d}x$.

20. 当 c 取什么值时,齐次线性方程 $\begin{cases}x_1+3x_2+2x_3=0,\\2x_1-x_2+3x_3=0,\\3x_1+2x_2+cx_3=0\end{cases}$ 有非零解?在有非零解时求出它的一般解.

四、综合题:本大题共 2 题,每小题 8 分,共 16 分.

21. 求函数 $f(x)=\dfrac{x^3}{3}-\dfrac{5}{2}x^2+4x$ 在$[-1,2]$上的最大值与最小值.

22. 求由 $y=x^2$,$x=1$,$y=0$ 所围成的平面图形绕 x 轴旋转一周而成的旋转体的体积.

高等数学(工专)试题样卷答案

一、单项选择题

1. D. **2.** D. **3.** C. **4.** B. **5.** A.

二、填空题

6. $\left[-\frac{1}{2},\frac{1}{2}\right]$. **7.** $2+\ln 2$. **8.** 1. **9.** 2. **10.** e^{-1}.

11. $\frac{4}{3}$. **12.** 9. **13.** $\begin{bmatrix} 3 & 3 & 0 \\ -3 & 1 & 4 \end{bmatrix}$.

三、计算题

14. $\frac{1}{2}$. **15.** $\frac{1+2x}{2\sqrt{x+x^2}}$. **16.** $y=2x-\frac{\pi}{2}+2$.

17. $e^{\sin x}$. **18.** 在$[1,2]$凸,在$(-\infty,1]$与$[2,+\infty)$凹,拐点$(1,-3)$和$(2,6)$.

19. $\frac{1}{4}(e^2+1)$. **20.** $c=5$ 时有非零解$\begin{pmatrix} x_1 \\ x_2 \\ x_3 \end{pmatrix}=\begin{pmatrix} -11 \\ -1 \\ 7 \end{pmatrix}k$,$k$ 为任意常数.

四、综合题

21. 最小值$-\frac{41}{6}$,最大值$\frac{11}{6}$.

22. $\frac{1}{5}$.

大 纲 后 记

《高等数学(工专)自学考试大纲》是根据全国高等教育自学考试工科类公共课的考核要求编写的. 2018 年 7 月公共课课程指导委员会召开审稿会议,对本大纲进行讨论评审,修改后,经主审复审定稿.

本大纲由南方科技大学吴纪桃教授主持编写,北京航空航天大学漆毅教授参与编写.

本大纲经由中国地质大学(北京)陈兆斗教授主审,北京工商大学杨益民教授参加审稿并提出改进意见.

本大纲最后由全国高等教育自学考试指导委员会审定.

本大纲编审人员付出了辛勤劳动,特此表示感谢.

全国高等教育自学考试指导委员会
公共课课程指导委员会
2018 年 10 月

全国高等教育自学考试指定教材

公共课程

高等数学（工专）

(2018年版)

全国高等教育自学考试指导委员会　组编
主编　吴纪桃　漆　毅

内 容 简 介

本书是根据全国高等教育自学考试指导委员会2018年最新修订的专科段《高等数学(工专)自学考试大纲》编写的,教材内容及其深广度与大纲完全一致.

全书共分六章,内容包括:函数及其图形,极限与连续,一元函数的导数和微分,微分中值定理与导数的应用,一元函数积分学,线性代数初步.

本书针对参加自学考试的学生缺少教师系统授课指导、主要靠自学的特点,根据自考学生的接受能力和理解程度精心选择教材内容.本书按照认知规律,以几何直观、物理背景和典型引例作为引入数学基本概念的切入点,注意揭示概念的本质涵义和概念之间的内在联系;对重要定理、难点内容阐述详细,说理透彻,从不同侧面进行剖析;图文并茂,富有启发性;典型例题分析给读者一个获得解题充分训练的平台,并对初学者遇到的疑难与困惑及易犯的错误给出点评,以提高自考学生的应试水平.每章末有内容小结与学习指导,便于自学.每节配有适量习题,书末附有答案,供读者参考.

本书可作为参加自学考试"高等数学(工专)"的教材,也可作为工科类高校、职工大学、函授大学、电视大学专科段的教材或教学参考书.

编写说明

这次修改的总原则是进一步突出高等数学中的重点内容和基本概念以及基本方法，删去一些枝节内容和过难的例题和习题，使本书更适合当前自学考试工专水平的高等数学课程的自学和助学. 具体表现在以下几点：

1. 删去了§2.2中的正项级数的敛散性判别，其实在原大纲里对此就没有做要求，只希望部分考生了解.

2. 删去了原§4.7中的渐近线内容. 考虑到渐近线是为了函数作图，既然本书没有作图的内容，所以渐近线也不是必要的.

3. 删去了原§5.4的微分方程初步中的线性微分方程的概念和解法，从而降低了难度.

4. 精简了§4.1中的一些语言描述，改为严格证明. 因为证明思路很直观. 证明过程很简洁，比语言描述更易.

5. 简化了§5.6中的位移的例子.

6. 删去了关于反常积分的收敛和发散的概念，只给出了无穷限反常积分值的定义和计算.

7. 删去了原§6.3中的有关初等变换的概念. 而将之融入线性方程组的消元法中.

8. 删去了原§6.6中伴随方阵的概念，删去了有关逆矩阵的性质，降低了对逆矩阵的计算要求.

9. 对全书的例题和习题进行梳理. 删去综合性过强的例题和习题，更换了部分例题和习题.

第一章 函数

初等数学主要研究的是常量，而高等数学主要研究的是变量，着重研究的是变量与变量之间的依赖关系，即函数关系.本章内容是学习高等数学的基础，它包括实数、函数的定义及其表示法、函数的特性、反函数、复合函数和初等函数等.

§1.1 实 数

一、实数与数轴

实数是人们在生产和生活实践中不断认识自然界"量"的属性的产物.人们由于计数以及分配的需要发明了正整数及其加、减、乘、除法运算；后来，为了使减法运算总能进行而发明了负整数，为了使除法运算总能进行而引进了小数和分数，人们将所有能表示成$\frac{p}{q}$(p,q是整数，p,q互质)的数称之为**有理数**；再后来，人们发现有理数也不够用了，比如，边长为1的正方形的对角线的长度(由勾股定理知)$\sqrt{2}$不能表示成$\frac{p}{q}$的形式，也即它不在有理数的范围内.事实上，若$\sqrt{2}=\frac{p}{q}$，则$p^2=2q^2$(p,q是互质的整数)，所以，p^2可被2整除，于是p也可被2整除；由此可设$p=2n$，则有$2q^2=4n^2$，$q^2=2n^2$，这样，q^2也能被2整除，故q也能被2整除.至此，可知p,q有公因子2，这与p,q互质的假定相矛盾！这就说明了$\sqrt{2}$不是有理数.易知，$\sqrt{2}\pm1,\sqrt{2}\pm2,\cdots$都不是有理数.人们将这些不是有理数的数称为**无理数**，将有理数与无理数统称为**实数**.全体实数所组成的数集称为**实数系**，也称为**实数集**.

实数在几何上的表示是数轴上的点.实数与数轴上的点是一一对应的.也就是，对于任何一个实数，可在数轴上找到唯一的一个点与之对应；反之，在数轴上的每个点也必定唯一地对应一个实数.基于这种一一对应关系，我们将一个实数a和数轴上坐标为a的点不加区别地看待.实数这种能与数轴上的点一一对应的特点称之为实数的**连续性**.而任何两个有理数之间必存在有理数，进而可推出任何两个有理数之间必存在无穷多个有理数，但有理数不能与数轴上的点一一对应，故说有理数是**不连续**的.

易知，任何带有有限小数部分或无限循环小数部分的数都可以写成$\frac{p}{q}$

的形式,因而都是有理数;而带有无限不循环小数部分的数不能写成$\frac{p}{q}$的形式,因而是无理数.所以,一个数是有理数还是无理数可以用它的小数部分是循环(有限小数也看成是循环的)还是不循环来区分.例如,$\pi=3.1415926\cdots$是无限不循环的,故是无理数.

通常,我们用 **R** 表示全体实数构成的数集,用 **Q** 表示全体有理数构成的数集,用 **Z** 表示全体整数构成的数集,用 **N** 表示正整数与零构成的数集,也称**自然数集**.

二、区间与邻域

在高等数学中,除了经常会用到上述数集 **R**,**Q**,**Z**,**N** 以外,还会用到一些特殊的数集,如由 1,2,3,4 构成的数集,可记为

$$A=\{1,2,3,4\},$$

这种数集的表示法称为"**列举法**",也可用所谓的"**属性法**"表示:

$$A=\{n\mid n\text{ 是小于 5 的正整数}\}.$$

用"属性法"来表示数集的好处是它可以方便地表示数轴上的"一段"连续的点,比如,由数轴上介于 1 与 2 之间的实数构成的数集可方便地表示为

$$B=\{x\mid 1<x<2\}.$$

像这样由数轴上的"一段"连续的点构成的数集我们称之为**区间**,记为(1,2).

在高等数学中常用的区间的定义见表 1.1.表中 a,b 是确定的实数,分别称为区间的**左端点**和**右端点**.有限区间的左、右端点之间的距离 $b-a$ 称为**区间长度**.$+\infty$,$-\infty$分别读成"正无穷大"与"负无穷大",它们不表示任何数,仅仅是记号.有时候,将$+\infty$与$-\infty$统一地记为∞.

表 1.1

名称	记号	定义
闭区间	$[a,b]$	$\{x\mid a\leqslant x\leqslant b\}$
开区间	(a,b)	$\{x\mid a<x<b\}$
左开右闭区间	$(a,b]$	$\{x\mid a<x\leqslant b\}$
右开左闭区间	$[a,b)$	$\{x\mid a\leqslant x<b\}$
无穷区间	$(a,+\infty)$	$\{x\mid a<x<+\infty\}$
	$[a,+\infty)$	$\{x\mid a\leqslant x<+\infty\}$
	$(-\infty,b)$	$\{x\mid -\infty<x<b\}$
	$(-\infty,b]$	$\{x\mid -\infty<x\leqslant b\}$
	$(-\infty,+\infty)$	$\{x\mid -\infty<x<+\infty\}$

在高等数学中,我们经常会用到一种特殊的开区间$(a-\delta,a+\delta)$,称这个开区间为**点 a 的邻域**,记为$U(a,\delta)$,即

$$U(a,\delta)=(a-\delta,a+\delta),$$

称点 a 为**邻域的中心**,δ 为**邻域的半径**.

通常 δ 是较小的实数,所以,a 的 δ 邻域表示的是 a 的邻近的点,如图 1.1 所示.

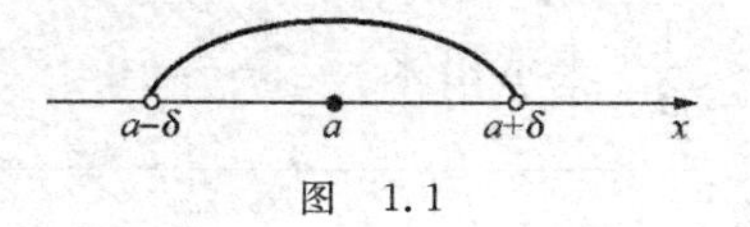

图 1.1

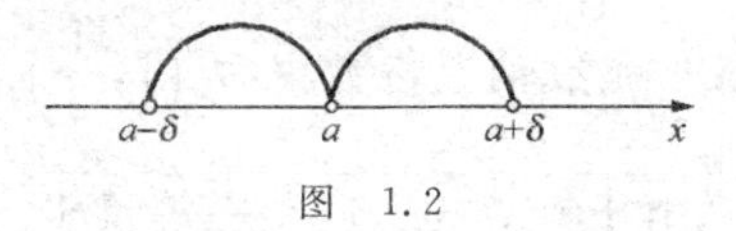

图 1.2

有时候,我们只考虑点 a 邻近的点,不考虑点 a,即考虑点集$\{x|a-\delta<x<a$ 且 $a<x<a+\delta\}$,我们称这个点集为点 a 的**"去心邻域"**,记为 $U^{\circ}(a,\delta)$,即

$$U^{\circ}(a,\delta)=\{x \mid a-\delta<x<a \text{ 且 } a<x<a+\delta\},$$

如图 1.2 所示.

三、绝对值

实数的绝对值是数学中经常用到的概念.设 x 是一实数,用$|x|$记 x 的绝对值,其定义如下:

$$|x|=\begin{cases} x, & x \geqslant 0, \\ -x, & x<0. \end{cases}$$

按照上述定义,可很方便求出 x 的绝对值.例如,$|1.52|=1.52$,$|-2.50|=2.50$,$|0|=0$.

$|x|$的几何意义是 x 到原点的距离.显然,$|x-y|$表示点 x 与点 y 之间的距离.

绝对值有下列性质:

设 x,y 是实数,则

(1) $|x| \geqslant 0$,当且仅当 $x=0$ 时才有$|x|=0$;

(2) $|-x|=|x|$;

(3) $|xy|=|x||y|$;

(4) $a>0$,$|x|<a$ 当且仅当$-a<x<a$;

(5) $-|x| \leqslant x \leqslant |x|$;

(6) $|x+y| \leqslant |x|+|y|$;

(7) $|x-y| \geqslant ||x|-|y|| \geqslant |x|-|y|$.

在上述性质中,(1),(2),(3),(4),(5)都很容易用定义和绝对值的几何意义来证明或理解.下面证明性质(6)和(7).

证明 由性质(5)有

$$-|x| \leqslant x \leqslant |x|, \quad -|y| \leqslant y \leqslant |y|,$$

从而有

$$-(|x|+|y|) \leqslant x+y \leqslant |x|+|y|,$$

再由性质(4)知

$$|x+y| \leqslant |x|+|y|.$$

性质(6)得证.

由于性质(6)中的 x,y 的任意性,对任意的 a,b,可令 $y=b-a$,$x=a$,于是有

$$|b| \leqslant |a|+|b-a|, \quad \text{即} \quad |b-a| \geqslant |b|-|a|.$$

再在性质(6)中令 $y=a-b$,$x=b$,有

$$|a| \leqslant |b|+|a-b|, \quad \text{即} \quad |b-a| \geqslant |a|-|b|=-(|b|-|a|),$$

所以
$$|b-a| \geqslant ||b|-|a|| \geqslant |b|-|a|.$$

由 a,b 的任意性知性质(7)得证.

下面再看几个与绝对值有关的例子.

例 1 在数轴上将数集 $U^{\circ}\left(1,\frac{1}{2}\right)=\left\{x \,\middle|\, 0<|x-1|<\frac{1}{2}\right\}$ 表示出来.

解 由于 $0<|x-1|<\frac{1}{2}$ 等价于

$$-\frac{1}{2}<x-1<\frac{1}{2}\quad 且\quad x-1\neq 0,$$

即
$$\frac{1}{2}<x<\frac{3}{2}\quad 且\quad x\neq 1,$$

则数集 $U^{\circ}\left(1,\frac{1}{2}\right)$ 在数轴上的表示如图 1.3 所示.

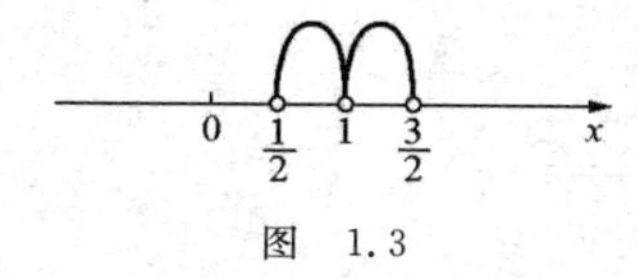

图 1.3

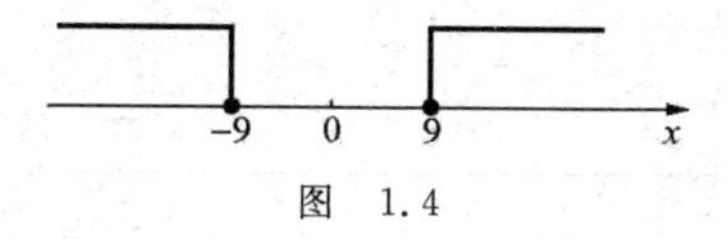

图 1.4

例 2 将数集 $\{x\,|\,|x|\geqslant 9\}$ 在数轴上表示出来.

解 当 $x\geqslant 0$ 时,由 $|x|=x$ 知 $|x|\geqslant 9$ 即为 $x\geqslant 9$;

当 $x<0$ 时,由 $|x|=-x$ 知 $|x|\geqslant 9$ 即为 $-x\geqslant 9$,即 $x\leqslant -9$.

所以数集 $\{x\,|\,|x|\geqslant 9\}$ 与 $\{x\,|\,x\geqslant 9$ 或 $x\leqslant -9\}$ 相等.于是将该数集表示在数轴上,如图 1.4 所示.

例 3 解不等式 $\left|\frac{2x+1}{x-3}\right|<1$.

解 由不等式性质知该不等式等价于

$$-1<\frac{2x+1}{x-3}<1.$$

先解不等式

$$\frac{2x+1}{x-3}<1, \tag{1}$$

整理得
$$\frac{2x+1}{x-3}-1<0,$$

化简为
$$\frac{x+4}{x-3}<0,$$

由此得不等式组

$$\begin{cases}x+4<0,\\x-3>0\end{cases}\quad 或\quad \begin{cases}x+4>0,\\x-3<0,\end{cases}$$

即
$$\begin{cases}x<-4,\\x>3\end{cases}(无解)\quad 或\quad \begin{cases}x>-4,\\x<3.\end{cases}$$

所以不等式(1)的解是 $-4<x<3$.

再解不等式

$$\frac{2x+1}{x-3}>-1. \tag{2}$$

整理得

$$\frac{2x+1}{x-3}+1>0,\quad 即\quad \frac{3x-2}{x-3}>0,$$

由此得不等式组
$$\begin{cases}3x-2>0,\\x-3>0\end{cases}\quad 或\quad \begin{cases}3x-2<0,\\x-3<0,\end{cases}$$

即
$$\begin{cases} x>2/3, \\ x>3 \end{cases} \quad \text{或} \quad \begin{cases} x<2/3, \\ x<3, \end{cases}$$
整理得
$$x>3 \quad \text{或} \quad x<2/3,$$
所以不等式(2)的解是 $x<2/3$ 或 $x>3$.

将两个不等式的解集表示在数轴上,如图 1.5 所示. 求得它的公共部分即为原不等式的解 $-4<x<2/3$.

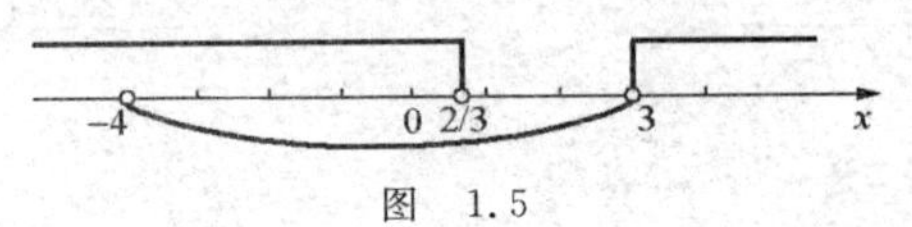

图 1.5

例 4 证明:当 $y\neq0$ 时,有 $\left|\dfrac{1}{y}\right|=\dfrac{1}{|y|}$,并由此证明对任何 $x,y,y\neq0$,有 $\left|\dfrac{x}{y}\right|=\dfrac{|x|}{|y|}$.

证明 由绝对值的性质(3)知 $\left|\dfrac{1}{y}\cdot y\right|=\left|\dfrac{1}{y}\right||y|$,即 $1=\left|\dfrac{1}{y}\right||y|$,所以有 $\left|\dfrac{1}{y}\right|=\dfrac{1}{|y|}$. 由此再由性质(3)有
$$\left|\frac{x}{y}\right|=\left|x\cdot\frac{1}{y}\right|=|x|\left|\frac{1}{y}\right|=\frac{|x|}{|y|}.$$

习 题 1.1

1. 在数轴上表示出下列各点:
$$1, \quad 0, \quad -1/2, \quad -1.52.$$

2. 用区间表示下列各不等式,并将它们表示在数轴上:

(1) $-1\leqslant x\leqslant2$;　　(2) $1.5<x<3$;

(3) $-\infty<x\leqslant-1$;　　(4) $x\geqslant1$;

(5) $|x|<1$;　　(6) $0<|x-a|<\delta\ (\delta>0)$.

3. 解下列不等式:

(1) $|x+1|<2$;　　(2) $|1+2x|\leqslant3$;

(3) $\left|5-\dfrac{1}{x}\right|<1$;　　(4) $x^2-4x+3>0$;

(5) $\dfrac{2x-1}{x+2}<1$;　　(6) $0<(x-2)^2\leqslant4$.

4. 设 $a>0,b<0$,则下式中正确的是(　　).

(A) $\left|\dfrac{a}{b}\right|=-\dfrac{a}{|b|}$;　(B) $\left|\dfrac{a}{b}\right|=\dfrac{a}{b}$;　(C) $\left|\dfrac{a}{b}\right|=\dfrac{a}{|b|}$;　(D) $\left|\dfrac{a}{b}\right|=\dfrac{|a|}{b}$.

§1.2 函数的定义及其表示法

一、常量与变量

数学是研究现实世界中的数量关系和空间形式的科学. 所以,在用数学方法对某个自然现象或社会现象进行研究时,首先要对这个自然现象或社会现象进行量化描述,也即找到与它有

关的量.在这些量中,有些量在所考虑问题的过程中始终不变,保持定值,这些量我们称之为**常量**;而有些量在所考虑问题的过程中是变化的,它们可在一定的范围内取不同的值,这些量我们称之为**变量**.例如,用一根长度为 l 的铁丝围成一个矩形的框架,用 x 表示矩形的长,则矩形的宽 $y=\frac{l}{2}-x$,矩形的面积 $S=x\left(\frac{l}{2}-x\right)$.在这个问题中,$l$ 是常量,x,y,S 都是变量.又例如,用一根铁丝围成一个面积为 S 的矩形框架,它的周长记为 l,长记为 x,宽记为 y,则 $y=\frac{S}{x}$,$l=2x+\frac{2S}{x}$.在这个问题中,S 为常量,x,y,l 都是变量.这里我们可以看出,一个量是常量还是变量都是相对某一具体问题而言的.

初等数学中主要研究的是常量,而高等数学中主要研究的是变量,着重研究的是变量与变量之间的关系.

本书中常用 $a,b,c,\cdots$ 等字母表示常量,而用 $x,y,z,t,\cdots$ 等字母表示变量.为了讨论问题的方便,常量也可以看成特殊的变量.

二、函数的定义

在一个问题中往往会涉及多个变量,这些变量之间常常是有关系的.例如在上述用一根长度为 l 的铁丝围成一个矩形框架的问题中,所涉及的变量有 x(长),y(宽),S(面积),它们之间的关系为 $y=\frac{l}{2}-x$,$S=x\left(\frac{l}{2}-x\right)$.显然,$y$ 和 S 是由 x 所确定的,只要 x 的值确定后,y 和 S 的值随之确定;x 的变化范围是 $0<x<\frac{l}{2}$,而 y 和 S 的变化范围是由 x 的变化范围所确定的.知道了变量之间的依赖关系后,如 $S=x\left(\frac{l}{2}-x\right)\left(0<x<\frac{l}{2}\right)$,我们就可以由此来研究许多进一步的问题,比如:当 x 为何值时,S 可达到最大?这个问题正是可以用高等数学的理论和方法来解决的问题,而要解决这个问题,就要深入研究 S 与 x 的依赖关系

$$S=x\left(\frac{l}{2}-x\right),\quad 0<x<\frac{l}{2}.$$

一般地,高等数学正是通过研究变量之间的这种确定的依赖关系来研究现实社会中的各种问题的.所以,高等数学研究的主要对象就是这种变量之间的确定的依赖关系,具有这种关系的变量我们说形成了函数关系.下面给出函数的确切定义.

定义 1.1 设 x,y 是两个变量,x 的变化范围是实数集 D.如果对于任何的 $x\in D$,按照一定的法则都有唯一确定的 y 值与之对应,则称变量 y 是变量 x 的**函数**,记为 $y=f(x)$,称 D 是函数的**定义域**,x 为**自变量**,y 为**因变量**.

对于一个确定的 $x_0\in D$,与之对应的 $y_0=f(x_0)$ 称为函数 y 在点 x_0 处的**函数值**,全体函数值的集合称为函数 y 的**值域**,记为 $f(D)$,即

$$f(D)=\{y\mid y=f(x),x\in D\}.$$

由上述定义可知,一个函数 $y=f(x)(x\in D)$ 是由它的定义域 D 和对应法则 f 所确定的,所以,定义域和对应法则称为函数的**两要素**,说“两个函数相等”意即这两个函数的定义域相同,对应法则也相同.

将平面点集

$$\{(x,y) \mid y=f(x), x \in D\}$$

描绘在直角坐标系 Oxy 内,得到的图形称为函数 $y=f(x)$ 的**图形或图像**,见图 1.6.

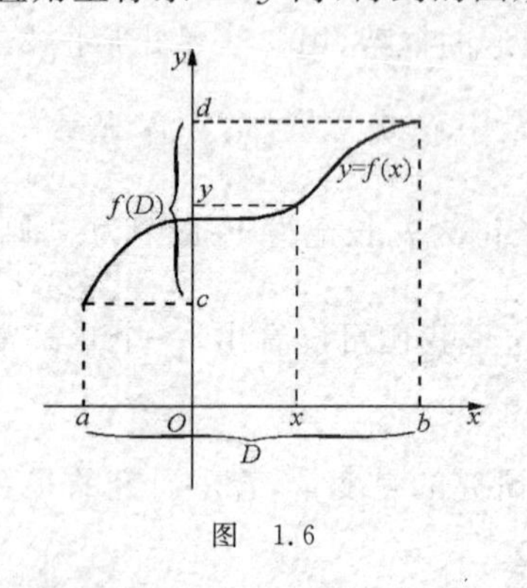

图 1.6

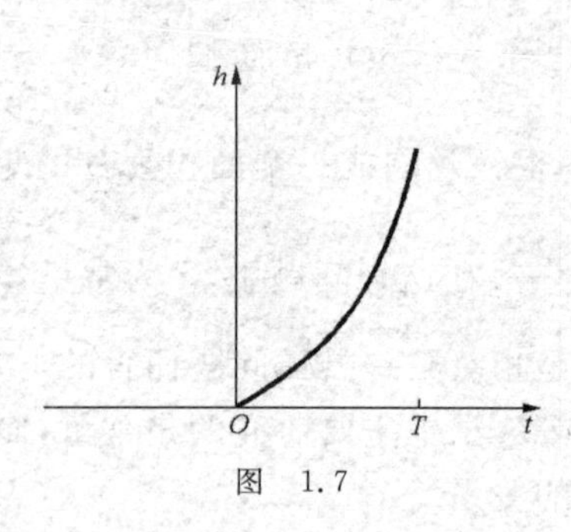

图 1.7

下面看几个函数的例子.

例 1 设自由落体运动中,物体下落的时间为 t,下落的距离为 h,假定开始下落的时刻 $t=0$,则 h 与 t 之间的依赖关系为

$$h=\frac{1}{2}gt^2, \quad t \in [0,T],$$

其中 g 是重力加速度,T 为物体着地的时刻.

显然,在这个问题中,对于任何 $t\in[0,T]$,按照对应法则“$h=\frac{1}{2}gt^2$”都有一个确定的 h 值与 t 对应,所以可以说 h 是 t 的函数,这个函数的定义域是数集$[0,T]$,对应法则是 $h=\frac{1}{2}gt^2$,值域是数集$\left[0,\ \frac{1}{2}gT^2\right]$,函数的图像如图 1.7 所示.

例 2 符号函数

$$y=\operatorname{sgn}x=\begin{cases}1, & \text{当 } x>0, \\ 0, & \text{当 } x=0, \\ -1, & \text{当 } x<0\end{cases}$$

的定义域是$(-\infty,+\infty)$,值域是$\{-1,0,1\}$,它的图像如图 1.8 所示.

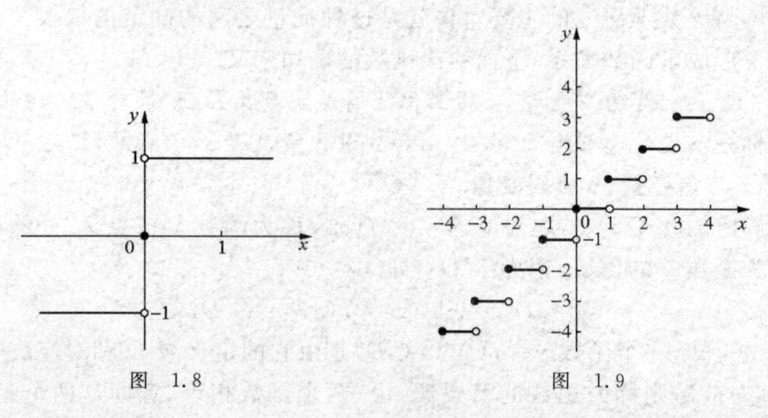

图 1.8　　图 1.9

例 3 取整函数. 对任何的 $x\in\mathbf{R}$,$[x]$表示不超过 x 的最大整数,则称函数 $y=[x]$为取整函数.

此函数的定义域是$\mathbf{R}$,值域是整数集$\mathbf{Z}$,它的图像如图1.9所示.对于函数$y=[x]$,可方便地得出它在任何点处的函数值,例如,$\left[\frac{1}{2}\right]=0$,$[\sqrt{2}]=1$,$[\pi]=3$,$[-1]=-1$,$[-2.5]=-3$,等等.

例4 温度函数.某气象观测站用自动记录仪记录了当地的一昼夜的气温变化情况,得到了下面的温度曲线(见图1.10).

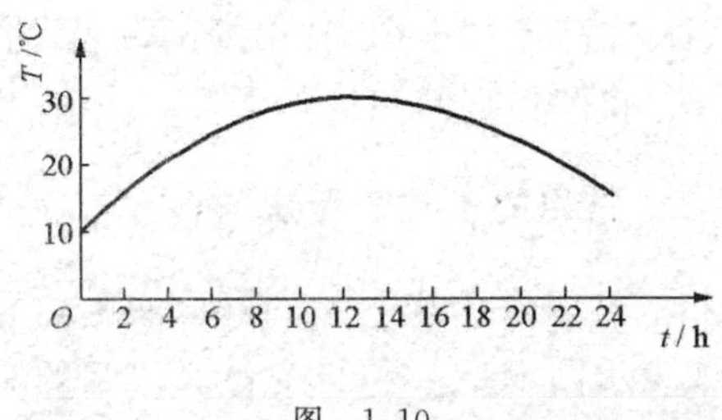

图 1.10

在这个问题中,温度变量T是随时间t而变化的,对于任何一个$t\in[0,24]$,按照图1.10中的曲线,就可得到t时刻的温度T,由函数的定义知,T是t的函数,尽管这个函数关系没能像前面的例子那样用数学公式表示.显然,这个函数的定义域是$[0,24]$,值域是$[10,30]$,对应法则是图1.10所给的图像.

例5 人口函数.据统计,1960年到1968年之间世界人口(单位:百万人)增长的情况见表1.2.

表 1.2

年份t	1960	1961	1962	1963	1964	1965	1966	1967	1968
人口n	2 972	3 061	3 151	3 213	3 234	3 285	3 356	3 420	3 483

在本问题中,人口数量n是随年份t的变化而变化的,对于任何一个$t\in[1960,1968]$的整数,按照表1.1就可得到唯一的人口数n与之对应,由函数的定义知,n是t的函数,此函数关系也没能用数学公式表示.这个函数的定义域是$\{1960,1961,\cdots,1968\}$,值域是数集$\{2972,3061,\cdots,3483\}$,对应法则是表1.2所给的表格.

例6 曲边三角形面积函数.设曲线$y=x^2(x>0)$,对于x轴上的任何$x>0$,按照图1.11得到与x对应的一个曲边三角形的面积$S(x)$.

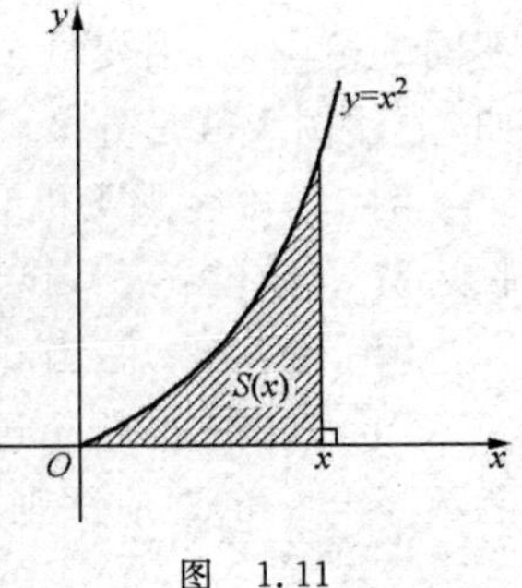

图 1.11

显然,$S(x)$是由x所确定的,所以$S(x)$是x的函数,该函数的定义域是$(0,+\infty)$,由$S(x)$的定义知它的值域是$(0,+\infty)$,其对应法则由图1.11所示.这个对应法则在目前我们无法用前面所学的知识将它用公式表示出来,等学习了定积分的内容后就可以将它表示成x的公式的形式$\left(\text{实际上,有 } S(x)=\frac{x^3}{3}\right)$.

由前述例子可知,两个变量y与x之间是不是函数关系,不是看y是否能表示成x的公式形式,也不是看y与x之间是不是存在某种依赖关系,而是要看是否满足函数的定义"对于任何$x\in D$,按照一定的法则f都有唯一确定的y值与之对应".

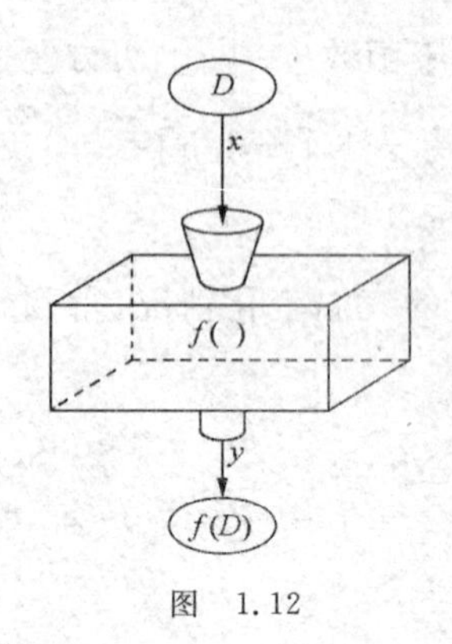

图 1.12

函数中的有关概念的示意图见图 1.12.

由前述例子还可知,对于函数的对应法则的表示方法可以是不同的,比如,上述例 1 中的对应法则是用公式 $h=\frac{1}{2}gt^2$ 表示的;例 3 中的对应法则 $y=[x]$是用语言叙述的;例 4 中的对应法则是用图像表示的;例 5 中的对应法则是用表格表示的;例 6 中的对应法则是由图形表示的.在高等数学中,常用的函数表示法是例 1,例 4,例 5 所用的表示方法,我们将它们归纳如下.

三、常用的函数表示法

函数的表示法实际上是指表述函数中变量之间对应法则的方法.它们中常用的有:

(1) **公式法** 用数学公式表示因变量 y 与自变量 x 之间的对应法则称为函数表示的**公式法**(**或解析法**).

上述例 1 和例 2 都是用公式法表示的函数.公式法是函数的精确描述,其优点是便于进行理论分析和研究,缺点是不直观,而且一些实际问题中的函数往往难于用公式法来表示,比如上述例 4、例 5 中的函数,就不方便用公式法精确表达,例 6 中的函数现在还不会用公式法表达,有了定积分的概念后可以求得其公式法表示.

(2) **图像法** 图像法就是用因变量 y 与自变量 x 为坐标(x,y)所成的点的轨迹,也即是用函数 $y=f(x)$的图像来表示 y 与 x 之间的对应法则的表示方法.

上述例 4 和例 6 就是用图像法表示的函数.用图像法表示函数的优点是比较直观,由图形可方便地了解 y 随 x 的变化情况;缺点是在图像上很难精确得到一些点上的函数值,也不便于进行理论分析和研究.

(3) **表格法** 表格法是把自变量 x 与因变量 y 的一些对应的值用表格列出来表示函数 $y=f(x)$的方法.上述例 5 就是用表格法表示的函数.用表格法表示函数的优点是直接从表格中就可得到一些点上的函数值,比如三角函数表;缺点是表格法往往只能表示在部分点上的函数值,在其他点处的函数值不方便表示.所以,表格法表示的函数只是对这个函数的一种近似描述,而且这种表示法不直观,往往也不便于进行理论分析.

今后,我们常常是用公式法表示函数.但是用公式法表示函数时,有的时候在自变量 x 的不同的范围内,因变量 y 与 x 的对应法则要用不同的公式来表示,这类函数称为**分段函数**,比如,上述例 2 就是分段函数.分段函数在实际中也经常用到,下面再看两个分段函数的例子.

例 7 旅客乘飞机时,若行李的重量不超过 20kg 时不收费用;若超过了 20kg,每超过 1kg 收运费 a(单位:元).试建立运费 y 与行李重量 x 的函数关系.

解 由题意知,当 $0\leqslant x\leqslant 20$ 时,$y=0$;

当 $x>20$ 时,所超过的部分的重量是 $x-20$,按每千克收运费 a 则有 $y=a(x-20)$,于是函数 y 与 x 的对应法则是

$$y=\begin{cases}0, & 0\leqslant x\leqslant 20,\\ a(x-20), & x>20.\end{cases}$$

例 8 设函数

$$y=f(x)=\begin{cases}\sin x, & 0\leqslant x\leqslant \pi,\\ x+1, & x>\pi.\end{cases}$$

求函数值 $f\left(\frac{\pi}{2}\right)$,$f(\pi)$,$f(2\pi)$.

解 由于当 $0\leqslant x\leqslant\pi$ 时,$f(x)=\sin x$,所以有 $f\left(\frac{\pi}{2}\right)=\sin\frac{\pi}{2}=1$,$f(\pi)=\sin\pi=0$;而当 $x>\pi$ 时,$f(x)=x+1$,所以有 $f(2\pi)=2\pi+1$.

注意 分段函数是公式法表示函数的一种方式,它是一个函数,不是几个函数,它的定义域是各个子区间的并集.

例 9 某市居民在购房时,面积不超过 120 m² 时,按购房总价的 1.5%向政府交税;面积超过 120 m² 时,除 120 m² 要执行前述的税收政策外,超过的部分按 3%向政府交税.已知房屋单价是 5 000 元/m²,则购买 125 m² 的房屋应向政府交税(　　)元.

(A) 9 000;　　(B) 9 375;　　(C) 9 750;　　(D) 18 750.

解 由题意知,当面积不超过 120 m² 时,每平方米交的税款为

$$5\,000\times1.5\%=75\text{ 元},$$

购买面积 x 应交税款为 $75x$ 元;当面积超过 120 m² 时,超过部分每平方米应交税款为

$$5\,000\times3\%=150\text{ 元},$$

购买面积 x 应交税款为

$$75\times120+150(x-120).$$

于是交税额 y 与购买房屋的面积 x 的关系为

$$y=\begin{cases}75x, & x\leqslant120,\\ 9\,000+150(x-120), & x>120.\end{cases}$$

所以,当 $x=125$ 时,交税额 $y=9\,000+150(125-120)=9\,750$.故选(C).

习　题　1.2

1. 求下列函数的定义域和值域,并画出函数图像:

(1) $y=x^{\frac{3}{2}}$;　　(2) $y=\frac{1}{x}$;

(3) $y=\tan x$;　　(4) $y=\ln(1-x)$;

(5) $y=\cos(x+1)$;　　(6) $y=|x|x$;

(7) $y=\begin{cases}e^x, & x\geqslant0,\\ 0, & x<0.\end{cases}$

2. 在下列各题中,$f(x)$和 $g(x)$是否表示同一函数?为什么?

(1) $f(x)=x$, $g(x)=\sqrt{x^2}$;　　(2) $f(x)=x$, $g(x)=(\sqrt{x})^2$;

(3) $f(x)=\ln x^2$, $g(x)=2\ln x$;　　(4) $f(x)=x$, $g(x)=\frac{x^2}{x}$.

3. 求下列函数的函数值:

(1) $f(x)=\sqrt{1+x^2}$,求 $f(0)$,$f(1)$,$f(a)$,$f(1-a)$;

(2) $f(x)=\sin x$,求 $f(1+h)$,$\frac{f(1+h)-f(1)}{h}$;

(3) $f(x)=\begin{cases}\frac{x^2-1}{2}, & x\geqslant1,\\ 1, & x<1,\end{cases}$ 求 $f(-1)$,$f(1)$,$f(0)$,$f(3)$;

(4) $f(x)=\begin{cases}1-2x, & |x|\leqslant 1,\\ x^2+1, & |x|>1,\end{cases}$ 求 $f(0)$, $f(1)$, $f(1.5)$, $f(1+k)$.

4. 某市居民在购房时，面积不超过 120 m² 时，按总房价的 1.5%向政府交税；面积超过 120 m² 时，除 120 m² 要执行前述的税收政策外，超过部分要按房价的 3%向政府交税. 当房价是 l(单位：元/m²)时，试建立购房总价 y 与房屋面积 x 之间的函数关系.

§1.3 函数的几种特性

有了函数的定义后，我们再来看看一般函数应有哪些特性，这些特性实际上是“宏观”地反映了函数在某一方面的“概貌”.

一、有界性

有时候，我们想要对函数 $f(x)$ 在定义域 D 上的取值有一个“概貌”，即要了解 $f(x)$ 的取值是否在一个有限范围内，于是引入了有界性的定义.

定义 1.2 设函数 $f(x)$ 在数集 X 内有定义. 若存在正数 M，使得对任何 $x\in X$，都有

$$|f(x)|\leqslant M$$

成立，则称 $f(x)$ 在 X 内**有界**，称 M 为 $f(x)$ 的一个**界**. 若这样的 M 不存在，则称 $f(x)$ 在 X 内**无界**.

定义 1.3 设函数 $f(x)$ 在数集 X 内有定义. 若存在实数 M(或 m)，使得对任何 $x\in X$，都有

$$f(x)\leqslant M \quad (\text{或 } f(x)\geqslant m)$$

成立，则称 $f(x)$ 在 X 内有**上界**(或**下界**)，称 M(或 m)为 $f(x)$ 的一个**上界**(或**下界**).

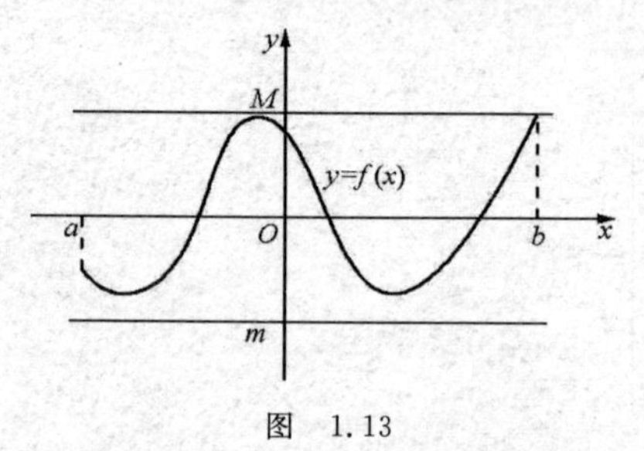

图 1.13

显然，按照上述定义，有界函数必有上界和下界；反之，既有上界又有下界的函数必是有界函数.

有界函数 $f(x)$ 在几何上的意义如图 1.13 所示.

由定义还可知，若函数存在一个界 M，则任何比 M 大的数都可作为该函数的界. 例如，$f(x)=\sin x$ 是有界函数，因为 $|\sin x|\leqslant 1$，1 是它的界；2 也是它的界，因为有 $|\sin x|\leqslant 2$ 成立.

应该注意的是，函数的有界性如何是与所考虑的自变量 x 的范围有关的，下面的例题可说明这点.

例 1 证明：函数 $f(x)=\frac{1}{x}$ 在区间[1,2]上是有界函数，但是它在区间(0,1)内是无界的.

证明 当 $1\leqslant x\leqslant 2$ 时，有 $\frac{1}{2}\leqslant\frac{1}{x}\leqslant 1$，所以 $f(x)=\frac{1}{x}$ 在区间[1,2]上既有下界又有上界，故是有界函数.

再来证明 $f(x)=\frac{1}{x}$ 在区间(0,1)内无界. 若假设 $f(x)=\frac{1}{x}$ 在区间(0,1)内有界，由定义知存在 $M>0$，对于任何 $x\in(0,1)$，都有 $|f(x)|=\frac{1}{x}\leqslant M$，即有 $x\geqslant\frac{1}{M}$，这是不可能的. 显然在区

间(0,1)内有小于$\frac{1}{M}$的数存在. 所以,$f(x)=\frac{1}{x}$在(0,1)内无界.

二、单调性

有时候,我们想要了解函数$f(x)$随x变化的大概情况,是随x的增大而增大还是相反的情形? 于是需要引入单调性的定义.

定义 1.4 设函数$f(x)$在区间I上有定义. 若对于任何的$x_1,x_2\in I$,$x_1<x_2$,都有

$$f(x_1)<f(x_2)$$

成立,则称函数$f(x)$在区间I上**单调增加**;若对于上述x_1,x_2都有

$$f(x_1)>f(x_2)$$

成立,则称函数$f(x)$在区间I上**单调减少**.

单调增加的函数的图像是一条沿着x轴正向上升的曲线;单调减少的函数的图像是一条沿着x轴正向下降的曲线. 见图 1.14.

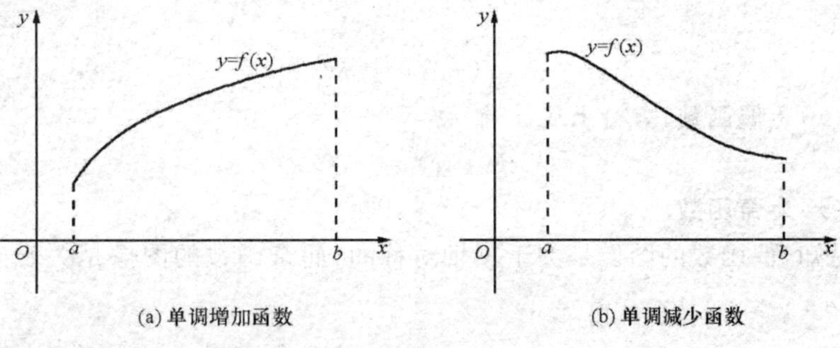

(a) 单调增加函数　　(b) 单调减少函数

图 1.14

例 2 证明:$f(x)=x^3$在$(-\infty,+\infty)$内是单调增加函数.

分析 由函数$y=x^3$的图像(图 1.15)可知它是一个单调增加的函数. 但本题是要证明$f(x)=x^3$在$(-\infty,+\infty)$内单调增加,所以必须按照单调增加的定义,看看是否对于$(-\infty,+\infty)$内的任何两个数x_1,x_2,$x_1<x_2$,会有$f(x_1)<f(x_2)$成立,若是,则符合单调增加的定义.

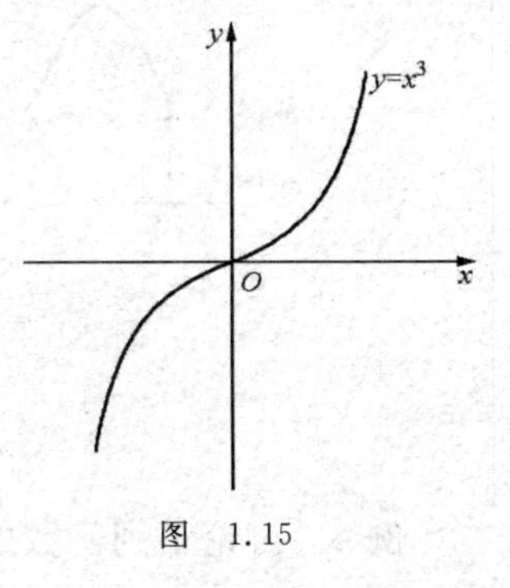

图 1.15

证明 任取两数$x_1,x_2\in(-\infty,+\infty)$,$x_1<x_2$,考查

$$\begin{aligned}f(x_2)-f(x_1)&=x_2^3-x_1^3=(x_2-x_1)(x_2^2+x_1x_2+x_1^2)\\&=(x_2-x_1)\left[\left(x_1+\frac{x_2}{2}\right)^2+\frac{3}{4}x_2^2\right].\end{aligned}$$

由于$x_2-x_1>0$,$\left(x_1+\frac{x_2}{2}\right)^2+\frac{3}{4}x_2^2>0$,所以有

$$f(x_2)-f(x_1)>0.$$

符合函数单调增加的定义,故$f(x)=x^3$在$(-\infty,+\infty)$内单调增加.

一般地,函数的单调性会与x的区间有关.

例 3 证明:函数$f(x)=x^2$在$(-\infty,0)$内是单调减少的,在$(0,+\infty)$内是单调增加的.

分析 按照单调性的定义,分别在$(-\infty,0)$和$(0,+\infty)$内任取两点$x_1,x_2\in(-\infty,0)$,或$x_1,x_2\in(0,+\infty)$,$x_1<x_2$,来考查$f(x_2)-f(x_1)$的符号.

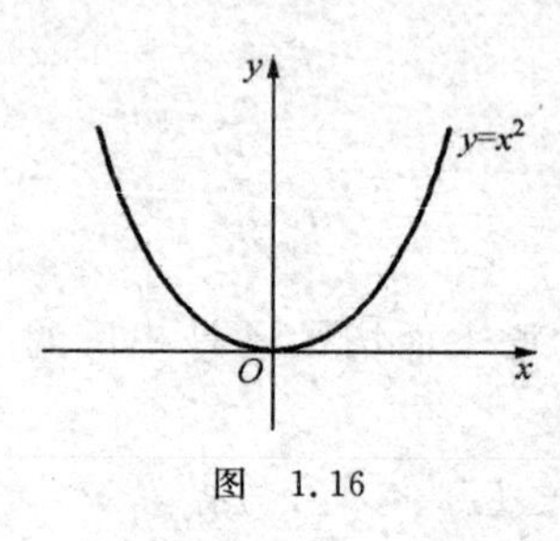

图 1.16

证明 任取 $x_1, x_2 \in (-\infty, 0)$，$x_1 < x_2$，

$$f(x_2) - f(x_1) = x_2^2 - x_1^2 = (x_2 - x_1)(x_2 + x_1).$$

由于 $x_1, x_2 < 0$，$x_2 > x_1$，所以 $(x_2 - x_1) > 0$，$(x_1 + x_2) < 0$，于是

$$f(x_2) - f(x_1) < 0,$$

由单调减少的定义知 $f(x)$ 在 $(-\infty, 0)$ 内单调减少.

类似地，可证 $f(x)$ 在 $(0, +\infty)$ 内单调增加.

$f(x) = x^2$ 的单调性如图 1.16 所示.

三、奇偶性

在 $f(x)$ 的定义域 D 内，是否由一部分区间内的情况就可推知 $f(x)$ 在整个定义域内的情况呢？具有某些性质的函数就可做到这点，满足下面定义的函数就可由 $x < 0$ 时函数的情况推知 $x > 0$ 时函数的情况.

定义 1.5 设函数 $f(x)$ 的定义域 D 是关于原点对称的，即若 $x \in D$，则 $-x \in D$. 若对于任何 $x \in D$，有

$$f(-x) = f(x)$$

成立，则称 $f(x)$ 为**偶函数**；若对上述 x 有

$$f(-x) = -f(x)$$

成立，则称 $f(x)$ 为**奇函数**.

由定义易知，偶函数的图像是关于 y 轴对称的，而奇函数的图像是关于坐标原点对称的，如图 1.17 所示.

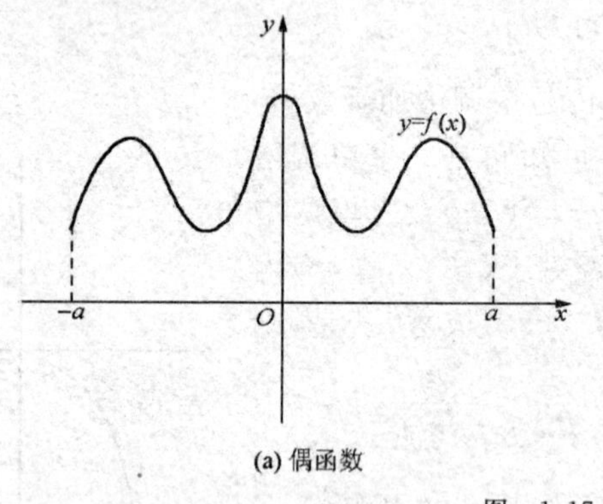

(a) 偶函数

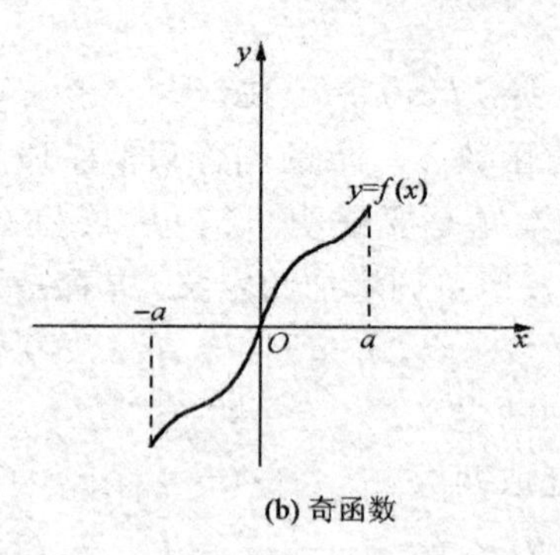

(b) 奇函数

图 1.17

例 4 讨论下列函数的奇偶性：

(1) $f(x) = x|x|$；

(2) $f(x) = x + |x|$；

(3) $f(x) = x^2 + x^4$；

(4) $f(x) = \dfrac{e^x + e^{-x}}{2}$；

(5) $f(x) = \ln(x + \sqrt{1 + x^2})$；

(6) $f(x) = \begin{cases} 1 - e^{-x}, & x \leqslant 0, \\ e^x - 1, & x > 0. \end{cases}$

分析 按定义，讨论函数 $f(x)$ 的奇偶性是要考查

$$f(-x) = \pm f(x)$$

是否成立. 于是有下列解法.

解 (1) 由于 $f(-x)=-x|-x|=-x|x|=-f(x)$,故 $f(x)$是奇函数.

(2) 由于 $f(-x)=-x+|-x|=-x+|x|\neq\pm f(x)$,故 $f(x)$是非奇非偶的函数.

(3) 由于 $f(-x)=(-x)^2+(-x)^4=x^2+x^4=f(x)$,故 $f(x)$是偶函数.

(4) 由于 $f(-x)=\dfrac{e^{-x}+e^{x}}{2}=f(x)$,故 $f(x)$是偶函数.

(5) 由于

$$f(-x)=\ln(-x+\sqrt{1+(-x)^2})=\ln\frac{1}{x+\sqrt{1+x^2}}$$

$$=-\ln(x+\sqrt{1+x^2})=-f(x),$$

故 $f(x)$是奇函数.

(6) 由于

$$f(-x)=\begin{cases}1-e^{-(-x)}, & -x\leqslant 0,\\ e^{-x}-1, & -x>0\end{cases}=\begin{cases}1-e^{x}, & x\geqslant 0,\\ e^{-x}-1, & x<0\end{cases}$$

$$=-\begin{cases}e^{x}-1, & x>0,\\ 1-e^{-x}, & x\leqslant 0\end{cases}=-f(x),$$

故 $f(x)$是奇函数.

例 5 证明:设 $f(x),g(x)$都是$[-a,a]$上的偶函数,则 $f(x)+g(x)$也是$[-a,a]$上的偶函数.

分析 将 $f(x)+g(x)$看成一个新的函数,设 $\varphi(x)=f(x)+g(x)$,对 $\varphi(x)$来讨论奇偶性即可.

证明 设 $\varphi(x)=f(x)+g(x)$,则

$$\varphi(-x)=f(-x)+g(-x)=f(x)+g(x)=\varphi(x).$$

$\varphi(x)$满足偶函数的定义,故是偶函数.

用类似的方法可证明下列结论:

结论 设所考虑的函数都在$[-a,a]$上有定义,则

(1) 两个偶函数之和、之积为偶函数;

(2) 两个奇函数之和为奇函数,之积为偶函数;

(3) 一个奇函数与一个偶函数之积为奇函数.

四、周期性

满足下面定义的函数可由在部分定义域$[0,T]$内的情况反映出它在整个定义域内的情况.

定义 1.6 设函数 $f(x)$的定义域是 $\mathbf{R}$. 若存在常数 T,使得对于任何 $x\in\mathbf{R}$,都有

$$f(x+T)=f(x)$$

成立,则称 $f(x)$为**周期函数**,一般称满足上式的最小的正数 T 为 $f(x)$的**周期**.

周期函数的图像呈周期状,即在其定义域上任意长度为 T 的区间$[x+nT,x+(n+1)T]$ $(n=0,\pm1,\pm2,\cdots)$上,函数的图像有相同的形状,如图 1.18 所示.

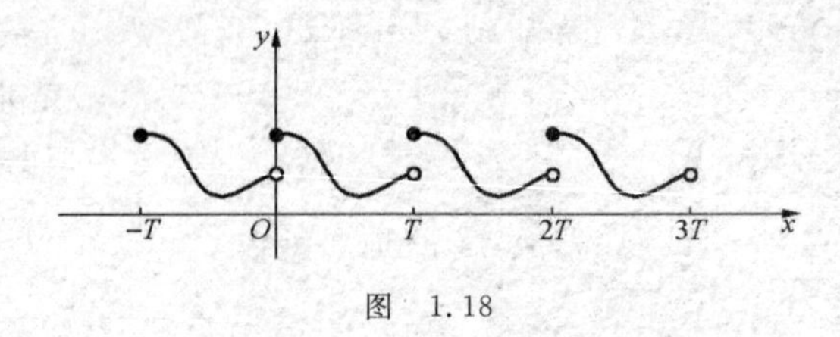

图 1.18

例如,$y=\sin x$,$y=\cos x$ 都是周期为 2π 的周期函数;$y=\tan x$,$y=\cot x$ 都是周期为 π 的周期函数.

例 6 求函数 $f(x)=A\sin(\omega x+\varphi)$ 的周期,其中 A,ω,φ 为常数.

分析 要求 $f(x)$ 的周期,依定义是要求 T,使

$$f(x+T)=f(x),$$

且 T 是满足这个等式的最小的正数.我们从这个等式出发来求 T.

解 由于 $f(x+T)=A\sin(\omega(x+T)+\varphi)=A\sin(\omega x+\varphi+\omega T)$,要使 $f(x+T)=f(x)$,只要

$$A\sin(\omega x+\varphi+\omega T)=A\sin(\omega x+\varphi).$$

注意到 $\sin x$ 的周期为 2π,所以,只要 $\omega T=2\pi$ 即可,解得 $T=\frac{2\pi}{\omega}$.所以 $f(x)$ 的周期是$\frac{2\pi}{\omega}$.

例 7 下列函数中是偶函数的为( ).

(A) $y=\sin\frac{\pi}{4}$; (B) $y=e^x$; (C) $y=\ln x$; (D) $y=\sin x$.

解 这些函数都是很熟悉的函数,由它们的图像易知选项(A)正确.故应选择(A).

习 题 1.3

1. 判断下列函数在所给区间上的有界性,并说明理由:

(1) $f(x)=\cos x, x\in(-\infty,+\infty)$; (2) $f(x)=\tan x, x\in\left(0,\frac{\pi}{2}\right)$;

(3) $f(x)=e^{-x^2}, x\in(-\infty,+\infty)$; (4) $f(x)=e^x, x\in[-1,1]$;

(5) $f(x)=\frac{1}{x+1}, x\in[0,1]$; (6) $f(x)=\frac{1}{x+1}, x\in(-1,0)$;

(7) $f(x)=\sin\frac{1}{x}, x\in(0,+\infty)$; (8) $f(x)=\ln x, x\in(0,+\infty)$.

2. 判断下列函数的单调性:

(1) $y=2x+1$; (2) $y=2^x$; (3) $y=e^{-x}$;

(4) $y=(x-1)^2$; (5) $y=\begin{cases}\ln x, & x>0,\\ 1-x, & x\leqslant 0;\end{cases}$ (6) $y=\frac{x-1}{x+1}$.

3. 判断下列函数的奇偶性:

(1) $y=x^2+x^3$; (2) $y=x^3|x|$; (3) $y=\frac{e^x-e^{-x}}{2}$;

(4) $y=\frac{\sin x}{x}$; (5) $y=\ln|x|-\sec x$; (6) $y=|x|+1$;

(7) $y=\sin x+\cos x$; (8) $y=\ln\frac{1-x}{1+x}$; (9) $y=\begin{cases}1-x, & x<0,\\ 1+x, & x\geqslant 0.\end{cases}$

4. 判断下列函数是否是周期函数,若是则求其周期:

(1) $y=\cos 2x$;　(2) $y=x\sin x$;　(3) $y=\sin^2 x$;

(4) $y=\tan\left(x+\frac{\pi}{4}\right)$;　(5) $y=\left|\sin\frac{x}{2}\right|$;　(6) $y=\sin x+\cos x$.

5. 设 $f(x)$ 在 $(-\infty,+\infty)$ 内有定义. 证明: $\varphi(x)=\frac{f(x)+f(-x)}{2}$ 是偶函数,而 $\psi(x)=\frac{f(x)-f(-x)}{2}$ 是奇函数,并由此说明任何函数 $f(x)$ 都可表示成奇函数与偶函数的和.

6. 已知 $f(x)$ 是周期为 1 的周期函数,在 $[0,1)$ 上,$f(x)=x^2$,求 $f(x)$ 在 $[0,2]$ 上的表达式.

§1.4 反函数和复合函数

一、反函数

一个函数 $y=f(x)$ $(x\in D)$ 不仅反映了因变量 y 随自变量 x 变化的规律,而且也往往反映出 x 随 y 变化的规律. 比如,对于值域 $f(D)$ 中的任何 y_0,由对应法则 $y=f(x)$ 在 D 内总存在 x_0,满足 $y_0=f(x_0)$,若这样的 x_0 是唯一确定的,则此时形成了 x_0 与 y_0 的对应关系,这种关系是符合函数定义的. 这样由 $y=f(x)$ 所确定的 x 是 y 的函数,就是所谓的反函数. 下面给出反函数的定义.

定义 1.7　设函数 $y=f(x)$ 的定义域是 D,值域是 $f(D)$. 若对任何 $y\in f(D)$,在 D 内有唯一确定的 x 使 $y=f(x)$,则称这样形成的函数 x 为 $y=f(x)$ 的**反函数**,记为 $x=f^{-1}(y)$,相应地,也称函数 $y=f(x)$ 是**直接函数**.

对于反函数 $x=f^{-1}(y)$,定义域是 $f(D)$,值域是 D,其图像如图 1.19 所示.

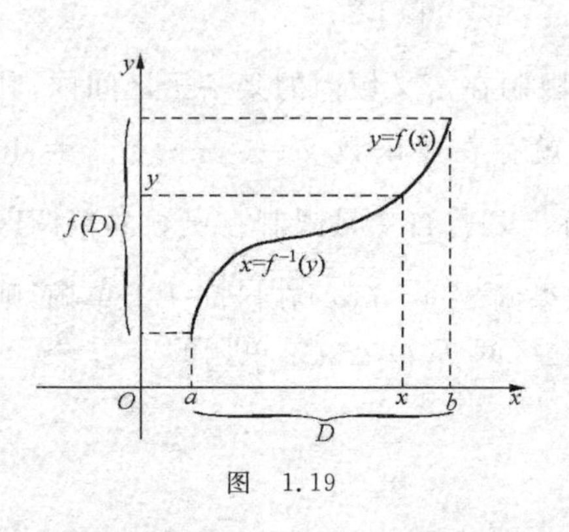

图 1.19

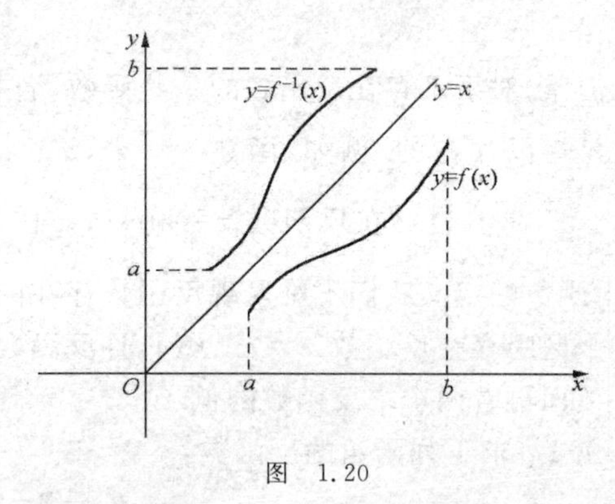

图 1.20

显然,直接函数 $y=f(x)$ 与反函数 $x=f^{-1}(y)$ 的图像是同一个,见图 1.19.

习惯上,用 x 表示自变量,用 y 表示因变量,所以也称 $y=f^{-1}(x)$ 是 $y=f(x)$ 的反函数. 函数 $y=f^{-1}(x)$ 是由 $x=f^{-1}(y)$ 将 y 换为 x,x 换成 y 所形成的函数,所以,$y=f^{-1}(x)$ 与 $x=f^{-1}(y)$ 的图像关于直线 $y=x$ 对称,即 $y=f^{-1}(x)$ 与 $y=f(x)$ 的图像关于直线 $y=x$ 对称,见图 1.20.

反函数的两种表示以后都会遇到,我们可以从前后文中知道究竟指的是哪一种情况.

例 1　设函数 $y=3x+1$,求它的反函数并画出其图像.

分析 只要能从 $y=3x+1$ 中解出 x,表示成 y 的函数,再交换变量记号即可得出 $y=3x+1$ 的反函数.

解 由 $y=3x+1$ 解得

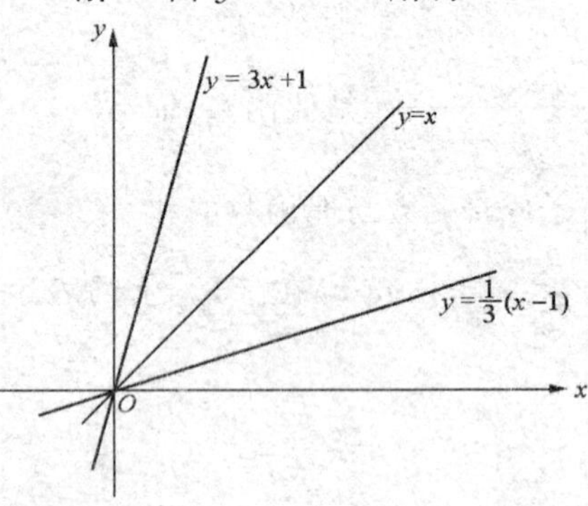

图 1.21

$$x=\frac{1}{3}(y-1),$$

于是,所求的反函数为

$$y=\frac{1}{3}(x-1).$$

它的图像见图 1.21.

值得注意的是,并不是所有的函数 $y=f(x)$ 在其定义域 D 内都存在反函数,因为函数 $f(x)$ 可能会在不同的两个点 x_1,x_2 处有相同的函数值 y_0,即

$$y_0=f(x_1) \quad 和 \quad y_0=f(x_2).$$

这样,对于 $y_0\in f(D)$,按照对应法则 $y=f(x)$ 就会有两个 x 的值 x_1,x_2 与之对应,这就存在不确定性了,不符合函数的定义,此时我们就说 $y=f(x)$ 在其定义域 D 内不存在反函数. 比如,$y=x^2$ 在 $(-\infty,+\infty)$ 内就不存在反函数;$y=\sin x$ 在 $(-\infty,+\infty)$ 内也不存在反函数. 这一点可以从图 1.22 中和图 1.23 中清楚地看出.

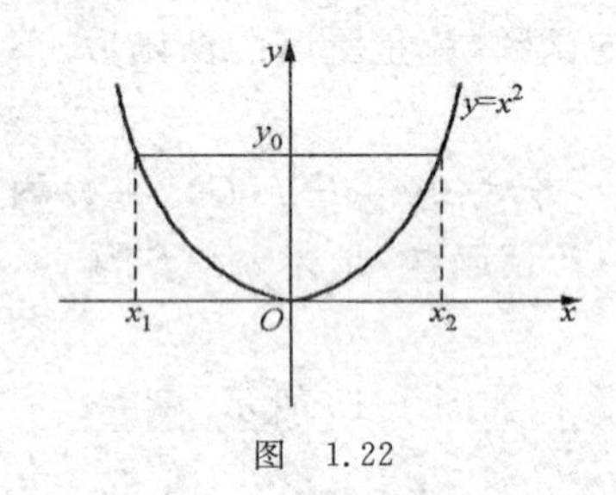

图 1.22

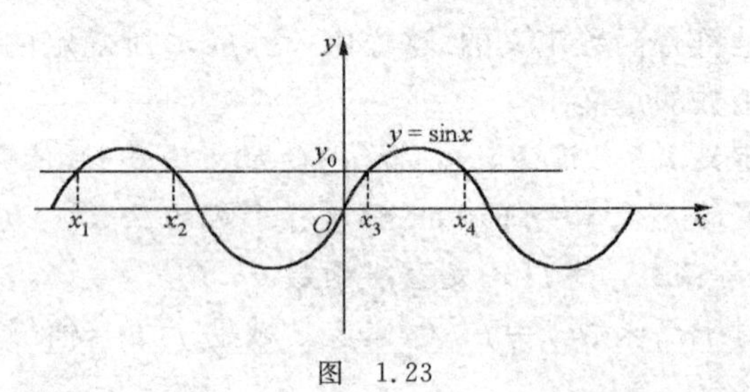

图 1.23

但是,对于不存在反函数的一些函数,若将自变量限制在定义域内的某一子区间内,其反函数是可以存在的. 例如,函数 $y=x^2$, $x\in[0,+\infty)$ 就存在反函数 $x=\sqrt{y}$; 函数 $y=\sin x$, $x\in\left[-\frac{\pi}{2},\frac{\pi}{2}\right]$ 也存在反函数 $x=\arcsin y$. 在这里,实际上是将自变量限制在函数的单调区间内. 由函数的定义我们不难发现反函数存在的条件: 如果函数 $y=f(x)$ 在区间 I 上单调,则它在这个区间存在反函数 $x=f^{-1}(y)$,且反函数 $f^{-1}(y)$ 在区间 $f(I)$ 上也是单调的.

下面再看两个求反函数的例子.

例 2 求下列函数的反函数:

(1) $y=\dfrac{e^x-e^{-x}}{2}$; (2) $y=\dfrac{2x-1}{x+1}$.

解 (1) 由 $y=\dfrac{e^x-e^{-x}}{2}$ 得 $e^x-e^{-x}=2y$,等式两边乘以 e^x,整理得

$$(e^x)^2-2ye^x-1=0.$$

这是关于 e^x 的二次方程,解得

$$e^x=y\pm\sqrt{y^2+1}.$$

由于 $e^x\geqslant 0$,而 $y-\sqrt{y^2+1}<0$,所以舍去 $e^x=y-\sqrt{y^2+1}$,有

$$e^x = y + \sqrt{y^2+1}, \quad 从而 \quad x = \ln(y+\sqrt{y^2+1}).$$

故得到 $y=\dfrac{e^x-e^{-x}}{2}$ 的反函数 $y=\ln(x+\sqrt{x^2+1})$.

(2) 由 $y=\dfrac{2x-1}{x+1}$ 得 $xy+y=2x-1$,解出 x 得

$$x=\frac{y+1}{2-y},$$

故得到 $y=\dfrac{2x-1}{x+1}$ 的反函数 $y=\dfrac{x+1}{2-x}$ $(x\neq 2)$.

二、复合函数

由函数的定义和计算知,函数 $y=u^2$ 可将任何 $u\in(-\infty,+\infty)$ 对应于 $[0,+\infty)$ 上的某一点 y. 所以,如果取 $u=\sin x(x\in(-\infty,+\infty))$,由函数 $y=u^2$ 可得到与 $u=\sin x$ 对应的点 $y=(\sin x)^2$,这样,就形成了变量 $y\in[0,1]$ 与变量 $x\in(-\infty,+\infty)$ 的一种对应法则 $y=(\sin x)^2$. 显然它符合函数的定义,我们可以称 $y=(\sin x)^2$ 是由 $y=u^2(u\in(-\infty,+\infty))$ 和 $u=\sin x(x\in(-\infty,+\infty))$ 构成的复合函数. 这个复合函数的形成可用图 1.24 示意.

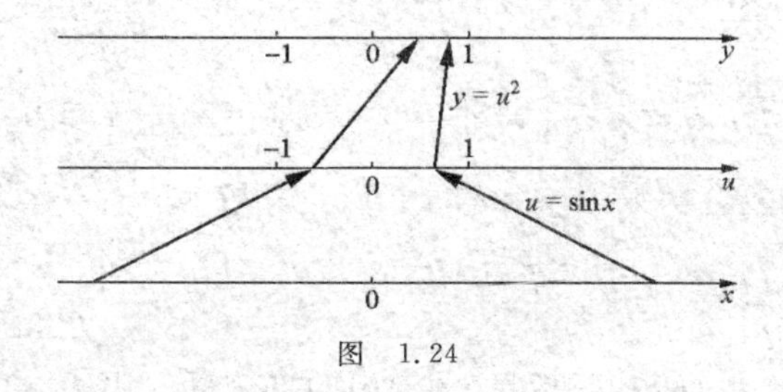

图 1.24

一般地,我们如下定义复合函数.

定义 1.8 设函数 $y=f(u),u\in D_u,u=\varphi(x),x\in D_x$. 如果函数 $u=\varphi(x)$ 的值域 $\varphi(D_x)$ 包含在函数 $y=f(u)$ 的定义域 D_u 内,即 $\varphi(D_x)\subset D_u$,那么,对任何 $x\in D_x$,有 $u=\varphi(x)$ 与之对应,又有 $y=f(u)$ 与 u 对应,从而对于任何 $x\in D_x$,有确定的 y 与之对应,形成 y 是 x 的函数,记为 $y=f(\varphi(x))(x\in D_x)$,称之为是由 $y=f(u)$ 和 $u=\varphi(x)$ 复合而成的**复合函数**,y 是因变量,x 是自变量,称 u 是**中间变量**.

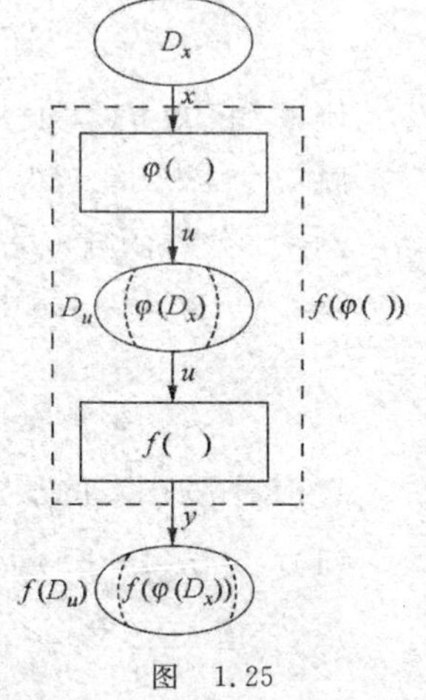

图 1.25

复合函数的示意图见图 1.25. 值得注意的是,如果内层函数 $u=\varphi(x)$ 的值域不属于外层函数 $y=f(u)$ 的定义域时,只要两者有公共部分,即 $\varphi(D_x)\cap D_u\neq\varnothing$,可以将 x 限制在一定的范围内,即限制 $x\in\widetilde{D}_x$,使其对应的值域变小,能够包含在 D_u 内,即 $\varphi(\widetilde{D}_x)\subset D_u$,就可以构成复合函数 $y=f(\varphi(x))$ $(x\in\widetilde{D}_x)$,只不过复合函数的定义域是 $x\in\widetilde{D}_x$,不再是原来 $u=\varphi(x)$ 的定义域 D_x 了.

例如,$y=\arcsin u,u=x^2$,当 $x\in(-\infty,+\infty)$ 时,u 的值域是 $[0,+\infty)$,而 $y=\arcsin u$ 的定义域是 $[-1,1]$,所以,不是对任何 $u\in[0,+\infty)$,函数 $y=\arcsin u$ 都有定义. 但是,若限制 $x\in[-1,1]$,得到的 $u=x^2$ 就在 $y=\arcsin u$ 的定义域内了,所以,可构成复合函数 $y=\arcsin x^2$,其定义域是 $x\in[-1,1]$.

由上面的说明可知,不是任何两个函数 $y=f(u)$, $u=\varphi(x)$ 都可以构成复合函数 $y=f(\varphi(x))$ 的,当内层函数 $u=\varphi(x)$ 的值域根本不在外层函数 $y=f(u)$ 的定义域内时,即 $\varphi(D_x)\cap D_u=\varnothing$,无论怎样限制 x 的范围都不可能构成复合函数. 比如, $y=\arcsin u$, $u=2+x^2$,对于任何的 $x\in(-\infty,+\infty)$, $y=\arcsin(2+x^2)$ 都没有定义,所以,这里的两个函数不能进行复合.

以上所述的是两个函数复合成一个复合函数的情况,而这个复合函数又可以和另一个函数进行复合,所以,可以由多个函数复合成一个复合函数. 例如,复合函数 $y=\arcsin x^2$ $(x\in[-1,1])$ 可以和 $z=y^2$ 复合形成新的复合函数 $z=(\arcsin x^2)^2$ $(x\in[-1,1])$.

关于复合函数,我们不但需要会将两个函数按照指定的方式(哪个函数在内层,哪个函数在外层)复合起来成一个函数,还要会将一个已经复合好的函数"分解"成几个简单的函数.

例 3 求由 $y=\mathrm{e}^u$, $u=x^2$ 复合而成的复合函数,并问它们的复合需要对自变量 x 作什么限制吗?

解 复合函数为 $y=\mathrm{e}^{x^2}$. 因为无论 $x\in(-\infty,+\infty)$ 取什么值, $u=x^2$ 的值都在 $y=\mathrm{e}^u$ 的定义域内,所以,复合函数 $y=\mathrm{e}^{x^2}$ 总有意义,也即对 x 没有限制.

例 4 求由 $y=\sqrt{u}$, $u=2x-1$ 复合而成的复合函数,求该复合函数的定义域.

解 由于 $y=\sqrt{u}$ 的定义域是 $[0,+\infty)$,所以,要使复合函数 $y=\sqrt{2x-1}$ 有意义,必须要限制 x,使

$$u=2x-1\in[0,+\infty),\quad \text{即}\quad 2x-1\geqslant 0.$$

也即 $x\geqslant\frac{1}{2}$. 所以,所求的复合函数为 $y=\sqrt{2x-1}$,定义域为 $\left[\frac{1}{2},+\infty\right)$.

例 5 设 $f(x)=\frac{1-x}{1+x}$,求 $f[f(x)]$.

解 由函数的定义知 $f[f(x)]$ 意指将 $f(x)$ 中的自变量 x 用 $f(x)$ 替换,于是

$$f[f(x)]=\frac{1-f(x)}{1+f(x)}=\frac{2x}{1+x}\cdot\frac{1+x}{2}=x,\quad x\neq -1.$$

例 6 已知 $f(1+x)=x^2$,求 $f(x)$.

解 令 $1+x=u$,得 $f(u)=(u-1)^2$,所以 $f(x)=(x-1)^2$.

例 7 分析函数 $y=\sin(\mathrm{e}^{x^2})$ 是由哪几个简单函数复合而成的.

解 $y=\sin(\mathrm{e}^{x^2})$ 是由 $y=\sin u$, $u=\mathrm{e}^v$, $v=x^2$ 复合而成的.

习 题 1.4

1. 求下列函数的反函数及反函数的定义域:

(1) $y=\ln(1-2x)$, $x\in(-\infty,0]$;

(2) $y=\sqrt[3]{x+2}$, $x\in(-\infty,+\infty)$;

(3) $y=\frac{2-x}{1+x}$, $x\neq-1$;

(4) $y=2\cos\frac{x}{2}$, $x\in[0,2\pi]$.

2. 求由给定的函数形成的复合函数,并求复合函数的定义域:

(1) $y=u^2$, $u=\ln x$;

(2) $y=\sqrt{u}$, $u=\mathrm{e}^x-1$;

(3) $y=\arcsin u$, $u=\mathrm{e}^x$;

(4) $y=\ln u$, $u=\sin v$, $v=x^2$.

3. 指出下列函数是由哪几个简单函数复合而成:

(1) $y=\arccos\sqrt{x}$;

(2) $y=\ln\sin^2 x$;

(3) $y=\mathrm{e}^{\mathrm{e}^{x}}$；　　　　　　　　(4) $y=\sqrt{\tan x^{2}}$.

4. 设 $f(x)=x^2$，$g(x)=\mathrm{e}^x$，求 $f[g(x)]$和 $g[f(x)]$.

5. 求 $y=f(x)=\begin{cases} x, & x<0, \\ x^2, & x\geqslant 0 \end{cases}$ 的反函数.

6. 已知 $f(x)=x^2$，求 $f[f(x)]$.

§1.5 初 等 函 数

在高等数学中，我们研究的函数大多都是由中学学过的那些简单的函数经过加、减、乘、除以及复合运算构成的函数. 所以，我们先复习一下中学里所学过的简单函数，称这些函数为**基本初等函数**.

一、基本初等函数

在初等数学中，我们学过以下六种函数，它们统称为基本初等函数.

1. 常值函数

常值函数 $y=c$，定义域为$(-\infty,+\infty)$，值域为单点集$\{c\}$. 它的图像是平行于 x 轴的直线，如图 1.26 所示.

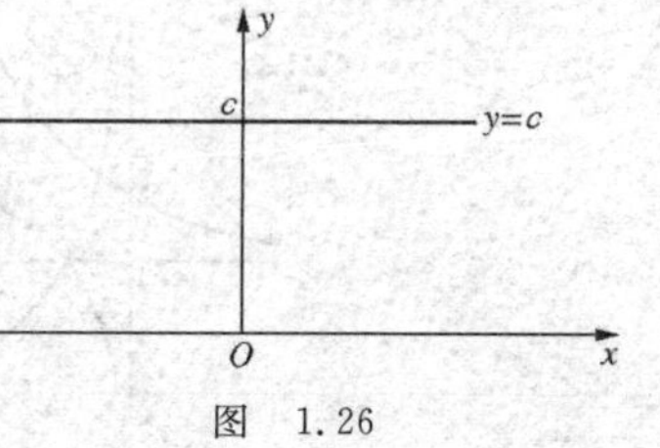

图 1.26

2. 幂函数

幂函数 $y=x^\mu$（μ 为常数），其定义域随着 μ 不同而不同，图像也随着 μ 的不同而有不同的形状.

当 $\mu=1$ 时，幂函数是 $y=x$，定义域为$(-\infty,+\infty)$，图像是一条直线.

当 $\mu=\frac{1}{2}$时，幂函数是 $y=\sqrt{x}$，定义域为$[0,+\infty)$，图像是抛物线的一支.

当 $\mu=-1$ 时，幂函数是 $y=\frac{1}{x}$，定义域为$(-\infty,0)$和$(0,+\infty)$，图像是双曲线.

当 $\mu=2$ 时，幂函数是 $y=x^2$，定义域为$(-\infty,+\infty)$，图像是二次抛物线.

当 $\mu=3$ 时，幂函数是 $y=x^3$，定义域为$(-\infty,+\infty)$，图像是三次抛物线.

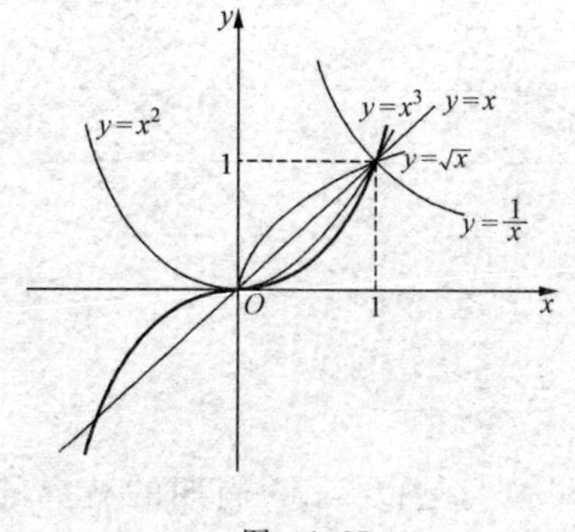

图 1.27

还可以举出许多其他 μ 值所对应的幂函数，但是上述这些幂函数是常用的，图 1.27 是它们对应的图像.

由函数的图像很容易看出函数的定义域、单调性、奇偶性等性质，所以，对于幂函数，应记住上述常用的函数的图像.

3. 指数函数

指数函数 $y=a^x$（$a>0$，$a\neq 1$），其定义域是$(-\infty,+\infty)$，值域为$(0,+\infty)$.

当 $a>1$ 时，指数函数 $y=a^x$ 是单调增加的函数；

当 $0<a<1$ 时，指数函数 $y=a^x$ 是单调减少的函数，图 1.28 是它们的图像.

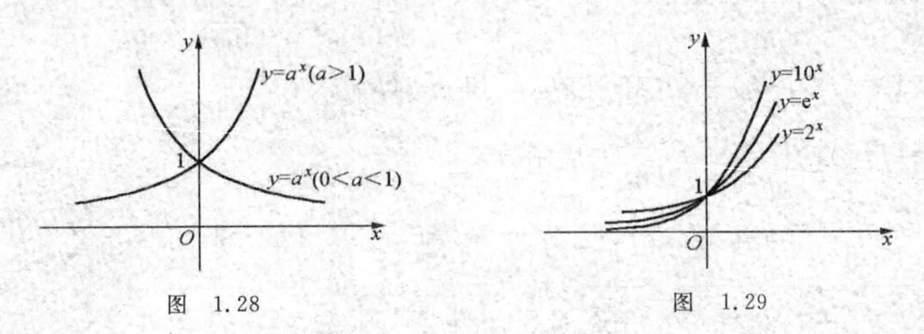

图 1.28　　　　图 1.29

常用的指数函数有 $y=e^x$(e=2.71828…,是无理数),$y=2^x$,$y=10^x$,它们都是单调增加的函数.图 1.29 是它们的图像.

4. 对数函数

对数函数 $y=\log_a x(a>0,a\neq1)$,它是指数函数 $y=a^x$ 的反函数,它的定义域是$(0,+\infty)$.

当 $a>1$ 时,对数函数 $y=\log_a x$ 是单调增加函数;

当 $0<a<1$ 时,对数函数 $y=\log_a x$ 是单调减少函数,图 1.30 是它们的图像.

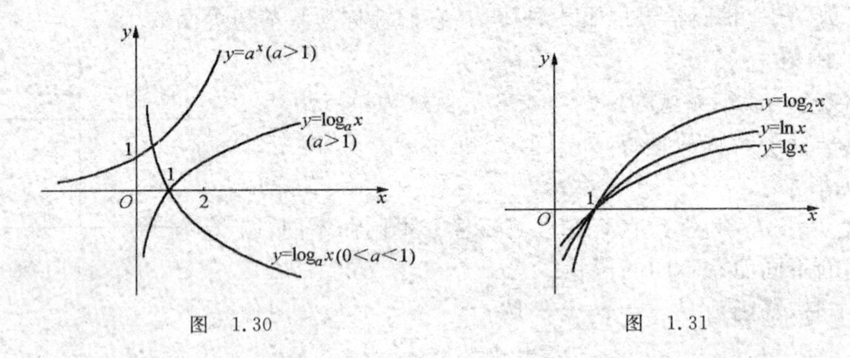

图 1.30　　　　图 1.31

常用的对数函数有 $y=\ln x$,它是以 e 为底的对数函数,称为自然对数;以 10 为底的对数函数记为 $y=\lg x$;以 2 为底的对数函数记为 $\log_2 x$,它们都是单调增加的函数.图 1.31 是它们的图像.

5. 三角函数

(1) 正弦函数 $y=\sin x$,定义域为$(-\infty,+\infty)$,值域为$[-1,1]$,是以 2π 为周期的有界的奇函数,图 1.32 是其图像.

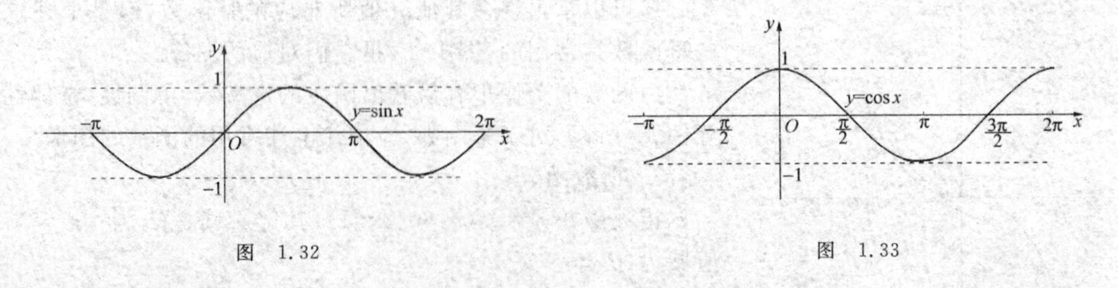

图 1.32　　　　图 1.33

(2) 余弦函数 $y=\cos x$,定义域为$(-\infty,+\infty)$,值域为$[-1,1]$,是以 2π 为周期的有界的偶函数,图 1.33 是它的图像.

(3) 正切函数 $y=\tan x$,定义域为$\left\{x\,\middle|\,x\neq k\pi+\frac{\pi}{2},\ k\in\mathbf{Z}\right\}$,值域为$(-\infty,+\infty)$,是周期为

π 的奇函数. 图 1.34 是它的图像.

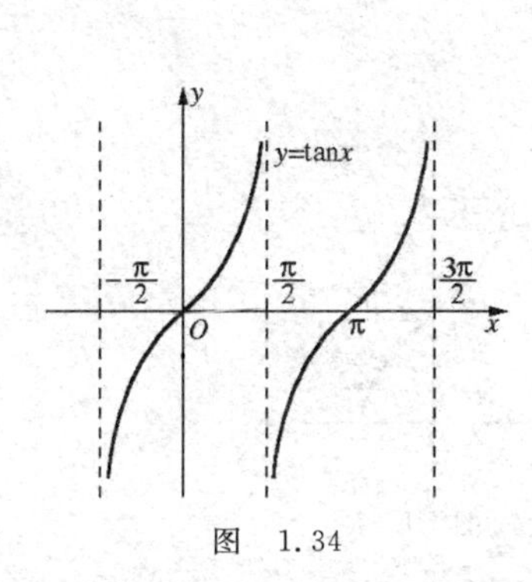

图 1.34

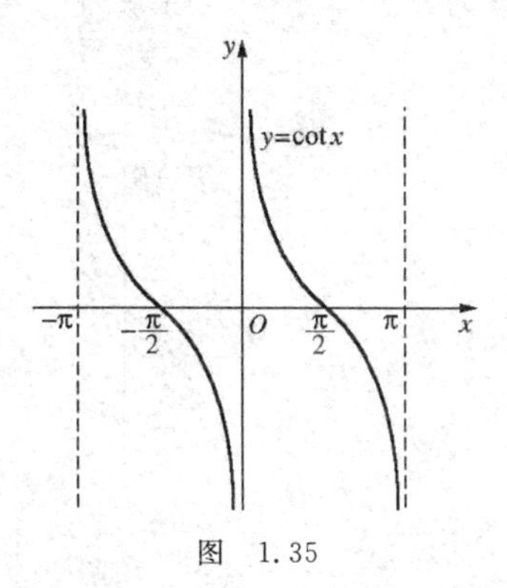

图 1.35

(4) 余切函数 $y=\cot x$,定义域为 $\{x \mid x \neq k\pi,\ k \in \mathbf{Z}\}$,值域为 $(-\infty,+\infty)$,也是周期为 π 的奇函数. 图 1.35 是它的图像.

此外,三角函数还有正割函数 $y=\sec x=\frac{1}{\cos x}$ 和余割函数 $y=\csc x=\frac{1}{\sin x}$,它们都是以 2π 为周期的周期函数.

在高等数学中,三角函数的自变量 x 是以弧度为单位的,弧度与角度之间的换算关系是:

$$360^\circ = 2\pi \text{ 弧度} \quad \text{或} \quad 1^\circ = \frac{\pi}{180} \text{ 弧度} \quad \text{或} \quad 1 \text{ 弧度} = \frac{180^\circ}{\pi}.$$

6. 反三角函数

三角函数 $y=\sin x, y=\cos x, y=\tan x, y=\cot x$ 都是周期函数,因此,对于三角函数,对应于一个函数值 y 会有无穷多个自变量 x 的值与之对应,按照函数的定义,x 不是 y 的函数,也即三角函数在其定义域内不存在反函数. 但是,如果将定义域限制在一定的范围内,使三角函数是单调函数,则在这个范围内,三角函数就存在反函数,这就是反三角函数. 下面分别给予介绍.

(1) 反正弦函数: 将正弦函数 $y=\sin x$ 的定义域限制为 $x \in \left[-\frac{\pi}{2},\frac{\pi}{2}\right]$,此时,这是一个单调增加的函数,故它存在反函数,称为主值范围的反正弦函数,简称为**反正弦函数**,记为

$$y = \arcsin x,$$

其定义域为 $[-1,1]$,值域为 $\left[-\frac{\pi}{2},\frac{\pi}{2}\right]$,图 1.36 是其图像.

以下的反三角函数也是主值范围的反三角函数.

(2) 反余弦函数: 将余弦函数 $y=\cos x$ 的定义域限制为 $x \in [0,\pi]$,此时,这是一个单调减少的函数,故它也存在反函数,称为**反余弦函数**,记为

$$y = \arccos x,$$

其定义域为 $[-1,1]$,值域为 $[0,\pi]$,图像见图 1.37.

(3) 反正切函数: 将正切函数 $y=\tan x$ 的定义域限制为 $x \in \left(-\frac{\pi}{2},\frac{\pi}{2}\right)$,此时,这是一个单调增加的函数,故它也存在反函数,称为**反正切函数**,记为

$$y = \arctan x,$$

其定义域为$(-\infty,+\infty)$,值域为$\left(-\frac{\pi}{2},\frac{\pi}{2}\right)$,其图像如图 1.38 所示.

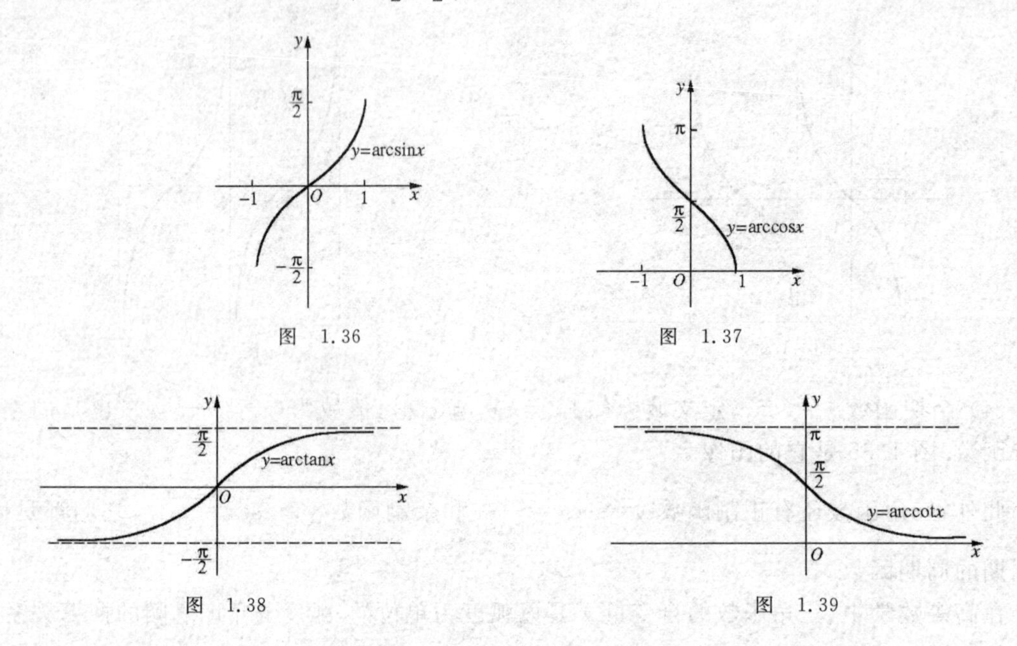

图 1.36　图 1.37　图 1.38　图 1.39

(4) 反余切函数：将余切函数 $y=\cot x$ 的定义域限制为 $x\in(0,\pi)$,此时,这是一个单调减少的函数,故它也存在反函数,称为**反余切函数**,记为

$$y=\operatorname{arccot}x,$$

其定义域为$(-\infty,+\infty)$,值域为$(0,\pi)$,其图像如图 1.39 所示.

二、初等函数

现在我们可以回答“什么是初等函数?”这个问题了.

定义 1.9 由基本初等函数经过有限次四则运算和复合运算构成,并且在其定义域内具有统一的解析表达式的函数,称为**初等函数**.

例如,$y=\ln(x+\sqrt{1+x^2})$, $y=\mathrm{e}^{\sin x}$, $y=\frac{x+1}{x-1}$, $y=\arctan \mathrm{e}^x$, $y=x^x$ 等,都是初等函数.

值得指出的是形如$[f(x)]^{g(x)}$($f(x)$,$g(x)$是初等函数,且 $f(x)>0$)的函数也是初等函数,因为它可表示为

$$[f(x)]^{g(x)}=\mathrm{e}^{g(x)\ln f(x)}.$$

这个函数我们称之为**幂指函数**.

三、非初等函数的例子

在高等数学中,常见的非初等函数就是分段函数. 例如

$$y=\operatorname{sgn}x=\begin{cases}-1, & x<0,\\ 0, & x=0,\\ 1, & x>0\end{cases}$$

就是非初等函数,因为它在定义域的不同部分有不同的解析表达式;又例如

$$y=\begin{cases}\dfrac{\sin x}{x}, & x\neq 0,\\ 1, & x=0\end{cases}$$

也是非初等函数,因为它在 $x=0$ 和 $x\neq 0$ 时的表达式不能统一用一个解析式表示.

四、初等函数定义域的求法

关于定义域,如果所讨论的函数来自某个实际问题,那么其定义域应符合实际意义.例如,在自由落体运动中,下落的距离函数 $h=\frac{1}{2}gt^2$ 的定义域是 $[0,T]$,其中,T 是物体落地的时刻.如果抛开实际背景,仅把 $h=\frac{1}{2}gt^2$ 看成一个二次函数,则它的定义域便是 $(-\infty,+\infty)$.

一般地,若不考虑实际背景,一个初等函数 $y=f(x)$ 的定义域是指使得该函数表达式有意义的自变量取值的全体,这种定义域称为函数的自然定义域,它通常不写出,因此需要我们去求出.由于初等函数是由基本初等函数构成的,所以,求初等函数的定义域时首先需掌握基本初等函数的定义域和值域.

下面是求初等函数定义域的例子.

例 1 求函数 $f(x)=\ln(x-1)+\dfrac{1}{\sqrt{x^2-1}}$ 的定义域.

分析 此函数是由两个函数 $\ln(x-1)$ 与 $\dfrac{1}{\sqrt{x^2-1}}$ 的和构成的函数,所以,需求出使这两个函数都有意义的自变量 x 的范围.这里要注意 $\ln x$ 和 $\sqrt{x}$ 的定义域.

解 要使 $\ln(x-1)$ 有意义,必须有 $x-1>0$,即 $x>1$,也即 $x\in(1,+\infty)$;

要使 $\dfrac{1}{\sqrt{x^2-1}}$ 有意义,必须有 $x^2-1>0$,即 $|x|>1$,也即 $x\in(-\infty,-1)\cup(1,+\infty)$;

要使 $f(x)$ 有意义,必须 $\ln(x-1)$ 与 $\dfrac{1}{\sqrt{x^2-1}}$ 都有意义,即

$$\begin{cases}x\in(1,+\infty),\\ x\in(-\infty,-1)\cup(1,+\infty),\end{cases}$$

也即 $x\in(1,+\infty)$.所以,$f(x)$ 的定义域为 $(1,+\infty)$.

例 2 求函数 $f(x)=\dfrac{1}{x+1}\arcsin e^x$ 的定义域.

分析 为使 $f(x)$ 有意义,必须 $\dfrac{1}{x+1}$ 以及 $\arcsin e^x$ 有意义.要注意分母不能为零以及 $\arcsin x$ 的定义域.

解 为使 $f(x)$ 有意义,显然必须同时具备 $x\neq -1$ 及 $-1\leqslant e^x\leqslant 1$,即

$$\begin{cases}x\neq -1,\\ -1\leqslant e^x\leqslant 1,\end{cases}\quad \text{也即}\quad \begin{cases}x\neq -1,\\ -\infty<x\leqslant 0,\end{cases}$$

所以,$f(x)$ 的定义域为 $(-\infty,-1)\cup(-1,0]$.

五、建立函数关系举例

为了用高等数学去研究实际问题,首先要从实际问题中建立函数关系.下面举几个比较典

型的例子来说明建立函数关系式的方法.

例 3 某工厂有一半径为 1 m、高为 3 m 的圆柱形水罐.现在以每分钟 0.5 m^3 的速度向空着的水罐中注水.试将罐中水的深度 h 表示成时间 t 的函数,并问需要多少分钟可将水罐注满?

解 设注水 t 分钟,水的深度为 h,此时已注入的水的体积应为 $0.5t$,而在罐中深度为 h 时水的体积是 $\pi\cdot 1^2\cdot h$. 显然,注入的水与罐中已存的水的体积是相等的,即有

$$\pi\cdot 1^2\cdot h = 0.5t,$$

所以,h 表示成 t 的函数表达式为

$$h = \frac{0.5}{\pi}t = \frac{1}{2\pi}t.$$

由题意知,当 $h=3$ m 时水罐已满,所以 $3=\frac{1}{2\pi}t$,由此得 $t=6\pi$(分钟),即需要 6π 分钟可将水罐注满.因而 h 表示成 t 的函数关系为

$$h = \frac{1}{2\pi}t,\quad t\in[0,6\pi].$$

例 4 已知某商品的价格 P 与销量 x 的关系为 $P=12-x/4$. 试分别将此商品的市场销售总额 R 表示成销售量和价格的函数.

解 由题意知

$$R = xP = x(12-x/4),\quad 0 < x < 48.$$

由 $P=12-x/4$ 得 $x=4(12-P)$,所以有

$$R = xP = 4P(12-P),\quad 0 < P < 12.$$

例 5 某脉冲发生器产生一个三角形电压波,其波形如图 1.40 所示,试写出电压 V 与时间 t 之间的函数关系.

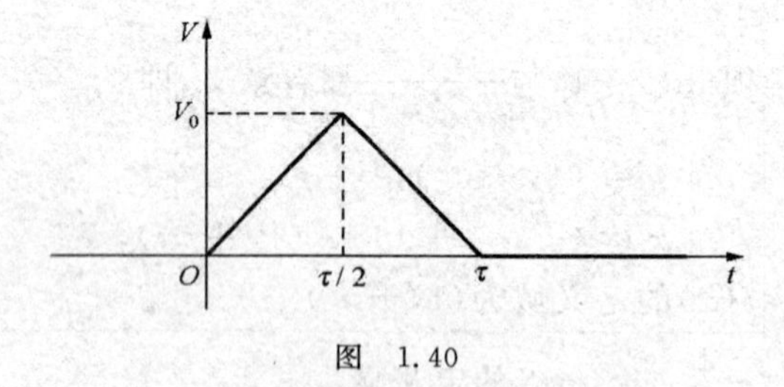

图 1.40

解 由题意和图可看出 τ 和 V_0 是常数,在时间范围 $t\in[0,+\infty)$ 内,V 与 t 的关系由三段直线描述.下面分别将三段直线方程写出.

当 $t\in\left[0,\frac{\tau}{2}\right]$ 时,$V=\dfrac{V_0-0}{\frac{\tau}{2}-0}(t-0)$, 即 $V=\dfrac{2V_0}{\tau}t$;

当 $t\in\left[\frac{\tau}{2},\tau\right]$ 时,$V=\dfrac{V_0-0}{\frac{\tau}{2}-\tau}(t-\tau)$, 即 $V=-\dfrac{2V_0}{\tau}(t-\tau)$;

当 $t\in[\tau,+\infty)$ 时,显然 $V=0$.

综上所述有

$$V=\begin{cases}\dfrac{2V_0}{\tau}t, & t\in\left[0,\dfrac{\tau}{2}\right),\\ -\dfrac{2V_0}{\tau}(t-\tau), & t\in\left[\dfrac{\tau}{2},\tau\right),\\ 0, & t\in[\tau,+\infty).\end{cases}$$

值得指出的是,从实际问题中建立函数关系,不但要用到数学知识(几何、代数),还要用到问题本身所涉及的物理、经济等其他知识.所以,建立函数关系需要具体问题具体分析,没有一种统一适用的方法.

习　题　1.5

1. 求下列函数的定义域:

(1) $y=x^{\frac{2}{3}}+\dfrac{1}{x}$;　　(2) $y=\arcsin\dfrac{3x+1}{2}$;

(3) $y=\tan(x-1)$;　　(4) $y=\dfrac{1}{\sqrt{x+2}}$;

(5) $y=\arctan e^x+\dfrac{1}{x+1}$;　　(6) $y=\ln(x+1)+\sqrt{x+3}$;

(7) $y=\sqrt{\dfrac{x-2}{x+2}}+\dfrac{1}{\sqrt{2x^2-x}}$;　　(8) $y=\arcsin(x+1)+\arccos(2x)$.

2. 作出下列函数的图像:

(1) $y=\dfrac{1}{2x}$;　　(2) $y=\sin(x-1)$;

(3) $y=\ln(1-x)$;　　(4) $y=\arctan x+1$;

(5) $y=\sqrt{x+1}$;　　(6) $y=x\sin x$.

3. 拟建一个容积为 V 的长方体水池,设它的底为正方形,已知池底所用材料单位面积的造价是四壁单位面积造价的 2 倍,试将总造价表示成底边边长的函数.

4. 某商场以每件价格 a(单位:元)出售某种商品,若顾客一次购买 50 件以上,则每件的价格可打八折.试将一次成交的销售收入 R 表示成销售量 x 的函数.

5. 设 $f(x)$的定义域是 $x\in[0,1]$,求下列函数的定义域:

(1) $y=f(x^2)$;　　(2) $y=f(\ln x)$;

(3) $y=f(e^x-1)$;　　(4) $y=f(x-a)+f(x+a)\ (a>0)$.

6. 函数 $f(x)=\dfrac{1}{x(x^2-1)}$在(　　)所示的区间内有界.

(A) $(-1,0)$;　　(B) $(0,1)$;　　(C) $(1,2)$;　　(D) $(2,3)$.

7. 在$(-\infty,+\infty)$内下列恒等式中不正确的是(　　).

(A) $\arcsin(\sin x)=x$;　　(B) $\sin(\arcsin x)=x$;

(C) $\arcsin(\sin(\cos x))=\cos x$;　　(D) $\sin(\arcsin(\cos x))=\cos x$.

§1.6 本章内容小结与学习指导

一、本章知识结构图

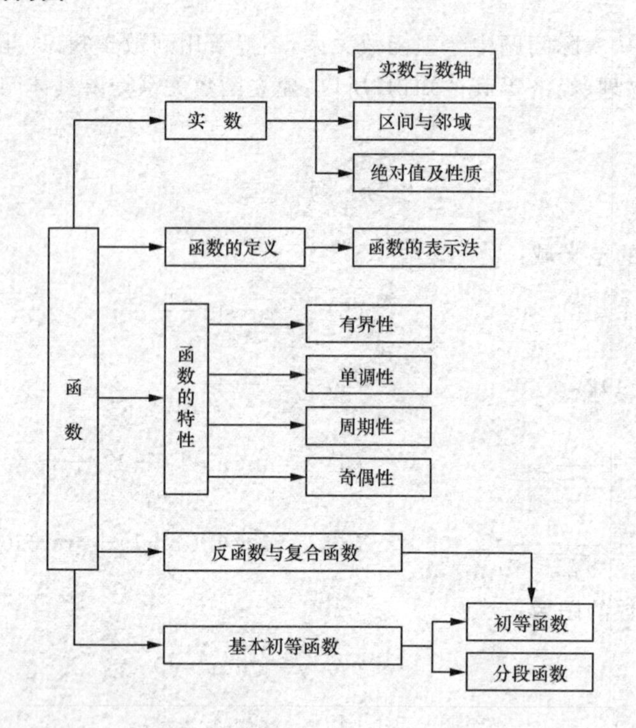

二、内容小结

1. 函数的概念

(1) 函数的定义：设 x,y 是两个变量,x 的变化范围是实数集 D. 如果对于任何的 $x\in D$,按照一定的法则都有唯一确定的 y 值与之对应,则称变量 y 是变量 x 的函数,记为 $y=f(x)$,称 D 是函数的定义域,称 x 是自变量,y 为因变量.

称 y 的取值所成的数集为函数的值域,记为 $f(D)$,即

$$f(D)=\{y\mid y=f(x),\ x\in D\}.$$

(2) 函数的表示法：常用的函数表示法有三种：公式法(解析法)、图像法和表格法.

2. 函数的基本特性

(1) 有界性：设函数 $f(x)$ 在数集 X 内有定义. 若存在正数 M,使得对任何 $x\in X$,都有 $|f(x)|\leqslant M$ 成立,则称 $f(x)$ 在 X 内有界.

有界性的另一种等价的定义是：设函数 $f(x)$ 在数集 X 内有定义. 若存在常数 $m\leqslant M$,使得对任何 $x\in X$,都有 $m\leqslant f(x)\leqslant M$ 成立,则称 $f(x)$ 在 X 内有界. 这里 m 称为 $f(x)$ 的一个下界,M 为 $f(x)$ 的一个上界.

(2) 单调性：设函数 $f(x)$ 在区间 I 上有定义. 若对于任何的 $x_1,x_2\in I$,$x_1<x_2$,都有 $f(x_1)<f(x_2)$ 成立,则称 $f(x)$ 在区间 I 上单调增加;若对于上述 x_1,x_2,都有 $f(x_1)>f(x_2)$ 成立,则称 $f(x)$ 在区间 I 上单调减少. 单调增加和单调减少的函数统称为单调函数.

单调增加函数的图像是一条随着 x 增加而上升的曲线;单调减少函数的图像是一条随着 x 增加而下降的曲线.

函数的单调性一般与区间有关.

(3) 奇偶性:设函数 $f(x)$ 的定义域 D 是关于原点对称的.若对于任何 $x\in D$,都有 $f(-x)=f(x)$成立,则称 $f(x)$为偶函数;若对 $x\in D$,都有 $f(-x)=-f(x)$成立,则称 $f(x)$为奇函数.

偶函数的图像是关于 y 轴对称的,而奇函数的图像则是关于原点对称的.

(4) 周期性:设函数 $f(x)$的定义域是 $\mathbf{R}$.若存在常数 T,使得对于任何 $x\in\mathbf{R}$,都有 $f(x+T)=f(x)$成立,则称 $f(x)$为周期函数,一般称满足上式的最小正数 T 为 $f(x)$的周期.

周期函数的图像呈周期状,即在任意形如$[x+nT,x+(n+1)T]$的区间上,函数的图像有相同的形状.

3. 常用函数的类型

(1) 基本初等函数:

常值函数:$y=c$;

幂函数:$y=x^{\mu}$ (μ 为实常数);

指数函数:$y=a^x$ ($a>0,a\neq1$);

对数函数:$y=\log_a x$ ($a>0,a\neq1$);

三角函数:$y=\sin x$, $y=\cos x$, $y=\tan x$, $y=\cot x$, $y=\sec x$, $y=\csc x$;

反三角函数:$y=\arcsin x$, $y=\arccos x$, $y=\arctan x$, $y=\operatorname{arccot} x$.

(2) 反函数:设函数 $y=f(x)$的定义域是 D,值域是 $f(D)$.若对于任何 $y\in f(D)$,在 D 内有唯一确定的 x 使 $f(x)=y$,则称这样形成的函数 x 为 $y=f(x)$的反函数,记为 $x=f^{-1}(y)$,也称 $y=f^{-1}(x)$是 $y=f(x)$的反函数,称 $y=f(x)$是直接函数.

反函数 $x=f^{-1}(y)$与直接函数 $y=f(x)$在 Oxy 坐标系中的图像是重合的,而反函数 $y=f^{-1}(x)$与直接函数 $y=f(x)$在 Oxy 坐标系中的图像关于直线 $y=x$ 对称.

(3) 复合函数:设函数 $y=f(u)$,定义域为 D_u,$u=\varphi(x)$,定义域为 D_x.如果函数 $u=\varphi(x)$的值域 $\varphi(D_x)$包含在函数 $y=f(u)$的定义域 D_u 内,即 $\varphi(D_x)\subset D_u$,那么,对于任何 $x\in D_x$,有 $u=\varphi(x)$与之对应,又 $u=\varphi(x)\in D_u$,又有 $y=f(u)$与之对应,从而对于任何 $x\in D_x$,有确定的 y 值与之对应,形成 y 是 x 的函数,称这个函数为 $y=f(u)$和 $u=\varphi(x)$的复合函数,记为 $y=f(\varphi(x))$.称 u 是中间变量.

(4) 初等函数:由基本初等函数经过有限次的四则运算和复合运算,并能用一个解析式(公式)表示的函数称为初等函数.

(5) 分段函数:如果 $f(x)$在其定义域的不同的子区间内,其对应法则有着不同的初等函数表达式,则称 $f(x)$为分段函数.

三、常见题型

1. 求函数的自然定义域.
2. 判断函数是否相等.
3. 已知 $y=f(u)$, $u=\varphi(x)$,求复合函数 $f(\varphi(x))$的表达式.
4. 已知复合函数 $f(\varphi(x))$的表达式,求 $f(u)$或 $\varphi(x)$的表达式.

5. 判断函数的有界性、单调性、奇偶性、周期性.

6. 求函数的反函数.

7. 从实际问题中列函数关系式.

四、典型例题解析

例 1 下列各选项中,( )中的函数是相等的.

(A) $f(x)=2\ln x$, $g(x)=\ln x^2$; (B) $f(x)=\frac{x}{x}$, $g(x)=1$;

(C) $f(x)=\sqrt{x^2}$, $g(x)=x$; (D) $f(x)=-\operatorname{sgn}(1-x)$, $g(x)=\begin{cases}-1, & x<1,\\ 0, & x=1,\\ 1, & x>1.\end{cases}$

解 $f(x)=2\ln x$ 的定义域是 $x>0$,$g(x)=\ln x^2$ 的定义域是 $x\neq 0$,定义域不同,故选项(A)中的函数不相等.

$f(x)=\frac{x}{x}$的定义域是 $x\neq 0$,$g(x)=1$ 的定义域是$(-\infty,+\infty)$,定义域不同,故选项(B)中的函数也不相等.

$f(x)=\sqrt{x^2}$与 $g(x)=x$ 的定义域相同,都是$(-\infty,+\infty)$,但它们的对应法则不同,当 $x<0$ 时,$f(x)=|x|=-x$,显然此时 $f(x)\neq g(x)=x$,故选项(C)中函数也不相等.

$$f(x)=-\operatorname{sgn}(1-x)=-\begin{cases}1, & 1-x>0\\ -1, & 1-x<0\\ 0, & 1-x=0\end{cases}=\begin{cases}-1, & x<1\\ 1, & x>1\\ 0, & x=1\end{cases}=g(x),$$

故选项(D)中函数相等,应选择(D).

例 2 函数 $y=\lg(x-1)+\frac{1}{\sqrt{x+1}}$的定义域为________.

解 由 $\lg(x-1)$知 $x-1>0$,又由$\frac{1}{\sqrt{x+1}}$知 $x+1>0$,所以应有

$$\begin{cases}x-1>0,\\ x+1>0,\end{cases}$$

即解得 $x>1$,所以应填定义域为$(1,+\infty)$.

在求函数的定义域时,通常要考虑以下几点:

(1) 分母不能为零;

(2) 偶数方根里的项应该非负;

(3) 对数的真数应是正数;

(4) $y=\arcsin x$,$y=\arccos x$ 的定义域为$[-1,1]$.

例 3 已知 $f(x)=\sin x$,$f(\varphi(x))=1-x^2$,则 $\varphi(x)=$________的定义域为________.

解 由于 $f(x)=\sin x$,所以 $f(\varphi(x))=\sin\varphi(x)$. 再由题设知 $\sin\varphi(x)=1-x^2$,因而有

$$\varphi(x)=\arcsin(1-x^2),$$

它的定义域是$|1-x^2|\leqslant 1$,即 $0\leqslant x^2\leqslant 2$,也即$|x|\leqslant\sqrt{2}$. 所以应填 $\varphi(x)=\arcsin(1-x^2)$,定义域为$[-\sqrt{2},\sqrt{2}]$.

例 4 已知 $f(x)$的定义域为$[0,1]$,求 $g(x)=f(x+a)+f(x-a)\ (a>0)$的定义域.

解 由 $f(x+a)$知 $0\leqslant x+a\leqslant 1$,又由 $f(x-a)$知 $0\leqslant x-a\leqslant 1$,故应有

$$\begin{cases}0\leqslant x+a\leqslant 1,\\0\leqslant x-a\leqslant 1,\end{cases}\quad \text{即}\quad \begin{cases}-a\leqslant x\leqslant 1-a,\\a\leqslant x\leqslant 1+a,\end{cases}$$

也即 $x\in[-a,1-a]\cap[a,1+a]$.

若 $1-a<a$,即 $a>\dfrac{1}{2}$时,$[-a,1-a]\cap[a,1+a]=\varnothing$,此时 $g(x)$的定义域为空集;

若 $a\leqslant 1-a\leqslant 1+a$ 时,即 $a\leqslant\dfrac{1}{2}$时,$[-a,1-a]\cap[a,1+a]=[a,1-a]$.

综上所述,当 $a>\dfrac{1}{2}$,$g(x)$的定义域为空集;当 $0<a\leqslant\dfrac{1}{2}$时,$g(x)$的定义域为$[a,1-a]$.

例 5 设 $f(x)=x^2$, $g(x)=e^x$,则 $f[g(x)]=$________.

(A) e^{x^2}; (B) e^{2x}; (C) x^{x^2}; (D) e^x.

解 由于 $f(x)=x^2$,所以

$$f(g(x))=g^2(x)=(e^x)^2=e^{2x}.$$

故应选(B).

例 6 设 $f(x)=e^{x-1}$,则 $f(\ln(f(x)))=$________.

解 由于 $f(x)=e^{x-1}$,所以

$$f(\ln f(x))=e^{\ln f(x)-1}=e^{(\ln e^{x-1})-1}=e^{x-2}.$$

故应填 e^{x-2}.

此题也可从最里层的函数做起:

由于 $\ln f(x)=\ln e^{x-1}=x-1$,所以

$$f(\ln f(x))=f(x-1)=e^{(x-1)-1}=e^{x-2}.$$

例 7 $f(x)=\ln|x|-\sec x$ 是( ).

(A) 奇函数; (B) 偶函数; (C) 周期函数; (D) 有界函数.

解 由于 $\ln|x|$是偶函数,$\sec x=\dfrac{1}{\cos x}$也是偶函数,所以,$f(x)=\ln|x|-\sec x$ 是偶函数,故应选(B).

例 8 下列函数中,非奇非偶的函数为( ).

(A) $y=|x|+1$; (B) $y=\arctan x$; (C) $y=\sin x+\cos x$; (D) $y=e^{x^2}$.

解 按奇偶性的定义,$y=|x|+1$ 是偶函数,$y=e^{x^2}$ 也是偶函数,$y=\arctan x$ 是奇函数,故选项(A),(B),(D)均不正确. 而 $y=\sin x+\cos x$ 是非奇非偶函数,故选(C)正确.

例 9 函数 $f(x)=\dfrac{1}{x(1-x)}$在( )所给的区间内有界.

(A) $(-1,0)$; (B) $(0,1)$; (C) $(1,2)$; (D) $(2,3)$.

解 在区间$(-1,0)$内,由于 x 可以无限靠近 0,故$|f(x)|$的值可以取得任意大,不会有 $M>0$,使得$|f(x)|\leqslant M$. 因此,$f(x)$在$(-1,0)$内无界. 同理可知 $f(x)$在$(0,1)$,$(1,2)$区间内均无界. 故选项(A),(B),(C)都不正确.

而在区间$(2,3)$内,$2<x<3$,有 $1<x-1<2$,所以

$$2<x(x-1)<6,\quad \text{从而}\quad \frac{1}{6}<\frac{1}{x(x-1)}<\frac{1}{2},$$

不等式各项乘以-1,导致不等式反向:

$$-\frac{1}{2}<\frac{1}{x(1-x)}<-\frac{1}{6},$$

因而$f(x)$在$(2,3)$内有界.故选择(D)正确.

例 10 设$f(x)$在$(-l,l)$上有定义.证明:

(1) $g(x)=\dfrac{f(x)+f(-x)}{2}$在$(-l,l)$上是偶函数;

(2) $h(x)=\dfrac{f(x)-f(-x)}{2}$在$(-l,l)$上是奇函数.

证明 (1) 由于$g(-x)=\dfrac{f(-x)+f(x)}{2}=g(x)$,所以$g(x)$是偶函数.

(2) 由于$h(-x)=\dfrac{f(-x)-f(x)}{2}=-\dfrac{f(x)-f(-x)}{2}=-h(x)$,所以$h(x)$是奇函数.

例 11 设$f(x)$的周期为2,且$f(x)=x^2+1,x\in[0,2)$,则当$x\in[6,8)$时,$f(x)=$ ________.

解 设$x\in[6,8)$,则$x-6\in[0,2)$,于是

$$f(x)=f((x-6)+6)=f(x-6)=(x-6)^2+1,$$

所以,应填$(x-6)^2+1$.

例 12 设函数$y_1=|\sin x|$,$y_2=\sin\dfrac{x}{2}$,$y_3=\tan(x+1)$,$y_4=\arctan(2x)$,在这些函数中,周期为π的函数个数是( ).

(A) 1; (B) 2; (C) 3; (D) 4.

解 由$y=|\sin x|$的图像知它的周期为π;$y=\sin\dfrac{x}{2}$的周期是$\dfrac{2\pi}{\frac{1}{2}}=4\pi$;$y=\tan(x+1)$的周期是$\pi$;$y=\arctan(2x)$不是周期函数,故这些函数中周期为$\pi$的函数有2个.应选择(B).

例 13 函数$y=3^x+1$的反函数是________.

解 因为$3^x=y-1$,$x\ln3=\ln(y-1)$,所以$x=\dfrac{\ln(y-1)}{\ln3}$,应填反函数为$x=\dfrac{\ln(y-1)}{\ln3}$或者$y=\dfrac{\ln(x-1)}{\ln3}$.

例 14 设$f(x)=\dfrac{1}{(x-1)^2}$,则$f\left(\dfrac{1}{f(x)}\right)=$________.

解 由于$\dfrac{1}{f(x)}=(x-1)^2$,应有

$$f\left(\frac{1}{f(x)}\right)=f((x-1)^2)=\frac{1}{((x-1)^2-1)^2}=\frac{1}{(x^2-2x)^2},$$

所以应填 $\dfrac{1}{(x^2-2x)^2}$.

例 15 拟建一个容积为V的长方体水池,设它的底为正方形,已知池底所用材料单位面积的造价是四壁单位面积造价的2倍,试将总造价表示成水池高度的函数.

解 设水池高度为 x,四壁单位面积造价为 a,则池底边长为$\sqrt{\frac{V}{x}}$,总造价 y 为

$$y=2a\frac{V}{x}+a\cdot 4\sqrt{\frac{V}{x}}x=\frac{2aV}{x}+4a\sqrt{Vx}\quad (x>0).$$

第二章 极限与连续

极限理论是高等数学的基础.高等数学中的基本概念都是借助极限方法描述的.连续是与极限密切相关的概念,而连续函数是实际中使用最为广泛的函数.本章内容包括:数列及其极限、数项级数的基本概念、函数的极限、无穷小量与无穷大量、函数的连续性等.

§2.1 数列及其极限

一、数列的概念

在生产和生活实践中,人们经常遇到一串按一定顺序排列起来的无穷多个数.例如,有一把长度为1的尺子,第一天取$\frac{1}{2}$,以后每天取其剩余长度的$\frac{1}{2}$,将每天取走的长度记下,得

$$\frac{1}{2},\ \frac{1}{4},\ \frac{1}{8},\ \cdots,\ \frac{1}{2^n},\ \cdots;$$

又例如,在半径为r的圆内作内接正三边形,求其面积,并记为A_1;再作内接正四边形,求其面积,并记为A_2……作内接正$n+2$边形,求其面积,并记为A_n……将这些数依次记下,得

$$A_1,\ A_2,\ A_3,\ \cdots,\ A_n,\ \cdots.$$

类似这样的一串数有两个特点:有次序,无穷多个.我们将具有这种特点的一串数称为数列.

定义 2.1 称按一定顺序排列起来的无穷多个数

$$a_1,\ a_2,\ a_3,\ \cdots,\ a_n,\ \cdots$$

为**数列**,称其中的第n项a_n为数列的**通项**或**一般项**,数列可用通项简记为$\{a_n\}$.

例 1 数列$1,2,3,\cdots,n,\cdots$,其通项$a_n=n$,该数列可记为$\{n\}$.

例 2 数列$1,\frac{1}{2},\frac{1}{3},\cdots,\frac{1}{n},\cdots$,其通项$a_n=\frac{1}{n}$,该数列可记为$\left\{\frac{1}{n}\right\}$.

例 3 数列$\frac{1}{2},\frac{1}{4},\frac{1}{8},\cdots,\frac{1}{2^n},\cdots$,其通项$a_n=\frac{1}{2^n}$,该数列可记为$\left\{\frac{1}{2^n}\right\}$.

例 4 数列$1,-1,1,-1,\cdots,(-1)^{n+1},\cdots$,其通项$a_n=(-1)^{n+1}$,该数列可记为$\{(-1)^{n+1}\}$.

例 5 数列$a,a,a,\cdots,a,\cdots$,其通项$a_n=a$是常数列,该数列可记为$\{a\}$.

例 6 设 A_n 是在半径为 r 的圆内作的内接正 $n+2$ 边形的面积，则数列为

$$A_1, A_2, \cdots, A_n, \cdots,$$

其通项是 A_n，该数列可记为$\{A_n\}$.

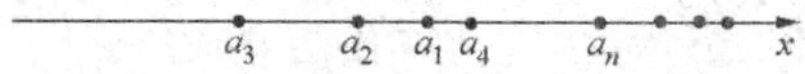

图 2.1

数列$\{a_n\}$的几何表示是分布在数轴上的点列，见图 2.1.

对于数列$\{a_n\}$，若有

$$a_1 \leqslant a_2 \leqslant a_3 \leqslant \cdots \leqslant a_n \leqslant a_{n+1} \leqslant \cdots$$

成立，则称数列$\{a_n\}$**单调增加**；若有

$$a_1 \geqslant a_2 \geqslant \cdots \geqslant a_n \geqslant a_{n+1} \geqslant \cdots$$

成立，则称数列$\{a_n\}$**单调减少**. 单调增加和单调减少的数列统称为**单调数列**.

在上面例子中，例 1、例 6 中的数列是单调增加的；例 2、例 3 中的数列是单调减少的.

对于数列$\{a_n\}$，若存在正数 $M>0$，使得对一切 n 有

$$|a_n| \leqslant M$$

成立，则称数列$\{a_n\}$**有界**，否则称数列$\{a_n\}$**无界**.

在上面例子中，例 2、例 3、例 4、例 5、例 6 都是有界的，例 1 则无界.

数列$\{a_n\}$可以理解为正整数 n 的函数，从而也可以写成

$$a_n = f(n), \quad n = 1,2,\cdots.$$

它可看成是函数 $y=f(x)$ $(x\in[1,+\infty))$的“离散化”.

由于数列的项数是无穷多，不可能将数列的项都列出来，所以，要想了解数列的变化情况，需考查当 n 无限增大时，数列的通项 a_n 的变化趋势，这就需要引进数列极限的概念.

二、数列的极限

我们先来看上一段中几个数列的变化趋势.

对于例 1，通项是 $a_n=n$，当 n 无限增大时，a_n 也无限增大；

对于例 2，通项是 $a_n=\dfrac{1}{n}$，当 n 无限增大时，a_n 越来越小，可无限接近 0；

对于例 3，通项是 $a_n=\dfrac{1}{2^n}$，当 n 无限增大时，a_n 也是越来越小，也可无限接近 0，而且接近 0 的速度比例 2 中的项要快；

对于例 4，通项是 $a_n=(-1)^{n+1}$，即 a_n 只取 -1 和 1，当 n 无限增大时，该数列不趋近于一个确定的常数；

对于例 5，通项是 $a_n=a$，当 n 无限增大时，a_n 始终取 a；

对于例 6，通项 A_n 是圆内接正 $n+2$ 边形面积，由几何意义知，当 n 无限增大时，A_n 越来越大，且无限接近于圆的面积 A.

由这些例子可知，有的数列其通项随着 n 的无限增大而无限接近某个常数，有的数列则没有这个特性.

下面给出数列极限的定义.

定义 2.2 设$\{a_n\}$是一个数列，a 是常数. 如果当 n 无限增大时，a_n 无限趋近于常数 a，则称 a 是数列$\{a_n\}$的**极限**，记为

$$\lim_{n\to\infty} a_n = a \quad 或 \quad a_n \to a \ (n\to\infty),$$

此时，也称数列$\{a_n\}$**收敛于** a；若这样的常数 a 不存在，则称数列**发散**.

显然，可用极限的语言表示上述对例 1～例 6 的分析结果：

对于例 1，$\lim\limits_{n\to\infty}n$ 不存在，数列$\{n\}$发散；

对于例 2，$\lim\limits_{n\to\infty}\frac{1}{n}=0$，数列$\left\{\frac{1}{n}\right\}$收敛于 0；

对于例 3，$\lim\limits_{n\to\infty}\frac{1}{2^n}=0$，数列$\left\{\frac{1}{2^n}\right\}$收敛于 0；

对于例 4，$\lim\limits_{n\to\infty}(-1)^{n+1}$不存在，数列$\{(-1)^{n+1}\}$发散；

对于例 5，$\lim\limits_{n\to\infty}a=a$，常数列$\{a\}$收敛于 a；

对于例 6，$\lim\limits_{n\to 0}A_n=A$(圆的面积)，数列$\{A_n\}$收敛于 A.

下面我们再进一步看几个例子.

例 7 说明数列$\left\{1+\frac{(-1)^n}{n}\right\}$是收敛的，并求其极限.

解 通项 $a_n=1+\frac{(-1)^n}{n}$，虽然随着 n 的增大，a_n 的值有时比 1 大，有时比 1 小，但是当 n 无限增大时，“摆动的量”$\frac{(-1)^n}{n}$的绝对值$\frac{1}{n}$是趋向 0 的，所以，a_n 离 1 的距离越来越近，且无限接近，由极限的定义知

$$\lim_{n\to\infty}\left(1+\frac{(-1)^n}{n}\right)=1.$$

例 8 用函数 $y=a^x$ 的图像来说明数列$\{a^n\}$和数列$\{a^{\frac{1}{n}}\}$的收敛性，其中 $a>0, a\neq 1$.

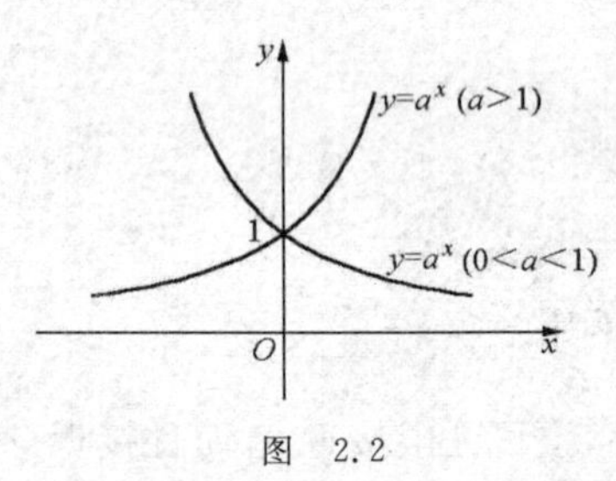

图 2.2

解 $y=a^x$ 是一个基本初等函数，其图像如图 2.2 所示. 由 $y=a^x$ 的图像可知，当 $a>1$ 时，a^x 的值越来越大，当 $0<a<1$ 时，a^x 的值越来越小，且无限接近 0. 而数列$\{a^n\}$是曲线 $y=a^x$ 上的点(n,a^n)的纵坐标，它当然应符合整个曲线的变化趋势. 所以当 $a>1$ 时，$\lim\limits_{n\to\infty}a^n$ 不存在，数列$\{a^n\}$发散；当 $0<a<1$ 时，$\lim\limits_{n\to\infty}a^n=0$，此时数列$\{a^n\}$收敛. 类似地，可从图上看出，无论 $a>1$ 还是 $0<a<1$，当 $n\to\infty$时，$a^{\frac{1}{n}}$无限趋近于 1，所以，$\lim\limits_{n\to\infty}a^{\frac{1}{n}}=1$.

还可以将以上推出的结论推广至“$a\leqslant 0$”的情形. 事实上，当 $a=0$ 时，显然有 $\lim\limits_{n\to\infty}a^n=0$；当 $-1<a<0$ 时，由上述讨论知 $\lim\limits_{n\to\infty}(-a)^n=0$，容易知道此时也有

$$\lim_{n\to\infty}a^n=\lim_{n\to\infty}(-1)^n(-a)^n=0.$$

综上所述，我们有 $\lim\limits_{n\to\infty}a^n=0\ (|a|<1)$；当$|a|>1$ 时，$\lim\limits_{n\to\infty}a^n$ 不存在.

下面来说明极限“$\lim\limits_{n\to\infty}a_n=a$”在几何上的含义.

按照定义，“$\lim\limits_{n\to\infty}a_n=a$”的含义是“当 n 无限增大时，a_n 无限趋近于 a”，更确切的意思是指“当 n 无限增大时，$|a_n-a|$可任意的小”，即对于任意给定的正数 ε，只要 n 充分大，就可使 $|a_n-a|<\varepsilon$ 成立，即 $a-\varepsilon<a_n<a+\varepsilon$ 成立. 这样，就得出了极限在几何上的解释：极限 $\lim\limits_{n\to\infty}a_n=a$ 的几何意义是：在数轴上以 a 为中心，以任意正数 ε 为半径作出开区间$(a-\varepsilon,a+\varepsilon)$，当 n 充分大时($n>N$)，所对应的 a_n 都要落在这个开区间内(见图 2.3).

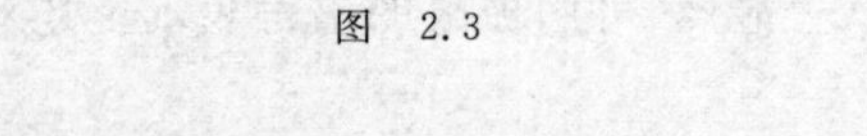

a_2 $a-\varepsilon$ a_{N+1} a a_{N+2} $a+\varepsilon$ a_N a_3 a_1 x

图 2.3

这里要特别指出的是：

(1) 当 N 是多大时，才能使满足 $n>N$ 的 a_n 都落在小区间 $(a-\varepsilon,a+\varepsilon)$ 内？一般来说，N 的大小与小区间 $(a-\varepsilon,a+\varepsilon)$ 的长度有关，长度越长，即 ε 越大，落在区间内的 a_n 的项就越多，这时 N 相对较小；若 ε 越小，区间 $(a-\varepsilon,a+\varepsilon)$ 越短，落在区间内的 a_n 的项就越少，比较多的项会在区间外部，这时 N 就会较大. 所以，N 是与 ε 有关的数，一旦 ε 取定，落在区间外的项数就会定了，这些项的最大下标就是 N.

(2) 对于任意取定的 ε，小区间 $(a-\varepsilon,a+\varepsilon)$ 外最多有数列 $\{a_n\}$ 的项 $a_1,a_2,\cdots,a_N$，即小区间 $(a-\varepsilon,a+\varepsilon)$ 外最多只有 a_n 的有限项. 这是极限"$\lim\limits_{n\to\infty}a_n=a$"本质的另一方面的描述.

(3) 按照上述我们对极限"$\lim\limits_{n\to\infty}a_n=a$"含义的分析可知，要想说明(证明)一个数列 $\{a_n\}$ 的极限确实是常数 a(这个数常常是依直观或计算猜测出的)，可如下进行：

对于任给的正数 ε，看看是否当 n 充分大时($n>N$)会有

$$|a_n-a|<\varepsilon$$

恒成立.

这实际上是数列极限定义的更加准确的描述. 于是人们在较精确的极限问题中，常常需用到以下极限的精确定义.

定义 2.2′ 设数列为 $\{a_n\}$，a 是常数. 如果对于任何给定的正数 $\varepsilon>0$，都存在 N，当 $n>N$ 时，有

$$|a_n-a|<\varepsilon,$$

则称 a 是数列 $\{a_n\}$ 的**极限**，记为 $\lim\limits_{n\to\infty}a_n=a$.

例 9 证明 $\lim\limits_{n\to\infty}\left(1+\dfrac{(-1)^n}{n}\right)=1$.

分析 这个极限值是在例 7 中通过直观分析得到的. 此时的

$$|a_n-a|=\left|\frac{(-1)^n}{n}\right|=\frac{1}{n}.$$

若取 $\varepsilon=\dfrac{1}{1\,000}$，当 n 充分大时，$|a_n-a|=\dfrac{1}{n}<\dfrac{1}{1\,000}$ 是会满足的，只需 $n>1\,000$ 即可；

再取 $\varepsilon=\dfrac{1}{10\,000}$，当 n 充分大时，$|a_n-a|=\dfrac{1}{n}<\dfrac{1}{10\,000}$ 也会满足，只要 $n>10\,000$ 即可；

对于任取的 $\varepsilon>0$，当 n 充分大时，$|a_n-a|=\dfrac{1}{n}<\varepsilon$ 都会满足，只要 $n>\dfrac{1}{\varepsilon}$ 即可. 所以，可如下简单证明.

证明 对于任何给定的 $\varepsilon>0$，此时的

$$\left|1+\frac{(-1)^n}{n}-1\right|=\frac{1}{n},$$

当 n 充分大时，显然 $\dfrac{1}{n}<\varepsilon$ 会满足，只要 $n>\dfrac{1}{\varepsilon}$ 即可.

下面以我们对数列极限本质的了解来看极限的一些基本性质.

三、收敛数列的性质

我们以定理的形式叙述收敛数列的性质.

定理 2.1(极限的唯一性) 若数列$\{a_n\}$收敛,则其极限唯一.

下面我们可用数列极限的几何意义来理解本定理的正确性.

若存在常数 $a\neq b$,不妨设 $a<b$,使

$$\lim_{n\to\infty}a_n=a,\quad \lim_{n\to\infty}a_n=b.$$

由极限的几何意义知,对于如图 2.4 作出的两个小区间,一方面,a_n 的项落在区间$(a-\varepsilon,a+\varepsilon)$外的最多只有有限多项,当然 a_n 的项落在小区间$(b-\varepsilon,b+\varepsilon)$内的也最多只有有限多项;另一方面,由 $\lim\limits_{n\to\infty}a_n=b$ 的几何意义知,a_n 的项落在$(b-\varepsilon,b+\varepsilon)$外的最多只有有限项,剩下的无穷多项都要落在$(b-\varepsilon,b+\varepsilon)$内. 这两方面是矛盾的! 所以数列$\{a_n\}$若收敛,不可能有多于一个的极限.

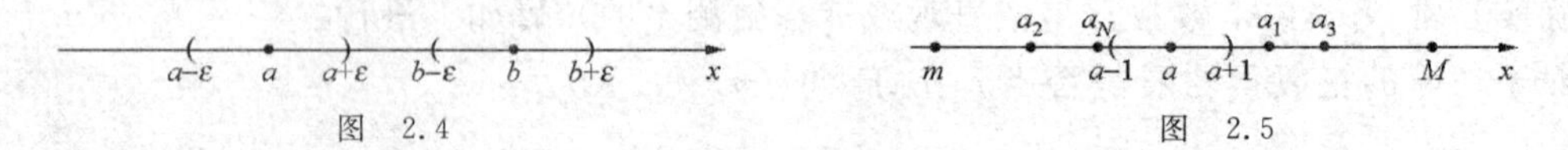

图 2.4　　　　图 2.5

定理 2.2(收敛数列的有界性) 收敛数列$\{a_n\}$必有界.

我们仍用极限的几何意义来理解本定理的正确性.

若 $\lim\limits_{n\to\infty}a_n=a$,则对于如图 2.5 作出的小区间$(a-1,a+1)$. 由极限的几何意义知,$a_n$ 的项落在区间外面的最多只有有限项,即 $a_1,a_2,\cdots,a_N$ 可能在区间外面,当 $n>N$ 时,所有的 a_n 都在区间$(a-1,a+1)$内,即当 $n>N$ 时,$a-1<a_n<a+1$;而对 $n=1,2,\cdots,N$,显然有

$$\min(a_1,\cdots,a_N)\leqslant a_n\leqslant \max(a_1,\cdots,a_N),$$

这样,存在两个常数 m,M: $m=\min(a_1,\cdots,a_N,a-1)$,$M=\max(a_1,\cdots,a_N,a+1)$,使对一切 n,有

$$m\leqslant a_n\leqslant M.$$

所以数列$\{a_n\}$有界.

由定理 2.2 知,无界的数列一定是发散的. 例如,例 1 中的数列$\{n\}$,它的项 $a_n=n$ 是无界的,故极限 $\lim\limits_{n\to\infty}n$ 不存在.

例 10 判断数列$\left\{n\sin\dfrac{n\pi}{2}\right\}$的敛散性(是收敛还是发散).

解 $a_n=n\sin\dfrac{n\pi}{2}$的项排列为

$$1,\ 0,\ -3,\ 0,\ 5,\ 0,\ -7,\ 0,\ \cdots,$$

显然当 $n=2k+1$ 时,$|a_n|=(2k+1)$,$k=1,2,3,\cdots$,易知$\{a_n\}$无界,所以此数列$\left\{n\sin\dfrac{n\pi}{2}\right\}$发散.

值得注意的是,有界的数列也不一定收敛. 例如,$\{(-1)^n\}$是有界数列,但它的极限不存在,故它是发散的.

定理 2.3(保序性) 若 $\lim\limits_{n\to\infty}a_n=a$,$\lim\limits_{n\to\infty}b_n=b$,且 $a<b$,则当 n 充分大时($n>N$),有 $a_n<b_n$.

我们仍用极限的几何意义来理解该定理的正确性.

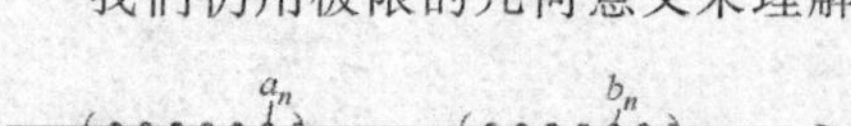

图 2.6

由于 $a<b$,则可在数轴上作出如图 2.6 不相交的两个小区间$(a-\varepsilon,a+\varepsilon)$,$(b-\varepsilon,b+\varepsilon)$. 由 $\lim\limits_{n\to\infty}a_n=a$ 的几

何意义知,当 n 充分大($n>N_1$)时,a_n 会落在($a-\varepsilon,a+\varepsilon$)内,落在外面的最多只是项 $a_1,a_2,\cdots,a_{N_1}$.

又由 $\lim\limits_{n\to\infty}b_n=b$ 的几何意义知,当 n 充分大($n>N_2$)时,b_n 会落在($b-\varepsilon,b+\varepsilon$)内,落在外面的最多只是项 $b_1,b_2,\cdots,b_{N_2}$.

所以,只要 n 充分大且同时大于 N_1 和 N_2,即取 $N=\max(N_1,N_2)$,当 $n>N$ 时,上面两种情形就会同时出现:a_n 落在($a-\varepsilon,a+\varepsilon$)内,而 b_n 落在($b-\varepsilon,b+\varepsilon$)内,注意到这两个小区间不相交:$a+\varepsilon<b-\varepsilon$,所以,当 $n>N$ 时有 $a_n<b_n$.

此定理说明,极限值的大小在一定程度上刻画了数列的项 a_n 的大小,当然是在 n 充分大的情况下.事实上,由极限的定义不难理解:n 越大,极限值 a 的大小就越能代表数列的项 a_n 的大小.

推论 若当 $n>N$ 时,有 $a_n\geqslant b_n$,且 $\lim\limits_{n\to\infty}a_n=a$,$\lim\limits_{n\to\infty}b_n=b$,则 $a\geqslant b$.

证明 若不然,则 $a<b$,由定理2.3知当 n 充分大时有 $a_n<b_n$,与已知条件矛盾,所以必有 $a\geqslant b$.

在求数列的极限或研究数列极限的有关问题中,常常会用到下述的极限运算法则以及数列极限存在的准则.

四、数列极限的运算法则及存在准则

为了使我们能够从已知的简单数列的极限推求出更多、更复杂数列的极限.下述的极限四则运算法则是必须掌握的.

定理2.4 若 $\lim\limits_{n\to\infty}a_n=a$,$\lim\limits_{n\to\infty}b_n=b$,则

(1) $\lim\limits_{n\to\infty}(a_n\pm b_n)=\lim\limits_{n\to\infty}a_n\pm\lim\limits_{n\to\infty}b_n=a\pm b$;

(2) $\lim\limits_{n\to\infty}a_nb_n=\lim\limits_{n\to\infty}a_n\lim\limits_{n\to\infty}b_n=ab$;

(3) $\lim\limits_{n\to\infty}\dfrac{a_n}{b_n}=\dfrac{\lim\limits_{n\to\infty}a_n}{\lim\limits_{n\to\infty}b_n}=\dfrac{a}{b}$ (此时 $b\neq0$).

此定理说明,由数列$\{a_n\}$,$\{b_n\}$的收敛就可推知更多数列$\{a_n\pm b_n\}$,$\{a_nb_n\}$,$\left\{\dfrac{a_n}{b_n}\right\}$收敛,且可以求出相应的极限值.

在定理2.4中,若取 $b_n=c$ 是常数列,则会得出下面的推论:

推论1 若 $\lim\limits_{n\to\infty}a_n=a$,则 $\lim\limits_{n\to\infty}ca_n=c\lim\limits_{n\to\infty}a_n=ca$.

此推论说明,若极限号里有常数因子 c,则可将其提到极限号外面.

容易知道,定理2.4的(1),(2)可推广至有限多项时的情形.所以对于任意正整数 k 有

$$\lim_{n\to\infty}a_n^k=\lim_{n\to\infty}\overbrace{a_n\cdot a_n\cdot\cdots\cdot a_n}^{k\text{个}}=(\lim_{n\to\infty}a_n)(\lim_{n\to\infty}a_n)\cdots(\lim_{n\to\infty}a_n)=a^k,$$

于是有推论2:

推论2 若 $\lim\limits_{n\to\infty}a_n=a$,$k$ 是任意正整数,则 $\lim\limits_{n\to\infty}a_n^k=a^k$.

有了极限的四则运算法则及其推论,再由我们前面已经知道的结果:$\lim\limits_{n\to\infty}\dfrac{1}{n}=0$,$\lim\limits_{n\to\infty}a^n=0$($|a|<1$),$\lim\limits_{n\to\infty}a^{\frac{1}{n}}=1$($a>0$)就可求出更多、更复杂数列的极限.

例 11 求下列数列的极限：

(1) $\lim\limits_{n\to\infty}\dfrac{n+2}{2n+1}$； (2) $\lim\limits_{n\to\infty}\dfrac{2n^3-n+2}{3n^3+n^2+1}$； (3) $\lim\limits_{n\to\infty}\dfrac{n^2+2}{4n^4+2n-1}$；

(4) $\lim\limits_{n\to\infty}\dfrac{4^n-3^{n+1}}{4^n+1}$； (5) $\lim\limits_{n\to\infty}\left(1+\dfrac{2}{3^n}\right)^5$.

解 (1) $\lim\limits_{n\to\infty}\dfrac{n+2}{2n+1}=\lim\limits_{n\to\infty}\dfrac{1+\dfrac{2}{n}}{2+\dfrac{1}{n}}=\dfrac{\lim\limits_{n\to\infty}\left(1+\dfrac{2}{n}\right)}{\lim\limits_{n\to\infty}\left(2+\dfrac{1}{n}\right)}=\dfrac{1+2\lim\limits_{n\to\infty}\dfrac{1}{n}}{2+\lim\limits_{n\to\infty}\dfrac{1}{n}}=\dfrac{1+2\times 0}{2+0}=\dfrac{1}{2}$.

(2) $\lim\limits_{n\to\infty}\dfrac{2n^3-n+2}{3n^3+n^2+1}=\lim\limits_{n\to\infty}\dfrac{2-\dfrac{1}{n^2}+\dfrac{2}{n^3}}{3+\dfrac{1}{n}+\dfrac{1}{n^3}}=\dfrac{\lim\limits_{n\to\infty}\left(2-\dfrac{1}{n^2}+\dfrac{2}{n^3}\right)}{\lim\limits_{n\to\infty}\left(3+\dfrac{1}{n}+\dfrac{1}{n^3}\right)}=\dfrac{2}{3}$.

(3) $\lim\limits_{n\to\infty}\dfrac{n^2+2}{4n^4+2n-1}=\lim\limits_{n\to\infty}\dfrac{\dfrac{1}{n^2}+\dfrac{2}{n^4}}{4+\dfrac{2}{n^3}-\dfrac{1}{n^4}}=\dfrac{\lim\limits_{n\to\infty}\left(\dfrac{1}{n^2}+\dfrac{2}{n^4}\right)}{\lim\limits_{n\to\infty}\left(4+\dfrac{2}{n^3}-\dfrac{1}{n^4}\right)}=\dfrac{0}{4}=0$.

(4) $\lim\limits_{n\to\infty}\dfrac{4^n-3^{n+1}}{4^n+1}=\lim\limits_{n\to\infty}\dfrac{1-3\left(\dfrac{3}{4}\right)^n}{1+\left(\dfrac{1}{4}\right)^n}=\dfrac{\lim\limits_{n\to\infty}\left(1-3\left(\dfrac{3}{4}\right)^n\right)}{\lim\limits_{n\to\infty}\left(1+\left(\dfrac{1}{4}\right)^n\right)}=\dfrac{1-3\times 0}{1+0}=1$.

(5) $\lim\limits_{n\to\infty}\left(1+\dfrac{2}{3^n}\right)^5=\left[\lim\limits_{n\to\infty}\left(1+\dfrac{2}{3^n}\right)\right]^5=(1+2\times 0)^5=1$.

关于数列极限存在性的判别，有下面两个准则.

定理 2.5(夹逼定理) 若数列$\{a_n\}$，$\{b_n\}$，$\{c_n\}$满足不等式

$$a_n\leqslant b_n\leqslant c_n,$$

且 $\lim\limits_{n\to\infty}a_n=\lim\limits_{n\to\infty}c_n=a$，则数列$\{b_n\}$收敛，且

$$\lim_{n\to\infty}b_n=a.$$

夹逼定理也称为**夹逼准则**.下面我们用数列极限的几何意义来理解此定理的正确性.

按照数列极限的几何意义，欲说明 $\lim\limits_{n\to\infty}b_n=a$，只需看看是否在数轴上以 a 为中心、以任意小的数 $\varepsilon>0$ 为半径的小区间$(a-\varepsilon,a+\varepsilon)$内能包含数列$\{b_n\}$的当 n 充分大时的所有项 b_n，见图 2.7.

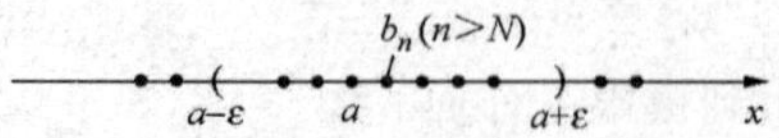

图 2.7

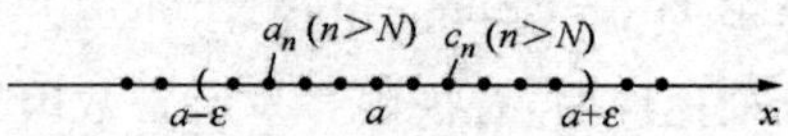

图 2.8

由于 $\lim\limits_{n\to\infty}a_n=a$，所以当 n 充分大时，$\{a_n\}$的项 a_n 会落入图 2.8 所示的小区间；又由于 $\lim\limits_{n\to\infty}c_n=a$，所以当 n 充分大时，$\{c_n\}$的项也会落入图 2.8 所示的小区间.而又由条件 $a_n\leqslant b_n\leqslant c_n$ 可知，当 n 充分大时($n>N$)所有的 b_n 都会落入图 2.8 所示的小区间内，即有 $\lim\limits_{n\to\infty}b_n=a$.

例 12 设 $a_n=\dfrac{\sin n}{n}$，试判断数列$\{a_n\}$的收敛性.

解 由于$-\dfrac{1}{n}\leqslant\dfrac{\sin n}{n}\leqslant\dfrac{1}{n}$，所以

$$\lim_{n\to\infty}\frac{1}{n}=0,\quad \lim_{n\to\infty}\left(-\frac{1}{n}\right)=0.$$

由定理 2.5 知 $\lim\limits_{n\to\infty}\frac{\sin n}{n}=0$,即数列$\{a_n\}$收敛.

例 13 求极限 $\lim\limits_{n\to\infty}\sqrt[n]{1+2^n+3^n}$.

解 由于

$$\sqrt[n]{3^n}<\sqrt[n]{1+2^n+3^n}<\sqrt[n]{3\cdot 3^n},\quad 即\quad 3<\sqrt[n]{1+2^n+3^n}<3\sqrt[n]{3},$$

且 $\lim\limits_{n\to\infty}3=3$,$\lim\limits_{n\to\infty}3\sqrt[n]{3}=3\lim\limits_{n\to\infty}3^{\frac{1}{n}}=3$,故由定理 2.5 知

$$\lim_{n\to\infty}\sqrt[n]{1+2^n+3^n}=3.$$

定理 2.6 单调有界数列必有极限.

下面从数列的几何意义来看本定理的正确性.

若数列$\{a_n\}$单调增加且有界,即

$$a_1\leqslant a_2\leqslant a_3\leqslant\cdots\leqslant a_n\leqslant\cdots\leqslant M,\quad 且\ a_1\leqslant a_n\leqslant M,$$

那么,数列$\{a_n\}$在数轴上表示的是一串不断向右排列的点,且不能超过数 M,这样,它的项 a_n 必会无限趋近于某常数 a,这个数 a 就是它的极限,见图 2.9 所示.

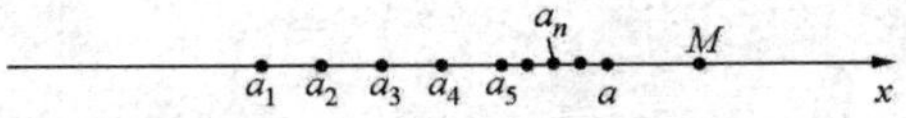

图 2.9

从图 2.9 上还可看出,对于单调增加而有界的数列,其极限值 a 必是它的一个上界.

类似地,可看出单调减少而有界的数列也必有极限,且其极限值 a 必是数列的一个下界.

例 14 设 $a_n=\left(1+\frac{1}{n}\right)^n$,试证明数列$\{a_n\}$收敛.

证明 (1) 证$\{a_n\}$的单调性.

由二项式展开公式有

$$\begin{aligned}a_n&=\left(1+\frac{1}{n}\right)^n=1+n\cdot\frac{1}{n}+\frac{n(n-1)}{2!}\cdot\frac{1}{n^2}+\frac{n(n-1)(n-2)}{3!}\cdot\frac{1}{n^3}+\cdots\\&\quad+\frac{n(n-1)(n-2)\cdots(n-n+1)}{n!}\frac{1}{n^n}\\&=1+1+\frac{1}{2!}\left(1-\frac{1}{n}\right)+\frac{1}{3!}\left(1-\frac{1}{n}\right)\left(1-\frac{2}{n}\right)+\cdots\\&\quad+\frac{1}{n!}\left(1-\frac{1}{n}\right)\left(1-\frac{2}{n}\right)\cdots\left(1-\frac{n-1}{n}\right),\end{aligned}$$

类似地有

$$\begin{aligned}a_{n+1}&=1+1+\frac{1}{2!}\left(1-\frac{1}{n+1}\right)+\frac{1}{3!}\left(1-\frac{1}{n+1}\right)\left(1-\frac{2}{n+1}\right)+\cdots\\&\quad+\frac{1}{n!}\left(1-\frac{1}{n+1}\right)\left(1-\frac{2}{n+1}\right)\cdots\left(1-\frac{n-1}{n+1}\right)\\&\quad+\frac{1}{(n+1)!}\left(1-\frac{1}{n+1}\right)\left(1-\frac{2}{n+1}\right)\cdots\left(1-\frac{n-1}{n+1}\right)\left(1-\frac{n}{n+1}\right).\end{aligned}$$

比较 a_n 和 a_{n+1} 的展开式中的项,它们的第一、二项相同,从第三项到第 $n+1$ 项,a_{n+1} 的每一项

都比 a_n 中的对应项大，而且 a_{n+1} 的展式中还多出最后一个正项，所以有

$$a_n < a_{n+1},$$

即数列$\{a_n\}$单调增加.

(2) 证$\{a_n\}$的有界性.

对于$\{a_n\}$，下界是自然存在的，因为有 $a_n > a_1$. 只需说明$\{a_n\}$有上界即证得$\{a_n\}$有界.

由于 a_n 的展开式中的因子 $1-\frac{1}{n}, 1-\frac{2}{n}, \cdots, 1-\frac{n-1}{n}$ 都是小于 1 的，所以

$$\begin{aligned} a_n &< 1+1+\frac{1}{2!}+\frac{1}{3!}+\cdots+\frac{1}{n!} \\ &< 1+1+\frac{1}{2}+\frac{1}{2^2}+\frac{1}{2^3}+\cdots+\frac{1}{2^{n-1}} \\ &= 1+\frac{1-\frac{1}{2^n}}{1-\frac{1}{2}} = 3-\frac{1}{2^{n-1}} < 3, \end{aligned}$$

$\{a_n\}$有上界，故$\{a_n\}$有界.

综上所述，由定理 2.6 知数列$\{a_n\}$收敛，即 $\lim\limits_{n\to\infty}\left(1+\frac{1}{n}\right)^n$ 存在，将此极限记为 e，即

$$\lim_{n\to\infty}\left(1+\frac{1}{n}\right)^n = \mathrm{e}.$$

可以证明 e 是无理数，它的值为 e=2.718281828459….

例 15 在下列式子中，错误的选项是(　　).

(A) $\lim\limits_{n\to\infty}\left(1+\frac{1}{n}\right)^{-n}=\mathrm{e}^{-1}$；　　(B) $\lim\limits_{n\to\infty}\left(1+\frac{1}{n}\right)^{n+1}=\mathrm{e}$；

(C) $\lim\limits_{n\to\infty}\left(1+\frac{1}{n}\right)^{2n+1}=\mathrm{e}^2$；　　(D) $\lim\limits_{n\to\infty}\left(1-\frac{1}{n^2}\right)^{n}=\mathrm{e}$.

解 选项(A)，(B)，(C)中的式子是正确的，因为

$$\lim_{n\to\infty}\left(1+\frac{1}{n}\right)^{-n} = \lim_{n\to\infty}\frac{1}{\left(1+\frac{1}{n}\right)^n} = \frac{1}{\mathrm{e}},$$

$$\lim_{n\to\infty}\left(1+\frac{1}{n}\right)^{n+1} = \lim_{n\to\infty}\left(1+\frac{1}{n}\right)^n\left(1+\frac{1}{n}\right) = \mathrm{e},$$

$$\begin{aligned} \lim_{n\to\infty}\left(1+\frac{1}{n}\right)^{2n+1} &= \lim_{n\to\infty}\left[\left(1+\frac{1}{n}\right)^n\right]^2\left(1+\frac{1}{n}\right) \\ &= \left[\lim_{n\to\infty}\left(1+\frac{1}{n}\right)^n\right]^2\cdot\lim_{n\to\infty}\left(1+\frac{1}{n}\right) = \mathrm{e}^2. \end{aligned}$$

而选项(D)中的式子是错误的，因为

$$\begin{aligned} \lim_{n\to\infty}\left(1-\frac{1}{n^2}\right)^n &= \lim_{n\to\infty}\left(1+\frac{1}{n}\right)^n\left(1-\frac{1}{n}\right)^n = \lim_{n\to\infty}\frac{\left(1+\frac{1}{n}\right)^n}{\left(1+\frac{1}{n-1}\right)^n} \\ &= \lim_{n\to\infty}\frac{\left(1+\frac{1}{n}\right)^n}{\left(1+\frac{1}{n-1}\right)^{n-1}\left(1+\frac{1}{n-1}\right)} = \frac{\mathrm{e}}{\mathrm{e}\cdot 1} = 1. \end{aligned}$$

故此题应选择(D).

习 题 2.1

1. 写出下列数列的前五项:

(1) $\{a_n\}=\left\{\dfrac{n}{2n-1}\right\}$;　(2) $\{a_n\}=\left\{\dfrac{\sin\frac{n\pi}{2}}{n}\right\}$;

(3) $\{a_n\}=\left\{\dfrac{1}{3^n}\right\}$;　(4) $\{a_n\}=\left\{1+\dfrac{1}{2}+\cdots+\dfrac{1}{n}\right\}$;

(5) $\{a_n\}$,其中 $a_n=\begin{cases} n, & n\text{ 为偶数}, \\ \dfrac{1}{n}, & n\text{ 为奇数}. \end{cases}$

2. 写出下列数列的通项 a_n,求 $\lim\limits_{n\to\infty}a_n$(若存在).

(1) $1,-\dfrac{1}{2},\dfrac{1}{3},-\dfrac{1}{4},\dfrac{1}{5},\cdots$;

(2) $2,4,8,16,\cdots$;

(3) $1,\dfrac{1}{\sqrt{2}},\dfrac{1}{2},\dfrac{1}{2\sqrt{2}},\cdots$;

(4) $1,0,1,0,1,0,\cdots$.

3. 用函数 $y=\sin x$ 的图像说明极限 $\lim\limits_{n\to\infty}\sin n$ 是否存在?

4. 用数列极限的几何意义说明:$\lim\limits_{n\to\infty}a_n=a$ 的充分必要条件是 $\lim\limits_{n\to\infty}a_{2n+1}=\lim\limits_{n\to\infty}a_{2n}=a$.

5. 设数列$\{x_n\}$是单调减少的,且 $\lim\limits_{n\to\infty}x_n=0$,试根据函数 $y=\sin x$ 的图像求极限 $\lim\limits_{n\to\infty}\sin x_n$.

6. 计算下列数列的极限:

(1) $\lim\limits_{n\to\infty}\dfrac{2n^3+n-1}{3n^3-n^2+2}$;　(2) $\lim\limits_{n\to\infty}\dfrac{2^n+1}{2^n+3}$;　(3) $\lim\limits_{n\to\infty}\left(\left(\dfrac{2}{3}\right)^n+\left(\dfrac{5}{7}\right)^{n+1}+3\right)$;

(4) $\lim\limits_{n\to\infty}\dfrac{1+2+\cdots+n}{n^2}$;　(5) $\lim\limits_{n\to\infty}\left(\dfrac{3n^2+2}{1-4n^2}\right)^2$;　(6) $\lim\limits_{n\to\infty}\left(1-\dfrac{1}{n}\right)^n$.

7. 若 $\lim\limits_{n\to\infty}\dfrac{an^3+bn^2+2}{2n^2+2n+1}=1$,则 $a=$________,$b=$________.

8. 求极限$\lim\limits_{n\to\infty}\dfrac{n+\cos n\pi}{n^2}$.

§2.2 数项级数的基本概念

一、数项级数的定义及敛散性

在上一节开始时,我们举的"一把尺子"的例子中,若将每天取走的部分的长度加起来,就会得到尺子的长度1,于是有

$$1=\frac{1}{2}+\frac{1}{2^2}+\frac{1}{2^3}+\cdots+\frac{1}{2^n}+\cdots,$$

无穷多项求和是一个有限数1.

再例如,若要将无限循环小数 $0.14\dot{2}\dot{7}$ 用分数表示出来,应有

$$0.14\dot{2}\dot{7}=\frac{14}{10^2}+\frac{27}{10^4}+\frac{27}{10^6}+\cdots+\frac{27}{10^{2n}}+\cdots,$$

这里也得到:无穷多个数求和是一个有限数.

在上面两个例子中,都是将一个确定的数表示成了无穷多个数的和,且若在任何确定的 n 处"截断",等式将不成立:

$$1\neq\frac{1}{2}+\frac{1}{2^2}+\frac{1}{2^3}+\cdots+\frac{1}{2^n},$$

$$0.14\dot{2}\dot{7}\neq\frac{14}{10^2}+\frac{27}{10^4}+\frac{27}{10^6}+\cdots+\frac{27}{10^{2n}}.$$

在上述讨论的问题中,任何有限项的求和都达不到给定的值.而"无穷项求和"如何运算?(总不能一直加下去)它的"和"又如何求得?这就需要引进"无穷项求和"的概念.

定义 2.3 设 $\{u_n\}$ 是一个数列,称表达式

$$u_1+u_2+\cdots+u_n+\cdots$$

为**数项级数**,简称为**级数**,记为 $\sum\limits_{n=1}^{\infty}u_n$,即

$$\sum_{n=1}^{\infty}u_n=u_1+u_2+\cdots+u_n+\cdots,$$

其中第 n 项 u_n 称为级数的**通项**,也称**一般项**.

应该注意的是,对于一个有限项的和式,比如

$$u_1+u_2+u_3,$$

它代表一个确定的常数,而级数 $\sum\limits_{n=1}^{\infty}u_n$ 中有无穷多个项,这里虽然也是用加号连接的,但是它似乎有时代表一个常数,比如

$$\frac{1}{2}+\frac{1}{2^2}+\frac{1}{2^3}+\cdots+\frac{1}{2^n}+\cdots=1;$$

有时不能代表一个常数,比如

$$1+2+3+\cdots+n+\cdots$$

就不能代表任何常数.所以,表达式"$\sum\limits_{n=1}^{\infty}u_n$"与有限项和式是不同的,它只是一个形式的记号.

为了使形式的记号"$\sum\limits_{n=1}^{\infty}u_n$"的含义更确切化,我们根据表达式

$$\frac{1}{2}+\frac{1}{2^2}+\frac{1}{2^3}+\cdots+\frac{1}{2^n}+\cdots=1$$

和表达式

$$\frac{14}{10^2}+\frac{27}{10^4}+\frac{27}{10^6}+\cdots+\frac{27}{10^{2n}}+\cdots=0.14\dot{2}\dot{7}$$

中蕴涵的极限思想,给出 $\sum\limits_{n=1}^{\infty}u_n$ 收敛的定义.

定义 2.4 对于级数 $\sum\limits_{n=1}^{\infty}u_n$,若它的前 n 项和

$$s_n = u_1 + u_2 + \cdots + u_n$$

当 $n\to\infty$ 时无限趋于常数 s，即 $\lim\limits_{n\to\infty}s_n=s$，则称级数 $\sum\limits_{n=1}^{\infty}u_n$ **收敛**，并称 s 是级数 $\sum\limits_{n=1}^{\infty}u_n$ **的和**，记为

$$\sum_{n=1}^{\infty}u_n = s;$$

若极限 $\lim\limits_{n\to\infty}s_n$ 不存在，则称级数 $\sum\limits_{n=1}^{\infty}u_n$ **发散**.

由上述定义可知，只有收敛的级数 $\sum\limits_{n=1}^{\infty}u_n$，才有和 s，才能代表一个常数，发散的级数 $\sum\limits_{n=1}^{\infty}u_n$ 没有和，不代表任何常数. 由定义还可知，对于收敛的级数 $\sum\limits_{n=1}^{\infty}u_n$，有

$$\sum_{n=1}^{\infty}u_n = \lim_{n\to\infty}s_n = s,$$

此式表示了“无穷项求和” $\sum\limits_{n=1}^{\infty}u_n$ 的运算如何进行的：先将前 n 项和 s_n 算出，再求极限 $\lim\limits_{n\to\infty}s_n$；还表示了“无穷项求和”的和如何求：$s=\lim\limits_{n\to\infty}s_n$.

值得注意的是，对于给定的级数 $\sum\limits_{n=1}^{\infty}u_n$，$s_n$ 的项构成一个数列，例如，对于 $\sum\limits_{n=1}^{\infty}(-1)^{n-1}$，其 s_n 的项是：$s_1=1, s_2=1+(-1)=0, s_3=1+(-1)+1=1, \cdots$，它构成数列

$$1,\ 0,\ 1,\ 0,\ \cdots,\ \frac{1+(-1)^{n-1}}{2},\ \cdots,$$

所以，级数 $\sum\limits_{n=1}^{\infty}u_n$ 的收敛性，实质上就是其前 n 项和数列 $\{s_n\}$ 的收敛性问题.

例 1 试判定级数 $\sum\limits_{n=1}^{\infty}(-1)^{n-1}$ 的敛散性.

解 由上述知该级数的前 n 项和数列 $\{s_n\}$ 的项为

$$1,\ 0,\ 1,\ 0,\ \cdots,\ \frac{1+(-1)^{n-1}}{2},\ \cdots,$$

这个数列的极限是不存在的，因为它不趋近于任何一个定值，总是在 0 和 1 上来回跳动，即 $\lim\limits_{n\to\infty}s_n$ 不存在. 所以级数 $\sum\limits_{n=1}^{\infty}(-1)^{n-1}$ 发散.

例 2 判定级数 $\sum\limits_{n=1}^{\infty}r^{n-1}$ 的敛散性，其中 r 是实数.

解 此级数称为等比级数(也称几何级数)，由于它的项是等比数列.

当 $r\neq 1$ 时，$s_n=1+r+r^2+\cdots+r^{n-1}=\dfrac{1-r^n}{1-r}$.

当 $|r|<1$ 时，$\lim\limits_{n\to\infty}r^n=0$(§2.1 例 8)，所以当 $|r|<1$ 时，$\lim\limits_{n\to\infty}s_n=\dfrac{1}{1-r}$，由级数收敛的定义知，当 $|r|<1$ 时，级数 $\sum\limits_{n=1}^{\infty}r^{n-1}$ 收敛，其和为 $\dfrac{1}{1-r}$，即有

$$\sum_{n=1}^{\infty}r^{n-1} = \frac{1}{1-r} \quad (|r|<1).$$

当$|r|>1$时,$\lim\limits_{n\to\infty}r^n$不存在(§2.1例8),所以当$|r|>1$时,$\lim\limits_{n\to\infty}s_n$不存在,由级数收敛的定义知此时级数$\sum\limits_{n=1}^{\infty}r^{n-1}$发散.

当$r=1$时,级数为$1+1+1+\cdots+1+\cdots$,此时的前n项和$s_n=n$,显然$\lim\limits_{n\to\infty}s_n$不存在,所以此时级数$\sum\limits_{n=1}^{\infty}r^{n-1}$发散.

当$r=-1$时,级数为$1+(-1)+1+(-1)+\cdots+(-1)^{n-1}+\cdots$,这即为例1中的级数,已知它是发散的.

综上所述,等比级数$\sum\limits_{n=1}^{\infty}r^{n-1}$的敛散性如下:

当$|r|<1$时,$\sum\limits_{n=1}^{\infty}r^{n-1}=\dfrac{1}{1-r}$,级数收敛;当$|r|\geqslant1$时,$\sum\limits_{n=1}^{\infty}r^{n-1}$发散.

例 3 判定级数$\sum\limits_{n=1}^{\infty}\dfrac{1}{n(n+1)}$的敛散性.

解 由于此级数的前n项和

$$\begin{aligned}s_n&=\frac{1}{1\cdot2}+\frac{1}{2\cdot3}+\frac{1}{3\cdot4}+\cdots+\frac{1}{n(n+1)}\\&=1-\frac{1}{2}+\frac{1}{2}-\frac{1}{3}+\frac{1}{3}-\frac{1}{4}+\cdots+\frac{1}{n}-\frac{1}{n+1}=1-\frac{1}{n+1},\end{aligned}$$

所以$\lim\limits_{n\to\infty}s_n=\lim\limits_{n\to\infty}\left(1-\dfrac{1}{n+1}\right)=1$,故该级数收敛,且$\sum\limits_{n=1}^{\infty}\dfrac{1}{n(n+1)}=1$.

例 4 判定级数$\sum\limits_{n=1}^{\infty}\ln\left(1+\dfrac{1}{n}\right)$的敛散性.

解 由于此级数的前n项和s_n为

$$\begin{aligned}s_n&=\ln2+\ln\frac{3}{2}+\ln\frac{4}{3}+\cdots+\ln\frac{n+1}{n}\\&=\ln\left(2\cdot\frac{3}{2}\cdot\frac{4}{3}\cdot\cdots\cdot\frac{n+1}{n}\right)=\ln(n+1),\end{aligned}$$

由函数$y=\ln(x+1)$的图像知极限$\lim\limits_{n\to\infty}\ln(n+1)$不存在,所以极限$\lim\limits_{n\to\infty}s_n$不存在,故级数发散.

由上面例题的解法可知,按照级数收敛的定义来判断一个级数的敛散性的关键是求出该级数的前n项和s_n的表达式,也即是n项求和问题,这一般来讲是较困难的事,有时需要特殊的技巧,例3的解法就用到了"折项相消"的技巧.为了能和求极限时所做的那样,利用已知的简单级数的敛散性,去判断更多、更复杂级数的敛散性,我们需要研究与级数敛散性有关的基本性质.

二、级数的基本性质和级数收敛的必要条件

定理 2.7 设c为非零常数,则级数$\sum\limits_{n=1}^{\infty}u_n$与$\sum\limits_{n=1}^{\infty}cu_n$同时收敛或同时发散,且在收敛时有

$$\sum_{n=1}^{\infty}cu_n=c\sum_{n=1}^{\infty}u_n.$$

证明 设 $\sum\limits_{n=1}^{\infty}u_n$ 的前 n 项和为 s_n，$\sum\limits_{n=1}^{\infty}cu_n$ 的前 n 项和为 σ_n，则

$$\sigma_n = cu_1 + cu_2 + \cdots + cu_n = c(u_1 + u_2 + \cdots + u_n) = cs_n.$$

由数列极限的性质知，若 $\lim\limits_{n\to\infty}s_n$ 存在，则 $\lim\limits_{n\to\infty}\sigma_n = \lim\limits_{n\to\infty}cs_n$ 存在；若 $\lim\limits_{n\to\infty}s_n$ 不存在，则 $\lim\limits_{n\to\infty}\sigma_n = \lim\limits_{n\to\infty}cs_n$ 不存在，所以，级数 $\sum\limits_{n=1}^{\infty}u_n$ 与 $\sum\limits_{n=1}^{\infty}cu_n$ 同时收敛或同时发散.

若收敛，设 $\sum\limits_{n=1}^{\infty}u_n = \lim\limits_{n\to\infty}s_n = s$，则

$$\sum_{n=1}^{\infty}cu_n = \lim_{n\to\infty}cs_n = cs = c\sum_{n=1}^{\infty}u_n.$$

例 5 判定级数 $\sum\limits_{n=1}^{\infty}ar^{n-1}(a\neq 0)$ 的敛散性.

解 由定理 2.7 知 $\sum\limits_{n=1}^{\infty}ar^{n-1}$ 与 $\sum\limits_{n=1}^{\infty}r^{n-1}$ 有相同敛散性. 又由例 2 知 $\sum\limits_{n=1}^{\infty}ar^{n-1}$ 的敛散性：

$$\sum_{n=1}^{\infty}ar^{n-1} = \begin{cases} \dfrac{a}{1-r}, & \text{当 } |r|<1, \\ \text{发散}, & \text{当 } |r|\geqslant 1. \end{cases}$$

定理 2.8 改变或去掉级数 $\sum\limits_{n=1}^{\infty}u_n$ 的前面有限项的值，不会改变级数的敛散性.

证明 设改变级数 $\sum\limits_{n=1}^{\infty}u_n$ 的前 k 项的值得到级数 $\sum\limits_{n=1}^{\infty}v_n$，并设它们的前 n 项和依次为 s_n 和 σ_n，则

$$\begin{aligned}\sigma_n &= v_1 + \cdots + v_k + v_{k+1} + \cdots + v_n \\ &= (u_1 + \cdots + u_k + v_{k+1} + \cdots + v_n) + (v_1 + \cdots + v_k) - (u_1 + \cdots + u_k) \\ &= s_n + \sigma_k - s_k,\end{aligned}$$

由于 k 是有限数，所以 $\sigma_k - s_k$ 是常数，由极限运算法则知 $\lim\limits_{n\to\infty}s_n$ 与 $\lim\limits_{n\to\infty}(s_n+\sigma_k-s_k)$ 同时存在或同时不存在. 故级数 $\sum\limits_{n=1}^{\infty}u_n$ 与 $\sum\limits_{n=1}^{\infty}v_n$ 同敛散.

例 6 判定级数 $\sum\limits_{n=1}^{\infty}\left(\dfrac{1}{2}\right)^{n+9}$ 的敛散性.

解 由例 2 知级数 $\sum\limits_{n=1}^{\infty}\left(\dfrac{1}{2}\right)^{n-1}$ 是收敛的，而级数

$$\sum_{n=1}^{\infty}\left(\frac{1}{2}\right)^{n+9} = \left(\frac{1}{2}\right)^{10} + \left(\frac{1}{2}\right)^{11} + \cdots + \left(\frac{1}{2}\right)^{n+9} + \cdots$$

只是级数 $\sum\limits_{n=1}^{\infty}\left(\dfrac{1}{2}\right)^{n-1}$ 去掉前面 9 项后所得的级数，由定理 2.8 知应与 $\sum\limits_{n=1}^{\infty}\left(\dfrac{1}{2}\right)^{n-1}$ 有相同的敛散性. 故级数 $\sum\limits_{n=1}^{\infty}\left(\dfrac{1}{2}\right)^{n+9}$ 收敛.

定理 2.9 若级数 $\sum\limits_{n=1}^{\infty}u_n$ 与 $\sum\limits_{n=1}^{\infty}v_n$ 都收敛,则级数 $\sum\limits_{n=1}^{\infty}(u_n \pm v_n)$ 收敛,且

$$\sum_{n=1}^{\infty}(u_n \pm v_n) = \sum_{n=1}^{\infty}u_n \pm \sum_{n=1}^{\infty}v_n.$$

证明 设级数 $\sum\limits_{n=1}^{\infty}u_n$ 的前 n 项和为 s_n,$\lim\limits_{n\to\infty}s_n=s$,级数 $\sum\limits_{n=1}^{\infty}v_n$ 的前 n 项和为 σ_n,$\lim\limits_{n\to\infty}\sigma_n=\sigma$,级数 $\sum\limits_{n=1}^{\infty}(u_n \pm v_n)$ 的前 n 项和为 T_n,则

$$\begin{aligned} T_n &= (u_1 \pm v_1) + (u_2 \pm v_2) + \cdots + (u_n \pm v_n) \\ &= (u_1 + u_2 + \cdots + u_n) \pm (v_1 + v_2 + \cdots + v_n) \\ &= s_n \pm \sigma_n. \end{aligned}$$

所以有 $\lim\limits_{n\to\infty}T_n=\lim\limits_{n\to\infty}s_n \pm \lim\limits_{n\to\infty}\sigma_n = s\pm\sigma$,故级数 $\sum\limits_{n=1}^{\infty}(u_n + v_n)$ 收敛,且

$$\sum_{n=1}^{\infty}(u_n \pm v_n) = s \pm \sigma = \sum_{n=1}^{\infty}u_n \pm \sum_{n=1}^{\infty}v_n.$$

例 7 判定级数 $\sum\limits_{n=1}^{\infty}\left(\frac{(-1)^n}{2^{n+1}}+\frac{1}{3^n}\right)$ 的敛散性,若收敛求此级数的和.

解 由于级数 $\sum\limits_{n=1}^{\infty}\frac{(-1)^n}{2^{n+1}}=\sum\limits_{n=1}^{\infty}\frac{1}{2}\left(-\frac{1}{2}\right)^n$,由例 2 以及定理 2.7 知该级数收敛,且级数 $\sum\limits_{n=1}^{\infty}\left(\frac{1}{3}\right)^n$ 收敛,所以,由定理 2.9 知级数 $\sum\limits_{n=1}^{\infty}\left(\frac{(-1)^n}{2^{n+1}}+\frac{1}{3^n}\right)$ 收敛,其和为

$$\sum_{n=1}^{\infty}\frac{(-1)^n}{2^{n+1}}+\sum_{n=1}^{\infty}\frac{1}{3^n}=\frac{1}{2}\cdot\frac{-\frac{1}{2}}{1+\frac{1}{2}}+\frac{\frac{1}{3}}{1-\frac{1}{3}}=\frac{-1}{6}+\frac{1}{2}=\frac{1}{3}.$$

定理 2.10(级数收敛的必要条件) 若级数 $\sum\limits_{n=1}^{\infty}u_n$ 收敛,则 $\lim\limits_{n\to\infty}u_n=0$.

证明 设 $\sum\limits_{n=1}^{\infty}u_n$ 的前 n 项和为 s_n,且 $\lim\limits_{n\to\infty}s_n=s$,则 $u_n=s_n-s_{n-1}$. 注意到 $\lim\limits_{n\to\infty}s_n=\lim\limits_{n\to\infty}s_{n-1}=s$,故有

$$\lim_{n\to\infty}u_n=\lim_{n\to\infty}s_n-\lim_{n\to\infty}s_{n-1}=s-s=0.$$

例 8 试判定级数 $\sum\limits_{n=1}^{\infty}\frac{1}{\left(1+\frac{1}{n}\right)^n}$ 的敛散性.

解 由于 $\lim\limits_{n\to\infty}\frac{1}{\left(1+\frac{1}{n}\right)^n}=\frac{1}{\mathrm{e}}\neq 0$,所以,级数收敛的必要条件不满足,该级数发散.

注意 $\lim\limits_{n\to\infty}u_n=0$ 只是级数 $\sum\limits_{n=1}^{\infty}u_n$ 收敛的必要条件,不是充分条件. 调和级数 $\sum\limits_{n=1}^{\infty}\frac{1}{n}$ 就是发散的,但 $\lim\limits_{n\to\infty}\frac{1}{n}=0$.

习 题 2.2

1. 设级数 $\sum_{n=1}^{\infty}u_n$ 收敛,试判定下列级数的敛散性:

(1) $\sum_{n=1}^{\infty}u_{n+1}$; (2) $\sum_{n=1}^{\infty}(u_n+10)$; (3) $\sum_{n=1}^{\infty}10u_n$; (4) $\sum_{n=1}^{\infty}\frac{u_n}{10}$.

2. 利用级数收敛的定义判定下列级数的敛散性,在收敛的时候求出和:

(1) $\sum_{n=1}^{\infty}\left(\frac{1}{\sqrt{n}}-\frac{1}{\sqrt{n+1}}\right)$; (2) $\sum_{n=1}^{\infty}\frac{(-1)^{n-1}}{3^n}$;

(3) $\sum_{n=1}^{\infty}\frac{1}{a^{2n-1}}$; (4) $\sum_{n=1}^{\infty}\frac{1}{(n+1)(n+3)}$.

3. 利用级数的性质判定下列级数的敛散性:

(1) $1+\left(\frac{1}{2^2}+\frac{1}{3^2}\right)+\left(\frac{1}{2^3}+\frac{1}{3^3}\right)+\left(\frac{1}{2^4}+\frac{1}{3^4}\right)+\cdots+\left(\frac{1}{2^n}+\frac{1}{3^n}\right)+\cdots$;

(2) $\left(1+\frac{1}{2}\right)+\left(3+\frac{1}{2^3}\right)+\left(5+\frac{1}{2^5}\right)+\left(7+\frac{1}{2^7}\right)+\cdots$;

(3) $\sum_{n=1}^{\infty}\left(\frac{8^n}{9^n}+\frac{1}{n}\right)$; (4) $\sum_{n=1}^{\infty}\frac{n^2+1}{2n^2+n+1}$.

4. 设级数 $\sum_{n=1}^{\infty}u_n$ 收敛, $\sum_{n=1}^{\infty}v_n$ 发散,问 $\sum_{n=1}^{\infty}(u_n+v_n)$ 的敛散性如何?

§2.3 函数的极限

前面我们讨论的数列$\{a_n\}$的极限实际上是一种特殊的函数的极限,因为按照函数的定义 a_n 是正整数自变量 n 的函数:$a_n=f(n)$. 这样,对函数 $y=f(x)$来说,若知道了当 $n\to\infty$时,$f(n)$的极限,也即是知道了函数 $f(x)$当 x"跳跃地"取正整数 n 时的变化趋势. 显然,n 只是取到 x 的一部分值,所以函数值 $f(n)$的变化趋势一般不能完全刻画 $f(x)$当 x 连续取实数趋于无穷时的变化趋势. 这就需要引进当 $x\to\infty$时函数的极限的概念.

一、自变量趋于无穷大时函数 $f(x)$的极限

对照数列极限 $\lim\limits_{n\to\infty}f(n)$的极限的定义,我们如下定义函数的极限.

定义 2.5 设 $f(x)$在形如$[a,+\infty)$的区间内有定义,A 是一个常数. 若当 x 无限趋于正无穷大($+\infty$)时,$f(x)$无限趋近于 A,则称 A 是 $f(x)$**当 $x\to+\infty$时的极限**,记为

$$\lim_{x\to+\infty}f(x)=A \quad 或 \quad f(x)\to A\ (x\to+\infty).$$

例 1 由函数的图像求下列函数的极限 $\lim\limits_{x\to+\infty}f(x)$:

(1) $y=\frac{1}{x}$; (2) $y=\arctan x$; (3) $y=e^{-x}$; (4) $y=\sin x$.

解 (1) 函数 $y=\frac{1}{x}$的图像如图 2.10 所示. 由于当 $x\to+\infty$时,$y=\frac{1}{x}$无限趋近于 0,所以

有 $\lim\limits_{x\to+\infty}\dfrac{1}{x}=0$.

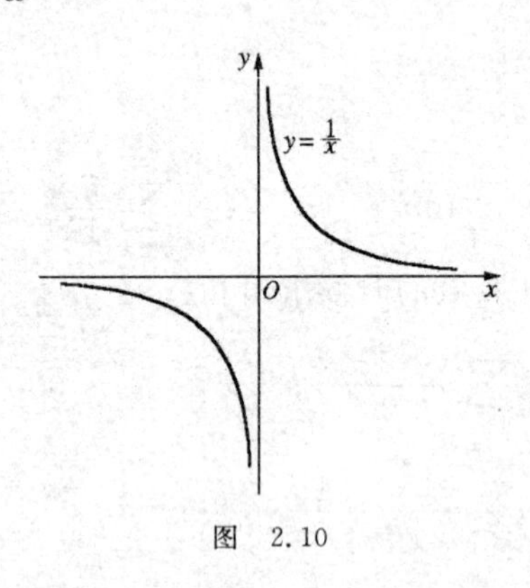

图 2.10

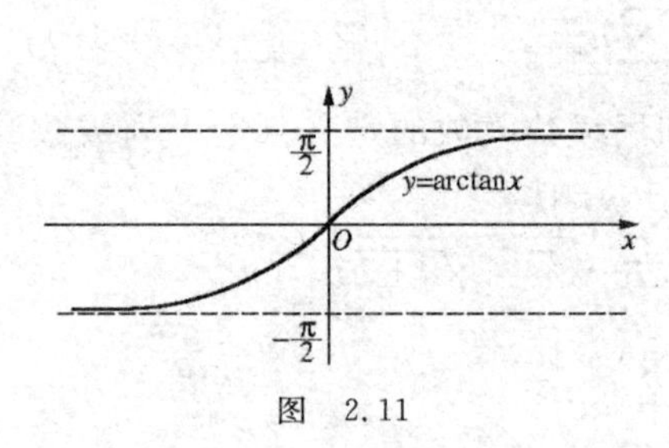

图 2.11

(2) 函数 $y=\arctan x$ 的图像如图 2.11 所示. 由于当 $x\to+\infty$ 时, $y=\arctan x$ 无限趋近于 $\dfrac{\pi}{2}$,所以 $\lim\limits_{x\to+\infty}\arctan x=\dfrac{\pi}{2}$.

(3) 函数 $y=\mathrm{e}^{-x}$ 的图像如图 2.12 所示. 由于当 $x\to+\infty$ 时, $y=\mathrm{e}^{-x}$ 无限趋近于 0,所以 $\lim\limits_{x\to+\infty}\mathrm{e}^{-x}=0$.

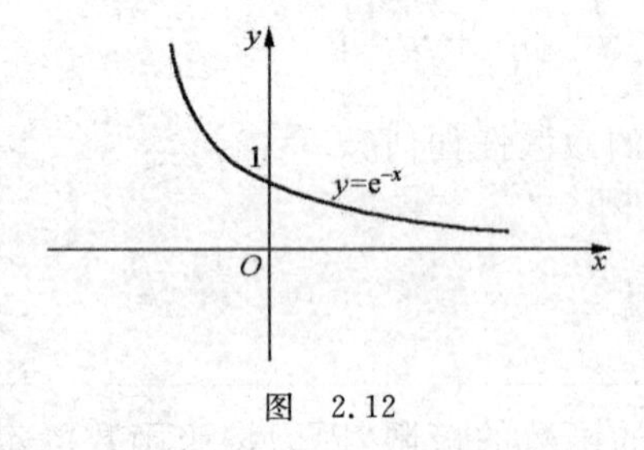

图 2.12

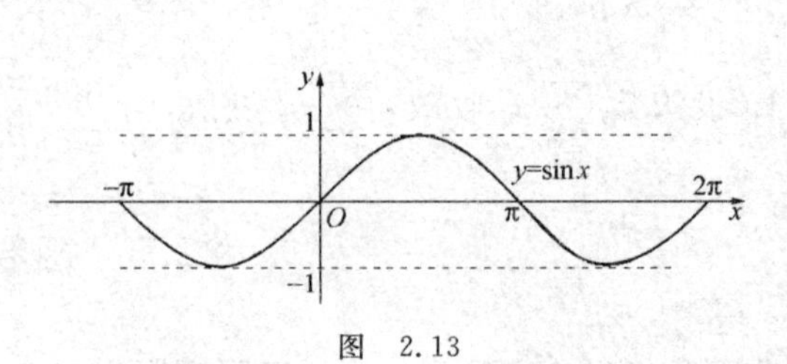

图 2.13

(4) 函数 $y=\sin x$ 的图像如图 2.13 所示. 由于当 $x\to+\infty$ 时,函数 $y=\sin x$ 不趋于任何固定的常数,它的值始终在[−1,1]上摆动,故当 $x\to+\infty$ 时, $y=\sin x$ 的极限不存在,即 $\lim\limits_{x\to+\infty}\sin x$ 不存在.

下面来看函数极限 $\lim\limits_{x\to+\infty}f(x)=A$ 的**几何意义**.

式“$\lim\limits_{x\to+\infty}f(x)=A$”的含义是: 当 $x\to+\infty$ 时, $f(x)$ 与 A 可无限接近,即: 对任何给定的正数 $\varepsilon>0$,只要 x 充分大, $|f(x)-A|<\varepsilon$ 就能成立,也即对任何给定的 $\varepsilon>0$,当 x 充分大时,就有 $A-\varepsilon<f(x)<A+\varepsilon$. 用函数的图像表示出来是: 对于任何给定的 $\varepsilon>0$,函数的图像会落在 $y=A-\varepsilon$, $y=A+\varepsilon$ 两直线所形成的“带状”区域内(见图 2.14),只要 x 充分大(在图上画出的情形是 $x>X$).

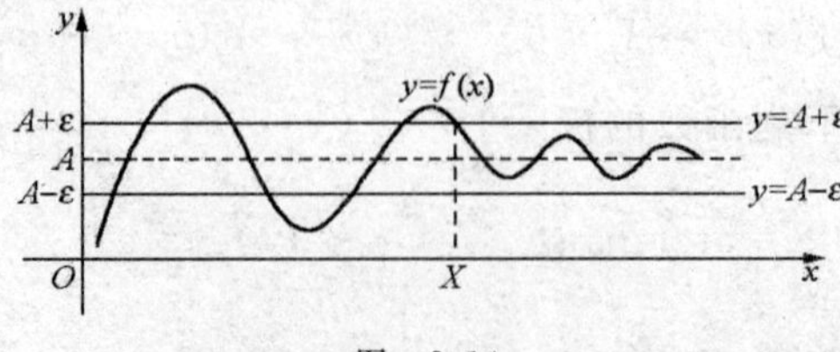

图 2.14

这里的关键是，当 ε 很小时，这个“带状”区域会很窄，函数的图像既然落在内，就会和这个“带子”的中轴线 $y=A$ 靠近，这就反映了 $f(x)\to A$.

一般来说，ε 越小，即“带子”越窄，函数 $y=f(x)$ 的图像就会有更多的部分伸到“带子”外面，这时就需要 x 更大，才能使相对应的部分图像落在“带子”内，这就反映了“当 $x\to+\infty$ 时”这个使“$f(x)\to A$”的条件.

完全类似地可以考虑当 $x\to-\infty$ 时 $f(x)$ 的变化趋势，可有如下定义：

定义 2.6 设 $f(x)$ 在形如 $(-\infty,b]$ 的区间内有定义，A 是一个常数. 若当 x 无限趋于负无穷大 $(-\infty)$ 时，$f(x)$ 无限趋近于 A，则称 A 是 **$f(x)$ 当 $x\to-\infty$ 时的极限**，记为

$$\lim_{x\to-\infty} f(x)=A \quad 或 \quad f(x)\to A\ (x\to-\infty).$$

例 2 由函数的图像求函数的极限 $\lim\limits_{x\to-\infty} f(x)$：

(1) $y=\dfrac{1}{x}$； (2) $y=\arctan x$； (3) $y=\mathrm{e}^{-x}$； (4) $y=\sin x$.

解 由图 2.10 知 $\lim\limits_{x\to-\infty}\dfrac{1}{x}=0$.

(2) 由图 2.11 知 $\lim\limits_{x\to-\infty}\arctan x=-\dfrac{\pi}{2}$.

(3) 由图 2.12 看出，当 $x\to-\infty$ 时，$y=\mathrm{e}^{-x}$ 不趋于任何有限的常数，实际上，$y=\mathrm{e}^{-x}$ 的值是趋于无穷大的，所以极限 $\lim\limits_{x\to-\infty}\mathrm{e}^{-x}$ 不存在.

(4) 由图 2.13 看出，当 $x\to-\infty$ 时，$y=\sin x$ 不趋于任何固定的常数，它的值始终在 $[-1,1]$ 上摆动，所以极限 $\lim\limits_{x\to-\infty}\sin x$ 不存在.

有时候，我们需要同时考虑 $x\to+\infty$ 和 $x\to-\infty$ 时，函数 $f(x)$ 的变化趋势，于是有如下定义：

定义 2.7 设函数 $f(x)$ 在数集 $(-\infty,b]\cup[a,+\infty)$ 上有定义，A 是一个常数. 若同时有

$$\lim_{x\to+\infty} f(x)=A \quad 和 \quad \lim_{x\to-\infty} f(x)=A$$

成立，则称 A 是 **$f(x)$ 当 $x\to\infty$ 时的极限**，记为

$$\lim_{x\to\infty} f(x)=A \quad 或 \quad f(x)\to A\ (x\to\infty).$$

由上述定义可知记号“$x\to\infty$”意即“$|x|\to\infty$”，且 $\lim\limits_{x\to\infty} f(x)=A$ 的充分必要条件是

$$\lim_{x\to+\infty} f(x)=\lim_{x\to-\infty} f(x)=A.$$

与极限 $\lim\limits_{x\to+\infty} f(x)=A$ 的几何意义类似的，有极限 $\lim\limits_{x\to-\infty} f(x)=A$ 和 $\lim\limits_{x\to\infty} f(x)=A$ 的几何意义，请大家自行写出相应的描述.

在本段最后，我们来说明函数极限 $\lim\limits_{x\to+\infty} f(x)$ 与数列极限 $\lim\limits_{n\to\infty} f(n)$ 的关系：

由于变量 n 只取变量 x 的部分数，因而函数值 $f(n)$ 只是 $f(x)$ 的部分取值，所以，若 $\lim\limits_{x\to+\infty} f(x)=A$，即当 x 沿 x 轴连续增大时，$f(x)$ 的变化趋势是无限趋近于 A，则当 n 沿着 x 轴上整数点增大时，$f(n)$ 的变化趋势应与 $f(x)$ 的相同，也是无限趋近于 A. 将这个分析用定理的形式叙述即是：

定理 2.11 设 $f(x)$ 在形如 $[a,+\infty)$ 的区间内有定义. 若 $\lim\limits_{x\to+\infty} f(x)=A$，则 $\lim\limits_{n\to\infty} f(n)=A$，反之则不然.

例 3 试举出 $\lim\limits_{n\to\infty}f(n)=A$，而 $\lim\limits_{x\to+\infty}f(x)\neq A$ 的例子.

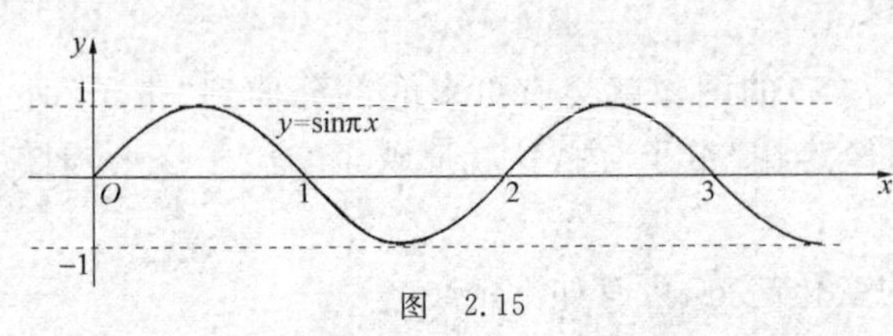

图 2.15

解 设 $f(x)=\sin\pi x$，函数 $f(x)=\sin\pi x$ 的图像如图 2.15 所示，由图上看出 $\lim\limits_{x\to+\infty}\sin\pi x$ 不存在，但是 $f(n)=\sin\pi n=0$，有 $\lim\limits_{n\to\infty}f(n)=0$.

二、自变量趋于有限值 x_0 时函数 $f(x)$ 的极限

大家也许会想：前面考虑自变量趋于无穷大时函数 $f(x)$ 的极限，是因为无穷大不是有限数，不可能通过观察任何有限数 x_0 上的函数值 $f(x_0)$ 来获得对函数在"很远"处的情况的了解，所以考虑当 $x\to\infty$ 时函数 $f(x)$ 的变化趋势是必须的. 那么，对于在有限点 x_0 处函数的情况，只需看看 $f(x_0)$ 就行了，为什么还要考虑 $x\to x_0$ 时，函数 $f(x)$ 的极限呢？为了回答这个问题，我们看下面例子：

例 4 设物体沿直线做变速运动，其运动规律为
$$s=s(t),$$
其中 s 表示位移，t 表示时间，求：

(1) 在时间间隔 $[t_0,t]$ 上物体运动的平均速度 ($t\neq t_0$)；

(2) 在 t_0 时刻物体的速度(瞬时速度).

解 (1) 物体在时间间隔 $[t_0,t]$ 上的平均速度为
$$\bar{v}(t)=\frac{s(t)-s(t_0)}{t-t_0}.$$

(2) 由直观可知，当 t 比较靠近 t_0 时，所要求的瞬时速度可用时段 $[t_0,t]$ 上的平均速度 $\bar{v}(t)$ 来近似，且当 t 越靠近 t_0，时段 $[t_0,t]$ 越短，对应的 $\bar{v}(t)$ 就越接近 t_0 时刻的瞬时速度. 但是 t 一旦取定，对应的 $\bar{v}(t)$ 就只是 $[t_0,t]$ 上的平均速度，而不是 t_0 时刻的速度，要想获得 t_0 时刻的速度，就需要考查当 t 无限趋近于 t_0 时，$\bar{v}(t)$ 的变化趋势，如在这个过程中，$\bar{v}(t)$ 无限趋近于某个常数，则就可将此常数作为 t_0 时刻的瞬时速度，即需要考查函数 $\bar{v}(t)$ 当 $t\to t_0$ 时的极限. 显然，这里我们所需要的只能通过研究当 $t\to t_0$ 时，函数 $\bar{v}(t)$ 的变化趋势来求，而不能通过考查函数值 $\bar{v}(t_0)$ 来求，事实上，这里 $\bar{v}(t_0)$ 无意义.

上例说明了对函数 $f(x)$ 研究当自变量趋于有限值 x_0 时的极限问题的必要性.

定义 2.8 设函数 $f(x)$ 在 x_0 的某去心邻域内有定义，A 是一个常数. 若当 x 无限趋近于 x_0 时，$f(x)$ 无限趋近于 A，则称 A 是 $f(x)$ **当 $x\to x_0$ 时的极限**，记为
$$\lim_{x\to x_0}f(x)=A \quad 或 \quad f(x)\to A\ (x\to x_0).$$

对于一些简单的函数，它在某点 x_0 处的极限可通过函数的图像观察出来.

例 5 通过函数的图像求出下列函数的极限：

(1) $\lim\limits_{x\to x_0}c$； (2) $\lim\limits_{x\to x_0}x$； (3) $\lim\limits_{x\to\frac{\pi}{2}}\sin x$；

(4) $\lim\limits_{x\to\frac{\pi}{4}}\tan x$； (5) $\lim\limits_{x\to x_0}\sqrt{x}$ ($x_0>0$)； (6) $\lim\limits_{x\to x_0}a^x$ ($a>0,a\neq1$).

解 由函数的图像知

(1) $\lim\limits_{x\to x_0}c=c$； (2) $\lim\limits_{x\to x_0}x=x_0$； (3) $\lim\limits_{x\to\frac{\pi}{2}}\sin x=1$；

(4) $\lim\limits_{x\to\frac{\pi}{4}}\tan x=1$； (5) $\lim\limits_{x\to x_0}\sqrt{x}=\sqrt{x_0}$； (6) $\lim\limits_{x\to x_0}a^x=a^{x_0}$.

对于极限 $\lim\limits_{x\to x_0}f(x)=A$ 有以下几点需要特别注意：

(1) $x\to x_0$ 表示 x 无限趋近于 x_0，但不达到 x_0，所以，极限 $\lim\limits_{x\to x_0}f(x)$ 的存在与否，值为多少都与 $f(x)$ 在 x_0 处有无定义以及有定义时的函数值 $f(x_0)$ 无关.

(2) 几何意义：$\lim\limits_{x\to x_0}f(x)=A$ 意即对于任何给定的 $\varepsilon>0$，必会有 $|f(x)-A|<\varepsilon$，只要 x 充分接近 x_0，也即

对任何给定的 $\varepsilon>0$，只要让 x 充分接近 x_0，就有

$$A-\varepsilon<f(x)<A+\varepsilon.$$

用图像表示是：取任意的 $\varepsilon>0$，$y=f(x)$ 的图像在 x 充分靠近 x_0 的那部分会落入由直线 $y=A-\varepsilon$，$y=A+\varepsilon$ 形成的"带状"区域内(见图 2.16)，且若 ε 越小，"带子"就会越窄，就需要 x 更靠近 x_0 才能使对应的图像落在"带子"内.

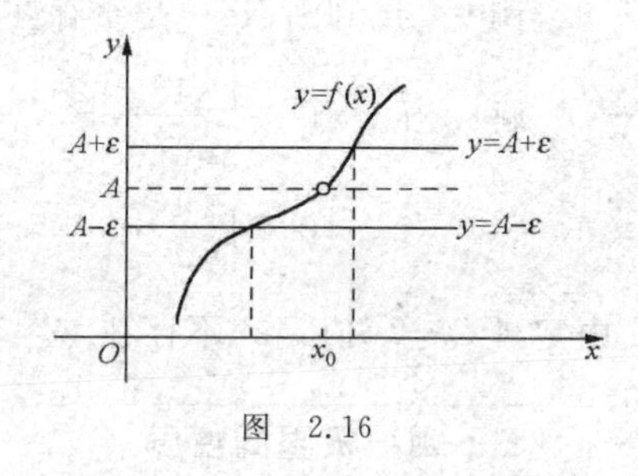

图 2.16

例 6 设 $f(x)=\begin{cases}\dfrac{x^2-x}{x-1}, & x\neq 1,\\ 2, & x=1,\end{cases}$ 求 $\lim\limits_{x\to 1}f(x)$.

解 由于极限 $\lim\limits_{x\to 1}f(x)$ 中 x 趋于 1 但不等于 1，所以 $\lim\limits_{x\to 1}f(x)$ 中的函数表达式 $f(x)$ 应取 $x\neq 1$ 时的表达式，故有

$$\lim_{x\to 1}f(x)=\lim_{x\to 1}\frac{x^2-x}{x-1}=\lim_{x\to 1}x=1.$$

由上述过程可知，求 $\lim\limits_{x\to 1}f(x)$ 时与 $f(1)$ 的值无关.

如果在考虑函数 $f(x)$ 的变化趋势时，只对当自变量 x 从 x_0 的某一侧趋向 x_0 时函数 $f(x)$ 的变化趋势感兴趣，对自变量 x 在 x_0 的另一侧的情况不感兴趣，或在另一侧函数 $f(x)$ 根本没有定义，这时就需引进单侧极限的定义.

定义 2.9 设函数 $f(x)$ 在 x_0 的右侧邻域内有定义，A 是一个常数. 若当 x 从大于 x_0 的方向无限趋近于 x_0 时，$f(x)$ 无限趋近于 A，则称 A 是 $f(x)$ 在 x_0 处的**右极限**，记为

$$\lim_{x\to x_0^+}f(x)=A \quad 或 \quad f(x)\to A\ (x\to x_0^+) \quad 或 \quad f(x_0+0).$$

类似地可定义 $f(x)$ 在 x_0 处的**左极限**，记为

$$\lim_{x\to x_0^-}f(x)=A \quad 或 \quad f(x)\to A\ (x\to x_0^-) \quad 或 \quad f(x_0-0).$$

函数 $f(x)$ 的左极限和右极限统称为**单侧极限**.

例 7 求 $\lim\limits_{x\to 0^+}\sqrt{x}$.

解 由函数 $y=\sqrt{x}$ 的图像知 $\lim\limits_{x\to 0^+}\sqrt{x}=0$. 此时左极限 $\lim\limits_{x\to 0^-}\sqrt{x}$ 无意义.

由函数 $f(x)$ 在 x_0 处的左、右极限的定义以及函数 $f(x)$ 在 x_0 处极限的定义容易知道它们有以下关系：

定理 2.12 $\lim\limits_{x\to x_0}f(x)=A$ 的充分必要条件是 $\lim\limits_{x\to x_0^-}f(x)=\lim\limits_{x\to x_0^+}f(x)=A$.

用该定理可以方便地对分段函数求极限或判断极限不存在.

例 8 设 $f(x)=\begin{cases}\sin x, & x\geqslant\pi/2,\\ \dfrac{2}{\pi}x, & x<\pi/2,\end{cases}$ 试判断极限 $\lim\limits_{x\to\frac{\pi}{2}}f(x)$是否存在.

解 由于该函数在点 $x=\pi/2$ 的左、右侧的表达式不同,所以求极限可分左、右极限来求.

$$\lim_{x\to\frac{\pi}{2}^+}f(x)=\lim_{x\to\frac{\pi}{2}^+}\sin x=\sin\frac{\pi}{2}=1,\quad \lim_{x\to\frac{\pi}{2}^-}f(x)=\lim_{x\to\frac{\pi}{2}^-}\frac{2}{\pi}x=1,$$

由定理 2.12 知 $\lim\limits_{x\to\frac{\pi}{2}}f(x)=1$.

例 9 试判断$\lim\limits_{x\to0}e^{\frac{1}{x}}$是否存在.

解 当 $x\to0^+$ 时,$\dfrac{1}{x}\to+\infty$,由函数 e^u 的图像可知 $\lim\limits_{x\to0^+}e^{\frac{1}{x}}$不存在.

当 $x\to0^-$ 时,$\dfrac{1}{x}\to-\infty$,由函数 e^u 的图像可知 $\lim\limits_{x\to0^-}e^{\frac{1}{x}}=0$.

由定理 2.12 知$\lim\limits_{x\to0}e^{\frac{1}{x}}$不存在.

三、函数极限的性质

与数列极限的性质相类似,函数的极限也有相应的性质.下面仅就 $x\to x_0$ 的情形给出各结论,在 $x\to\infty$,$x\to+\infty$和 $x\to-\infty$情形以及 $x\to x_0^-$,$x\to x_0^+$ 的情形下也有相应的性质.

定理 2.13(唯一性) 若 $\lim\limits_{x\to x_0}f(x)$存在,则极限唯一.

定理 2.14(局部有界性) 若 $\lim\limits_{x\to x_0}f(x)=A$,则存在常数 $M>0$ 和 x_0 的某去心邻域,使得当 x 在该邻域内取值时,$|f(x)|\leqslant M$.

下面我们用极限的几何意义来理解该定理的正确性.

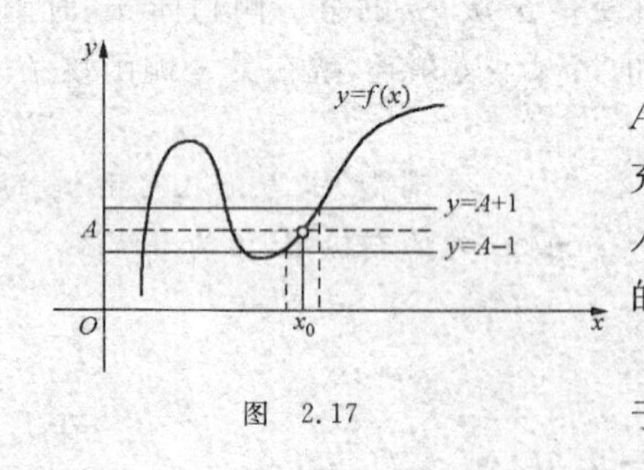

图 2.17

取 $\varepsilon=1$,由于 $\lim\limits_{x\to x_0}f(x)=A$,由几何意义知,$y=A+1$ 与 $y=A-1$ 这两条直线形成一条"带子",当 x 充分接近 x_0 时,便会使对应的函数 $y=f(x)$的图像落入"带子"(见图 2.17).这样,在图上可看出,在 x_0 附近的函数值 $f(x)$满足

$$A-1<f(x)<A+1,$$

于是有 $$|f(x)|\leqslant|A|+1.$$

定理 2.15(保序性) 若 $\lim\limits_{x\to x_0}f(x)=A$,$\lim\limits_{x\to x_0}g(x)=B$,且 $A>B$,则存在 x_0 的某去心的邻域,使得当 x 在该邻域内取值时,有

$$f(x)>g(x).$$

下面我们也用极限的几何意义来看该定理的正确性.由于 $A>B$,所以总可以取到合适的 $\varepsilon>0$,使图 2.18 所示的情形成立.这样,就会存在 x_0 的某去心的邻域,使得该邻域上对应的函数 $y=f(x)$的图像落入上方的"带子"内,而 $y=g(x)$的图像落入下方的"带子"内,故在该邻域内有

$$f(x)>g(x).$$

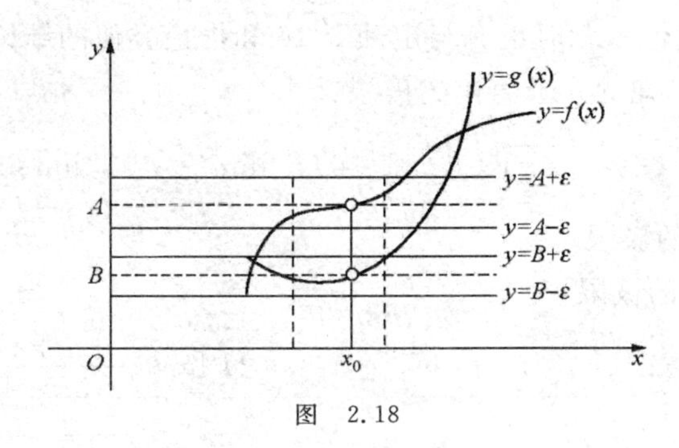

图 2.18

推论 若在 x_0 的某去心的邻域内有 $f(x)\geqslant g(x)$，且 $\lim\limits_{x\to x_0}f(x)=A,\lim\limits_{x\to x_0}g(x)=B$，则 $A\geqslant B$.

证明 若不然，则 $A<B$，由定理 2.15 知会在 x_0 的某去心邻域内，有 $g(x)>f(x)$，与定理条件矛盾！故结论成立.

例 10 设 $\lim\limits_{x\to 0}f(x)=1$，则必有(　　).

(A) 存在 $x=0$ 的某去心邻域使得在该邻域内 $f(x)>1$；

(B) 存在 $x=0$ 的某去心邻域使得在该邻域内 $f(x)<1$；

(C) 存在 $x=0$ 的某去心邻域使得在该邻域内 $f(x)>\frac{1}{2}$；

(D) $f(0)=1$.

解 若(C)不正确，则在 $x=0$ 的任何去心邻域内 $f(x)\leqslant\frac{1}{2}$，而 $\lim\limits_{x\to 0}f(x)=1$，由推论有 $1\leqslant\frac{1}{2}$，矛盾. 故(C)正确.

由极限的定义知选项(A)，(B)，(D)均不正确. 故此题应选择(C).

四、函数极限的运算法则及存在准则

与数列极限的运算法则及存在准则类似，函数的极限也有相应的四则运算法则和判断极限存在的准则. 下面只叙述这些运算法则和准则，对于其正确性的理解不做解释，可以对照数列极限相应的法则和性质来加以理解.

定理 2.16 若 $\lim\limits_{x\to x_0}f(x)=A,\lim\limits_{x\to x_0}g(x)=B$，则

(1) $\lim\limits_{x\to x_0}(f(x)\pm g(x))=\lim\limits_{x\to x_0}f(x)\pm\lim\limits_{x\to x_0}g(x)=A\pm B$；

(2) $\lim\limits_{x\to x_0}f(x)g(x)=\lim\limits_{x\to x_0}f(x)\lim\limits_{x\to x_0}g(x)=AB$；

(3) $\lim\limits_{x\to x_0}\dfrac{f(x)}{g(x)}=\dfrac{\lim\limits_{x\to x_0}f(x)}{\lim\limits_{x\to x_0}g(x)}=\dfrac{A}{B}$ (此时 $B\neq 0$).

推论 1 若 $\lim\limits_{x\to x_0}f(x)=A$，则 $\lim\limits_{x\to x_0}cf(x)=c\lim\limits_{x\to x_0}f(x)=cA$.

推论 2 若 $\lim\limits_{x\to x_0}f(x)=A$，$k$ 是任意正整数，则

$$\lim_{x\to x_0}f^k(x)=\left(\lim_{x\to x_0}f(x)\right)^k=A^k.$$

当 $x\to\infty$，$x\to x_0^-$，$x\to x_0^+$ 时也有与定理 2.16 和推论类似的结论成立.

有了定理 2.16,由已知的几个简单的极限：

$$\lim_{x\to x_0}x=x_0,\ \lim_{x\to x_0}\sqrt{x+1}=\sqrt{x_0+1}\ (x_0+1\geqslant 0),\ \lim_{x\to x_0}a^x=a^{x_0},\ \lim_{x\to x_0}\sin x=\sin x_0,\ \lim_{x\to\infty}\frac{1}{x}=0$$

等就可计算出更多函数的极限.

例 11 求下列函数的极限：

(1) $\lim\limits_{x\to 2}(x^2+2x+5)$；

(2) $\lim\limits_{x\to 1}\dfrac{x^2+x+1}{x^3-3x+1}$；

(3) $\lim\limits_{x\to 1}\dfrac{x^3-1}{x-1}$；

(4) $\lim\limits_{x\to 0}\dfrac{\sqrt{1+x}-\sqrt{1-x}}{x}$；

(5) $\lim\limits_{x\to 1}\left(\dfrac{1}{x-1}-\dfrac{3}{x^3-1}\right)$.

(6) $\lim\limits_{x\to 0}(\mathrm{e}^x+2\sin x)$；

(7) $\lim\limits_{x\to\infty}\dfrac{1-x-4x^3}{1+x+2x^3}$.

解 (1)
$$\lim_{x\to 2}(x^2+2x+5)=\lim_{x\to 2}x^2+\lim_{x\to 2}2x+\lim_{x\to 2}5=(\lim_{x\to 2}x)^2+2\lim_{x\to 2}x+5=2^2+2\times 2+5=13.$$

(2)
$$\lim_{x\to 1}\frac{x^2+x+1}{x^3-3x+1}=\frac{\lim\limits_{x\to 1}(x^2+x+1)}{\lim\limits_{x\to 1}(x^3-3x+1)}=\frac{1^2+1+1}{1^3-3\times 1+1}=-3.$$

注意 一般地,设有多项式 $f(x)=a_0x^n+a_1x^{n-1}+\cdots+a_n$,则有

$$\begin{aligned}\lim_{x\to x_0}f(x)&=\lim_{x\to x_0}(a_0x^n+a_1x^{n-1}+\cdots+a_n)\\&=a_0\lim_{x\to x_0}x^n+a_1\lim_{x\to x_0}x^{n-1}+\cdots+\lim_{x\to x_0}a_n\\&=a_0x_0^n+a_1x_0^{n-1}+\cdots+a_n\\&=f(x_0),\end{aligned}$$

即
$$\lim_{x\to x_0}f(x)=f(x_0).$$

又设有理分式函数 $f(x)=\dfrac{P(x)}{Q(x)}$,其中 $P(x)$ 和 $Q(x)$ 都是多项式,且 $Q(x_0)\neq 0$,则有

$$\lim_{x\to x_0}f(x)=\lim_{x\to x_0}\frac{P(x)}{Q(x)}=\frac{\lim\limits_{x\to x_0}P(x)}{\lim\limits_{x\to x_0}Q(x)}=\frac{P(x_0)}{Q(x_0)}=f(x_0),$$

即
$$\lim_{x\to x_0}f(x)=f(x_0).$$

多项式和有理分式统称为有理函数.由上述可知,对有理函数 $f(x)$,有 $\lim\limits_{x\to x_0}f(x)=f(x_0)$.

(3)
$$\lim_{x\to 1}\frac{x^3-1}{x-1}=\lim_{x\to 1}\frac{(x-1)(x^2+x+1)}{x-1}=\lim_{x\to 1}(x^2+x+1)=3.$$

注意 在此题中若如下用极限运算法则

$$\lim_{x\to 1}\frac{x^3-1}{x-1}=\frac{\lim\limits_{x\to 1}(x^3-1)}{\lim\limits_{x\to 1}(x-1)}$$

是错误的,因为分母的极限为零,不能用极限商的运算法则.

(4) $\lim\limits_{x\to 0}\dfrac{\sqrt{1+x}-\sqrt{1-x}}{x}=\lim\limits_{x\to 0}\dfrac{(\sqrt{1+x}-\sqrt{1-x})(\sqrt{1+x}+\sqrt{1-x})}{x(\sqrt{1+x}+\sqrt{1-x})}$

$$=\lim_{x\to 0}\frac{2}{\sqrt{1+x}+\sqrt{1-x}}=\frac{2}{\lim\limits_{x\to 0}(\sqrt{1+x}+\sqrt{1-x})}=1.$$

(5) $\lim\limits_{x\to 1}\left(\dfrac{1}{x-1}-\dfrac{3}{x^3-1}\right)=\lim\limits_{x\to 1}\dfrac{x^2+x-2}{x^3-1}=\lim\limits_{x\to 1}\dfrac{(x-1)(x+2)}{(x-1)(x^2+x+1)}$

$$=\lim_{x\to 1}\frac{x+2}{x^2+x+1}=1.$$

注意 在此题中若如下用极限运算法则

$$\lim_{x\to 1}\left(\frac{1}{x-1}-\frac{3}{x^3-1}\right)=\lim_{x\to 1}\frac{1}{x-1}-\lim_{x\to 1}\frac{3}{x^3-1}$$

是错误的,因为上式右端的两个极限均不存在,不能用运算法则.

(6) $\lim\limits_{x\to 0}(e^x+2\sin x)=\lim\limits_{x\to 0}e^x+2\lim\limits_{x\to 0}\sin x=1.$

(7) $\lim\limits_{x\to\infty}\dfrac{1-x-4x^3}{1+x+2x^3}=\lim\limits_{x\to\infty}\dfrac{\dfrac{1}{x^3}-\dfrac{1}{x^2}-4}{\dfrac{1}{x^3}+\dfrac{1}{x^2}+2}=\dfrac{\lim\limits_{x\to\infty}\left(\dfrac{1}{x^3}-\dfrac{1}{x^2}-4\right)}{\lim\limits_{x\to\infty}\left(\dfrac{1}{x^3}+\dfrac{1}{x^2}+2\right)}=-2.$

与数列的极限存在准则相类似,也有相应的函数极限存在的准则.

定理 2.17(夹逼定理) 若函数 $f(x),g(x),h(x)$ 在 x_0 的某去心的邻域内满足不等式

$$g(x)\leqslant f(x)\leqslant h(x),$$

且 $\lim\limits_{x\to x_0}g(x)=\lim\limits_{x\to x_0}h(x)=A$,则极限 $\lim\limits_{x\to x_0}f(x)$ 存在,且 $\lim\limits_{x\to x_0}f(x)=A$.

当 $x\to\infty$, $x\to x_0^-$, $x\to x_0^+$ 时,也有类似的结论成立.

作为定理 2.17 的应用,我们可推出下面两个重要的极限.

五、两个重要极限

重要极限Ⅰ $\lim\limits_{x\to 0}\dfrac{\sin x}{x}=1.$

此极限从 $y=\sin x$ 和 $y=x$ 的图像上就不易观察出来了.下面我们用夹逼定理来证明.

当 $0<x<\dfrac{\pi}{2}$ 时,由图 2.19 可知,在单位圆内 $\triangle OBC$ 的面积小于扇形 OBC 的面积,而扇形 OBC 的面积又小于 $\triangle OBD$ 的面积,故有

$$\frac{1}{2}\sin x<\frac{1}{2}x<\frac{1}{2}\tan x.$$

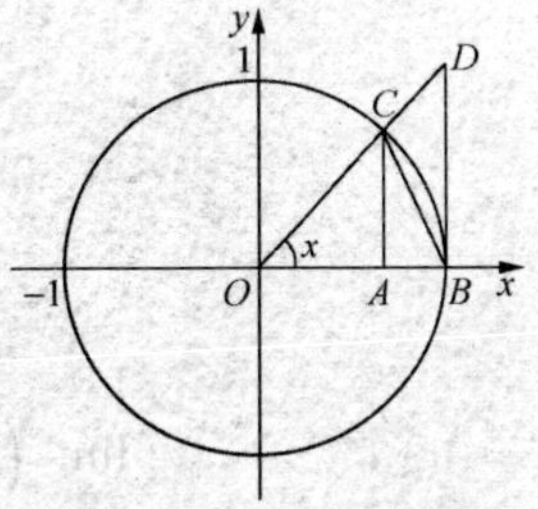

图 2.19

用 $\dfrac{1}{2}\sin x$ 作除数去除不等式各端,得

$$1<\frac{x}{\sin x}<\frac{1}{\cos x}.$$

由 $y=\cos x$ 的图形可知 $\lim\limits_{x\to 0}\cos x=1$,又 $\lim\limits_{x\to 0}1=1$,由定理 2.17 知 $\lim\limits_{x\to 0^+}\dfrac{x}{\sin x}=1$,故

$$\lim_{x\to 0^+}\frac{\sin x}{x}=1.$$

当$-\frac{\pi}{2}<x<0$时,由于$\frac{x}{\sin x}$与$\cos x$是偶函数,故上述不等式

$$1<\frac{x}{\sin x}<\frac{1}{\cos x}$$

也是成立的,故也有

$$\lim_{x\to 0^-}\frac{x}{\sin x}=1,\quad \text{从而}\quad \lim_{x\to 0^-}\frac{\sin x}{x}=1.$$

综上所述,有$\lim\limits_{x\to 0}\frac{\sin x}{x}=1$.

利用这个重要极限,可以计算一些相关函数的极限.

例 12 求下列函数的极限:

(1) $\lim\limits_{x\to 0}\frac{\tan x}{x}$; (2) $\lim\limits_{x\to 0}\frac{\sin 2x}{x}$; (3) $\lim\limits_{x\to 0}\frac{1-\cos 2x}{x^2}$.

解 (1) $\lim\limits_{x\to 0}\frac{\tan x}{x}=\lim\limits_{x\to 0}\frac{\sin x}{x}\cdot\frac{1}{\cos x}=\lim\limits_{x\to 0}\frac{\sin x}{x}\cdot\lim\limits_{x\to 0}\frac{1}{\cos x}=1.$

(2) $\lim\limits_{x\to 0}\frac{\sin 2x}{x}=\lim\limits_{x\to 0}\frac{2\sin x}{x}\cdot\cos x=2\lim\limits_{x\to 0}\frac{\sin x}{x}\cdot\lim\limits_{x\to 0}\cos x=2$;

或者:令$2x=u$,则$x\to 0$时,$u\to 0$,因此有$\lim\limits_{x\to 0}\frac{\sin 2x}{x}=\lim\limits_{u\to 0}\frac{2\sin u}{u}=2$.

(3) $\lim\limits_{x\to 0}\frac{1-\cos 2x}{x^2}=\lim\limits_{x\to 0}\frac{2\sin^2 x}{x^2}=2\left(\lim\limits_{x\to 0}\frac{\sin x}{x}\right)^2=2$.

重要极限Ⅱ $\lim\limits_{x\to\infty}\left(1+\frac{1}{x}\right)^x=\mathrm{e}$.

由§2.1例14可知$\lim\limits_{n\to\infty}\left(1+\frac{1}{n}\right)^n=\mathrm{e}$.

当$x>1$时,有$[x]\leqslant x\leqslant[x]+1$,所以

$$\left(1+\frac{1}{[x]+1}\right)^{[x]}\leqslant\left(1+\frac{1}{x}\right)^x\leqslant\left(1+\frac{1}{[x]}\right)^{[x]+1},$$

当$x\to+\infty$时,$[x]$和$[x]+1$都是以整数变量趋于$+\infty$,从而有

$$\lim_{x\to+\infty}\left(1+\frac{1}{[x]+1}\right)^{[x]}=\lim_{x\to+\infty}\frac{\left(1+\frac{1}{[x]+1}\right)^{[x]+1}}{\left(1+\frac{1}{[x]+1}\right)}=\frac{\lim\limits_{x\to+\infty}\left(1+\frac{1}{[x]+1}\right)^{[x]+1}}{\lim\limits_{x\to+\infty}\left(1+\frac{1}{[x]+1}\right)}=\mathrm{e},$$

$$\lim_{x\to+\infty}\left(1+\frac{1}{[x]}\right)^{[x]+1}=\lim_{x\to+\infty}\left(1+\frac{1}{[x]}\right)^{[x]}\left(1+\frac{1}{[x]}\right)=\lim_{x\to+\infty}\left(1+\frac{1}{[x]}\right)^{[x]}\lim_{x\to+\infty}\left(1+\frac{1}{[x]}\right)=\mathrm{e}.$$

由定理2.17知$\lim\limits_{x\to+\infty}\left(1+\frac{1}{x}\right)^x=\mathrm{e}$.

再来证$\lim\limits_{x\to-\infty}\left(1+\frac{1}{x}\right)^x=\mathrm{e}$.

令 $t=-x$,则有

$$\lim_{x\to-\infty}\left(1+\frac{1}{x}\right)^{x}=\lim_{t\to+\infty}\left(1-\frac{1}{t}\right)^{-t}=\lim_{t\to+\infty}\left(\frac{t-1}{t}\right)^{-t}$$
$$=\lim_{t\to+\infty}\left(\frac{t}{t-1}\right)^{t}=\lim_{t\to+\infty}\left(1+\frac{1}{t-1}\right)^{t-1}\left(1+\frac{1}{t-1}\right)$$
$$=\lim_{t\to+\infty}\left(1+\frac{1}{t-1}\right)^{t-1}\lim_{t\to+\infty}\left(1+\frac{1}{t-1}\right)=\mathrm{e}.$$

综上所述,$\lim\limits_{x\to\infty}\left(1+\dfrac{1}{x}\right)^{x}=\mathrm{e}$.

例 13 求下列函数极限:

(1) $\lim\limits_{x\to0}(1+x)^{\frac{1}{x}}$; (2) $\lim\limits_{x\to\infty}\left(1-\dfrac{1}{x}\right)^{x}$; (3) $\lim\limits_{x\to\infty}\left(1+\dfrac{1}{x}\right)^{2x}$; (4) $\lim\limits_{x\to0}(1-2x)^{\frac{1}{x}}$.

解 (1) 令 $u=\dfrac{1}{x}$,则当 $x\to0$ 时,$u\to\infty$,因此有

$$\lim_{x\to0}(1+x)^{\frac{1}{x}}=\lim_{u\to\infty}\left(1+\frac{1}{u}\right)^{u}=\mathrm{e}.$$

(2) $$\lim_{x\to\infty}\left(1-\frac{1}{x}\right)^{x}=\lim_{x\to\infty}\frac{1}{\left(\frac{x}{x-1}\right)^{x}}=\lim_{x\to\infty}\frac{1}{\left(1+\frac{1}{x-1}\right)^{x-1}\left(1+\frac{1}{x-1}\right)}$$
$$=\frac{1}{\lim\limits_{x\to\infty}\left(1+\frac{1}{x-1}\right)^{x-1}\lim\limits_{x\to\infty}\left(1+\frac{1}{x-1}\right)}=\frac{1}{\mathrm{e}};$$

或者
$$\lim_{x\to\infty}\left(1-\frac{1}{x}\right)^{x}=\lim_{x\to\infty}\left[\left(1+\frac{1}{-x}\right)^{-x}\right]^{-1}$$
$$=\lim_{x\to\infty}\frac{1}{\left(1+\frac{1}{-x}\right)^{-x}}=\frac{1}{\lim\limits_{x\to\infty}\left(1+\frac{1}{-x}\right)^{-x}}=\frac{1}{\mathrm{e}}.$$

(3) $$\lim_{x\to\infty}\left(1+\frac{1}{x}\right)^{2x}=\lim_{x\to\infty}\left[\left(1+\frac{1}{x}\right)^{x}\right]^{2}=\left[\lim_{x\to\infty}\left(1+\frac{1}{x}\right)^{x}\right]^{2}=\mathrm{e}^{2}.$$

(4) 令 $-2x=\dfrac{1}{u}$,则当 $x\to0$ 时,$u\to\infty$,因此有

$$\lim_{x\to0}(1-2x)^{\frac{1}{x}}=\lim_{u\to\infty}\left(1+\frac{1}{u}\right)^{-2u}=\lim_{u\to\infty}\left[\left(1+\frac{1}{u}\right)^{u}\right]^{-2}$$
$$=\lim_{u\to\infty}\frac{1}{\left[\left(1+\frac{1}{u}\right)^{u}\right]^{2}}=\frac{1}{\left[\lim\limits_{u\to\infty}\left(1+\frac{1}{u}\right)^{u}\right]^{2}}=\frac{1}{\mathrm{e}^{2}}.$$

注意 由例 13(1)可知,重要极限Ⅱ的等价形式是

$$\lim_{x\to0}(1+x)^{\frac{1}{x}}=\mathrm{e}.$$

习 题 2.3

1. 由函数的图像求下列极限(若存在):

(1) $\lim\limits_{x\to0}\cos x$; (2) $\lim\limits_{x\to\frac{\pi}{2}}\cos x$; (3) $\lim\limits_{x\to-\infty}\cos x$; (4) $\lim\limits_{x\to1}\arctan x$;

(5) $\lim\limits_{x\to 0}2^x$； (6) $\lim\limits_{x\to +\infty}2^x$； (7) $\lim\limits_{x\to -\infty}\mathrm{e}^x$； (8) $\lim\limits_{x\to \mathrm{e}}\ln x$；

(9) $\lim\limits_{x\to x_0}x^{\frac{1}{3}}$； (10) $\lim\limits_{x\to 0}\frac{x}{|x|}$； (11) 设 $f(x)=\begin{cases}1-x, & x\geqslant 0,\\ 1+x, & x<0,\end{cases}$ 求 $\lim\limits_{x\to 0}f(x)$.

2. 判断下列极限是否存在？若存在，求其极限值：

(1) $\lim\limits_{x\to 0}2^{\frac{1}{x}}$； (2) $\lim\limits_{x\to +\infty}x\sin x$； (3) $\lim\limits_{x\to +\infty}\frac{1}{x}\sin x$； (4) $\lim\limits_{x\to \frac{\pi}{2}}\sqrt{\sin x}$.

3. 计算下列极限：

(1) $\lim\limits_{x\to 2}(5x^4+3x^2+2)$； (2) $\lim\limits_{x\to 1}\frac{4x^2+x+1}{x+1}$；

(3) $\lim\limits_{x\to \infty}\left(1-\frac{1}{x}+\frac{1}{x^2}\right)$； (4) $\lim\limits_{x\to \infty}\frac{2x^2+1}{1-3x^2}$；

(5) $\lim\limits_{x\to 0}(\mathrm{e}^x+\sin x+x^2)$； (6) $\lim\limits_{x\to \infty}\frac{x^2+1}{x^4+3x-1}$；

(7) $\lim\limits_{x\to \infty}\left(\frac{x^3}{1-x^2}+\frac{x^2}{1+x}\right)$； (8) $\lim\limits_{x\to 3}\frac{\sqrt{1+x}-2}{x-3}$.

4. 计算下列极限：

(1) $\lim\limits_{x\to 0}\frac{\tan 5x}{x}$； (2) $\lim\limits_{x\to 0}\frac{\sin 2x}{3x}$； (3) $\lim\limits_{x\to 0}x\cot x$； (4) $\lim\limits_{x\to 0}\frac{1-\cos 2x}{x\sin x}$；

(5) $\lim\limits_{n\to \infty}2^n\sin\frac{x}{2^n}$； (6) $\lim\limits_{x\to 0}(1+2x)^{\frac{1}{x}}$； (7) $\lim\limits_{x\to 0}(1-3x)^{\frac{1}{x}}$； (8) $\lim\limits_{x\to \infty}\left(1+\frac{1}{x}\right)^{3x}$；

(9) $\lim\limits_{x\to \infty}\left(1-\frac{1}{2x}\right)^x$； (10) $\lim\limits_{n\to \infty}\left(\frac{2n+3}{2n+1}\right)^{n+1}$.

§2.4 无穷小量与无穷大量

若当 $x\to x_0$ 时，函数 $f(x)$ 以常数 A 为极限，即

$$\lim_{x\to x_0}f(x)=A,$$

则由极限的运算法则知，有

$$\lim_{x\to x_0}[f(x)-A]=0.$$

这样，就将研究极限"$\lim\limits_{x\to x_0}f(x)=A$"问题，转化为研究"$\lim\limits_{x\to x_0}[f(x)-A]=0$"问题. 所以，研究以"零"为极限的极限问题是最重要、最基本的. 本节就是专门研究此类极限问题.

一、无穷小量的概念

定义 2.10 若 $\lim\limits_{x\to x_0}f(x)=0$，则称函数 $f(x)$ 当 $x\to x_0$ 时是**无穷小量**，简称为**无穷小**.

类似地，若 $\lim\limits_{x\to \infty}f(x)=0$，则称函数 $f(x)$ 当 $x\to\infty$ 时是无穷小量；若 $\lim\limits_{n\to \infty}a_n=0$，则称数列 $\{a_n\}$ 当 $n\to\infty$ 时是无穷小量.

还可类似地定义当 $x\to+\infty$，$x\to-\infty$，$x\to x_0^-$，$x\to x_0^+$ 时的无穷小量.

例 1 判断下列量在指定的过程中是否是无穷小量：

(1) $f(x)=\frac{1}{x}$, $x\to\infty$；　(2) $f(x)=\frac{1}{x}$, $x\to 1$；

(3) $f(x)=x^2$, $x\to 0$；　(4) $a_n=\frac{1}{n^2}$, $n\to\infty$；

(5) $f(x)=\frac{1}{x}+\frac{1}{x^2}$, $x\to\infty$；　(6) $f(x)=\frac{x^2+1}{1-2x^2}$, $x\to\infty$；

(7) $f(x)=0$, $x\to x_0$.

解 (1) 因为 $\lim\limits_{x\to\infty}\frac{1}{x}=0$,所以当 $x\to\infty$时，$\frac{1}{x}$是无穷小量.

(2) 因为 $\lim\limits_{x\to 1}\frac{1}{x}=1\neq 0$,所以当 $x\to 1$ 时，$\frac{1}{x}$不是无穷小量.

(3) 因为 $\lim\limits_{x\to 0}x^2=0$,所以当 $x\to 0$ 时，x^2 是无穷小量.

(4) 因为 $\lim\limits_{n\to\infty}\frac{1}{n^2}=0$,所以当 $n\to\infty$时，$\frac{1}{n^2}$是无穷小量.

(5) 因为 $\lim\limits_{x\to\infty}\left(\frac{1}{x}+\frac{1}{x^2}\right)=0$,所以当 $x\to\infty$时，$\frac{1}{x}+\frac{1}{x^2}$是无穷小量.

(6) 因为 $\lim\limits_{x\to\infty}\frac{x^2+1}{1-2x^2}=-\frac{1}{2}$,所以当 $x\to\infty$时，$\frac{x^2+1}{1-2x^2}$不是无穷小量.

(7) 因为 $\lim\limits_{x\to x_0}0=0$,所以当 $x\to x_0$ 时，0 是无穷小量.

从无穷小量的定义和上述例题可知在理解无穷小时应注意三点：第一,要注意自变量的变化过程,例如$\frac{1}{x}$当 $x\to\infty$时是无穷小量,而当 $x\to 1$ 时则不是无穷小量;第二,要注意所考虑函数(数列)的极限值是零,例如 10^{-100} 当 $x\to x_0$ 时极限不是零,故 10^{-100} 不是无穷小量,尽管它是很小很小的数;第三,0 是唯一可以作为无穷小量的一个常数.

根据极限的性质和运算法则,可以推出下列有关无穷小量的性质.

二、无穷小量的性质

定理 2.18 有限多个无穷小量的代数和仍是无穷小量.

例如,当 $x\to 0$ 时,$\sin x$,x,$\ln(1+x)$都是无穷小量,故 $\sin x+x-\ln(1+x)$也是无穷小量.

定理 2.19 有限多个无穷小量的积也是无穷小量.

例如,当 $x\to 0$ 时,$x^2\sin x$ 也是无穷小量.

定理 2.20 常数与无穷小量的积是无穷小量.

例如,当 $x\to 0$ 时,$2\sin x$ 是无穷小量.

定理 2.21 有界变量与无穷小量的积是无穷小量.

例如,当 $x\to\infty$时,$\frac{1}{x}\to 0$,$\sin x$ 不存在极限,但它是有界变量,故 $\lim\limits_{x\to\infty}\frac{1}{x}\sin x=0$,$\frac{1}{x}\sin x$ 是无穷小量.

定理 2.22 $\lim\limits_{x\to x_0}f(x)=A$ 的充分必要条件是

$$f(x)=A+\alpha(x),$$

其中 $\lim\limits_{x\to x_0}\alpha(x)=0$,即 $\alpha(x)$是当 $x\to x_0$ 时的无穷小量.

证明 必要性 已知 $\lim\limits_{x\to x_0} f(x)=A$,由极限运算法则知 $\lim\limits_{x\to x_0}(f(x)-A)=0$. 记 $\alpha(x)=f(x)-A$,故 $\alpha(x)$ 是 $x\to x_0$ 时的无穷小量,从而

$$f(x)=A+\alpha(x).$$

充分性 已知 $f(x)=A+\alpha(x)$,且 $\lim\limits_{x\to x_0}\alpha(x)=0$,即

$$\lim_{x\to x_0}(f(x)-A)=\lim_{x\to x_0}\alpha(x)=0,$$

故有 $\lim\limits_{x\to x_0} f(x)=A$.

当 $x\to\infty$, $x\to x_0^-$, $x\to x_0^+$ 时也有类似的结论.

由此可知,研究任何变量的极限问题可转化为研究无穷小量问题.

三、无穷小量的比较

现在来讨论无穷小量的商.

当 $x\to 0$ 时,$\sin x, x, x^2$ 都是无穷小量,但是,它们求商后,情况就不一样了.

由于 $\lim\limits_{x\to 0}\dfrac{\sin x}{x}=1$,所以 $\dfrac{\sin x}{x}$ 当 $x\to 0$ 时不再是无穷小量了.

又由于 $\lim\limits_{x\to 0}\dfrac{x^2}{\sin x}=0$,所以 $\dfrac{x^2}{\sin x}$ 当 $x\to 0$ 时仍是无穷小量.

因此,由这些例子可知无穷小量的商不一定还是无穷小量,它们甚至可以变到很大. 例如,当 $x\to 0$ 时,$\dfrac{x}{x^2}=\dfrac{1}{x}$ 的绝对值可以任意大. 造成这种情形的原因是当 $x\to 0$ 时,x^2 比 x 更快速地趋向零.

一般地,我们可用两个无穷小量之比的极限值来衡量它们趋于零的速度的快慢. 因此,引出下述无穷小量比较的定义.

定义 2.11 设 $\lim\limits_{x\to x_0}\alpha(x)=0$, $\lim\limits_{x\to x_0}\beta(x)=0$,且 $\beta(x)\neq 0$.

(1) 若 $\lim\limits_{x\to x_0}\dfrac{\alpha(x)}{\beta(x)}=c$ ($c\neq 0$,是常数),则称 $\alpha(x)$ 当 $x\to x_0$ 时是与 $\beta(x)$ **同阶**的无穷小量,记为

$$\alpha(x)=O(\beta(x));$$

(2) 若 $\lim\limits_{x\to x_0}\dfrac{\alpha(x)}{\beta(x)}=1$,则称 $\alpha(x)$ 当 $x\to x_0$ 时是与 $\beta(x)$ **等价**的无穷小量,记为 $\alpha(x)\sim\beta(x)$;

(3) 若 $\lim\limits_{x\to x_0}\dfrac{\alpha(x)}{\beta(x)}=0$,则称 $\alpha(x)$ 当 $x\to x_0$ 时是比 $\beta(x)$ **高阶**的无穷小量,记为

$$\alpha(x)=o(\beta(x)).$$

当 $x\to\infty$, $x\to x_0^-$, $x\to x_0^+$ 时,也有类似的定义.

例如,由于 $\lim\limits_{x\to 0}\dfrac{\sin x}{x}=1$,所以当 $x\to 0$ 时,$\sin x\sim x$.

例 2 当 $x\to 0$ 时,试比较 $1-\cos x$ 与 $\dfrac{x^2}{2}$ 的阶(即比较哪个是更高阶的无穷小量).

解 因为

$$\lim_{x\to 0}\frac{1-\cos x}{\frac{x^2}{2}}=\lim_{x\to 0}\frac{2\sin^2\frac{x}{2}}{\frac{x^2}{2}}=\lim_{x\to 0}\frac{\sin^2\frac{x}{2}}{\left(\frac{x}{2}\right)^2}=\lim_{x\to 0}\left(\frac{\sin\frac{x}{2}}{\frac{x}{2}}\right)^2=\left(\lim_{x\to 0}\frac{\sin\frac{x}{2}}{\frac{x}{2}}\right)^2=1,$$

所以,当 $x\to 0$ 时,$1-\cos x\sim\frac{x^2}{2}$,它们是等价无穷小量.

等价无穷小量在极限运算中有重要的应用.

定理 2.23 若当 $x\to x_0$ 时,$\alpha(x)\sim\beta(x)$,且 $\alpha(x),\beta(x)\neq 0$,$\lim\limits_{x\to x_0}f(x)\alpha(x)$,$\lim\limits_{x\to x_0}\frac{f(x)}{\alpha(x)}$ 存在,则

$$\lim_{x\to x_0}f(x)\alpha(x)=\lim_{x\to x_0}f(x)\beta(x),\quad \lim_{x\to x_0}\frac{f(x)}{\alpha(x)}=\lim_{x\to x_0}\frac{f(x)}{\beta(x)}.$$

证明 由于 $\lim\limits_{x\to x_0}\frac{\alpha(x)}{\beta(x)}=1$,所以

$$\begin{aligned}\lim_{x\to x_0}f(x)\alpha(x)&=\lim_{x\to x_0}f(x)\beta(x)\cdot\frac{\alpha(x)}{\beta(x)}\\&=\lim_{x\to x_0}f(x)\beta(x)\cdot\lim_{x\to x_0}\frac{\alpha(x)}{\beta(x)}=\lim_{x\to x_0}f(x)\beta(x),\end{aligned}$$

$$\lim_{x\to x_0}\frac{f(x)}{\alpha(x)}=\lim_{x\to x_0}\frac{f(x)}{\beta(x)}\cdot\frac{\beta(x)}{\alpha(x)}=\lim_{x\to x_0}\frac{f(x)}{\beta(x)}\cdot\lim_{x\to x_0}\frac{\beta(x)}{\alpha(x)}=\lim_{x\to x_0}\frac{f(x)}{\beta(x)}.$$

此定理说明,在乘除运算的极限中,用非零等价无穷小替换不改变其极限值.

例 3 求极限 $\lim\limits_{x\to 0}\frac{1-\cos x}{x\sin x}$.

解 由于当 $x\to 0$ 时,$\sin x\sim x$,$1-\cos\sim\frac{x^2}{2}$,所以有

$$\lim_{x\to 0}\frac{1-\cos x}{x\sin x}=\lim_{x\to 0}\frac{\frac{x^2}{2}}{x\cdot x}=\lim_{x\to 0}\frac{1}{2}=\frac{1}{2}.$$

例 4 求极限 $\lim\limits_{x\to 0}\frac{\tan x-\sin x}{x^3}$.

解 由于 $\tan x-\sin x=\tan x(1-\cos x)$,而当 $x\to 0$ 时,$\tan x\sim x$,$1-\cos x\sim\frac{x^2}{2}$,所以有

$$\lim_{x\to 0}\frac{\tan x-\sin x}{x^3}=\lim_{x\to 0}\frac{\tan x(1-\cos x)}{x^3}=\lim_{x\to 0}\frac{x\cdot\frac{x^2}{2}}{x^3}=\frac{1}{2}.$$

注意 在乘除运算中的无穷小量都可用各自的等价无穷小量替换,但在加减运算中的各项不能作等价无穷小替换.例如在上例中,若如下做法则会导致错误:

$$\lim_{x\to 0}\frac{\tan x-\sin x}{x^3}\neq\lim_{x\to 0}\frac{x-x}{x^3}=0.$$

例 5 当 $x\to 0$ 时,无穷小量 $\alpha=x\sin x$,$\beta=x(1-\cos x)$,$\gamma=\tan x$ 按从高阶到低阶的排列是(　　).

(A) α,β,γ;　　(B) β,α,γ;　　(C) γ,β,α;　　(D) γ,α,β.

解 由于当 $x\to 0$ 时,

$$\alpha=x\sin x\sim x^2,\quad \beta=x(1-\cos x)\sim\frac{x^3}{2},\quad \gamma=\tan x\sim x,$$

所以,在 α,β,γ 中 β 是最高阶的无穷小,α 其次,γ 是最低阶的.故应选择(B).

四、无穷大量

定义 2.12 若当 $x\to x_0$ 时,$|f(x)|$ 无限增大,则称 $f(x)$ 是当 $x\to x_0$ 时的**无穷大量**,记为

$$\lim_{x\to x_0} f(x)=\infty \quad 或 \quad f(x)\to\infty\ (x\to x_0);$$

特别地,若当 $x\to x_0$ 时,$f(x)$无限增大(可大于任何正数),则称 $f(x)$是当 $x\to x_0$ 时的**正无穷大量**,记为

$$\lim_{x\to x_0} f(x)=+\infty \quad 或 \quad f(x)\to+\infty\ (x\to x_0);$$

类似地,若当 $x\to x_0$ 时,$-f(x)$无限增大(可大于任何正数),则称 $f(x)$是当 $x\to x_0$ 时的**负无穷大量**,记为

$$\lim_{x\to x_0} f(x)=-\infty \quad 或 \quad f(x)\to-\infty\ (x\to x_0).$$

类似地,可定义

$$\lim_{x\to x_0^-} f(x)=\infty\ (\pm\infty),\quad \lim_{x\to x_0^+} f(x)=\infty\ (\pm\infty),$$

$$\lim_{x\to\infty} f(x)=\infty\ (\pm\infty),\quad \lim_{x\to+\infty} f(x)=\infty\ (\pm\infty),$$

$$\lim_{x\to-\infty} f(x)=\infty\ (\pm\infty).$$

注意　这里的极限记号"$\lim\limits_{x\to x_0} f(x)=\infty$"只是借用,所有的∞都不是常数,故这里的极限都是不存在的.

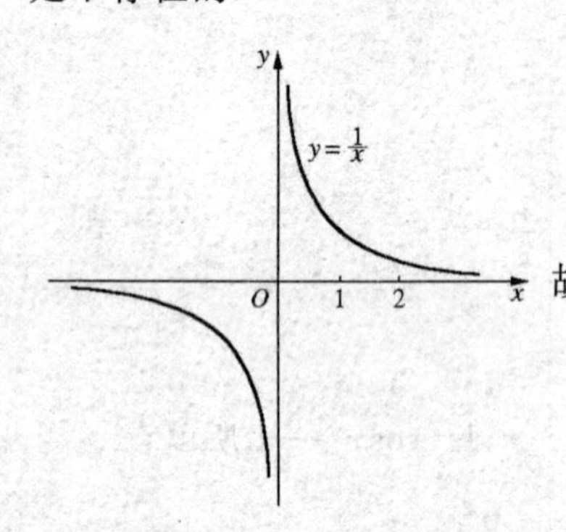

图　2.20

例 6　用函数图像理解 $\lim\limits_{x\to 0}\dfrac{1}{x}=\infty$.

解　由图 2.20 可知,当 $x\to 0$ 时,$\left|\dfrac{1}{x}\right|$的值是无限增大的,故有 $\lim\limits_{x\to 0}\dfrac{1}{x}=\infty$,同时还可看到

$$\lim_{x\to 0^+}\frac{1}{x}=+\infty,\quad \lim_{x\to 0^-}\frac{1}{x}=-\infty.$$

由于当$|f(x)|$无限增大时,$\dfrac{1}{f(x)}$无限趋于零,所以,无穷大量与无穷小量有下述关系:

定理 2.24　若 $\lim\limits_{x\to x_0} f(x)=\infty$,则 $\lim\limits_{x\to x_0}\dfrac{1}{f(x)}=0$;若 $\lim\limits_{x\to x_0} f(x)=0$,且 $f(x)\neq 0$,则 $\lim\limits_{x\to x_0}\dfrac{1}{f(x)}=\infty$.

此定理说明:在自变量的同一变化过程中,无穷大量的倒数是无穷小量;无穷小量(不等于零)的倒数是无穷大量.

例 7　判断下列函数在指定的过程中是无穷小量还是无穷大量?说明理由.

(1) $f(x)=\dfrac{1}{1+x^2}$, $x\to\infty$;　　(2) $f(x)=\dfrac{1}{2^x}$, $x\to+\infty$;

(3) $f(x)=\dfrac{x^2+1}{x^2-1}$, $x\to 1$;　　(4) $f(x)=\dfrac{1}{\sin x}$, $x\to\pi$.

解　(1) 由于 $\lim\limits_{x\to\infty}(1+x^2)=\infty$,所以 $\lim\limits_{x\to\infty}\dfrac{1}{1+x^2}=0$. 故当 $x\to\infty$时, $f(x)=\dfrac{1}{1+x^2}$是无穷小量.

(2) 由于 $\lim\limits_{x\to+\infty}2^x=+\infty$,所以 $\lim\limits_{x\to+\infty}\dfrac{1}{2^x}=0$. 故当 $x\to+\infty$时, $f(x)=\dfrac{1}{2^x}$是无穷小量.

(3) 由于

$$\lim_{x\to1}\frac{x^2-1}{x^2+1}=\frac{\lim\limits_{x\to1}(x^2-1)}{\lim\limits_{x\to1}(x^2+1)}=\frac{0}{2}=0.$$

所以 $\lim\limits_{x\to1}\dfrac{x^2+1}{x^2-1}=\infty$. 故当 $x\to1$ 时，$f(x)=\dfrac{x^2+1}{x^2-1}$是无穷大量.

(4) 由于 $\lim\limits_{x\to\pi}\sin x=0$,所以 $\lim\limits_{x\to\pi}\dfrac{1}{\sin x}=\infty$. 故当 $x\to\pi$ 时 $f(x)=\dfrac{1}{\sin x}$是无穷大量.

由无穷大量的定义可知,若 $\lim\limits_{x\to x_0}f(x)=\infty$,则$|f(x)|$可以大于任何正数 M,只要 x 充分靠近 x_0. 也即,对于任给的 $M>0$,当 x 充分靠近 x_0 时(或说可找到 $\delta>0$,当 $0<|x-x_0|<\delta$ 时),就会有$|f(x)|>M$,这其实是式“$\lim\limits_{x\to x_0}f(x)=\infty$”的更加准确的描述.

对于其他的无穷大量：$\lim\limits_{x\to\infty}f(x)=\infty$, $\lim\limits_{x\to+\infty}f(x)=\infty$, $\lim\limits_{x\to\infty}f(x)=+\infty$,等等,都有相应的描述.

有了对无穷大量的这种理解,我们容易判断并说明下面例子中的函数不是无穷大量.

例 8 判断当 $x\to+\infty$时,$f(x)=x\sin x$ 是否是无穷大量？说明理由.

解 不是无穷大量. 因为,若 $\lim\limits_{x\to+\infty}f(x)=\infty$,则应有：对任何正数 $M>0$,当 x 充分大时,$|x\sin x|>M$. 但是总会有 $x_0=n\pi$ 存在,使$|x_0\sin x_0|=0$,即$|x_0\sin x_0|>M$ 不成立,这和无穷大的含义矛盾. 故此时 $f(x)$不是无穷大量.

例 9 下列命题正确的是(　　).

(A) 当 $x\to0$ 时,$e^{\frac{1}{x}}$是无穷小量； (B) 当 $x\to0$ 时,$e^{\frac{1}{x}}$是无穷大量；

(C) 当 $x\to0^+$时,$e^{\frac{1}{x}}$是无穷小量； (D) 当 $x\to0^-$时,$e^{\frac{1}{x}}$是无穷小量.

解 由于 $\lim\limits_{x\to0^+}\dfrac{1}{x}=+\infty$, $\lim\limits_{x\to0^-}\dfrac{1}{x}=-\infty$,所以 $\lim\limits_{x\to0^+}e^{\frac{1}{x}}=+\infty$, $\lim\limits_{x\to0^-}e^{\frac{1}{x}}=0$. 因此容易看出选项(A),(B),(C)都不正确. 只有选项(D)正确.

习　题　2.4

1. 判断下列函数在指定的过程中哪些是无穷小量？哪些是无穷大量？

(1) $\ln x$, $x\to1$； (2) e^x, $x\to0$； (3) e^x, $x\to-\infty$；

(4) $e^{\frac{1}{x}}$, $x\to0$； (5) $2^{-x}-1$, $x\to0$； (6) $\dfrac{1+2x}{x^2}$, $x\to0$；

(7) $\ln(1+x)$, $x\to0$； (8) $\dfrac{1}{x-\sin x}$, $x\to0$； (9) $\dfrac{x^2+3}{x-3}$, $x\to3$；

(10) $x^2\sin\dfrac{1}{x}$, $x\to0$.

2. 利用无穷小量的性质计算下列极限：

(1) $\lim\limits_{x\to\infty}\dfrac{\sin x}{x}$； (2) $\lim\limits_{x\to0}(x+\tan x)^2$； (3) $\lim\limits_{x\to0}x\sin\dfrac{1}{x}$；

(4) $\lim\limits_{x\to0}\dfrac{x^2e^x}{\cos x+1}$； (5) $\lim\limits_{x\to0}(x+1)\ln(1+x)$； (6) $\lim\limits_{x\to-\infty}\left(\dfrac{1}{x}+e^x\right)$；

(7) $\lim\limits_{x\to0}\dfrac{x^2\sin\dfrac{1}{x}}{\sin x}$； (8) $\lim\limits_{x\to\infty}\dfrac{1}{x}\arctan x$.

3. 当 $x\to0$ 时,下列函数中哪些是比 x 高阶的无穷小量？哪些是与 x 同阶的无穷小量？

哪些是与 x 等价的无穷小量?

(1) $3x+2x^2$；　　(2) $x^2+\sin 2x$；　　(3) $x+\sin^2 x$；

(4) $\sin x^2$；　　(5) $1-\cos x$；　　(6) $\tan x-\sin x$.

4. 当 $x\to 0$ 时,证明:

(1) $\arctan x\sim x$；　　(2) $\arcsin x\sim x$；　　(3) $\tan\dfrac{x^2}{2}\sim 1-\cos x$.

§2.5 函数的连续性

一、函数连续性的概念

在前面讨论函数的极限时,我们曾不止一次地遇到过极限等式

$$\lim_{x\to x_0} f(x)=f(x_0),$$

例如,当 $f(x)$ 是多项式和有理分式函数时,就可以按照此等式来求函数的极限. 又例如,当 $f(x)=\sqrt{x}$, $x_0>0$ 时,也可以按照这个等式来求极限.

但是,这个等式也不是总能成立. 考查下面给出的四个函数:

$$f(x)=\begin{cases} x/2+1, & x\leqslant 2,\\ x+1, & x>2;\end{cases}\quad g(x)=\frac{x^2-1}{x-1};$$

$$h(x)=\begin{cases} x+1, & x\neq 1,\\ 0.5, & x=1;\end{cases}\quad q(x)=\frac{1}{(1-x)^2}.$$

上述四个函数所对应的图形分别如图 2.21 至图 2.24 所示.

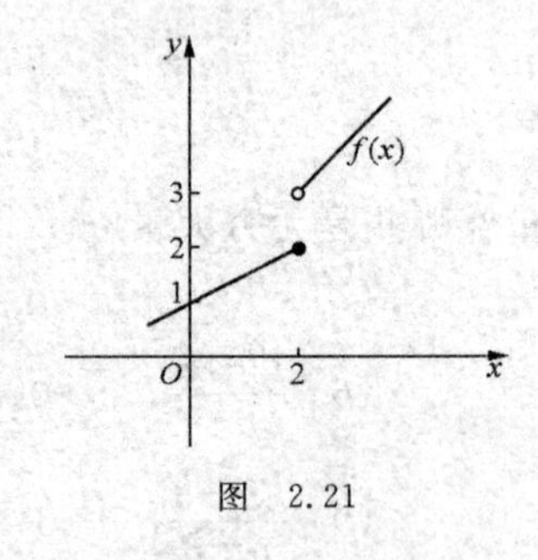

图 2.21

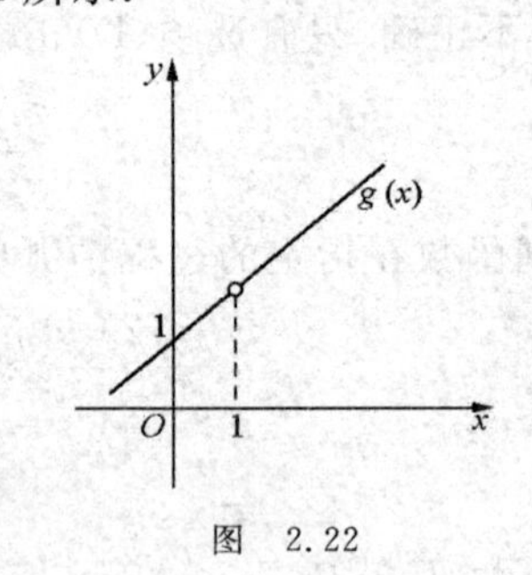

图 2.22

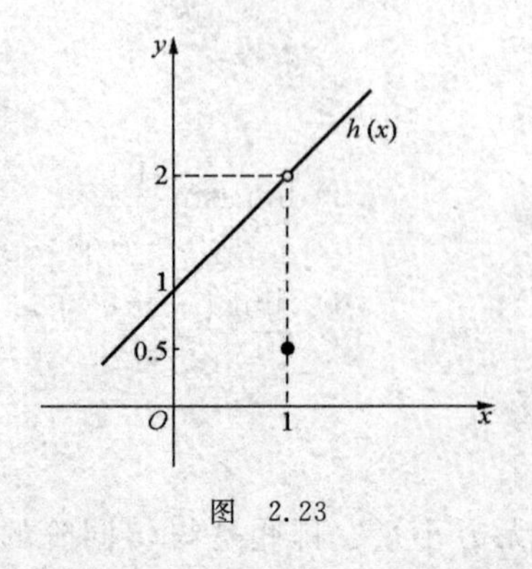

图 2.23

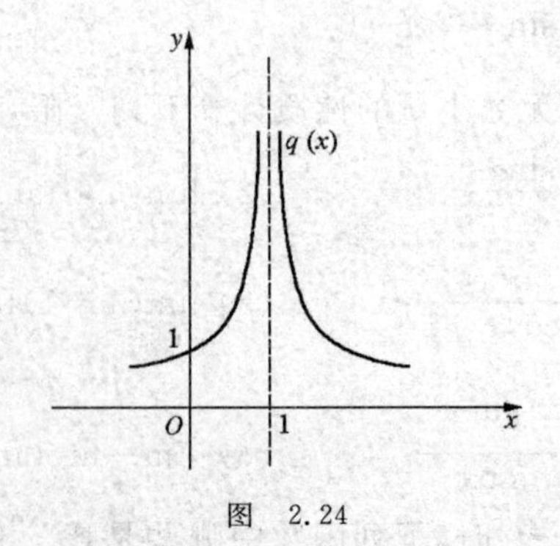

图 2.24

从图像中容易看出,对于图 2.21 中的函数 $f(x)$,在 $x=2$ 处的左、右极限不相等,故极限 $\lim\limits_{x\to2}f(x)$不存在,显然 $\lim\limits_{x\to2}f(x)\neq f(2)$,此时函数 $y=f(x)$的图像在 $x=2$ 处断开,形成一个"跳跃";对于图 2.22 中的函数 $g(x)$,虽然在 $x=1$ 处左、右极限都存在,而且相等,但是 $g(1)$无定义,所以也有 $\lim\limits_{x\to1}g(x)\neq g(1)$,此时函数 $y=g(x)$的图像在 $x=1$ 处形成一个"洞";对于图 2.23 中的函数 $h(x)$,在 $x=1$ 处,$\lim\limits_{x\to1}h(x)$存在,$h(1)$也有定义,但是它们不相等,故 $\lim\limits_{x\to1}h(x)\neq h(1)$,此时函数 $y=h(x)$的图像在 $x=1$ 处仍形成一个"洞";对于图 2.24 中的函数 $q(x)$,显然 $\lim\limits_{x\to1}q(x)=\infty$,这是极限不存在的一种情形,而且 $q(1)$也无定义,当然也有 $\lim\limits_{x\to1}q(x)\neq q(1)$,此时函数 $y=q(x)$的图像在 $x=1$ 处以 $x=1$ 为渐近线,趋于无穷大,也是断开的.

这些例子似乎在告诉我们:若等式 $\lim\limits_{x\to x_0}f(x)=f(x_0)$不满足,函数 $y=f(x)$的图像就要在 $x=x_0$ 处断开.因此,如果要使函数 $y=f(x)$的图像在 $x=x_0$ 处不断开,则函数 $y=f(x)$在 x_0 处应满足等式 $\lim\limits_{x\to x_0}f(x)=f(x_0)$.于是,就有了下述函数连续性的定义.

定义 2.13 设函数 $y=f(x)$在 x_0 点的某邻域内有定义.若 $\lim\limits_{x\to x_0}f(x)=f(x_0)$,则称函数 $f(x)$在点 x_0 处**连续**,点 x_0 称为函数 $f(x)$的**连续点**.

根据这个定义,函数 $f(x)$在点 x_0 处连续必须同时满足三个条件:$\lim\limits_{x\to x_0}f(x)$存在,$f(x_0)$有定义,$f(x_0)$与 $\lim\limits_{x\to x_0}f(x)$相等.

例 1 判断下列函数在 x_0 处的连续性:

(1) $f(x)=x^2$, $x_0\in(-\infty,+\infty)$;

(2) $f(x)=\sin x$, $x_0\in(-\infty,+\infty)$;

(3) $f(x)=a_0x^n+a_1x^{n-1}+\cdots+a_n$, $x_0\in(-\infty,+\infty)$;

(4) $f(x)=\dfrac{a_0x^n+a_1x^{n-1}+\cdots+a_n}{b_0x^m+b_1x^{m-1}+\cdots+b_m}$, $x_0\in(-\infty,+\infty)$,且 $b_0x_0^m+b_1x_0^{m-1}+\cdots+b_m\neq0$;

(5) $f(x)=\begin{cases}x\sin\dfrac{1}{x}, & x\neq0,\\ a, & x=0,\end{cases}$ $x_0=0$.

解 (1) 由函数 $y=x^2$ 的图像可知 $\lim\limits_{x\to x_0}x^2=x_0^2$,所以,$f(x)$在点 x_0 处连续.

(2) 由函数 $y=\sin x$ 的图像可知 $\lim\limits_{x\to x_0}\sin x=\sin x_0$,所以,$f(x)=\sin x$ 在点 x_0 处连续.

(3) 由前面(§2.3)结果可知,对于多项式函数 $f(x)$,有 $\lim\limits_{x\to x_0}f(x)=f(x_0)$,所以,$f(x)$在点 x_0 处连续.

(4) 由前面(§2.3)结果可知,对于有理分式函数 $f(x)$,有 $\lim\limits_{x\to x_0}f(x)=f(x_0)$,所以,$f(x)$在点 x_0 处连续.

(5) 由于 $\lim\limits_{x\to0}f(x)=\lim\limits_{x\to0}x\sin\dfrac{1}{x}=0$,而 $f(0)=a$,所以,当 $\lim\limits_{x\to0}f(x)=f(0)$时,即 $a=0$ 时,$f(x)$在点 $x_0=0$ 处连续;若 $a\neq0$,就有

$$\lim_{x\to0}f(x)\neq f(0),$$

此时 $f(x)$ 在点 $x_0=0$ 处不连续.

事实上,根据函数连续性的定义我们还可以推断: $y=\cos x$, $y=x^\alpha$, $y=\ln x$, $y=a^x$, $y=A$(常值函数)在自己的定义域内的每一点处都是连续的.

如果 $\lim\limits_{x\to x_0^-} f(x)=f(x_0)$,则称函数 $f(x)$ 在 x_0 处**左连续**;

类似地,如果 $\lim\limits_{x\to x_0^+} f(x)=f(x_0)$,则称函数 $f(x)$ 在 x_0 处**右连续**.

由定理 2.14 以及函数连续的定义,可得

定理 2.25 函数 $f(x)$ 在点 x_0 处连续的充分必要条件是 $f(x)$ 在点 x_0 处既左连续又右连续.

如果函数 $f(x)$ 在开区间 (a,b) 内的每一个点都连续,则称函数 $f(x)$ 在开区间 (a,b) 内连续;若函数 $f(x)$ 在 (a,b) 内连续,且在 $x=a$ 处右连续, $x=b$ 处左连续,则称函数 $f(x)$ 在闭区间 $[a,b]$ 上连续.在区间上连续函数的图像是一条连续不断的曲线.

因此,根据上述定义以及例 1 的结果可知: $y=x^2$ 在 $(-\infty,+\infty)$ 内连续; $y=\sin x$ 在 $(-\infty,+\infty)$ 内连续;多项式函数 $f(x)$ 在 $(-\infty,+\infty)$ 内连续;有理分式函数 $f(x)$ 在使它的分母不为零的点上连续(即定义域内).更进一步地,由基本初等函数的图像我们可知如下定理的正确性.

定理 2.26 基本初等函数在其定义域内是连续函数.

二、函数的间断点及其分类

如果函数 $f(x)$ 在点 x_0 处不连续,则称 $f(x)$ 在点 x_0 处**间断**,点 x_0 称为函数 $f(x)$ 的**间断点**.

由函数在点 x_0 处连续的定义可知,在下列三种情况中至少一种情况下函数 $f(x)$ 在 x_0 处间断:

(1) $f(x_0)$ 无定义;

(2) $\lim\limits_{x\to x_0} f(x)$ 不存在;

(3) $f(x_0)$ 存在, $\lim\limits_{x\to x_0} f(x)$ 存在,但它们不相等.

按照这个判断顺序,可以判断一个函数在某点 x_0 处是否间断.

例如,在图 2.21 中, $f(2)$ 存在,但 $\lim\limits_{x\to 2} f(x)$ 不存在,所以 $f(x)$ 在点 $x=2$ 处间断;在图 2.22 中, $g(1)$ 无定义,所以 $g(x)$ 在点 $x=1$ 处间断;在图 2.23 中, $h(1)=0.5$, $\lim\limits_{x\to 1} h(x)=2$,但 $2\neq 0.5$,故 $h(x)$ 在 $x=1$ 处间断;在图 2.24 中, $q(1)$ 不存在,故 $q(x)$ 在 $x=1$ 处间断.

我们注意到在图 2.21 至图 2.24 中的几种函数间断的例子中,似乎间断的"程度"不太一样,在图 2.22 与图 2.23 中,函数的间断仅形成了一个"空洞";在图 2.21 中,函数的间断造成一个"跳跃";而在图 2.24 中,函数的断开似乎更厉害,断开到无穷了!在下例中,我们还可以看到另外一种间断的形态.

例 2 设函数

$$f(x)=\begin{cases}\sin\dfrac{1}{x}, & x\neq 0,\\ 0, & x=0,\end{cases}$$

判断函数在 $x=0$ 处的连续性,并作图示意.

解 由于 $\lim\limits_{x\to 0}f(x)=\lim\limits_{x\to 0}\sin\dfrac{1}{x}$ 不存在,所以 $f(x)$ 在 $x=0$ 处不连续,即间断,其图形如图 2.25 所示. $f(x)$ 在 $x=0$ 处的间断是由于随着 $x\to 0$, $f(x)$ 的值一直在 -1 与 1 之间"振荡".

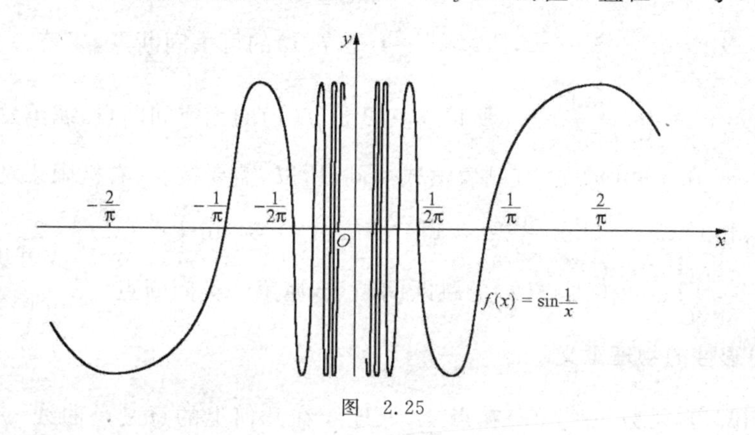

图 2.25

我们根据函数 $f(x)$ 在一点 x_0 处间断方式的不同对间断点进行分类.

跳跃间断点:若 $\lim\limits_{x\to x_0^-}f(x)$, $\lim\limits_{x\to x_0^+}f(x)$ 都存在,但不相等,则称 x_0 是 $f(x)$ 的**跳跃间断点**.

例如,图 2.21 中的间断点就可称为跳跃间断点.

可去间断点:若 $\lim\limits_{x\to x_0}f(x)$ 存在,但与 $f(x_0)$ 不相等或 $f(x_0)$ 无定义,则称 x_0 是 $f(x)$ 的**可去间断点**.

例如,图 2.22、图 2.23 中的间断点可称为可去间断点,此时,可以改变或补充函数 $g(x)$, $h(x)$ 在 x_0 处的定义:令 $g(x_0)=\lim\limits_{x\to x_0}g(x)$, $h(x_0)=\lim\limits_{x\to x_0}h(x)$,就可以形成一个连续函数.这也正是这种间断点称为可去间断点的原因.

无穷间断点:若 $\lim\limits_{x\to x_0}f(x)=\infty$,则称 x_0 是 $f(x)$ 的**无穷间断点**.

例如,图 2.24 中的间断点可称为无穷间断点.

振荡间断点:若在 $x\to x_0$ 的过程中, $f(x)$ 的值无限次地在两个不同的数之间变动,则称 x_0 是 $f(x)$ 的**振荡间断点**.例如,例 2 中的点 $x=0$.

通常,我们将函数 $f(x)$ 的可去间断点和跳跃间断点称为**第一类间断点**,将无穷间断点和振荡间断点称为**第二类间断点**.由上述对各种间断点的描述可知,函数 $f(x)$ 在第一类间断点的左右极限都存在,而函数 $f(x)$ 在第二类间断点的左右极限至少有一个不存在,这也是第一类间断点与第二类间断点的本质上的区别.

例 3 判断下列函数在指定点处的连续性,若间断,判别间断点的类型:

(1) $f(x)=\dfrac{x^2-1}{x^2-3x+2}$,在点 $x_1=1$, $x_2=2$ 处;

(2) $f(x)=\begin{cases}\dfrac{\sin x}{x}, & x<0,\\ e^x+1, & x\geqslant 0,\end{cases}$ 在点 $x=0$ 处.

解 (1) 由连续性的定义,首先要看 $f(x_1)$, $f(x_2)$ 是否有定义.将 $f(x)$ 化为

$$f(x)=\frac{x^2-1}{x^2-3x+2}=\frac{(x-1)(x+1)}{(x-1)(x-2)}.$$

由于 x_1,x_2 都使 $f(x)$的分母为零,所以 $f(x_1),f(x_2)$无定义.故 x_1,x_2 是 $f(x)$的间断点.

下面对 x_1,x_2 判断其类型.

由于 $\lim\limits_{x\to1}f(x)=\lim\limits_{x\to1}\frac{x+1}{x-2}=-2$,所以 $x_1=1$ 是 $f(x)$的可去间断点,属第一类间断点.

又由于 $\lim\limits_{x\to2}f(x)=\lim\limits_{x\to2}\frac{x+1}{x-2}=\infty$,所以 $x_2=2$ 是 $f(x)$的无穷间断点,属第二类间断点.

(2) 由于 $f(x)$在 $x=0$ 的左、右侧表达式不同,所以,需要按左、右极限来考虑.由于

$$\lim_{x\to0^-}f(x)=\lim_{x\to0^-}\frac{\sin x}{x}=1,\quad \lim_{x\to0^+}f(x)=\lim_{x\to0^+}(\mathrm{e}^x+1)=2,$$

左、右极限不相等,所以 $x=0$ 是 $f(x)$的跳跃间断点,属第一类间断点.

三、函数连续性的物理意义

从前面我们知道,函数 $y=f(x)$在点 x_0 处连续在几何上的意义是曲线 $y=f(x)$在点 x_0 处是连续不间断的.在本段中,我们还可看到,函数在点 x_0 处连续这个概念还可反映自然界中量的渐变这一物理意义.

设函数 $y=f(x)$在点 x_0 处连续,依定义有

$$\lim_{x\to x_0}f(x)=f(x_0).$$

x 是在 x_0 邻域内变化的量,可记为 $x=x_0+\Delta x$,于是 $x\to x_0$ 等价于 $\Delta x\to0$,所以有

$$\lim_{\Delta x\to0}[f(x_0+\Delta x)-f(x_0)]=0,$$

其中,式"$f(x_0+\Delta x)-f(x_0)$"反映的是当自变量从 x_0 变到 $x_0+\Delta x$ 时,相应的函数的改变量,我们将它称为函数的增量,记为 Δy.所以,函数 $y=f(x)$在 x_0 处连续的定义可等价地写成:

$$\lim_{\Delta x\to0}\Delta y=0.$$

这个式子表明:当自变量 x 在 x_0 处获得很小的改变量 Δx(也称自变量的增量)时,相应函数由此发生的变化 Δy 也很小.它描述了量 y 是随自变量 x 渐变这样一种物理意义.所以,函数的连续性的概念是对实际问题中量的渐变性的数学描述.

四、连续函数的运算与初等函数的连续性

根据极限的四则运算法则与函数在一点连续的定义,可以方便地得到连续函数的四则运算性质.

定理 2.27　若函数 $f(x),g(x)$在点 x_0 处连续,则函数 $f(x)\pm g(x),f(x)g(x)$,$\frac{f(x)}{g(x)}(g(x_0)\neq0)$都在点 x_0 处连续.

我们以 $f(x)g(x)$为例来看此定理的正确性.

由于 $f(x),g(x)$在点 x_0 处连续,故有

$$\lim_{x\to x_0}f(x)=f(x_0),\quad \lim_{x\to x_0}g(x)=g(x_0),$$

从而

$$\lim_{x\to x_0} f(x)g(x) = \lim_{x\to x_0} f(x) \lim_{x\to x_0} g(x) = f(x_0)g(x_0).$$

由连续性的定义知函数 $f(x)g(x)$ 在点 x_0 处连续.

定理 2.28 若函数 $y=f(x)$ 在区间 I_x 上单调增加(减少),并且连续,值域为 I_y,则其反函数 $x=\varphi(y)$ 在区间 I_y 上连续.

此定理的正确性很容易从几何上理解,因为函数 $y=f(x)$ 与 $x=\varphi(y)$ 的图像是同一个,所以具有相同的连续性.

定理 2.29 若函数 $y=f(u)$ 在点 u_0 处连续,$\lim\limits_{x\to x_0}\varphi(x)=u_0$,则复合函数 $y=f(\varphi(x))$ 当 $x\to x_0$ 时极限存在,且

$$\lim_{x\to x_0} f(\varphi(x)) = f(u_0).$$

注意到 $u_0=\lim\limits_{x\to x_0}\varphi(x)$,所以上述定理的结论可写成

$$\lim_{x\to x_0} f(\varphi(x)) = f(\lim_{x\to x_0}\varphi(x)).$$

这表明,当 $f(u)$ 是连续函数时,求复合函数 $f(\varphi(x))$ 的极限可将极限号写到函数符号 f 的里面去.这个性质在求函数的极限运算中是经常用到的.

例 4 求极限 $\lim\limits_{x\to 0}\sin[(1+x)^{\frac{1}{x}}]$.

解 函数 $y=\sin[(1+x)^{\frac{1}{x}}]$ 可以看成是由 $y=\sin u$ 与 $u=(1+x)^{\frac{1}{x}}$ 复合而成的.由于 $\lim\limits_{x\to 0}(1+x)^{\frac{1}{x}}=\mathrm{e}$,而 $y=\sin u$ 在 $(-\infty,+\infty)$ 内是连续函数,故有

$$\lim_{x\to 0}\sin[(1+x)^{\frac{1}{x}}] = \sin[\lim_{x\to 0}(1+x)^{\frac{1}{x}}] = \sin\mathrm{e}.$$

例 5 求极限 $\lim\limits_{x\to 0}\ln\dfrac{\sin x}{x}$.

解 由于 $\lim\limits_{x\to 0}\dfrac{\sin x}{x}=1$,而 $y=\ln u$ 在 $(0,+\infty)$ 内连续,故有

$$\lim_{x\to 0}\ln\frac{\sin x}{x} = \ln\left(\lim_{x\to 0}\frac{\sin x}{x}\right) = 0.$$

例 6 求极限 $\lim\limits_{x\to 0}\dfrac{\ln(1+x)}{x}$.

解 $\lim\limits_{x\to 0}\dfrac{\ln(1+x)}{x}=\lim\limits_{x\to 0}\ln(1+x)^{\frac{1}{x}}=\ln(\lim\limits_{x\to 0}(1+x)^{\frac{1}{x}})=\ln\mathrm{e}=1$.

这里顺便得到一个等价无穷小:

$$\ln(1+x) \sim x \quad (当\ x\to 0).$$

另外值得注意的是:在定理 2.29 的结论中,$f(u_0)$ 可写成 $f(u_0)=\lim\limits_{u\to u_0}f(u)$,所以,定理中的结论又可以写成:

$$\lim_{x\to x_0} f(\varphi(x)) = \lim_{u\to u_0} f(u), \quad u = \varphi(x).$$

这表明,表达式"$\lim\limits_{x\to x_0}f(\varphi(x))$"通过作变量替换 $u=\varphi(x)$ 则可化成表达式"$\lim\limits_{u\to u_0}f(u)$",这正是我们在求极限时可以用变量替换方法来化简的理论依据.

例 7 求极限 $\lim\limits_{x\to0}\dfrac{e^x-1}{x}$.

解 设 $e^x-1=u$,则 $x=\ln(1+u)$,当 $x\to0$ 时,$u\to0$,代入原式有

$$\lim_{x\to0}\frac{e^x-1}{x}=\lim_{u\to0}\frac{u}{\ln(1+u)}=1.$$

这里又顺便得到一个等价无穷小:$e^x-1\sim x$ (当 $x\to0$).

用类似的方法还可推出以下等价无穷小:

$$\arcsin x\sim x\ (\text{当 } x\to0),\quad \arctan x\sim x\ (\text{当 } x\to0).$$

在定理 2.29 中将 $x\to x_0$ 换成 $x\to\infty$,相应的结论也是成立的.

将定理 2.29 的条件"$\lim\limits_{x\to x_0}\varphi(x)=u_0$"加强为"$\lim\limits_{x\to x_0}\varphi(x)=\varphi(x_0)$",定理的结论仍成立,且可写成:

$$\lim_{x\to x_0}f(\varphi(x))=f(\varphi(x_0)),$$

这就是以下定理:

定理 2.30 *若函数 $u=\varphi(x)$ 在点 x_0 处连续,函数 $y=f(u)$ 在 $u_0=\varphi(x_0)$ 处连续,则复合函数 $y=f(\varphi(x))$ 在点 x_0 处连续.*

由此定理我们知道两个连续函数构成的复合函数仍是连续函数,进而可知有限多个连续函数构成的复合函数仍是连续函数.

至此,我们可以来回答关于初等函数的连续性这个问题了:由函数的图像可知基本初等函数在其定义域内是连续函数,由定理 2.27 和定理 2.30 可知由基本初等函数经过有限次的四则运算和复合所构成的函数(即是初等函数)在其定义区间内都是连续函数.所以我们有如下结论:

结论 一切初等函数在其定义区间内都是连续函数.

这里所说的定义区间是指定义域内的区间.根据这个结论,对于初等函数来说求极限的问题就可以用"$\lim\limits_{x\to x_0}f(x)=f(x_0)$"来求了,只要 x_0 是 $f(x)$ 的定义区间内的一个点.

例 8 求下列函数的极限:

(1) $\lim\limits_{x\to0}\sqrt{x^3-3x+1}$;　　(2) $\lim\limits_{x\to\pi}\left(\sin\dfrac{3x}{2}\right)^8$;

(3) $\lim\limits_{x\to1}\dfrac{e^x+x+1}{x}$;　　(4) $\lim\limits_{x\to\frac{\pi}{9}}\ln(2\cos3x)$.

解 (1) 函数 $\sqrt{x^3-3x+1}$ 是初等函数,$x=0$ 是其定义区间内的点,所以

$$\lim_{x\to0}\sqrt{x^3-3x+1}=1.$$

(2) 函数 $\left(\sin\dfrac{3x}{2}\right)^8$ 是初等函数,$x=\pi$ 是其定义区间内的点,所以

$$\lim_{x\to\pi}\left(\sin\frac{3x}{2}\right)^8=\left(\sin\frac{3\pi}{2}\right)^8=1.$$

(3) 函数 $\dfrac{e^x+x+1}{x}$ 是初等函数,$x=1$ 是其定义区间内的点,所以

$$\lim_{x\to1}\frac{e^x+x+1}{x}=\frac{e^1+1+1}{1}=2+e.$$

(4) 函数 $\ln(2\cos 3x)$是初等函数,$x=\frac{\pi}{9}$是其定义区间内的点,所以

$$\lim_{x\to\frac{\pi}{9}}\ln(2\cos 3x)=\ln\left(2\cos\frac{3\pi}{9}\right)=0.$$

五、闭区间上连续函数的性质

我们由定义可以知道,若 $f(x)$在点 x_0 处连续,那么在 x_0 的邻域中的函数值 $f(x)$就要受到 $f(x_0)$的约束,它们相差应该不大,此时,可保证在 x_0 的某邻域内 $f(x)$有界;若 $f(x)$在开区间(a,b)内处处连续,则可保证在(a,b)内的每一个点的某邻域内函数 $f(x)$有界. 但是不能保证在端点的邻域内还有界. 例如,$y=\frac{1}{x}$,在$(0,1)$内连续,但在 $x=0$ 的右邻域内无界,见图 2.20.

试想,若 $f(x)$在闭区间$[a,b]$上每一点都连续,就不会出现上例中的情形,因为 $y=f(x)$在闭区间$[a,b]$上的图像是两端被固定在点$(a,f(a))$与点$(b,f(b))$处的一条连续不间断的曲线,见图 2.26. 用脑海里的这幅图像,就可以理解下面几个关于闭区间上连续函数的性质了.

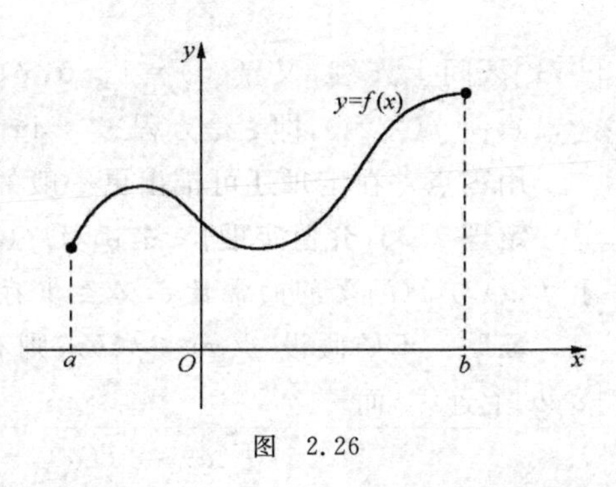

图 2.26

定理 2.31(最值定理) 若函数 $f(x)$在闭区间$[a,b]$上连续,则 $f(x)$在$[a,b]$上必取得最大值与最小值,即存在 $\xi_1,\xi_2\in[a,b]$,使得 $f(\xi_1)$是 $f(x)$在$[a,b]$上的最小值,$f(\xi_2)$是 $f(x)$在$[a,b]$上的最大值.

值得注意的是,该定理所要求的两个条件:(1) 区间是闭的;(2) 函数是连续的,是缺一不可的. 例如,图 2.27 中所示的函数

$$f(x)=\begin{cases}-x+1, & x\in[0,1),\\ 1, & x=1,\\ -x+3, & x\in(1,2]\end{cases}$$

在区间$[0,2]$上处处有定义,但在 $x=1$ 处间断,容易看出,$f(x)$在$[0,2]$上既不能取到最大值,也不能取到最小值,实际上,$f(x)$在闭区间$[0,2]$上没有最大值、最小值. 再例如,函数 $f(x)=x^2$ 在$(0,1)$上连续,但它不能在$(0,1)$内取得最大值、最小值,见图 2.28.

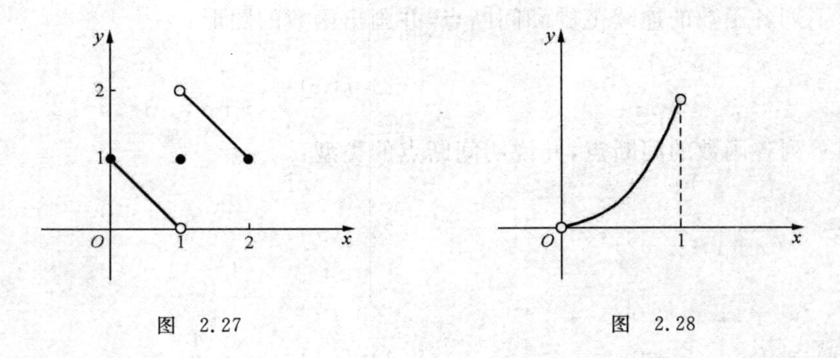

图 2.27　　图 2.28

由定理 2.31 容易得到下面推论.

推论(有界性定理) 若函数 $f(x)$ 在闭区间 $[a,b]$ 上连续，则 $f(x)$ 必在 $[a,b]$ 上有界.

定理 2.32(零点定理) 若函数 $f(x)$ 在闭区间 $[a,b]$ 上连续，且 $f(a)f(b)<0$，则必至少存在一点 $\xi\in(a,b)$，使得 $f(\xi)=0$.

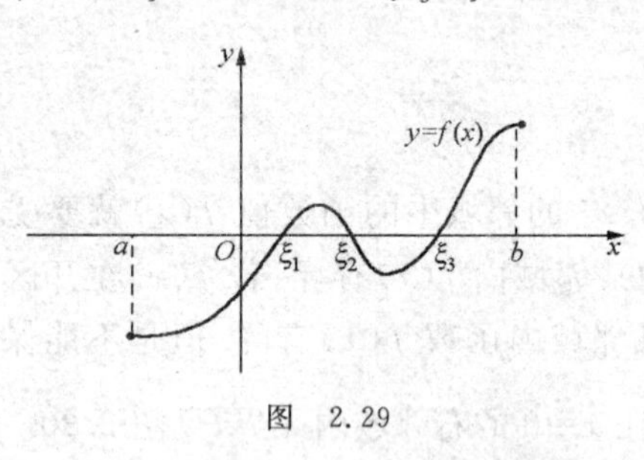

图 2.29

这个定理的正确性在几何上是显然的，如图 2.29 所示. 点 $(a,f(a))$ 与点 $(b,f(b))$ 分别是一条连续不断曲线的两端点，且它们分别在 x 轴的上下两侧，则曲线 $y=f(x)$ 一定要穿过 x 轴，即与 x 轴有交点 ξ.

这个定理经常被用来说明函数方程根的存在性.

例 9 证明方程 $x^3-4x^2+1=0$ 在区间 $(0,1)$ 内至少有一个实根.

证明 设 $f(x)=x^3-4x^2+1$，这是多项式函数，故在 $[0,1]$ 区间上连续，又 $f(0)=1>0$，$f(1)=-2<0$，由零点存在定理知，至少存在一点 $\xi\in(0,1)$，使 $f(\xi)=0$，即 ξ 是方程 $x^3-4x^2+1=0$ 的一个实根.

用零点存在定理还可推出更一般的结论.

定理 2.33(介值定理) 若函数 $f(x)$ 在闭区间 $[a,b]$ 上连续，$f(a)\neq f(b)$，则对于任一介于 $f(a)$ 与 $f(b)$ 之间的常数 c，必至少存在一点 $\xi\in(a,b)$，使得 $f(\xi)=c$.

证明 不妨假设 $f(a)<f(b)$，则有 $f(a)<c<f(b)$. 设 $F(x)=f(x)-c$，易知，$F(x)$ 在 $[a,b]$ 上连续，而

$$F(a)=f(a)-c<0,\quad F(b)=f(b)-c>0.$$

由零点存在定理知，至少存在一点 $\xi\in(a,b)$，使得

$$F(\xi)=0,\quad 即\quad f(\xi)=c.$$

设 $f(x)$ 在 $[a,b]$ 上连续，且分别在 $x_1,x_2\in[a,b]$ 上取得最小值和最大值，则由定理 2.33 可知 $f(x)$ 在 $[x_1,x_2]\subset[a,b]$ 上取到介于最小值与最大值之间的一切值，我们用下面推论叙述这个结论. 图 2.30 是这个推论的几何解释.

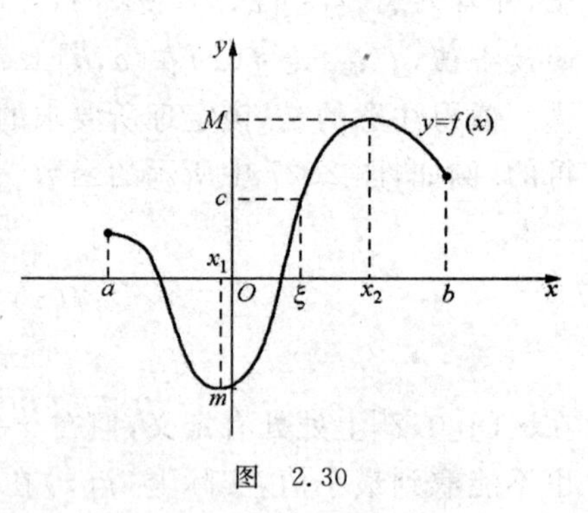

图 2.30

推论 若函数 $f(x)$ 在闭区间 $[a,b]$ 上连续，则它必能取得它在此区间上的最小值与最大值之间的一切值.

习 题 2.5

1. 指出下列各函数的连续范围和间断点，并画出函数的图形：

(1) $f(x)=\begin{cases}x, & x\leqslant 1,\\ x^2, & x>1;\end{cases}$ (2) $f(x)=\begin{cases}e^x, & 0\leqslant x\leqslant 1,\\ 1+x, & 1<x\leqslant 2.\end{cases}$

2. 指出下列各函数的间断点，并说明间断点的类型：

(1) $f(x)=\dfrac{x}{(x+1)(x-2)}$； (2) $f(x)=\begin{cases}\dfrac{\sin x}{x}, & x<0,\\ 1, & x>0;\end{cases}$

(3) $f(x)=\begin{cases}-1, & x<0,\\ 0, & x=0,\\ 1, & x>0;\end{cases}$ (4) $f(x)=x\sin\dfrac{1}{x}$.

3. 求常数 k,使得函数

$$f(x)=\begin{cases}(1+kx)^{\frac{1}{x}}, & x>0,\\ 2, & x\leqslant 0\end{cases}$$

在$(-\infty,+\infty)$内处处连续.

4. 求下列极限:

(1) $\lim\limits_{x\to 0}\sqrt{e^x+2x+1}$;　　(2) $\lim\limits_{x\to\frac{\pi}{4}}\ln(\tan x)$;

(3) $\lim\limits_{x\to 0}\dfrac{\arcsin x}{x}$;　　(4) $\lim\limits_{x\to 0}\dfrac{\arctan x}{x}$;

(5) $\lim\limits_{x\to\infty}e^{\frac{2x^2-3}{x^2+1}}$;　　(6) $\lim\limits_{x\to a}\dfrac{\sin x-\sin a}{x-a}$;

(7) $\lim\limits_{x\to\infty}\left(\dfrac{x+1}{x}\right)^{2x+1}$;　　(8) $\lim\limits_{x\to 0}(1+3\tan^2 x)^{\cot^2 x}$.

5. 证明方程 $x+e^x=0$ 在$(-1,1)$内至少有一个实根.

6. 设 $f(x)$在 x_0 处连续,且 $\lim\limits_{x\to x_0}f(x)=1$,则(　　).

(A) $f(x_0)$可能不存在;　　(B) $f(x_0)>1$;

(C) $f(x_0)<1$;　　(D) $f(x_0)=1$.

7. 设 $f(x)=\dfrac{|x|(x+2)}{x(x+1)}$,则 $x=0$ 是________间断点,$x=-1$ 是________间断点.

8. 下列命题中正确的选项是(　　).

(A) 若 $f(x)$在$[a,b]$中有界,则 $f(x)$在$[a,b]$上连续;

(B) 若 $f(x)$在$[a,b]$上有最大值、最小值,则 $f(x)$在$[a,b]$上连续;

(C) 若 $f(x)$在$[a,b]$上无界,则 $f(x)$在$[a,b]$上不连续;

(D) 若 $f(x)$在(a,b)内连续,则 $f(x)$在(a,b)内有最大值、最小值.

§2.6 本章内容小结与学习指导

一、本章知识结构图

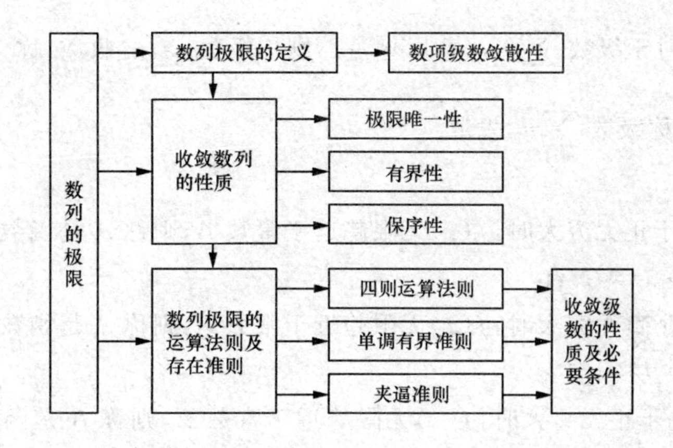

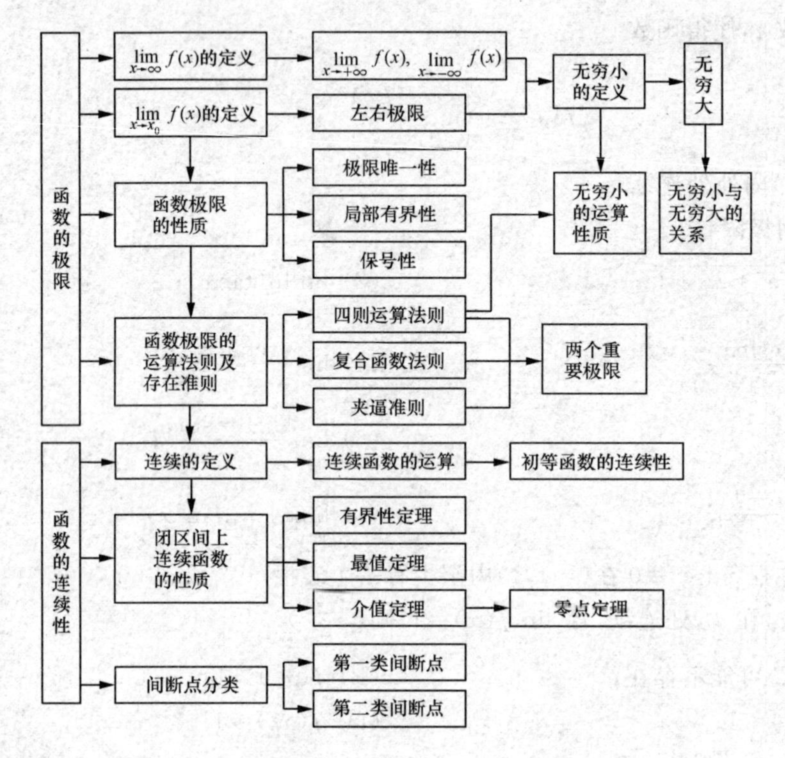

二、内容小结

1. 有关定义

数列 一串有序的数 $a_1,a_2,\cdots,a_n,\cdots$,记为$\{a_n\}$.

数列的极限 对于数列$\{a_n\}$,若随着 n 无限增大,a_n 无限趋近于常数 a,则称 a 是数列$\{a_n\}$的极限,记为 $\lim\limits_{n\to\infty}a_n=a$,此时,也称数列$\{a_n\}$收敛.

数列极限的精确定义 设数列$\{a_n\}$,a 是常数.若对于任何给定的 $\varepsilon>0$,都存在 N,当 $n>N$ 时,有$|a_n-a|<\varepsilon$ 成立,则称 a 是数列$\{a_n\}$的极限.

级数 设数列$\{u_n\}$,称 $\sum\limits_{n=1}^{\infty}u_n=u_1+u_2+\cdots+u_n+\cdots$为数项级数,简称级数.

级数的部分和 对于级数 $\sum\limits_{n=1}^{\infty}u_n$,称 $s_n=u_1+u_2+\cdots+u_n$ 为级数 $\sum\limits_{n=1}^{\infty}u_n$ 的部分和.

级数的敛散 对于级数 $\sum\limits_{n=1}^{\infty}u_n$,若 $\lim\limits_{n\to\infty}s_n=s$,则称级数 $\sum\limits_{n=1}^{\infty}u_n$ 收敛,称 s 为级数 $\sum\limits_{n=1}^{\infty}u_n$ 的和;若 $\lim\limits_{n\to\infty}s_n$ 不存在,则称级数 $\sum\limits_{n=1}^{\infty}u_n$ 发散.

函数的极限

若当 x 无限趋于正无穷大时,$f(x)$无限趋近于常数 A,则称 A 是函数 $f(x)$的当 $x\to+\infty$ 时的极限,记为 $\lim\limits_{x\to+\infty}f(x)=A$.

若当 x 无限趋于负无穷大时,$f(x)$无限趋近于常数 A,则称 A 是函数 $f(x)$的当 $x\to-\infty$ 时的极限,记为 $\lim\limits_{x\to-\infty}f(x)=A$.

若当$|x|$无限趋于正无穷大时,$f(x)$无限趋近于常数 A,则称 A 是函数 $f(x)$的当 $x\to\infty$

时的极限,记为 $\lim\limits_{x\to\infty}f(x)=A$.

若当 x 无限趋近于 x_0 时,$f(x)$无限趋近于常数 A,则称 A 是函数 $f(x)$的当 $x\to x_0$ 时的极限,记为 $\lim\limits_{x\to x_0}f(x)=A$.

若当 x 从小于 x_0 的方向无限趋近于 x_0 时,$f(x)$无限趋近于常数 A,则称 A 是函数 $f(x)$在 x_0 处的左极限,记为 $f(x_0-0)=\lim\limits_{x\to x_0^-}f(x)=A$.

若当 x 从大于 x_0 的方向无限趋近于 x_0 时,$f(x)$无限趋近于常数 A,则称 A 是函数 $f(x)$在 x_0 处的右极限,记为 $f(x_0+0)=\lim\limits_{x\to x_0^+}f(x)=A$.

无穷小量 若 $\lim\limits_{x\to x_0}f(x)=0$,则称 $f(x)$是当 $x\to x_0$ 时的无穷小量,也称无穷小,类似地也有 $x\to\infty$, $x\to x_0^-$, $x\to x_0^+$ 时的无穷小.

无穷大量 若当 x 无限趋近于 x_0 时,$|f(x)|$无限增大,则称 $f(x)$是当 $x\to x_0$ 时的无穷大量,记为 $\lim\limits_{x\to x_0}f(x)=\infty$.

类似地也有其他无穷大量 $\lim\limits_{x\to x_0}f(x)=+\infty$,$\lim\limits_{x\to\infty}f(x)=-\infty$,等等.

无穷小量的阶 设 $\lim\limits_{x\to x_0}f(x)=\lim\limits_{x\to x_0}g(x)=0$, $g(x)$非零.

若 $\lim\limits_{x\to x_0}\dfrac{f(x)}{g(x)}=0$,则称当 $x\to x_0$ 时 $f(x)$是比 $g(x)$高阶的无穷小;

若 $\lim\limits_{x\to x_0}\dfrac{f(x)}{g(x)}=c(\neq0)$,则称当 $x\to x_0$ 时 $f(x)$是与 $g(x)$同阶的无穷小;

若 $\lim\limits_{x\to x_0}\dfrac{f(x)}{g(x)}=1$,则称当 $x\to x_0$ 时 $f(x)$是与 $g(x)$等价的无穷小.

函数的连续性 若 $\lim\limits_{x\to x_0}f(x)=f(x_0)$,则称函数 $f(x)$在点 x_0 处连续,否则称函数 $f(x)$在点 x_0 处间断.

左连续 若 $\lim\limits_{x\to x_0^-}f(x)=f(x_0)$,则称函数 $f(x)$在点 x_0 处左连续.

右连续 若 $\lim\limits_{x\to x_0^+}f(x)=f(x_0)$,则称函数 $f(x)$在点 x_0 处右连续.

函数在闭区间[a,b]上连续 若 $f(x)$在(a,b)内处处连续,且在点 a 右连续,在点 b 左连续,则称函数 $f(x)$在闭区间$[a,b]$上连续.

第一类间断点 若 $\lim\limits_{x\to x_0^-}f(x)$,$\lim\limits_{x\to x_0^+}f(x)$都存在,而 x_0 是 $f(x)$的间断点,则称 x_0 是第一类间断点.

第二类间断点 若 $\lim\limits_{x\to x_0^-}f(x)$与 $\lim\limits_{x\to x_0^+}f(x)$至少有一个不存在,则称 x_0 是 $f(x)$的第二类间断点.

2. 数列极限的有关性质和结论

(1) 唯一性 若 $\lim\limits_{n\to\infty}a_n=a$,则极限值是唯一的.

(2) 有界性 若 $\lim\limits_{n\to\infty}a_n=a$,则$\{a_n\}$有界.

(3) 保序性 若 $\lim\limits_{n\to\infty}a_n=a$,$\lim\limits_{n\to\infty}b_n=b$,且 $a>b$,则当 n 充分大时$(n>N)$,有 $a_n>b_n$.

推论 若当 $n>N$ 时有 $a_n\geqslant b_n$,且 $\lim\limits_{n\to\infty}a_n=a$,$\lim\limits_{n\to\infty}b_n=b$,则 $a\geqslant b$.

(4) 极限的运算法则　设 $\lim\limits_{n\to\infty}a_n=a$，$\lim\limits_{n\to\infty}b_n=b$，则

$$\lim_{n\to\infty}(a_n\pm b_n)=a\pm b,\qquad \lim_{n\to\infty}a_nb_n=ab,$$

$$\lim_{n\to\infty}\frac{a_n}{b_n}=\frac{a}{b}\ (b\neq 0),\qquad \lim_{n\to\infty}ca_n=ca\ (c\text{ 为常数}),$$

$$\lim_{n\to\infty}a_n^k=a^k\ (k\text{ 是正整数}).$$

(5) 极限存在的单调有界准则　单调有界数列必有极限.

(6) 极限存在的夹逼准则　设$\{a_n\}$,$\{b_n\}$,$\{c_n\}$,若 $a_n\leqslant b_n\leqslant c_n$($n>N$ 时),且 $\lim\limits_{n\to\infty}a_n=\lim\limits_{n\to\infty}c_n=a$,则必有 $\lim\limits_{n\to\infty}b_n=a$.

3. 收敛级数的性质与判别法

(1) 设 c 是非零常数,则级数 $\sum\limits_{n=1}^{\infty}u_n$ 与 $\sum\limits_{n=1}^{\infty}cu_n$ 有相同的敛散性,且在收敛时有

$$\sum_{n=1}^{\infty}cu_n=c\sum_{n=1}^{\infty}u_n.$$

(2) 去掉或改变 $\sum\limits_{n=1}^{\infty}u_n$ 的前有限项的值,不会改变级数的敛散性.

(3) 若 $\sum\limits_{n=1}^{\infty}u_n$，$\sum\limits_{n=1}^{\infty}v_n$ 都收敛,则 $\sum\limits_{n=1}^{\infty}(u_n\pm v_n)$ 也收敛,且

$$\sum_{n=1}^{\infty}(u_n\pm v_n)=\sum_{n=1}^{\infty}u_n\pm\sum_{n=1}^{\infty}v_n.$$

(4) 必要条件　若 $\sum\limits_{n=1}^{\infty}u_n$ 收敛,则 $\lim\limits_{n\to\infty}u_n=0$.

4. 函数极限的有关性质和结论

(1) 唯一性　若 $\lim\limits_{x\to x_0}f(x)$存在,则极限值唯一.

(2) 局部有界性　若 $\lim\limits_{x\to x_0}f(x)=A$,则存在 x_0 的某去心的邻域,使得当 x 在该邻域内时,$f(x)$有界.

(3) 保序性　若 $\lim\limits_{x\to x_0}f(x)=A$,$\lim\limits_{x\to x_0}g(x)=B$,且 $A>B$,则存在 x_0 的某去心邻域,使得当 x 在该邻域内时,有 $f(x)>g(x)$.

推论　若在 x_0 的某去心邻域内有 $f(x)\geqslant g(x)$,且 $\lim\limits_{x\to x_0}f(x)=A$,$\lim\limits_{x\to x_0}g(x)=B$,则 $A\geqslant B$.

(4) 极限的运算法则　设 $\lim\limits_{x\to x_0}f(x)=A$，$\lim\limits_{x\to x_0}g(x)=B$,则

$$\lim_{x\to x_0}[f(x)\pm g(x)]=A\pm B,\qquad \lim_{x\to x_0}f(x)g(x)=AB,$$

$$\lim_{x\to x_0}\frac{f(x)}{g(x)}=\frac{A}{B}\ (B\neq 0),\qquad \lim_{x\to x_0}cf(x)=cA\ (c\text{ 为常数}),$$

$$\lim_{x\to x_0}f^k(x)=A^k\ (k\text{ 是正整数}).$$

(5) 极限存在的夹逼准则　若 $f(x)$,$g(x)$,$h(x)$在 x_0 的某去心邻域内满足 $g(x)\leqslant f(x)\leqslant h(x)$,且 $\lim\limits_{x\to x_0}g(x)=\lim\limits_{x\to x_0}h(x)=A$,则 $\lim\limits_{x\to x_0}f(x)=A$.

以上关于函数的性质和结论在 $x\to\infty$，$x\to x_0^+$，$x\to x_0^-$ 时也有相应的结果.

5. 无穷小量的有关性质

(1) 有限个无穷小量的代数和是无穷小量.

(2) 有限个无穷小量的乘积是无穷小量.

(3) 有界变量乘无穷小量是无穷小量.

(4) 常数乘无穷小量是无穷小量.

(5) 极限与无穷小量的关系 $\lim\limits_{x\to x_0}f(x)=A$ 的充要条件是 $f(x)=A+\alpha$,其中 $\lim\limits_{x\to x_0}\alpha=0$.

(6) 无穷小量与无穷大量的关系 当 $x\to x_0$ 时,若 $f(x)$ 是无穷小量,且 $f(x)\neq 0$,则 $\dfrac{1}{f(x)}$ 就是无穷大量;若 $f(x)$ 是无穷大量,则 $\dfrac{1}{f(x)}$ 就是无穷小量.

(7) 等价无穷小的替换性质 设 $\lim\limits_{x\to x_0}\alpha(x)=\lim\limits_{x\to x_0}\beta(x)=0,\lim\limits_{x\to x_0}\dfrac{\alpha}{\beta}=1$,且 $\alpha,\beta\neq 0$. 若 $\lim\limits_{x\to x_0}f(x)\alpha(x),\lim\limits_{x\to x_0}\dfrac{f(x)}{\alpha(x)}$ 存在,则

$$\lim_{x\to x_0}f(x)\alpha(x)=\lim_{x\to x_0}f(x)\beta(x),\quad \lim_{x\to x_0}\frac{f(x)}{\alpha(x)}=\lim_{x\to x_0}\frac{f(x)}{\beta(x)}.$$

6. 连续函数的有关性质

(1) 函数连续的充要条件 函数 $f(x)$ 在点 x_0 处连续的充要条件是 $f(x)$ 在点 x_0 处既左连续,又右连续.

(2) 连续函数四则运算法则 若 $f(x),g(x)$ 在点 x_0 处连续,则

$$f(x)\pm g(x),\quad f(x)g(x),\quad \frac{f(x)}{g(x)}\ (g(x_0)\neq 0)$$

也在点 x_0 处连续.

(3) 连续函数的复合运算法则 若 $u=\varphi(x)$ 在点 x_0 处连续,$y=f(u)$ 在 $u_0=\varphi(x_0)$ 处连续,则复合函数 $y=f(\varphi(x))$ 在点 x_0 处连续.

(4) 连续函数的求极限法则 若 $\lim\limits_{x\to x_0}\varphi(x)=u_0$,$y=f(u)$ 在 u_0 处连续,则

$$\lim_{x\to x_0}f(\varphi(x))=f(\lim_{x\to x_0}\varphi(x))=f(u_0),$$

$$\lim_{x\to x_0}f(\varphi(x))\xlongequal{u=\varphi(x)}\lim_{u\to u_0}f(u)=f(u_0).$$

上述第一个式子说明对连续函数取极限可以将极限符号写到函数符号里面去,而第二个式子是连续函数求极限时的变量替换法则.

(5) 连续函数的反函数的连续性 若 $y=f(x)$ 在区间 I_x 上单调连续,则它的反函数 $y=f^{-1}(x)$ 在区间 $I_y=\{x\mid x=f(y),y\in I_x\}$ 上单调且连续.

(6) 基本初等函数在其定义域内连续.

(7) 初等函数在其定义区间内连续.

(8) 闭区间上连续函数的性质 若函数 $f(x)$ 在闭区间 $[a,b]$ 上连续,则

① (有界性定理) $f(x)$ 在 $[a,b]$ 上有界;

② (最值定理) $f(x)$ 在 $[a,b]$ 上必取得最大值、最小值;

③ (介值定理) $f(x)$ 在 $[a,b]$ 上必取得介于它的最小值与最大值之间的一切值;

④ (零点定理) 若 $f(a)\cdot f(b)<0$,则 $f(x)$ 在 (a,b) 内必有零点,即存在 $\xi\in(a,b)$,使

$f(\xi)=0$.

7. 重要的结果

(1) 两个重要极限：

$$\lim_{x\to 0}(1+x)^{\frac{1}{x}}=\mathrm{e},\quad \lim_{x\to 0}\frac{\sin x}{x}=1.$$

(2) 常用的极限：

$$\lim_{n\to\infty}a^n=0\ (|a|<1),\quad \lim_{n\to\infty}\sqrt[n]{a}=1\ (a>0).$$

(3) 常见级数的敛散性：

等比级数 $\sum\limits_{n=0}^{\infty}ar^n$，当$|r|<1$时收敛，当$|r|\geqslant 1$时发散.

(4) 常用的等价无穷小：当 $x\to 0$ 时，

$$\sin x\sim x,\quad \ln(1+x)\sim x,\quad 1-\cos x\sim\frac{x^2}{2},$$

$$\mathrm{e}^x-1\sim x,\quad \tan x\sim x,\quad \arctan x\sim x.$$

三、常见题型

1. 利用连续性定义“$\lim\limits_{x\to x_0}f(x)=f(x_0)$”求连续函数的极限.
2. 利用分解因式消去“零因子”来求 $\frac{0}{0}$ 型极限.
3. 利用分子、分母“有理化”变形求 $\frac{0}{0}$ 型、$\frac{\infty}{\infty}$ 型或$\infty-\infty$型极限.
4. 利用分子、分母同除一个最高次的无穷大来变形求 $\frac{\infty}{\infty}$ 型极限.
5. 利用左、右极限求极限或判断极限不存在.
6. 利用“有界变量乘以无穷小量是无穷小量”求极限.
7. 利用等价无穷小替换性质求极限.
8. 利用两个重要极限求 $\frac{0}{0}$ 型和 1^{∞} 型极限.
9. 利用分段函数在分界点处的连续性确定函数中未知常数.
10. 利用“夹逼准则”求极限.
11. 求函数的间断点并分类.
12. 利用零点定理证明方程根的存在性.

四、典型例题解析

例 1　求极限 $\lim\limits_{n\to\infty}\dfrac{2^n+3^n+4^n+5^n}{1+5^n}$.

解　当 $n\to\infty$时，2^n，3^n，4^n，5^n 都是趋向无穷大的，但是其中 5^n 是变化最快的一项，用它作分母同除分子、分母，使得极限可求出，即

$$\lim_{n\to\infty}\frac{2^n+3^n+4^n+5^n}{1+5^n}=\lim_{n\to\infty}\frac{1+\left(\frac{2}{5}\right)^n+\left(\frac{3}{5}\right)^n+\left(\frac{4}{5}\right)^n}{1+\left(\frac{1}{5}\right)^n}=1.$$

例 2 若 $\lim\limits_{x\to x_0}f(x)$存在,$\lim\limits_{x\to x_0}g(x)$不存在,则下列命题中正确的是(　　).

(A) $\lim\limits_{x\to x_0}(f(x)+g(x))$与 $\lim\limits_{x\to x_0}f(x)g(x)$都存在;

(B) $\lim\limits_{x\to x_0}(f(x)+g(x))$与 $\lim\limits_{x\to x_0}f(x)g(x)$都不存在;

(C) $\lim\limits_{x\to x_0}(f(x)+g(x))$必不存在,$\lim\limits_{x\to x_0}f(x)g(x)$可能存在;

(D) $\lim\limits_{x\to x_0}(f(x)+g(x))$可能存在,$\lim\limits_{x\to x_0}f(x)g(x)$必不存在.

解 分别看 $\lim\limits_{x\to x_0}(f(x)+g(x))$,$\lim\limits_{x\to x_0}f(x)g(x)$的存在性.

若 $\lim\limits_{x\to x_0}(f(x)+g(x))$存在,由极限运算法则知

$$\lim_{x\to x_0}[(f(x)+g(x))-f(x)]=\lim_{x\to x_0}g(x)$$

也存在,与题设矛盾.故 $\lim\limits_{x\to x_0}(f(x)+g(x))$一定不存在.所以,正确的选项只可能在选项(B)和(C)当中.

当 $\lim\limits_{x\to x_0}f(x)\neq 0$ 时,若 $\lim\limits_{x\to x_0}f(x)g(x)$存在,则由极限的运算法则知

$$\lim_{x\to x_0}\frac{f(x)g(x)}{f(x)}=\lim_{x\to x_0}g(x)$$

也存在,与题设矛盾.故当 $\lim\limits_{x\to x_0}f(x)\neq 0$ 时,$\lim\limits_{x\to x_0}f(x)g(x)$一定不存在.但题设中并没有这个条件,所以问题变成:当 $\lim\limits_{x\to x_0}f(x)=0$ 时,$\lim\limits_{x\to x_0}f(x)g(x)$是否有可能存在?由无穷小量的性质可知,无穷小量乘以有界变量是无穷小量,也就是说,当 $g(x)$是有界变量时,虽然 $\lim\limits_{x\to x_0}g(x)$不存在,只要 $\lim\limits_{x\to x_0}f(x)=0$,仍有 $\lim\limits_{x\to x_0}f(x)g(x)=0$.至此可知在题设条件下,$\lim\limits_{x\to x_0}f(x)g(x)$可能存在.故应选(C).

例 3 下列命题中正确的是(　　).

(A) 若$\{a_n\}$,$\{b_n\}$都收敛,则$\{a_n+b_n\}$必收敛;

(B) 若$\{a_n+b_n\}$收敛,则$\{a_n\}$,$\{b_n\}$都收敛;

(C) 若$\{a_n\}$,$\{b_n\}$都发散,则$\{a_n+b_n\}$必发散;

(D) 若$\{a_n+b_n\}$发散,则$\{a_n\}$,$\{b_n\}$都发散.

解 由极限的运算性质知选项(A)正确.应选(A).下面举例说明选项(B),(C),(D)都不正确.

例如,取 $a_n=(-1)^n$,$b_n=(-1)^{n+1}$,则$\{a_n+b_n\}=\{0\}$,常数列是收敛的,但是$\{a_n\}$,$\{b_n\}$都不收敛.故选项(B)不正确,也可看出选项(C)不正确.

例如,取 $a_n=\dfrac{1}{n}$,$b_n=n$,则 $\lim\limits_{n\to\infty}(a_n+b_n)=\lim\limits_{n\to\infty}\left(n+\dfrac{1}{n}\right)=\infty$,$\{a_n+b_n\}$发散,但是$\{a_n\}=\left\{\dfrac{1}{n}\right\}$是收敛的.故选项(D)不正确.

例 4 $y=\sin\dfrac{1}{x}$ (　　).

(A) 当 $x\to 0$ 时为无穷小量；　　(B) 当 $x\to 0$ 时为无穷大量；

(C) 在区间(0,1)内为无界变量；　　(D) 在区间(0,1)内为有界变量.

解 由于当 $x\to 0$ 时，$\frac{1}{x}\to\infty$，所以 $\sin\frac{1}{x}$ 的值应在$[-1,1]$上振荡，此时，$\sin\frac{1}{x}$ 既不趋于零，又不趋于无穷大. 故选项(A)，(B)，(C)都不正确，而选项(D)是正确的. 所以，应选(D).

例 5 设 $u_n\geqslant 0$，则级数 $\sum\limits_{n=1}^{\infty}u_n$ 的部分和数列 $s_n=u_1+u_2+\cdots+u_n$ 有上界是该级数收敛的(　　).

(A) 充分非必要条件；　　(B) 必要非充分条件；

(C) 充分且必要条件；　　(D) 既非充分又非必要的条件.

解 由定理 2.6 知选项(C)是正确的，故选(C).

例 6 设级数(Ⅰ)：$\sum\limits_{n=1}^{\infty}u_n$ 和级数(Ⅱ)：$1+2+\cdots+1000+\sum\limits_{n=1}^{\infty}u_n$，则下列结论正确的是(　　).

(A) 若(Ⅰ)收敛，则(Ⅱ)发散；　　(B) 若(Ⅰ)发散，则(Ⅱ)收敛；

(C) 若(Ⅱ)收敛，则(Ⅰ)发散；　　(D) 若(Ⅱ)发散，则(Ⅰ)发散.

解 由于(Ⅰ)与(Ⅱ)之间只有前面有限项不相同，而由级数的性质知改变前面有限项的值不会改变级数的敛散性，故级数(Ⅰ)与级数(Ⅱ)有相同的敛散性. 所以选项(D)正确，应选择(D).

例 7 设级数(Ⅰ)：$\sum\limits_{n=1}^{\infty}\left(-\frac{1}{2}\right)^n$，级数(Ⅱ)：$\sum\limits_{n=1}^{\infty}\left(\frac{1}{3^n}+n\right)$，则下面选项(　　)正确.

(A) (Ⅰ)收敛，(Ⅱ)也收敛；　　(B) (Ⅰ)收敛，(Ⅱ)发散；

(C) (Ⅰ)发散，(Ⅱ)也发散；　　(D) (Ⅰ)发散，(Ⅱ) 收敛.

解 级数(Ⅰ)是公比为$-\frac{1}{2}$的等比级数，故是收敛的. 而级数(Ⅱ)是发散的. 若不然，则由性质可知 $\sum\limits_{n=1}^{\infty}\left[\left(\frac{1}{3^n}+n\right)-\frac{1}{3^n}\right]$ 也是收敛的. 但是，

$$\sum_{n=1}^{\infty}\left[\left(\frac{1}{3^n}+n\right)-\frac{1}{3^n}\right]=\sum_{n=1}^{\infty}n,$$

而级数 $\sum\limits_{n=1}^{\infty}n$ 的通项 $n\not\to 0$，由收敛级数的必要条件知 $\sum\limits_{n=1}^{\infty}n$ 发散，矛盾！故级数(Ⅱ)是发散的.

由上述讨论可知(B)选项正确. 故应选择(B).

例 8 若 $\lim\limits_{x\to x_0}f(x)=1$，则(　　).

(A) $f(x_0)=1$；　　(B) $f(x_0)>1$；　　(C) $f(x_0)<1$；　　(D) $f(x_0)$可能不存在.

解 由极限的定义知，$\lim\limits_{x\to x_0}f(x)$存在与函数 $f(x)$ 在 x_0 处的函数值无关，甚至 $f(x_0)$ 可以不存在. 故选项(A)，(B)，(C)都不正确，(D)是正确的. 故应选择(D).

例 9 若 $\lim\limits_{x\to 1}\frac{x^3+2x+a}{x-1}=b$，则 $a=$________，$b=$________.

解 由于 $\lim\limits_{x\to 1}\frac{x^3+2x+a}{x-1}=b$，所以必有

$$\lim_{x\to 1}(x^3+2x+a)=0,\quad 即\quad a=-3.$$

将 $a=-3$ 代入原式,有

$$b=\lim_{x\to 1}\frac{x^3+2x-3}{x-1}=\lim_{x\to 1}\frac{(x-1)(x^2+x+3)}{x-1}=\lim_{x\to 1}(x^2+x+3)=5.$$

所以,$a=-3,b=5$,应依次填 -3 和 5.

例 10 $\lim\limits_{x\to x_0^-}f(x)$,$\lim\limits_{x\to x_0^+}f(x)$都存在是 $\lim\limits_{x\to x_0}f(x)$存在的(　　).

(A) 充分但非必要条件;　　(B) 必要但非充分条件;

(C) 充分且必要条件;　　(D) 既非充分也非必要的条件.

解 由定理 2.12 知选项(B)正确.

例 11 设函数

$$f(x)=\begin{cases}\dfrac{\sin 2x^2-\sin 3x^2}{x^2}, & x\neq 0,\\ A, & x=0\end{cases}$$

在 $x=0$ 点连续,则 $A=$________.

解 由于 $f(x)$在 $x=0$ 处连续,所以 $\lim\limits_{x\to 0}f(x)=f(0)=A$,而

$$\lim_{x\to 0}f(x)=\lim_{x\to 0}\frac{\sin 2x^2-\sin 3x^2}{x^2}=\lim_{x\to 0}\frac{2\sin\left(\dfrac{-x^2}{2}\right)\cos\dfrac{5x^2}{2}}{x^2}$$

$$=-\lim_{x\to 0}\frac{2\cdot\dfrac{x^2}{2}}{x^2}\cos\frac{5x^2}{2}=-\lim_{x\to 0}\cos\frac{5x^2}{2}=-1,$$

所以 $A=-1$. 这里用到等价无穷小 $\sin\dfrac{x^2}{2}\sim\dfrac{x^2}{2}\ (x\to 0)$.

例 12 求极限 $\lim\limits_{x\to 0}e^{\frac{\sin x+x^2}{e^x+1}}$.

解 由于函数 $e^{\frac{\sin x+x^2}{e^x+1}}$ 是初等函数,$x=0$ 是其定义区间内的点,由初等函数的连续性,极限值等于函数在 $x=0$ 处的函数值,即

$$\lim_{x\to 0}e^{\frac{\sin x+x^2}{e^x+1}}=e^{\frac{\sin 0+0^2}{e^0+1}}=e^0=1.$$

例 13 设 $y=f(x)$在$(-\infty,+\infty)$内连续,$f(3)=a$,求 $\lim\limits_{x\to 0}f\left(\dfrac{\sin 3x}{x}\right)$.

解 由连续函数的性质知

$$\lim_{x\to 0}f\left(\frac{\sin 3x}{x}\right)=f\left(\lim_{x\to 0}\frac{\sin 3x}{x}\right)=f(3)=a,$$

这里用了 $\sin 3x\sim 3x\ (x\to 0)$,$\lim\limits_{x\to 0}\dfrac{\sin 3x}{x}=\lim\limits_{x\to 0}\dfrac{3x}{x}=3$.

例 14 求极限 $\lim\limits_{x\to+\infty}\arcsin(\sqrt{x^2+x}-x)$.

解 由于 $\arcsin u$ 是连续函数,所以由连续函数的性质有

$$\lim_{x\to+\infty}\arcsin(\sqrt{x^2+x}-x)=\arcsin\left(\lim_{x\to+\infty}(\sqrt{x^2+x}-x)\right).$$

而 $$\lim_{x\to+\infty}(\sqrt{x^2+x}-x)=\lim_{x\to+\infty}\frac{x^2+x-x^2}{\sqrt{x^2+x}+x}=\lim_{x\to+\infty}\frac{x}{\sqrt{x^2+x}+x}$$
$$=\lim_{x\to+\infty}\frac{1}{\sqrt{1+\frac{1}{x}}+1}=\frac{1}{2},$$

所以 $$\lim_{x\to+\infty}\arcsin(\sqrt{x^2+x}-x)=\arcsin\frac{1}{2}=\frac{\pi}{6}.$$

例 15 求极限 $\lim\limits_{x\to\infty}\frac{(x+1)^{50}(2x-1)^{50}}{(3x+1)^{100}}$.

解 由于此函数的分子、分母是同次多项式，故它的极限是分子、分母的最高次项前的系数之比. 而分子中 x^{100} 前的系数是 2^{50}，分母中 x^{100} 前的系数是 3^{100}，所以有
$$\lim_{x\to\infty}\frac{(x+1)^{50}(2x-1)^{50}}{(3x+1)^{100}}=\frac{2^{50}}{3^{100}}.$$

例 16 设 $f(x)=\lim\limits_{n\to\infty}\frac{1+x}{1+x^{2n}}$，则该函数( ).

(A) 没有间断点；　　(B) 有 1 个间断点；

(C) 有 2 个间断点；　　(D) 有 3 个间断点.

解 由于当 $|x|<1$ 时 $\lim\limits_{n\to\infty}x^{2n}=0$，而 $|x|>1$ 时，$\lim\limits_{n\to\infty}x^{2n}=\infty$；另外，将 $x=1,-1$，分别代入 $f(x)$，有 $f(-1)=0$，$f(1)=1$，所以
$$f(x)=\begin{cases}1+x, & |x|<1,\\ 0, & |x|>1,\\ 1, & x=1,\\ 0, & x=-1.\end{cases}$$
由此可看出，函数 $f(x)$ 在 $|x|<1$，$|x|>1$ 时都是连续的，$x=\pm1$ 是分段函数的两个分界点，有可能是间断点. 由于
$$\lim_{x\to-1^-}f(x)=\lim_{x\to-1^-}0=0,\quad \lim_{x\to-1^+}f(x)=\lim_{x\to-1^+}(1+x)=0,$$
且 $f(-1)=0$，可知 $f(x)$ 在 $x=-1$ 处连续. 又由于
$$\lim_{x\to1^-}f(x)=\lim_{x\to1^-}(1+x)=2,\quad \lim_{x\to1^+}f(x)=\lim_{x\to1^+}0=0,$$
可知 $\lim\limits_{x\to1}f(x)$ 不存在，因而 $f(x)$ 在 $x=1$ 处间断.

综上可知，$f(x)$ 只有一个间断点 $x=1$，故应选(B).

例 17 求极限 $\lim\limits_{x\to0}\frac{\arcsin x}{x}$.

解 由于当 x 在 $x=0$ 的附近时，x 可写成
$$x=\sin(\arcsin x),$$
所以 $$\lim_{x\to0}\frac{\arcsin x}{x}=\lim_{x\to0}\frac{\arcsin x}{\sin(\arcsin x)}.$$
再将 $\arcsin x$ 看成一个变量 u，即作变量代换 $u=\arcsin x$，显然当 $x\to0$ 时，$u\to0$，所以有
$$\lim_{x\to0}\frac{\arcsin x}{x}=\lim_{u\to0}\frac{u}{\sin u}=1.$$
这里用到重要极限 $\lim\limits_{u\to0}\frac{\sin u}{u}=1$.

这里,我们得到当 $x\to 0$ 时的又一个等价无穷小:$\arcsin x\sim x$.

例 18 求极限 $\lim\limits_{x\to 0}\dfrac{\arctan x}{x}$.

解 与上例类似,将 x 写成 $x=\tan(\arctan x)$,而 $\tan u$ 是连续函数,可作变量代换 $u=\arctan x$,且 $x\to 0$ 时,$u\to 0$,于是有

$$\lim_{x\to 0}\frac{\arctan x}{x}=\lim_{x\to 0}\frac{\arctan x}{\tan(\arctan x)}$$

$$=\lim_{u\to 0}\frac{u}{\tan u}=\lim_{u\to 0}\frac{u}{\sin u}\cos u=1\cdot 1=1.$$

由此,我们又得到当 $x\to 0$ 时的一个等价无穷小:$\arctan x\sim x$.

例 19 求极限 $\lim\limits_{x\to\infty}\dfrac{3x^2+5}{5x+3}\sin\dfrac{2}{x}$.

解 由于当 $x\to\infty$ 时,$\dfrac{2}{x}\to 0$,所以 $\sin\dfrac{2}{x}\sim\dfrac{2}{x}\ (x\to\infty)$. 由等价无穷小的替换性质有

$$\lim_{x\to\infty}\frac{3x^2+5}{5x+3}\sin\frac{2}{x}=\lim_{x\to\infty}\frac{6x^2+10}{5x^2+3x}=\frac{6}{5}.$$

例 20 设 $\lim\limits_{x\to x_0}u(x)=a>0$, $\lim\limits_{x\to x_0}v(x)=b$. 证明:

$$\lim_{x\to x_0}u(x)^{v(x)}=a^b.$$

证明 由于

$$u(x)^{v(x)}=\mathrm{e}^{v(x)\ln u(x)},$$

且 e^t 是连续函数,所以

$$\lim_{x\to x_0}u(x)^{v(x)}=\mathrm{e}^{\lim\limits_{x\to x_0}v(x)\ln u(x)}=\mathrm{e}^{\lim\limits_{x\to x_0}v(x)\cdot\lim\limits_{x\to x_0}\ln u(x)}$$

$$=\mathrm{e}^{b\ln a}=\mathrm{e}^{\ln a^b}=a^b.$$

例 21 求极限 $\lim\limits_{x\to 0}[1+\ln(1+x)]^{\frac{2}{x}}$.

解 这是 1^∞ 型极限,可考虑用重要极限 $\lim\limits_{u\to 0}(1+u)^{\frac{1}{u}}=\mathrm{e}$ 来解决.

在此题中,将 $\ln(1+x)$ 看成新变量 u 来凑上述重要极限的形式,有

$$\lim_{x\to 0}\left[(1+\ln(1+x))^{\frac{1}{\ln(1+x)}}\right]^{\frac{2\ln(1+x)}{x}},$$

令 $u=\ln(1+x)$,$x\to 0$ 时,$u\to 0$,所以

$$\lim_{x\to 0}(1+\ln(1+x))^{\frac{1}{\ln(1+x)}}=\lim_{u\to 0}(1+u)^{\frac{1}{u}}=\mathrm{e},$$

且
$$\lim_{x\to 0}\frac{2\ln(1+x)}{x}=\lim_{x\to 0}\frac{2x}{x}=2$$

(这里用了等价无穷小替换 $\ln(1+x)\sim x$),从而

$$\lim_{x\to 0}\left[(1+\ln(1+x))^{\frac{1}{\ln(1+x)}}\right]^{\frac{2\ln(1+x)}{x}}=\mathrm{e}^2.$$

例 22 讨论下面函数的连续性,并指出间断点及其类型:

(1) $f(x)=\begin{cases}\mathrm{e}^{\frac{1}{x}}, & x\neq 0,\\ 0, & x=0;\end{cases}$ (2) $f(x)=\dfrac{x^2-1}{x(x-1)}$.

解 (1) 当 $x\neq 0$ 时，$f(x)=e^{\frac{1}{x}}$，这是一个初等函数，故它在 $(-\infty,0)$ 及 $(0,+\infty)$ 内连续.

当 $x=0$ 时，$f(0)=0$，

$$\lim_{x\to 0^-} f(x)=\lim_{x\to 0^-} e^{\frac{1}{x}}=0,\quad \lim_{x\to 0^+} f(x)=\lim_{x\to 0^+} e^{\frac{1}{x}}=+\infty,$$

所以 $\lim\limits_{x\to 0} f(x)$ 不存在，因而函数 $f(x)$ 在 $x=0$ 点间断，且 $x=0$ 是 $f(x)$ 的第二类间断点.

综上讨论知，$f(x)$ 的连续区间是 $(-\infty,0)$ 和 $(0,+\infty)$，间断点 $x=0$ 是第二类间断点.

(2) 当 $x\neq 0$ 且 $\neq 1$ 时，$f(x)=\dfrac{x+1}{x}$，是初等函数，故 $f(x)$ 在 $x\neq 0, x\neq 1$ 时连续. 由于

$$\lim_{x\to 0} f(x)=\lim_{x\to 0}\frac{x+1}{x}=\infty,\quad \lim_{x\to 1} f(x)=\lim_{x\to 1}\frac{x+1}{x}=2,$$

所以 $f(x)$ 在 $x=0, x=1$ 处间断，$x=0$ 是无穷间断点，属第二类，$x=1$ 是可去间断点，属第一类.

例 23 设函数

$$f(x)=\begin{cases}\dfrac{e^{2x}-1}{\sin x}, & x>0,\\ a, & x=0,\\ \cos x+b, & x<0\end{cases}$$

在 $(-\infty,+\infty)$ 内连续，求常数 a,b 的值.

解 这是一个分段函数，它在 $(-\infty,0)$ 和 $(0,+\infty)$ 内的表达式都是初等函数，并且每一点都有定义，故 $f(x)$ 在 $(-\infty,0)$ 和 $(0,+\infty)$ 内连续，此时对 a,b 没有任何特殊的要求. 因此，求 a,b 的值只有用到 $f(x)$ 在 $x=0$ 点的连续性了.

由于 $f(x)$ 在 $x=0$ 处连续，由连续的定义知应有

$$\lim_{x\to 0^-} f(x)=\lim_{x\to 0^+} f(x)=f(0),$$

而

$$\lim_{x\to 0^+} f(x)=\lim_{x\to 0^+}\frac{e^{2x}-1}{\sin x}=\lim_{x\to 0^+}\frac{2x}{x}=2$$

(这里用到 $e^{2x}-1\sim 2x, \sin x\sim x$)，

$$\lim_{x\to 0^-} f(x)=\lim_{x\to 0^-}(\cos x+b)=1+b,$$

且 $f(0)=a$，所以有 $2=1+b=a$，从而 $a=2, b=1$.

例 24 当 $x\to 0$ 时，下面四个无穷小量中，(　　)是比其他三个更高阶的无穷小量.

(A) x^2； (B) $1-\cos x$； (C) $\sqrt{1-x^2}-1$； (D) $x(e^{x^2}-1)$.

解 由于当 $x\to 0$ 时 $1-\cos x\sim\dfrac{x^2}{2}$，因而它是与 x^2 同阶的无穷小，故(A)，(B)都是不正确的选项. 又

$$\lim_{x\to 0}\frac{\sqrt{1-x^2}-1}{x^2}=\lim_{x\to 0}\frac{-1}{\sqrt{1-x^2}+1}=-\frac{1}{2},$$

因此 $\sqrt{1-x^2}-1$ 也是与 x^2 同阶的无穷小，故选项(C)也不正确. 而 $x(e^{x^2}-1)\sim x^3\ (x\to 0)$，故选项(D)正确.

例 25 证明方程 $x2^x=1$ 至少有一个小于 1 的正根.

证明 设函数 $f(x)=x2^x-1$,则问题化为证明函数 $f(x)$在(0,1)中至少存在一个零点.

显然,$f(x)$在[0,1]上连续,且

$$f(0)=-1<0,\quad f(1)=1>0,$$

由零点定理知,至少存在一点 $\xi\in(0,1)$,使

$$f(\xi)=0,\quad 即\quad \xi 2^{\xi}=1,$$

所以 ξ 是方程 $x2^x=1$ 的一个小于 1 的正根.

第三章 导数与微分

导数研究的是函数随自变量变化的快慢程度,它来源于许多实际问题中的变化率,俗称变化率问题,它描述了非均匀变化的现象在某瞬间的变化快慢. 而函数的微分是讨论函数在一点的附近能否用线性函数来逼近的可能性,俗称局部线性化问题. 以后,随着学习的深入我们将会发现,"导数"与"微分"这两个看似无关的概念,本质上反映了函数的同一性质. 所以,我们将这两个概念放在同一章来研究,它们所涉及的内容,统称为微分学.

§3.1 导数的概念

先通过几个实例来看导数概念的由来.

一、引例

例 1 曲线的切线问题.

在中学几何里将圆的切线定义为"与圆只有一个交点的直线". 但是,对于一般曲线,就不能用"与曲线只有一个交点的直线"作为切线的定义. 比如抛物线 $y=x^2$ 与 y 轴只有一个交点,但显然 y 轴与曲线 $y=x^2$"贴合"得不好,不符合切线的原意.

那么,应该怎样定义并求出曲线的切线呢? 下面的做法来源于法国数学家费马.

设曲线 L 的方程 $y=f(x)$, $a\leqslant x\leqslant b$, $x_0\in(a,b)$. 在曲线 L 上的点 $M_0(x_0,y_0)$ 附近任取一点 $M(x_0+\Delta x, y_0+\Delta y)$, 过 M_0 与 M 作曲线的割线 M_0M(见图 3.1), 该割线 M_0M 的斜率为

$$\tan\varphi=\frac{\Delta y}{\Delta x}=\frac{f(x_0+\Delta x)-f(x_0)}{\Delta x}.$$

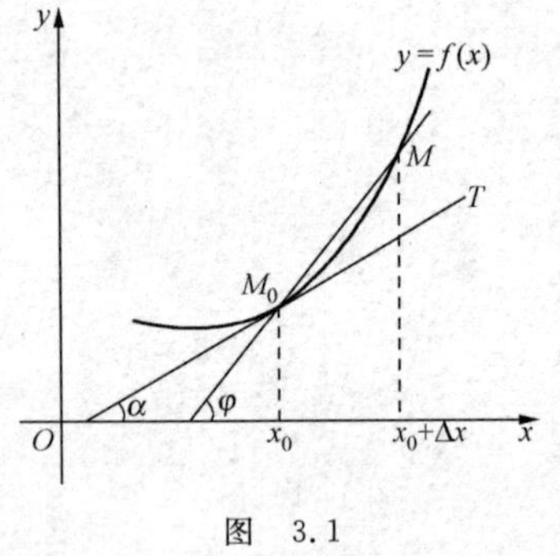

图 3.1

当 $\Delta x\to 0$ 时,点 M 沿着曲线 L 趋向 M_0,与此同时,割线 M_0M 趋向一个极限位置 M_0T(见图 3.1), 称 M_0T 为曲线 L 的切线. 显然,切线 M_0T 的斜率为

$$k=\tan\alpha=\lim_{\Delta x\to 0}\frac{f(x_0+\Delta x)-f(x_0)}{\Delta x}.$$

如上所述,对于曲线 $y=f(x)(a\leqslant x\leqslant b)$来说,只要能计算出 $k=\lim\limits_{\Delta x\to 0}\dfrac{f(x_0+\Delta x)-f(x_0)}{\Delta x}$,就可得到该曲线在点$(x_0,f(x_0))$处切线的斜率,进而可以得出切线方程为

$$y-f(x_0)=k(x-x_0).$$

例 2 变速直线运动的瞬时速度问题.

设物体沿着直线(设为 s 轴)做变速直线运动,它在 t 时刻所在的位置为 $s=s(t)$,求它在 t_0 时刻的瞬时速度 $v(t_0)$.

在中学里,我们用公式"速度$=\dfrac{\text{路程}}{\text{时间}}$"可以得到在该时段里物体运动的平均速度,它当然不是物体在每一时刻的瞬时速度.

那么,怎样定义并求出这种瞬时速度呢?下面的做法本质上与例 1 中解决切线问题的做法是一样的.

欲讨论在 t_0 时刻的速度 $v(t_0)$,先讨论与 t_0 时刻接近的一个小时间段$[t_0,t_0+\Delta t]$上物体运动的平均速度

$$\frac{s(t_0+\Delta t)-s(t_0)}{\Delta t},$$

显然,Δt 越小,上述平均速度就越接近物体在 t_0 时刻的瞬时速度,由此可知,$v(t_0)$应理解为当 $\Delta t\to 0$ 时上述平均速度的极限,即

$$v(t_0)=\lim_{\Delta t\to 0}\frac{s(t_0+\Delta t)-s(t_0)}{\Delta t}.$$

于是,用上式可作为物体在 t_0 时刻的瞬时速度的定义和求法.

上面的两个例子所涉及的背景虽然很不相同,一个是几何问题,一个是物理问题,但是它们在数学上是同一类问题,都归结为计算形如

$$\lim_{\Delta x\to 0}\frac{f(x_0+\Delta x)-f(x_0)}{\Delta x}$$

的极限.而且,在自然科学和工程技术领域中,甚至是在社会科学和经济学中,有着更多的与变化率有关的概念,都可以归结为上述极限形式.所以,我们有必要抛开各个具体问题的背景意义,抓住它们的共性,来一般地研究此类极限的求法和性质.

二、导数的定义

定义 3.1 设函数 $y=f(x)$在点 x_0 的某邻域内有定义,且当自变量 x 在 x_0 处取得增量 Δx 时,函数相应的增量为 $\Delta y=f(x_0+\Delta x)-f(x_0)$.若当 $\Delta x\to 0$ 时,极限

$$\lim_{\Delta x\to 0}\frac{\Delta y}{\Delta x}=\lim_{\Delta x\to 0}\frac{f(x_0+\Delta x)-f(x_0)}{\Delta x}$$

存在,则称函数 $y=f(x)$在点 x_0 处**可导**,并称此极限为函数 $y=f(x)$在点 x_0 处的**导数**,记为

$$f'(x_0),\quad y'\Big|_{x=x_0},\quad \frac{\mathrm{d}y}{\mathrm{d}x}\Big|_{x=x_0}\quad \text{或}\quad \frac{\mathrm{d}f(x)}{\mathrm{d}x}\Big|_{x=x_0},$$

即

$$f'(x_0)=\lim_{\Delta x\to 0}\frac{\Delta y}{\Delta x}=\lim_{\Delta x\to 0}\frac{f(x_0+\Delta x)-f(x_0)}{\Delta x}.$$

当极限不存在时,则称函数 $y=f(x)$在点 x_0 处**不可导**.

由此定义可知,在例 1 中,曲线 $y=f(x)$在点 $M(x_0,y_0)$处的切线的斜率可写为

$$k = f'(x_0);$$

而在例 2 的变速直线运动 $s=s(t)$ 中，物体在 t_0 时刻的瞬时速度可写为

$$v(t_0) = s'(t_0).$$

由导数的定义以及前面所介绍的引例可知，导数是概括了各种各样的变化率概念而抽象出的数学概念，它反映的是函数在某点随自变量的变化而变化的快慢程度.

如果函数 $y=f(x)$ 在区间 (a,b) 内的每一点 x 处都存在导数 $f'(x)$，则称函数 $y=f(x)$ 在区间 (a,b) 内可导，此时由函数的定义可知 $f'(x)$ 是定义在 (a,b) 内的函数，称为 $f(x)$ 的**导函数**. 求出函数 $f(x)$ 在 (a,b) 内的任意点 x 处的导数 $f'(x)$ 就是 $f(x)$ 在 (a,b) 内的导函数.

例 3 设 $f(x)=x^2$，求 $f'(0)$，$f'(1)$，$f'(x)$.

解 由导数的定义

$$f'(0)=\lim_{\Delta x\to 0}\frac{f(\Delta x)-f(0)}{\Delta x}=\lim_{\Delta x\to 0}\frac{(\Delta x)^2}{\Delta x}=0,$$

$$f'(1)=\lim_{\Delta x\to 0}\frac{f(1+\Delta x)-f(1)}{\Delta x}=\lim_{\Delta x\to 0}\frac{(1+\Delta x)^2-1}{\Delta x}$$

$$=\lim_{\Delta x\to 0}\frac{2\Delta x+(\Delta x)^2}{\Delta x}=2,$$

$$f'(x)=\lim_{\Delta x\to 0}\frac{f(x+\Delta x)-f(x)}{\Delta x}=\lim_{\Delta x\to 0}\frac{(x+\Delta x)^2-x^2}{\Delta x}$$

$$=\lim_{\Delta x\to 0}\frac{2x\Delta x+(\Delta x)^2}{\Delta x}=2x.$$

例 4 按导数的定义研究函数 $f(x)=|x|$ 在点 $x=0$ 处的可导性.

解 由导数的定义即要考虑极限

$$\lim_{\Delta x\to 0}\frac{f(\Delta x)-f(0)}{\Delta x}=\lim_{\Delta x\to 0}\frac{|\Delta x|}{\Delta x}$$

的存在性.

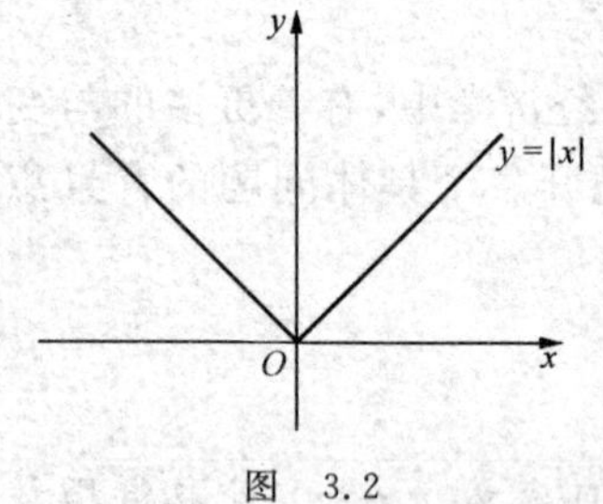

图 3.2

考虑到 $|x|=\begin{cases}x, & x\geqslant 0,\\ -x, & x<0,\end{cases}$ 这是分段函数(见图 3.2)，显然，上述极限应分左、右极限来求：

$$\lim_{\Delta x\to 0^-}\frac{f(\Delta x)-f(0)}{\Delta x}=\lim_{\Delta x\to 0^-}\frac{-\Delta x}{\Delta x}=-1,$$

$$\lim_{\Delta x\to 0^+}\frac{f(\Delta x)-f(0)}{\Delta x}=\lim_{\Delta x\to 0^+}\frac{\Delta x}{\Delta x}=1,$$

左、右极限不相等，所以极限 $\lim\limits_{\Delta x\to 0}\dfrac{f(\Delta x)-f(0)}{\Delta x}$ 不存在，故 $f(x)=|x|$ 在点 $x=0$ 处不可导.

一般地，对于函数 $f(x)$，在考虑极限

$$\lim_{\Delta x\to 0}\frac{f(x_0+\Delta x)-f(x_0)}{\Delta x}$$

时，有时需要分左、右极限来求，为了方便，我们引进如下定义.

定义 3.2 若极限 $\lim\limits_{\Delta x\to 0^-}\dfrac{f(x_0+\Delta x)-f(x_0)}{\Delta x}$ 存在，则称其为函数 $f(x)$ 在点 x_0 处的**左导数**，记为 $f'_-(x_0)$；类似地，若极限

$$\lim_{\Delta x\to 0^+}\frac{f(x_0+\Delta x)-f(x_0)}{\Delta x}$$

存在，则称其为函数 $f(x)$ 在点 x_0 处的**右导数**，记为 $f'_+(x_0)$，即

$$f'_-(x_0)=\lim_{\Delta x\to 0^-}\frac{f(x_0+\Delta x)-f(x_0)}{\Delta x},\quad f'_+(x_0)=\lim_{\Delta x\to 0^+}\frac{f(x_0+\Delta x)-f(x_0)}{\Delta x}.$$

由极限存在的充分必要条件我们可直接得到下面的结论：

定理 3.1 函数 $f(x)$ 在点 x_0 处可导的充分必要条件是 $f(x)$ 在 x_0 处的左、右导数存在且相等.

例 5 设函数 $f(x)=\begin{cases}\sin x, & x\geqslant 0,\\ x, & x<0,\end{cases}$ 讨论 $f(x)$ 在 $x=0$ 处的可导性.

解 由于此函数在点 $x=0$ 的左、右侧的表达式不同，所以，可以先考虑左、右导数：

$$f'_+(0)=\lim_{\Delta x\to 0^+}\frac{f(\Delta x)-f(0)}{\Delta x}=\lim_{\Delta x\to 0^+}\frac{\sin\Delta x}{\Delta x}=1,$$

$$f'_-(0)=\lim_{\Delta x\to 0^-}\frac{f(\Delta x)-f(0)}{\Delta x}=\lim_{\Delta x\to 0^-}\frac{\Delta x}{\Delta x}=1,$$

因此有 $f'_+(0)=f'_-(0)$，由定理 3.1 知，$f(x)$ 在 $x=0$ 处的导数存在，且 $f'(0)=1$.

有时为了计算方便，在导数的定义式

$$f'(x_0)=\lim_{\Delta x\to 0}\frac{f(x_0+\Delta x)-f(x_0)}{\Delta x}$$

中作变量替换 $x_0+\Delta x=x$，则当 $\Delta x\to 0$ 时有 $x\to x_0$，则导数的定义式可有等价的形式：

$$f'(x_0)=\lim_{x\to x_0}\frac{f(x)-f(x_0)}{x-x_0},$$

类似地，左、右导数也有等价的定义形式：

$$f'_-(x_0)=\lim_{x\to x_0^-}\frac{f(x)-f(x_0)}{x-x_0},\quad f'_+(x_0)=\lim_{x\to x_0^+}\frac{f(x)-f(x_0)}{x-x_0}.$$

例 6 设 $f(x)=\sqrt{x}$，求 $f'(1)$.

解 由导数的定义有

$$f'(1)=\lim_{x\to 1}\frac{f(x)-f(1)}{x-1}=\lim_{x\to 1}\frac{\sqrt{x}-1}{x-1}$$

$$=\lim_{x\to 1}\frac{(\sqrt{x}-1)(\sqrt{x}+1)}{(x-1)(\sqrt{x}+1)}=\lim_{x\to 1}\frac{1}{\sqrt{x}+1}=\frac{1}{2}.$$

三、导数的几何意义和物理意义

由本节开头的引例的例 1 可知，若函数 $f(x)$ 在点 x_0 处可导，即 $f'(x_0)$ 存在，则曲线 $y=f(x)$ 在曲线上的点 $(x_0,f(x_0))$ 处就有切线存在，且切线的斜率 $k=f'(x_0)$，这就是导数 $f'(x_0)$ 在几何上的含义.

若函数 $f(x)$ 在 x_0 处可导，应用导数的几何意义，我们可以方便地求出曲线 $y=f(x)$ 在相应点处的切线方程

$$y-f(x_0)=f'(x_0)(x-x_0)$$

和法线方程

$$y-f(x_0)=-\frac{1}{f'(x_0)}(x-x_0),$$

当然在此时要求 $f'(x_0)\neq 0$.

例 7 求曲线 $y=f(x)=\frac{1}{x}$ 在点 $\left(2,\frac{1}{2}\right)$ 处的切线方程.

解 由导数的几何意义知,所求的切线的斜率为

$$k=f'(2)=\lim_{x\to 2}\frac{f(x)-f(2)}{x-2}=\lim_{x\to 2}\frac{\frac{1}{x}-\frac{1}{2}}{x-2}$$

$$=\lim_{x\to 2}\frac{2-x}{2x(x-2)}=\lim_{x\to 2}\left(-\frac{1}{2x}\right)=-\frac{1}{4}.$$

所以,所求的切线方程为

$$y-\frac{1}{2}=-\frac{1}{4}(x-2),\quad 即\quad x+4y=4.$$

由本节开头的例 2 可知,若某物体做变速直线运动时的位置函数是 $s=s(t)$,则在运动过程中 t_0 时刻物体运动的瞬时速度就是 $s'(t_0)$. 更一般地,若某物理量 T 是时间 t 的函数 $T=T(t)$,则 $T'(t_0)$的物理意义是在 t_0 时刻 T 变化的瞬时速度,这就是导数在物理上的含义.

例 8 求自由落体运动 $s=s(t)=\frac{1}{2}gt^2$ 在 t_0 时刻的瞬时速度 $v(t_0)$.

解 由导数的物理意义知,所求的瞬时速度为

$$v(t_0)=s'(t_0)=\lim_{t\to t_0}\frac{s(t)-s(t_0)}{t-t_0}=\lim_{t\to t_0}\frac{\frac{1}{2}gt^2-\frac{1}{2}gt_0^2}{t-t_0}$$

$$=\lim_{t\to t_0}\frac{1}{2}g(t+t_0)=gt_0.$$

所以,所求的瞬时速度为 $v(t_0)=gt_0$.

四、可导与连续的关系

我们知道,函数 $y=f(x)$在点 x_0 处导数存在,在几何上是表示曲线在点 x_0 对应的点处有切线;而函数 $y=f(x)$在点 x_0 处连续,几何上是表示曲线 $y=f(x)$在点$(x_0,f(x_0))$处连续不间断,由此直观意义似乎可得到"若函数 $f(x)$在点 x_0 处可导,则 $f(x)$必在点 x_0 处连续". 这个结论确实是正确的,下面是有关的定理和证明.

定理 3.2 若函数 $f(x)$在点 x_0 处可导,则 $f(x)$必在点 x_0 处连续.

证明 由于 $f'(x_0)$存在,所以

$$f'(x_0)=\lim_{x\to x_0}\frac{f(x)-f(x_0)}{x-x_0}$$

存在,从而

$$\lim_{x\to x_0}[f(x)-f(x_0)]=\lim_{x\to x_0}\frac{f(x)-f(x_0)}{x-x_0}\cdot(x-x_0)=0,$$

即

$$\lim_{x\to x_0}f(x)=f(x_0).$$

所以 $f(x)$在点 x_0 处连续.

注意 该定理的逆命题不成立,即若 $f(x)$ 在点 x_0 处连续,不能保证 $f(x)$ 在点 x_0 处可导. 例如,$f(x)=|x|$ 在点 $x=0$ 处是连续的,但是它在点 $x=0$ 处是不可导的(见例 4),它的图像见图 3.2.

从图 3.2 中可以看到,曲线在不可导的点 $x=0$ 处出现了"角点",这是造成函数在该点的左、右导数不相等的原因. 一般地,如果函数 $y=f(x)$ 的图像在某点处出现角点或尖点(如图 3.3 所示),则它在该点处不可导.

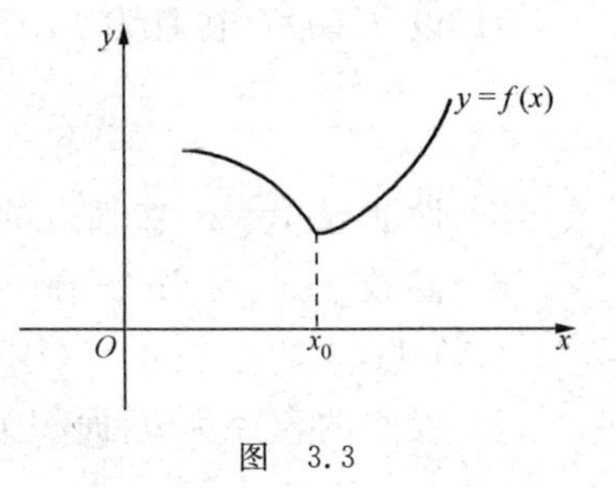

图 3.3

下面,我们再看一个在某点连续但不可导的例子.

例 9 设函数 $f(x)=\sqrt[3]{x}$,讨论 $f(x)$ 在点 $x=0$ 处的连续性与可导性.

解 由于 $\lim\limits_{x\to 0}f(x)=\lim\limits_{x\to 0}\sqrt[3]{x}=0=f(0)$,所以 $f(x)=\sqrt[3]{x}$ 在 $x=0$ 处连续. 但是,由于

$$\lim_{x\to 0}\frac{f(x)-f(0)}{x}=\lim_{x\to 0}\frac{\sqrt[3]{x}}{x}=\lim_{x\to 0}\frac{1}{\sqrt[3]{x^2}}=\infty,$$

所以 $f(x)=\sqrt[3]{x}$ 在 $x=0$ 处不可导.

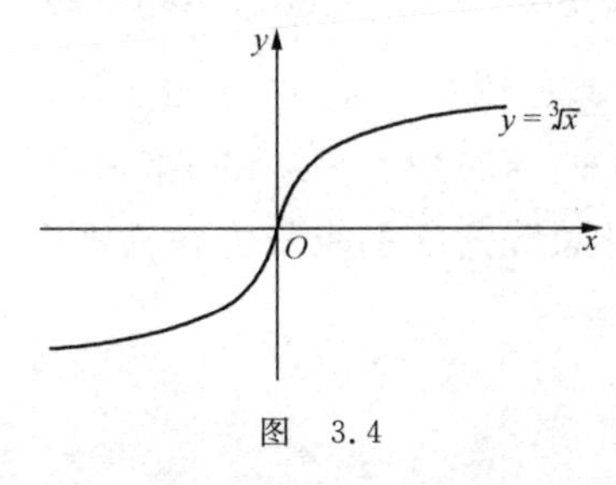

图 3.4

值得注意的是,在例 9 的情形下,曲线 $y=\sqrt[3]{x}$ 在 $x=0$ 处连续,导数不存在,但是曲线在点 $(0,0)$ 与点 $(x,\sqrt[3]{x})$ 上的割线当 $x\to 0$ 时的极限位置是存在的,就是 y 轴! 所以曲线 $y=\sqrt[3]{x}$ 在 $x=0$ 处虽然不可导,但是其切线存在,为 $x=0$. 如图 3.4 所示.

例 10 下列命题中正确的是( ).

① 若 $f'(x_0)$ 存在,则 $f(x)$ 在 $x=x_0$ 处连续;

② 若 $f'(x_0)$ 存在,则曲线 $y=f(x)$ 在点 $(x_0,f(x_0))$ 处有切线;

③ 若 $f'(x_0)$ 不存在,则 $f(x)$ 在 $x=x_0$ 处不连续;

④ 若 $f'(x_0)$ 不存在,则曲线 $y=f(x)$ 在 $(x_0,f(x_0))$ 处没有切线.

(A) ①②; (B) ①②③; (C) ①②④; (D) ②④.

解 由导数的几何意义和定理 3.2 知命题①②是正确的,由例 4 知命题③不正确,由例 9 知命题④不正确. 所以此题应选择(A).

习 题 3.1

1. 根据导数的定义,求下列函数在给定点处的导数 $f'(x_0)$:

(1) $f(x)=\sin x$, $x_0=0$; (2) $f(x)=x^3$, $x_0=1$;

(3) $f(x)=\begin{cases} x^2\sin\dfrac{1}{x}, & x\neq 0, \\ 0, & x=0, \end{cases}$ $x_0=0$.

2. 求曲线 $y=\sqrt{x}$ 在点 $(1,1)$ 处的切线方程和法线方程.

3. 一质点以初速度 v_0 做上抛运动,其运动方程为

$$s=s(t)=v_0t-\frac{1}{2}gt^2 \quad (v_0>2,\text{是常数}),$$

(1) 求质点在 t_0 时刻的速度;

(2) 何时质点的速度为0;

(3) 求质点向上运动的最大高度.

4. 设 $f'(a)$存在且为1,求极限

$$\lim_{h\to 0}\frac{f(a+2h)-f(a)}{h}.$$

5. 设曲线 $y=x^2$ 在某点的非水平的切线过点(2,0),求该切点坐标和该切线方程.

6. 函数 $f(x)=\sin 2x$ 在 $x=0$ 处的导数是(　　).

(A) 1;　　(B) 2;　　(C) 0;　　(D) $2\cos 2x$.

7. 设圆的直径为 d,面积为 A. 求当 $d=10\text{m}$ 时,A 随 d 变化的变化率.

§3.2 导数的运算

从上一节的一些例子可知,按照定义计算函数 $f(x)$在一点的导数并不是一件十分容易的事,而是要计算 $\frac{0}{0}$ 型的极限. 而且,从例3中我们发现,对于函数 $f(x)=x^2$ 来说,计算$f'(0)$,$f'(1)$,$f'(x)$时,一些步骤是完全类似的,有很多重复. 实际上,只要计算出 $f'(x)$的结果 $f'(x)=2x$,计算 $f'(0)$,$f'(1)$时就不需按定义再算一遍,而只需从"$f'(x)=2x$"中令 $x=0$ 和 $x=1$,就可方便地得到 $f'(0)=0$,$f'(1)=2$,这就是所谓的"按公式求导数". 这样的求导方法需要我们首先要掌握一些简单函数的求导公式.

一、基本初等函数的求导公式

推导求导公式意即推出函数 $f(x)$在某区间内任何一点 x 处的导数,即求出导函数 $f'(x)$.

例1 设 $f(x)=C$(C 为常数),证明对任何 $x\in(-\infty,+\infty)$,有 $f'(x)=0$.

证明 对于任何 $x\in(-\infty,+\infty)$,

$$f'(x)=\lim_{\Delta x\to 0}\frac{f(x+\Delta x)-f(x)}{\Delta x}=\lim_{\Delta x\to 0}\frac{0}{\Delta x}=0.$$

例1的结论可以写成公式: $(C)'=0$.

例2 设 $f(x)=\sin x$,证明对任何 $x\in(-\infty,+\infty)$,有 $f'(x)=\cos x$.

证明 对于任何 $x\in(-\infty,+\infty)$,

$$f'(x)=\lim_{\Delta x\to 0}\frac{f(x+\Delta x)-f(x)}{\Delta x}=\lim_{\Delta x\to 0}\frac{\sin(x+\Delta x)-\sin x}{\Delta x}$$

$$=\lim_{\Delta x\to 0}\frac{2\sin\frac{\Delta x}{2}\cos\frac{2x+\Delta x}{2}}{\Delta x}.$$

由于当 $\Delta x\to 0$ 时 $\sin\frac{\Delta x}{2}\sim\frac{\Delta x}{2}$,所以

$$f'(x)=\lim_{\Delta x\to 0}\frac{2\frac{\Delta x}{2}\cos\frac{2x+\Delta x}{2}}{\Delta x}=\lim_{\Delta x\to 0}\cos\frac{2x+\Delta x}{2}=\cos x.$$

因此,我们有公式:$(\sin x)'=\cos x$.

用完全类似的方法可推出公式:$(\cos x)'=-\sin x$.

例 3 设 $f(x)=x^n$(n 为正整数),证明对任何 $x\in(-\infty,+\infty)$,有 $f'(x)=nx^{n-1}$.

证明 对于任何 $x\in(-\infty,+\infty)$,

$$\begin{aligned}f'(x)&=\lim_{\Delta x\to 0}\frac{f(x+\Delta x)-f(x)}{\Delta x}=\lim_{\Delta x\to 0}\frac{(x+\Delta x)^n-x^n}{\Delta x}\\&=\lim_{\Delta x\to 0}\frac{nx^{n-1}\Delta x+\frac{n(n-1)}{2}x^{n-2}\Delta x^2+\cdots+\Delta x^n}{\Delta x}\\&=\lim_{\Delta x\to 0}\left(nx^{n-1}+\frac{n(n-1)}{2}x^{n-2}\Delta x+\cdots+\Delta x^{n-1}\right)\\&=nx^{n-1}.\end{aligned}$$

因此,有公式:$(x^n)'=nx^{n-1}$.

例 4 设 $f(x)=\ln x$,证明对任何 $x\in(0,+\infty)$,有 $f'(x)=\frac{1}{x}$.

证明 对于任何 $x\in(0,+\infty)$,

$$f'(x)=\lim_{\Delta x\to 0}\frac{f(x+\Delta x)-f(x)}{\Delta x}=\lim_{\Delta x\to 0}\frac{\ln(x+\Delta x)-\ln x}{\Delta x}=\lim_{\Delta x\to 0}\frac{\ln\left(1+\frac{\Delta x}{x}\right)}{\Delta x}.$$

由于当 $\Delta x\to 0$ 时 $\ln\left(1+\frac{\Delta x}{x}\right)\sim\frac{\Delta x}{x}$,所以

$$f'(x)=\lim_{\Delta x\to 0}\frac{\frac{\Delta x}{x}}{\Delta x}=\frac{1}{x}.$$

因此,有公式:$(\ln x)'=\frac{1}{x}$.

用类似的方法以及对数的换底式 $\log_a\left(1+\frac{\Delta x}{x}\right)=\frac{\ln\left(1+\frac{\Delta x}{x}\right)}{\ln a}$,可证得公式

$$(\log_a x)'=\frac{1}{x\ln a}\quad(a>0,a\neq 1).$$

例 5 设 $f(x)=\mathrm{e}^x$,证明对任何 $x\in(-\infty,+\infty)$,有 $f'(x)=\mathrm{e}^x$.

证明 对于任何 $x\in(-\infty,+\infty)$,

$$f'(x)=\lim_{\Delta x\to 0}\frac{f(x+\Delta x)-f(x)}{\Delta x}=\lim_{\Delta x\to 0}\frac{\mathrm{e}^{x+\Delta x}-\mathrm{e}^x}{\Delta x}=\mathrm{e}^x\lim_{\Delta x\to 0}\frac{\mathrm{e}^{\Delta x}-1}{\Delta x}.$$

由于当 $\Delta x\to 0$ 时 $\mathrm{e}^{\Delta x}-1\sim\Delta x$,所以

$$f'(x)=\mathrm{e}^x\lim_{\Delta x\to 0}\frac{\Delta x}{\Delta x}=\mathrm{e}^x.$$

因此,有公式:$(\mathrm{e}^x)'=\mathrm{e}^x$.

用类似的方法以及当 $\Delta x\to 0$ 时 $a^{\Delta x}-1=\mathrm{e}^{\Delta x\ln a}-1\sim\Delta x\ln a$,可证得公式

$$(a^x)'=a^x\ln a\quad(a>0,a\neq 1).$$

至此,我们用导数的定义推出了若干基本初等函数的求导公式:

(1) $(C)'=0$ (C 是常数); (2) $(x^n)'=nx^{n-1}$ (n 是正整数);

(3) $(\sin x)'=\cos x$；　　(4) $(\cos x)'=-\sin x$；

(5) $(e^x)'=e^x$，$(a^x)'=a^x\ln a$ $(a>0,a\neq1)$；

(6) $(\ln x)'=\dfrac{1}{x}$，$(\log_a x)'=\dfrac{1}{x\ln a}$ $(a>0,\ a\neq1)$.

其余的基本初等函数的求导公式的推导仅用导数的定义是较困难的，需要用到导数的其他重要的性质. 我们在此先将这些求导公式列出，它们的证明放在后面介绍导数的运算性质时再逐个给出：

(7) $(\tan x)'=\sec^2 x$；　　(8) $(\cot x)'=-\csc^2 x$；

(9) $(\sec x)'=\sec x\tan x$；　　(10) $(\csc x)'=-\csc x\cot x$；

(11) $(\arcsin x)'=\dfrac{1}{\sqrt{1-x^2}}$；　　(12) $(\arccos x)'=-\dfrac{1}{\sqrt{1-x^2}}$；

(13) $(\arctan x)'=\dfrac{1}{1+x^2}$；　　(14) $(\operatorname{arccot} x)'=-\dfrac{1}{1+x^2}$.

记熟以上求导公式，就可以方便地解决一些函数的求导问题.

例 6 设曲线 $y=x^{10}$，求它在(1,1)处的切线方程.

解 由导数的几何意义知，所求切线的斜率为

$$y'\big|_{x=1}=(x^{10})'\Big|_{x=1}=(10x^9)\Big|_{x=1}=10.$$

所以切线方程为

$$y-1=10(x-1),\quad 即\quad y=10x-9.$$

例 7 设 $f(x)=\sin x$，求 $f'\left(\dfrac{\pi}{4}\right)$.

解 由于 $f'(x)=\cos x$，所以 $f'\left(\dfrac{\pi}{4}\right)=\cos\dfrac{\pi}{4}=\dfrac{\sqrt{2}}{2}$.

二、导数的四则运算法则

为了能用基本求导公式推出更多函数的导数，研究几个函数经过加、减、乘、除运算后所得到的函数的导数的计算是很有必要的.

定理 3.3(加、减求导法则)　若函数 $u(x)$，$v(x)$在点 x 处均可导，则 $u(x)\pm v(x)$也在点 x 处可导，且

$$(u(x)\pm v(x))'=u'(x)\pm v'(x).$$

证明 设 $f(x)=u(x)\pm v(x)$，则

$$f'(x)=\lim_{\Delta x\to0}\frac{f(x+\Delta x)-f(x)}{\Delta x}=\lim_{\Delta x\to0}\frac{[u(x+\Delta x)\pm v(x+\Delta x)]-[u(x)\pm v(x)]}{\Delta x}$$

$$=\lim_{\Delta x\to0}\left[\frac{u(x+\Delta x)-u(x)}{\Delta x}\pm\frac{v(x+\Delta x)-v(x)}{\Delta x}\right].$$

由于 $u'(x)$，$v'(x)$存在，即

$$\lim_{\Delta x\to0}\frac{u(x+\Delta x)-u(x)}{\Delta x}=u'(x),\quad \lim_{\Delta x\to0}\frac{v(x+\Delta x)-v(x)}{\Delta x}=v'(x),$$

所以 $$f'(x)=u'(x)\pm v'(x),\quad 即\quad (u(x)\pm v(x))'=u'(x)\pm v'(x).$$

定理的结论容易推广至有限多个函数的情形.

例 8 求 $f(x)=x^4+\sin x-\ln x$ 的导函数.

解 $f'(x)=(x^4)'+(\sin x)'-(\ln x)'$

$$=4x^3+\cos x-\frac{1}{x}.$$

定理 3.4(乘法求导法则) 若函数 $u(x)$,$v(x)$在点 x 处均可导,则 $u(x)v(x)$在点 x 处也可导,且

$$[u(x)v(x)]'=u'(x)v(x)+u(x)v'(x).$$

证明 设 $f(x)=u(x)v(x)$,则

$$f'(x)=\lim_{\Delta x\to 0}\frac{f(x+\Delta x)-f(x)}{\Delta x}=\lim_{\Delta x\to 0}\frac{u(x+\Delta x)v(x+\Delta x)-u(x)v(x)}{\Delta x}$$

$$=\lim_{\Delta x\to 0}\left[\frac{u(x+\Delta x)-u(x)}{\Delta x}v(x+\Delta x)+\frac{v(x+\Delta x)-v(x)}{\Delta x}u(x)\right].$$

由于 $u'(x)$,$v'(x)$存在,即

$$\lim_{\Delta x\to 0}\frac{u(x+\Delta x)-u(x)}{\Delta x}=u'(x),\quad \lim_{\Delta x\to 0}\frac{v(x+\Delta x)-v(x)}{\Delta x}=v'(x),$$

且 $\lim\limits_{\Delta x\to 0}v(x+\Delta x)=v(x)$,所以

$$f'(x)=u'(x)v(x)+u(x)v'(x),\quad 即\quad [u(x)v(x)]'=u'(x)v(x)+u(x)v'(x).$$

例 9 求 $f(x)=e^x\cos x$ 的导函数.

解 $f'(x)=(e^x\cos x)'=(e^x)'\cos x+e^x(\cos x)'=e^x\cos x-e^x\sin x.$

在定理 3.4 中,令 $v(x)=c$,则可得到定理的一个推论.

推论 设 $u(x)$在点 x 处可导,c 为常数,则

$$(cu(x))'=cu'(x).$$

例 10 由求导公式$(\ln x)'=\frac{1}{x}$推出求导公式

$$(\log_a x)'=\frac{1}{x\ln a}\quad (a>0,a\neq 1).$$

解 公式$(\ln x)'=\frac{1}{x}$是例 4 中用导数的定义推得的,现在用它来推导一般的对数函数的求导公式.

由于 $\log_a x=\frac{\ln x}{\ln a}$,用定理 3.4 的推论,有

$$(\log_a x)'=\frac{1}{\ln a}(\ln x)'=\frac{1}{\ln a}\cdot\frac{1}{x}=\frac{1}{x\ln a}.$$

定理 3.5(商的求导法则) 若函数 $u(x)$,$v(x)$在点 x 处均可导,且 $v'(x)\neq 0$,则$\frac{u(x)}{v(x)}$在点 x 处也可导,且

$$\left(\frac{u(x)}{v(x)}\right)'=\frac{u'(x)v(x)-u(x)v'(x)}{v^2(x)}.$$

证明 从略.

例 11 推导基本初等函数的求导公式中的(7),(8),(9),(10).

解 $(\tan x)'=\left(\frac{\sin x}{\cos x}\right)'=\frac{(\sin x)'\cos x-\sin x(\cos x)'}{\cos^2 x}$

$$=\frac{\cos^2x+\sin^2x}{\cos^2x}=\frac{1}{\cos^2x}=\sec^2x,$$

即为公式(7)：$(\tan x)'=\sec^2x$.

$$(\cot x)'=\left(\frac{\cos x}{\sin x}\right)'=\frac{(\cos x)'\sin x-\cos x(\sin x)'}{\sin^2x}$$

$$=\frac{-\sin^2x-\cos^2x}{\sin^2x}=-\frac{1}{\sin^2x}=-\csc^2x,$$

即为公式(8)：$(\cot x)'=-\csc^2x$.

$$(\sec x)'=\left(\frac{1}{\cos x}\right)'=\frac{(1)'\cos x-1\cdot(\cos x)'}{\cos^2x}$$

$$=\frac{\sin x}{\cos^2x}=\sec x\tan x,$$

即为公式(9)：$(\sec x)'=\sec x\tan x$.

$$(\csc x)'=\left(\frac{1}{\sin x}\right)'=\frac{(1)'\sin x-1\cdot(\sin x)'}{\sin^2x}$$

$$=\frac{-\cos x}{\sin^2x}=-\csc x\cot x,$$

即为公式(10)：$(\csc x)'=-\csc x\cot x$.

例 12 求 $y=xe^x+\dfrac{\arctan x}{1+x^2}$的导函数.

解 $y'=(xe^x)'+\left(\dfrac{\arctan x}{1+x^2}\right)'$

$$=(x)'e^x+x(e^x)'+\frac{(\arctan x)'(1+x^2)-(1+x^2)'\arctan x}{(1+x^2)^2}$$

$$=e^x+xe^x+\frac{\frac{1}{1+x^2}(1+x^2)-2x\arctan x}{(1+x^2)^2}$$

$$=e^x+xe^x+\frac{1-2x\arctan x}{(1+x^2)^2}.$$

三、反函数的求导法则

我们用定理的形式来叙述反函数的求导法则.

定理 3.6(反函数求导法则) 若函数 $x=\varphi(y)$在区间 I_y 内单调、可导，且 $\varphi'(y)\neq0$，则其反函数 $y=f(x)$在对应的区间 I_x 内单调、可导，且有

$$f'(x)=\frac{1}{\varphi'(y)},$$

其中，$I_x=\{x\mid x=\varphi(y),y\in I_y\}$.

证明 由导数的定义知 $f'(x)=\lim\limits_{\Delta x\to0}\dfrac{\Delta y}{\Delta x}$. 由于 $x=\varphi(y)$在 I_y 内单调、连续，所以其反函数 $y=f(x)$也在 I_x 内单调、连续，因而当 $\Delta x\to0$ 时，$\Delta y\to0$，且 $\Delta y\neq0$，故

$$f'(x)=\lim_{\Delta x\to0}\frac{\Delta y}{\Delta x}=\lim_{\Delta x\to0}\frac{1}{\frac{\Delta x}{\Delta y}}=\frac{1}{\lim\limits_{\Delta y\to0}\frac{\Delta x}{\Delta y}}=\frac{1}{\varphi'(y)},\quad 即\quad f'(x)=\frac{1}{\varphi'(y)}.$$

实际上,我们还可以借助于导数的几何意义来理解定理3.6的正确性.由于 $x=\varphi(y)$ 与 $y=f(x)$ 在 Oxy 坐标系中的图像是同一条曲线,见图3.5,由导数的几何意义知,$\tan\alpha=f'(x)$,$\tan\beta=\varphi'(y)$,而 α 与 β 显然有关系:$\alpha=\frac{\pi}{2}-\beta$(见图3.5(a))或 $\alpha=\frac{3\pi}{2}-\beta$(见图3.5(b)),所以

$$f'(x)=\tan\alpha=\tan\left(\frac{\pi}{2}-\beta\right)=\tan\left(\frac{3}{2}\pi-\beta\right)=\frac{1}{\tan\beta}=\frac{1}{\varphi'(y)},$$

即

$$f'(x)=\frac{1}{\varphi'(y)}.$$

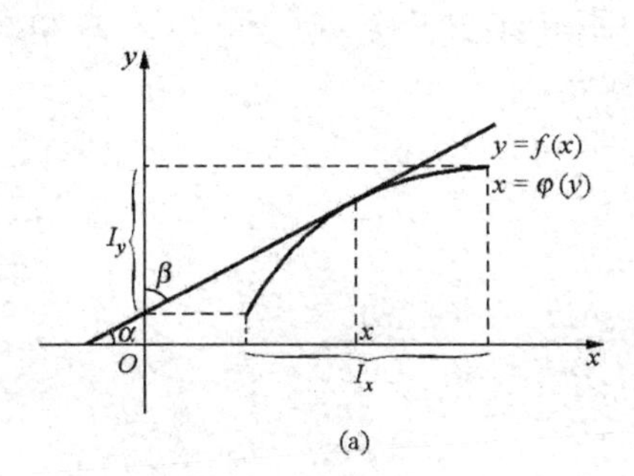

(a)

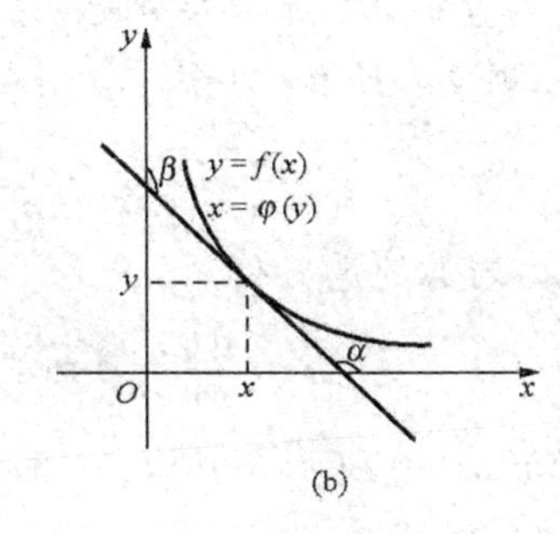

(b)

图 3.5

有了反函数的求导法则后,我们就可以借助于直接函数的求导公式推出反函数的求导公式.

例 13 证明:若 $y=a^x$,则 $(a^x)'=a^x\ln a$ $(a>0,a\neq1)$.

证明 由于 $y=a^x,x\in(-\infty,+\infty)$ 是对数函数 $x=\log_a y,y\in(0,+\infty)$ 的反函数,且 $\frac{\mathrm{d}x}{\mathrm{d}y}=\frac{1}{y\ln a}\neq0$,由反函数求导法则得

$$(a^x)'=\frac{1}{(\log_a y)'}=\frac{1}{\frac{1}{y\ln a}}=y\ln a=a^x\ln a.$$

例 14 推导基本初等函数求导公式中的(11),(12),(13),(14).

解 由于函数 $y=\arcsin x(-1\leqslant x\leqslant1)$ 是函数 $x=\sin y\left(-\frac{\pi}{2}\leqslant y\leqslant\frac{\pi}{2}\right)$ 的反函数,且 $x=\sin y$ 在 $I_y=\left(-\frac{\pi}{2},\frac{\pi}{2}\right)$ 内单调、可导,$(\sin y)'=\cos y>0$,满足定理3.6的条件,所以函数 $y=\arcsin x$ 在 $(-1,1)$ 内每一点处可导,且

$$y'=(\arcsin x)'=\frac{1}{(\sin y)'}=\frac{1}{\cos y}=\frac{1}{\sqrt{1-\sin^2 y}}=\frac{1}{\sqrt{1-x^2}}.$$

用类似的方法可推导基本初等函数的求导公式(12),(13)和(14).

至此,本节开头列出的基本初等函数的求导公式全部得到了证明,读者应记熟它们,在需要的时候才能正确应用.

四、复合函数的求导法则

先看一个简单的复合函数 $y=\sin2x$ 的求导问题:我们已有公式 $(\sin x)'=\cos x$,那么,对复合函数 $\sin2x$ 的导数能否直接在这个公式中将"x"换成"$2x$"呢?即"$(\sin2x)'=\cos2x$"是否

正确?

我们马上就会知道这是不正确的. 因为

$$(\sin 2x)' = (2\sin x\cos x)' = 2[(\sin x)'\cos x + \sin x(\cos x)']$$
$$= 2[\cos^2 x - \sin^2 x] = 2\cos 2x.$$

这里除了有"$\cos 2x$"以外,还多出了一个"2".

对于一般情况下的复合函数: $y=f(u)$, $u=\varphi(x)$,其导数如何求呢? 下面的定理作出了回答.

定理 3.7(复合函数求导法则) 若 $u=\varphi(x)$ 在点 x 处可导,而 $y=f(u)$ 在相应的点 $u=\varphi(x)$ 处可导,则复合函数 $y=f(\varphi(x))$ 在点 x 处可导,且有

$$\frac{dy}{dx} = \frac{dy}{du}\cdot\frac{du}{dx}.$$

证明 由导数的定义有

$$\frac{dy}{dx} = \lim_{\Delta x\to 0}\frac{f(\varphi(x+\Delta x)) - f(\varphi(x))}{\Delta x}.$$

记 $\Delta u=\varphi(x+\Delta x)-\varphi(x)$,则 $\Delta x\to 0$ 时,$\Delta u\to 0$.

若 $\Delta u\neq 0$,有

$$\frac{dy}{dx} = \lim_{\Delta x\to 0}\frac{f(\varphi(x)+\Delta u) - f(\varphi(x))}{\Delta u}\cdot\frac{\varphi(x+\Delta x)-\varphi(x)}{\Delta x}$$
$$= \lim_{\Delta u\to 0}\frac{f(u+\Delta u)-f(u)}{\Delta u}\cdot\lim_{\Delta x\to 0}\frac{\varphi(x+\Delta x)-\varphi(x)}{\Delta x}$$
$$= \frac{dy}{du}\cdot\frac{du}{dx}.$$

这里是在"$\Delta u\neq 0$"的假设下,得到定理的一个简单的证明,去掉这个假设,用另外的方法也能证得定理的结论,在此略掉证明.

这个求导法则也称为链式法则,它还可以推广到多个中间变量的情形. 例如,若 $y=f(u)$, $u=\varphi(x)$, $x=\psi(t)$,则复合函数 $y=f(\varphi(\psi(t)))$ 的导数为

$$\frac{dy}{dt} = \frac{dy}{du}\cdot\frac{du}{dx}\cdot\frac{dx}{dt}.$$

例 15 设 $y=\sin(x^2)$,求$\frac{dy}{dx}$.

解 令 $y=\sin u$, $u=x^2$,则

$$\frac{dy}{dx} = \frac{dy}{du}\cdot\frac{du}{dx} = \cos u\cdot 2x = 2x\cos(x^2).$$

例 16 设 $y=\ln\cos x$,求$\frac{dy}{dx}$.

解 令 $y=\ln u$, $u=\cos x$,则

$$\frac{dy}{dx} = \frac{dy}{du}\cdot\frac{du}{dx} = \frac{1}{u}\cdot(-\sin x) = -\frac{\sin x}{\cos x} = -\tan x.$$

例 17 证明幂函数的求导公式

$$(x^\alpha)' = \alpha x^{\alpha-1} \quad (\alpha\text{ 是任意实数}).$$

证明 在本节例 3 中只证明了 α 是正整数的情形. 现在,我们可以证明 α 是任意实数时公式也是正确的.

我们只在对任意 α 都有定义的 x 的范围 $(0,+\infty)$ 内证明.

由于 $x^\alpha=e^{\alpha\ln x}$，所以令 $y=e^u$，$u=\alpha\ln x$，则有

$$\frac{dy}{dx}=\frac{dy}{du}\cdot\frac{du}{dx}=e^u\alpha\frac{1}{x}=e^{\alpha\ln x}\frac{\alpha}{x}=\alpha x^{\alpha-1},$$

即
$$(x^\alpha)'=\alpha x^{\alpha-1}.$$

例 18 设 $y=\sqrt[3]{\arctan x}$，求 $\frac{dy}{dx}$.

解 令 $y=\sqrt[3]{u}$，$u=\arctan x$，则

$$\frac{dy}{dx}=\frac{dy}{du}\cdot\frac{du}{dx}=\frac{1}{3}u^{-2/3}\frac{1}{1+x^2}=\frac{1}{3\sqrt[3]{\arctan^2 x}}\cdot\frac{1}{1+x^2}.$$

例 19 设 $y=e^{\sin\frac{1}{x}}$，求 $\frac{dy}{dx}$.

解 令 $y=e^u$，$u=\sin v$，$v=\frac{1}{x}$，则

$$\frac{dy}{dx}=\frac{dy}{du}\cdot\frac{du}{dv}\cdot\frac{dv}{dx}=e^u\cos v\left(-\frac{1}{x^2}\right)=-\frac{1}{x^2}e^{\sin\frac{1}{x}}\cos\frac{1}{x}.$$

由以上例子可以看出，应用复合函数的求导法则时，关键是将复合函数分解成若干简单的函数，而这些简单函数的导数是可以用公式或求导法则求出的. 当运算熟练后，可不必引入中间变量，只把中间变量记在心里，直接写出函数对中间变量求导的结果. 重要的是每一次求导是对哪个变量求导必须清楚.

例 20 设 $y=\ln(x+\sqrt{1+x^2})$，求 $\frac{dy}{dx}$.

解
$$\frac{dy}{dx}=\frac{1}{x+\sqrt{1+x^2}}(x+\sqrt{1+x^2})'=\frac{1}{x+\sqrt{1+x^2}}\left[1+\frac{1}{2}(1+x^2)^{-\frac{1}{2}}(1+x^2)'\right]$$
$$=\frac{1}{x+\sqrt{1+x^2}}\left(1+\frac{2x}{2\sqrt{1+x^2}}\right)=\frac{1}{\sqrt{1+x^2}}.$$

例 21 设 $y=(\arcsin\sqrt{x-1})^2$，求 $\frac{dy}{dx}$.

解
$$\frac{dy}{dx}=2\arcsin\sqrt{x-1}\cdot(\arcsin\sqrt{x-1})'$$
$$=2\arcsin\sqrt{x-1}\cdot\frac{1}{\sqrt{1-(\sqrt{x-1})^2}}\cdot(\sqrt{x-1})'$$
$$=2\arcsin\sqrt{x-1}\cdot\frac{1}{\sqrt{2-x}}\cdot\frac{1}{2\sqrt{x-1}}(x-1)'$$
$$=\frac{\arcsin\sqrt{x-1}}{\sqrt{2-x}\sqrt{x-1}}.$$

由这些例子我们可看出，利用基本初等函数的求导公式以及求导的四则运算法则和复合函数的求导法则，我们就可以求任何初等函数的导数，因为初等函数是由基本初等函数经过四则运算和复合运算而成的.

在更多的情况下，复合函数的求导法则要与四则运算的求导法则结合起来使用.

例 22 设 $y=\arctan\frac{1+x}{1-x}$，求 $\frac{dy}{dx}$.

解 $\frac{dy}{dx}=\frac{1}{1+\left(\frac{1+x}{1-x}\right)^2}\left(\frac{1+x}{1-x}\right)'=\frac{1}{1+\left(\frac{1+x}{1-x}\right)^2}\cdot\frac{(1+x)'(1-x)-(1+x)(1-x)'}{(1-x)^2}$

$$=\frac{2}{(1+x)^2+(1-x)^2}=\frac{1}{1+x^2}.$$

例 23 设 $y=f(x)=\begin{cases}e^{2x}-x-1, & x<0,\\ x, & x\geqslant 0,\end{cases}$ 求$\frac{dy}{dx}$.

解 对于分段函数的求导函数，由于分段函数在它的各分段子区间内的表达式往往都是初等函数，所以先分别用求导公式求出它在各子区间内的导函数，再按导数的定义求出它在各子区间的分界点处的导数，最后将所得结果用分段函数表示出来.

当 $x\in(-\infty,0)$时，$f(x)=e^{2x}-x-1$，所以 $f'(x)=2e^{2x}-1$；

当 $x\in(0,+\infty)$时，$f(x)=x$，所以 $f'(x)=1$；

当 $x=0$ 时，考虑极限 $\lim\limits_{x\to 0}\frac{f(x)-f(0)}{x}$，由于 $f(x)$在点 $x=0$ 的左、右侧的表达式不同，故应按照左、右导数来做：

$$f'_-(0)=\lim_{x\to 0^-}\frac{f(x)-f(0)}{x}=\lim_{x\to 0^-}\frac{e^{2x}-x-1}{x}=\lim_{x\to 0^-}\left(\frac{e^{2x}-1}{x}-1\right),$$

由于当 $x\to 0$ 时，$e^x-1\sim x$，所以 $e^{2x}-1\sim 2x$，因而

$$\lim_{x\to 0^-}\frac{e^{2x}-1}{x}=\lim_{x\to 0^-}\frac{2x}{x}=2,$$

故
$$f'_-(0)=\lim_{x\to 0^-}\left(\frac{e^{2x}-1}{x}-1\right)=2-1=1.$$

又
$$f'_+(0)=\lim_{x\to 0^+}\frac{f(x)-f(0)}{x}=\lim_{x\to 0^+}\frac{x}{x}=1,$$

由此知左、右导数存在且相等，所以 $f'(0)=1$.

综合上述，有

$$f'(x)=\begin{cases}2e^{2x}-1, & x<0,\\ 1, & x\geqslant 0.\end{cases}$$

例 24 设 $f(x)$是可导函数，$y=f(x^2)+f^2(x)$，求$\frac{dy}{dx}$.

解 $\frac{dy}{dx}=[f(x^2)]'+[f^2(x)]'=f'(x^2)\cdot 2x+2f(x)f'(x)$.

注意 在此，记号“$[f(x^2)]'$”的含义是对整个复合函数中的自变量 x 求导，而记号“$f'(x^2)$”的含义是将 x^2 看成一个整体中间变量 u 的导数，即 $f'(u)|_{u=x^2}$，显然，它们是不同的. 若写成下式会更清楚：

$$\frac{dy}{dx}=\frac{df(x^2)}{dx}+\frac{df^2(x)}{dx}=\frac{df(x^2)}{d(x^2)}\cdot\frac{d(x^2)}{dx}+\frac{df^2(x)}{df(x)}\cdot\frac{df(x)}{dx}$$
$$=\frac{df(x^2)}{dx^2}\cdot 2x+2f(x)\cdot\frac{df(x)}{dx}.$$

习 题 3.2

1. 求下列各函数的导数：

(1) $y=x^4-3x^2+x-1$；　　(2) $y=x^3-\frac{1}{x^3}$；

(3) $y=x\sqrt{x}+\sqrt[3]{x}$；　　(4) $y=x^2+\cos x+e^x$；

(5) $y=\sqrt{x}\sin x$；　　(6) $y=xe^x$；

(7) $y=\frac{e^x\sin x}{x}$；　　(8) $y=x\arctan x$；

(9) $y=x\sin x\ln x$.

2. 求下列各函数的导数：

(1) $y=xe^{-2x}$；　　(2) $y=\ln\sqrt{1-2x}$；

(3) $y=\ln\ln x$；　　(4) $y=x\sin x^2$；

(5) $y=e^{\cos\frac{1}{x^2}}$；　　(6) $y=\arcsin\frac{2x-1}{\sqrt{3}}$；

(7) $y=\frac{x}{\sqrt{a^2-x^2}}$；　　(8) $y=\sqrt{x+\sqrt{x}}$；

(9) $y=e^{-x}\cos 2x$；　　(10) $y=\frac{\sin^2 x}{\sin(x^2)}$；

(11) $y=\frac{x}{2}\sqrt{a^2-x^2}+\frac{a^2}{2}\arcsin\frac{x}{a}$；　　(12) $y=\frac{1}{(x+\sqrt{x})^2}$.

3. 求曲线 $y=\tan x$ 在点$\left(\frac{\pi}{4},1\right)$处的切线方程和法线方程.

4. 设 $f(x)$是可导函数，$y=f(\sin x)$，求$\frac{dy}{dx}$.

5. 设 $f(x)$在$(-\infty,+\infty)$内可导，求证：

(1) 若 $f(x)$为奇函数，则 $f'(x)$为偶函数；

(2) 若 $f(x)$为偶函数，则 $f'(x)$为奇函数.

6. 设函数 $f(x)=\begin{cases}\sin 2x, & x>0,\\ x^2+x, & x\leqslant 0,\end{cases}$ 求 $f'(x)$.

7. 设曲线 $y=ax^3+bx^2+cx+d$ 在点(0,1)和点(1,0)都有水平的切线，求常数 a,b,c,d 的值.

8. 设 $y=\log_2 x^2$，则 $y'=$(　　).

(A) $\frac{1}{x^2}$；　　(B) $\frac{1}{2x^2}$；　　(C) $\frac{2}{x\ln 2}$；　　(D) $\frac{2}{x^2\ln 2}$.

§3.3 高阶导数

若函数 $y=f(x)$在点 x_0 的某邻域内处处可导，即在该邻域内的任何点 x 处，都有 $f'(x)$，按照函数的定义，$f'(x)$是 x 的函数，在前面我们已将它称为导函数. 对这个函数 $f'(x)$，仍可来考虑它在点 x_0 的可导性，这就引出了二阶导数的概念.

定义 3.3 设函数 $y=f(x)$在点 x_0 的某邻域内处处可导. 若极限

$$\lim_{\Delta x\to 0}\frac{f'(x_0+\Delta x)-f'(x_0)}{\Delta x}$$

存在,则称其为函数 $y=f(x)$ 在点 x_0 处的**二阶导数**,记为

$$f''(x_0),\quad \left.\frac{\mathrm{d}^2 y}{\mathrm{d}x^2}\right|_{x=x_0} \quad 或 \quad \left.\frac{\mathrm{d}^2 f}{\mathrm{d}x^2}\right|_{x=x_0},$$

即
$$f''(x_0)=\lim_{\Delta x\to 0}\frac{f'(x_0+\Delta x)-f'(x_0)}{\Delta x}.$$

若函数 $y=f(x)$ 的二阶导数在点 x_0 的邻域内处处存在,即 $f''(x)$ 存在,这又得到一个函数,称之为函数 $y=f(x)$ 的二阶导函数.显然,二阶导函数是一阶导函数的导函数,所以有

$$f''(x)=[f'(x)]',\quad y''=(y')',\quad 或 \quad \frac{\mathrm{d}^2 f(x)}{\mathrm{d}x^2}=\frac{\mathrm{d}}{\mathrm{d}x}\left(\frac{\mathrm{d}f(x)}{\mathrm{d}x}\right).$$

二阶导数概念的引入有没有实际意义呢?

由于导数 $f'(x)$ 是描述 $f(x)$ 随 x 变化的瞬态变化率,所以,二阶导数 $f''(x)$ 是描述 $f'(x)$ 随 x 变化的瞬态变化率.这就是二阶导数的实际意义.例如,在变速直线运动中,位置函数 $s=s(t)$ 的导数 $s'(t)$ 是速度函数 $v(t)=s'(t)$,而 s 的二阶导数 $s''(t)$ 是速度函数的导数 $s''(t)=v'(t)$,它是描述速度随时间 t 变化的变化率,物理上称之为加速度.因此,二阶导数在物理上的一个应用就是:若知道了变速直线运动的路程随时间变化的函数 $s=s(t)$,就可以方便地求得物体运动的加速度 $a=s''(t)$.

由于按照定义 $f''(x)=[f'(x)]'$,所以二阶导数的计算只是对函数 $f'(x)$ 再求一阶导数.

类似地可以定义三阶导数,四阶导数,…,n 阶导数,分别记为 y''',$y^{(4)}$,…,$y^{(n)}$.一般地,

$$y^{(n)}=[y^{(n-1)}]'.$$

由求导法则可直接推得下面高阶导数的求导法则.

定理 3.8　设 $u(x)$,$v(x)$ 在点 x 处具有 n 阶导数,c 为常数,则 $u(x)\pm v(x)$ 和 $cu(x)$ 也在点 x 处有 n 阶导数,且

$$[u(x)\pm v(x)]^{(n)}=u^{(n)}(x)\pm v^{(n)}(x),\quad [cu(x)]^{(n)}=cu^{(n)}(x).$$

例 1　设 $y=x\mathrm{e}^x$,求 y'''.

解　$y'=\mathrm{e}^x+x\mathrm{e}^x=(x+1)\mathrm{e}^x$,

$y''=(y')'=\mathrm{e}^x+(x+1)\mathrm{e}^x=(x+2)\mathrm{e}^x$,

$y'''=(y'')'=\mathrm{e}^x+(x+2)\mathrm{e}^x=(x+3)\mathrm{e}^x$.

例 2　设 $y=x^2\sin x$,求 y''.

解　$y'=2x\sin x+x^2\cos x$,

$y''=2\sin x+2x\cos x+2x\cos x-x^2\sin x$

$=2\sin x+4x\cos x-x^2\sin x$.

例 3　设 $y=\dfrac{\ln x}{x}$,求 y''.

解　$y'=\dfrac{1-\ln x}{x^2}$,

$y''=\dfrac{-x-2x(1-\ln x)}{x^4}=\dfrac{-3+2\ln x}{x^3}$.

例 4　设 $y=x^n$,求 $y^{(n)}$.

解　$y'=nx^{n-1}$,

$y''=n(n-1)x^{n-2}$,

$y'''=n(n-1)(n-2)x^{n-3}$,

…………

归纳出 $y^{(n)}=n(n-1)(n-2)\cdot\cdots\cdot 2\cdot 1\cdot x^{n-n}=n!$, 这里 n 是正整数.

在此题中,注意到若再对 $y^{(n)}$ 求导数,将得到0,故有 $(x^n)^{(n+1)}=0$. 这个结论说明,若求导的阶数大于正整幂函数的次数,则导数为0.

例5 设 $y=(x^5+5)(x^4+4)(x^3+3)(x^2+2)(x+1)$,求 $y^{(15)}$.

解 此题若将 y 的表达式先展开为多项式再求导数,就会很麻烦,因为乘法运算较多,展开不容易.但是我们可看出它展成多项式后最高次项是 x^{15},其余的次数都是低于15的,所以其余的项求15阶导数结果都是0,只有 x^{15} 的导数不为0,所以有

$$y^{(15)}=(x^{15})^{(15)}=15!.$$

例6 $y=e^{2x}$,求 $y^{(n)}$.

解 $y'=2e^{2x}$, $y''=2^2e^{2x}$, $y'''=2^3e^{2x}$, …,归纳出

$$y^{(n)}=2^ne^{2x}.$$

例7 设 $y=\ln(1+x)$,求 $y^{(n)}$.

解 $y'=\dfrac{1}{1+x}$, $y''=\dfrac{-1}{(1+x)^2}$, $y'''=\dfrac{(-1)(-2)}{(1+x)^3}$, …, 归纳出

$$y^{(n)}=\frac{(-1)(-2)\cdots(-(n-1))}{(1+x)^n}=\frac{(-1)^{n-1}(n-1)!}{(1+x)^n}.$$

例8 设 $y=\sin x$,求 $y^{(n)}$.

解 $y'=\cos x=\sin\left(x+\dfrac{\pi}{2}\right)$, $y''=-\sin x=\sin\left(x+\dfrac{2\pi}{2}\right)$,

$y'''=-\cos x=\sin\left(x+\dfrac{3\pi}{2}\right)$, $y^{(4)}=\sin x=\sin\left(x+\dfrac{4\pi}{2}\right)$,

…………

归纳出

$$y^{(n)}=\sin\left(x+\frac{n\pi}{2}\right).$$

同理可得:$(\cos x)^{(n)}=\cos\left(x+\dfrac{n\pi}{2}\right)$.

此题说明,并不是所有函数的 n 阶导数的公式可以容易地由前几阶导数中归纳出来,需要借助于一些变形.下面的例子说明有的函数还需要先变形再求导.

例9 设 $y=\dfrac{1}{x(x+1)}$,求 $y^{(n)}$.

解 因为 $y=\dfrac{1}{x}-\dfrac{1}{x+1}$,所以

$$y'=\frac{-1}{x^2}-\frac{-1}{(x+1)^2},$$

$$y''=\frac{(-1)(-2)}{x^3}-\frac{(-1)(-2)}{(x+1)^3},$$

$$y'''=\frac{(-1)(-2)(-3)}{x^4}-\frac{(-1)(-2)(-3)}{(x+1)^4},$$

…………

归纳出
$$y^{(n)}=\frac{(-1)^n n!}{x^{n+1}}-\frac{(-1)^n n!}{(x+1)^{n+1}}.$$

例 10　某汽车在限速为 80 km/h 的路段上行驶，在途中发生了事故.警察测得该车的刹车痕迹长为 30 m，而该车型的满刹车时的加速度为 $a=-15\ \mathrm{m/s^2}$，警察判该车为超速行驶，应承担一部分责任.为什么?

解　是否是超速行驶，应该看该车在刹车之前的行驶速度 v_0 是否大于 80 km/h.

设该车从刹车开始到 t 时刻所走的路程为 $s=s(t)$，由题意有 $s''=a$，根据求导运算知
$$s'=at+v_0,$$
即开始刹车后 t 时刻汽车的速度为 $v=at+v_0$，当 $t=0$ 时的车速为 $v(0)=v_0$.所以问题归结为求初速度 v_0.

再根据求导运算知
$$s=\frac{a}{2}t^2+v_0t+C,$$
由题意知当 $t=0$ 时 $s=0$，得到 $C=0$，所以汽车刹车后的运动规律为
$$s=\frac{a}{2}t^2+v_0t.$$
汽车从开始刹车到停止($v=0$)所用的时间如下求得：
$$0=at+v_0,\quad 即\quad t=-\frac{v_0}{a}.$$
将 $a=-15\ \mathrm{m/s^2}$，$s=30$ m，$t=-\frac{v_0}{a}$ 代入 $s=\frac{a}{2}t^2+v_0t$ 得
$$30=-\frac{15}{2}\left(-\frac{v_0}{15}\right)^2+\frac{v_0^2}{15},$$
解得
$$v_0=30\ \mathrm{m/s}=30\times3.6\ \mathrm{km/h}=108\ \mathrm{km/h}.$$
所以，该车在开始刹车前的行驶速度大于 80 km/h，是超速行驶，警察的判罚是正确的.

习　题　3.3

1. 求下列函数的二阶导数：

(1) $y=2x^3+x^2-50x+100$；　(2) $y=\sin x+\cos 2x$；

(3) $y=x^2\mathrm{e}^x$；　(4) $y=\mathrm{e}^{-x^2}$；

(5) $y=x\arctan x$；　(6) $y=\frac{x}{x^2+1}$；

(7) $y=x^x$；　(8) $y=x^x\ln x$.

2. 设 $f(x)=(x^2+1)(x^2+2)(x^2+3)(x^2+4)$，求 $f^{(8)}(x)$.

3. 求下列函数的 n 阶导数：

(1) $y=x^n+a_1x^{n-1}+a_2x^{n-2}+\cdots+a_{n-1}x+a_n$；

(2) $y=\sin 2x+\cos 2x$；　(3) $y=x\mathrm{e}^x$；

(4) $y=x\ln x$；　(5) $y=\frac{1}{x^2-1}$.

4. 验证 $y=\mathrm{e}^{\sqrt{x}}+\mathrm{e}^{-\sqrt{x}}$ 满足方程

$$xy''+\frac{1}{2}y'-\frac{1}{4}y=0.$$

5. 设 $f(x)$是二阶可导函数,$y=f(x^2)$,求$\frac{\mathrm{d}^2y}{\mathrm{d}x^2}$.

§3.4 微分及其运算

一、引例

在用函数去解决实际问题时,常常需要估算函数的增量 $\Delta y=f(x_0+\Delta x)-f(x_0)$. 例如,边长为 x_0 的正方形薄板在温度发生变化时其边长从 x_0 变到 $x_0+\Delta x$,现在需要估算一下该薄板的面积改变了多少?解决这个问题就是要估算面积函数 $S=x^2$ 的增量

$$\Delta S=(x_0+\Delta x)^2-x_0^2=2x_0\Delta x+(\Delta x)^2.$$

又例如,对半径为 r_0 的一批钢珠表面镀一层厚度为 Δr 的铬,现在需要估算一下每颗钢珠所用的铬材料的量(体积).解决这个问题也只要估算体积函数 $V=\frac{4}{3}\pi r^3$ 的增量

$$\begin{aligned}\Delta V&=\frac{4}{3}\pi(r_0+\Delta r)^3-\frac{4}{3}\pi r_0^3\\&=4\pi r_0^2\Delta r+4\pi r_0(\Delta r)^2+\frac{4}{3}\pi(\Delta r)^3.\end{aligned}$$

注意到我们现在是要估算,允许有误差;而$|\Delta x|$,$|\Delta r|$都是很小的数,那么$(\Delta x)^2$,$(\Delta r)^2$,$(\Delta r)^3$ 这些高次项就更小了.例如,若$\Delta x=0.01$,则$(\Delta x)^2=0.0001$,比 Δx 要小得多.所以,在估算 ΔS 时,只需用 Δx 的线性项“$2x_0\Delta x$”来估计;在估算 ΔV 时,也只需用 Δr 的线性项“$4\pi r_0^2\Delta r$”来估计,而且我们还知道,这样估计的误差项都是关于 Δx 或 Δr 的高次项,当 Δx 或 Δr 很小时,这些高次项就是更小得多的数,所以将其“忽略”.在上述“薄板问题”中,用“$2x_0\Delta x$”近似代替 ΔS 的直观意义如图 3.6 所示.而在上述“钢珠问题”中,用“$4\pi r_0^2\Delta r$”来近似代替 ΔV 也有直观意义:近似地将钢珠镀层看成底面积为钢珠表面积 $4\pi r_0^2$,高为 Δr 的柱体,其体积为 $4\pi r_0^2\Delta r$.

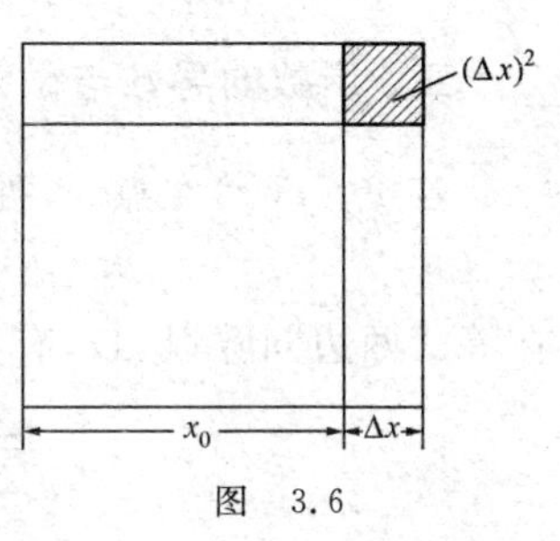

图 3.6

在上述两个问题中,虽然实际背景不同,但是从数学上它们都在做同一件事:已知函数 $y=f(x)$,对于给定的自变量的增量 Δx,用“$A\Delta x$”去近似代替函数的增量 $\Delta y=f(x_0+\Delta x)-f(x_0)$,而且误差是 Δx 高次方的幂.现在我们的问题是:是否任何函数 $y=f(x)$都可这样做?后来经过研究发现:并不是任何函数都能这样做.那么,就需研究什么样的函数可以这样做?这样的函数有哪些性质?这就是本节所要讲述的内容.

二、微分的定义

定义 3.4 设函数 $y=f(x)$在点 x_0 的某邻域内有定义.若函数的增量 $\Delta y=f(x_0+\Delta x)-f(x_0)$可以表示成

$$\Delta y=A\Delta x+o(\Delta x),$$

其中 A 是与 Δx 无关的常数,$o(\Delta x)$是比 Δx 高阶的无穷小量(当 $\Delta x\to 0$ 时),则称函数 $y=$

$f(x)$在点 x_0 处是**可微**的，称 $A\Delta x$ 为函数 $y=f(x)$在点 x_0 处的**微分**，记为 $\mathrm{d}y|_{x=x_0}$，$\mathrm{d}f|_{x=x_0}$，即

$$\mathrm{d}y\,|_{x=x_0}=A\Delta x.$$

由上述定义可知，若 $A\neq0$，则 $\mathrm{d}y=A\Delta x$ 是函数增量中的主要部分，它又是 Δx 的线性函数，故这时也称微分 $\mathrm{d}y$ 是增量 Δy 的**线性主部**.

将微分的定义用到本节第一段的两个引例中：

对于函数 $S=x^2$，由于

$$\Delta S=(x_0+\Delta x)^2-x_0^2=2x_0\Delta x+(\Delta x)^2,$$

完全符合可微分的定义，所以，$S=x^2$ 在点 x_0 处可微，且

$$\mathrm{d}S\,|_{x=x_0}=2x_0\Delta x,\quad \text{即}\quad A=2x_0.$$

对于函数 $V=\frac{4}{3}\pi r^3$，由于

$$\Delta V=\frac{4}{3}\pi(r_0+\Delta r)^3-\frac{4}{3}\pi r_0^3=4\pi r_0^2\Delta r+4\pi r_0(\Delta r)^2+\frac{4}{3}\pi(\Delta r)^3,$$

完全符合可微分的定义，所以，$V=\frac{4}{3}\pi r^3$ 在点 r_0 处可微，且

$$\mathrm{d}V\,|_{r=r_0}=4\pi r_0^2\Delta r,\quad \text{即}\quad A=4\pi r_0^2.$$

从定义中还可看出，函数 $f(x)$的微分是与函数的增量 Δy 以及自变量的增量 Δx 有关的概念，而函数 $f(x)$的导数也是与 Δy 及 Δx 有关的概念，那么，导数与微分之间有什么关系呢？

三、函数的导数与微分的关系

若 $y=f(x)$在点 x_0 处可微，则

$$\Delta y=f(x_0+\Delta x)-f(x_0)=A\Delta x+o(\Delta x),$$

在等式两边同除以 Δx，有

$$\frac{\Delta y}{\Delta x}=\frac{f(x_0+\Delta x)-f(x_0)}{\Delta x}=A+\frac{o(\Delta x)}{\Delta x},$$

由于 A 是不依赖 Δx 的常数，$\lim\limits_{\Delta x\to0}\frac{o(\Delta x)}{\Delta x}=0$，所以

$$\lim_{\Delta x\to0}\frac{\Delta y}{\Delta x}=\lim_{\Delta x\to0}\frac{f(x_0+\Delta x)-f(x_0)}{\Delta x}=A,$$

即 $y=f(x)$在点 x_0 处可导，且 $f'(x_0)=A$.

所以，我们得到结论：若 $y=f(x)$在点 x_0 处可微，则必在点 x_0 处可导，且 $f'(x_0)=A$.

另外，若 $y=f(x)$在点 x_0 处可导，则

$$\lim_{\Delta x\to0}\frac{\Delta y}{\Delta x}=\lim_{\Delta x\to0}\frac{f(x_0+\Delta x)-f(x_0)}{\Delta x}=f'(x_0).$$

由极限与无穷小的关系知

$$\frac{f(x_0+\Delta x)-f(x_0)}{\Delta x}=f'(x_0)+\alpha,$$

其中 $\lim\limits_{\Delta x\to0}\alpha=0$，所以

$$\Delta y=f(x_0+\Delta x)-f(x_0)=f'(x_0)\Delta x+\alpha\Delta x,$$

$f'(x_0)$是不依赖于 Δx 的常数，且

$$\lim_{\Delta x \to 0} \frac{\alpha \Delta x}{\Delta x} = \lim_{\Delta x \to 0} \alpha = 0,$$

即 $\alpha\Delta x$ 是比 Δx 高阶的无穷小量(当 $\Delta x \to 0$ 时),完全符合微分的定义,故 $y=f(x)$ 在点 x_0 处可微分,且微分 $\mathrm{d}y|_{x=x_0}=f'(x_0)\Delta x$.

综合上述两方面,我们有如下定理:

定理 3.9(可微与可导的关系) 函数 $y=f(x)$ 在点 x_0 处可微的充分必要条件是函数 $f(x)$ 在点 x_0 处可导,且

$$\mathrm{d}y|_{x=x_0} = f'(x_0)\Delta x.$$

由于函数 $f(x)$ 在点 x_0 处可导,则必在点 x_0 处连续,因此,我们有以下定理:

定理 3.10(可微与连续的关系) 若函数 $y=f(x)$ 在点 x_0 处可微,则函数 $f(x)$ 必在点 x_0 处连续.

若函数 $y=f(x)$ 在区间 (a,b) 内处处可微,则说函数 $y=f(x)$ 在区间 (a,b) 内可微. $y=f(x)$ 在区间 (a,b) 内任意一点 x 处的微分记为 $\mathrm{d}y$,即有 $\mathrm{d}y=f'(x)\Delta x$.

若设函数 $y=x$,则在任一点 x 处的微分为

$$\mathrm{d}y = \mathrm{d}x = 1 \cdot \Delta x = \Delta x.$$

通常我们在微分公式 $\mathrm{d}y=f'(x)\Delta x$ 中,将 Δx 换成 $\mathrm{d}x$,于是有

$$\mathrm{d}y = f'(x)\mathrm{d}x.$$

在上式两端用 $\mathrm{d}x$ 去除,得

$$\frac{\mathrm{d}y}{\mathrm{d}x} = f'(x),$$

即函数的微分除以自变量的微分等于函数的导数,因此导数也称为“微商”,意即“微分之商”.在此之前我们把求导符号“$\frac{\mathrm{d}y}{\mathrm{d}x}$”看为整体记号,现在 $\mathrm{d}y$ 与 $\mathrm{d}x$ 都有了各自独立的含义,所以也可将“$\frac{\mathrm{d}y}{\mathrm{d}x}$”看成分式了.

有了微分的计算公式 $\mathrm{d}y=f'(x)\mathrm{d}x$,就可以借助于导数来计算微分了,只要在导数 $f'(x)$ 后乘上 $\mathrm{d}x$ 即可.

例 1 设 $y=x^4+5x^3+x-1$,求 $\mathrm{d}y$.

解 $\mathrm{d}y=f'(x)\mathrm{d}x=(4x^3+15x^2+1)\mathrm{d}x$.

例 2 设 $y=\mathrm{e}^{x\sin x}$,求 $\mathrm{d}y|_{x=\pi}$.

解 $\mathrm{d}y|_{x=\pi}=f'(\pi)\mathrm{d}x$,而

$$f'(x) = \mathrm{e}^{x\sin x}(\sin x + x\cos x), \quad f'(\pi) = -\pi,$$

所以 $\mathrm{d}y|_{x=\pi}=-\pi\mathrm{d}x$.

例 3 设函数 $y=f(x)$ 在 x_0 的某邻域内有

$$f(x) - f(x_0) = 2(x-x_0) + o(x-x_0),$$

则 $f'(x_0)=$________.

解 令 $x=x_0+\Delta x$(Δx 充分小),则有 $f(x_0+\Delta x)-f(x_0)=2\Delta x+o(\Delta x)$.

由微分的定义知 $f(x)$ 在 x_0 处可微,所以 $f'(x_0)=2$. 故应填 2.

四、微分的几何意义

由于 $\mathrm{d}y|_{x=x_0}=f'(x_0)\mathrm{d}x$,而导数 $f'(x_0)$ 在几何上表示曲线 $y=f(x)$ 在点 $(x_0,f(x_0))$ 的

切线的斜率,即 $\tan\alpha=f'(x_0)$,所以,从中我们也可得到微分在几何上的意义.

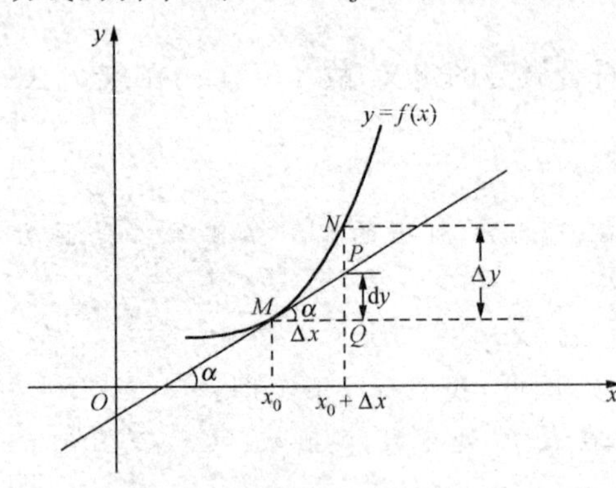

图 3.7

考虑图 3.7 中直角三角形 $\triangle MQP$,由于

$$dy\big|_{x=x_0}=f'(x_0)dx=\tan\alpha\cdot\Delta x,$$

所以,$dy\big|_{x=x_0}$ 的绝对值在几何上表示 $\triangle MQP$ 的竖直角边长 PQ. 从图 3.7 还可看出 dy 与 Δy 在几何上反映出的关系:Δy 是曲线 $y=f(x)$ 在横坐标为 x_0 与 $x_0+\Delta x$ 两点处的纵坐标之差;dy 是曲线 $y=f(x)$ 在 (x_0,y_0) 处的切线 $y=f(x_0)+f'(x_0)(x-x_0)$ 在横坐标为 x_0 与 $x_0+\Delta x$ 两点处的纵坐标之差.

五、基本微分公式与微分运算法则

由公式 $dy=f'(x)dx$ 以及基本初等函数的求导公式,容易得到基本初等函数的微分公式:

$dC=0$ (C 为常数); $d(x^\alpha)=\alpha x^{\alpha-1}dx$ (α 为实数);

$d(a^x)=a^x\ln a\,dx$ ($a>0,a\neq1$); $d(e^x)=e^x dx$;

$d(\log_a x)=\dfrac{1}{x\ln a}dx$ ($a>0,a\neq1$); $d(\ln x)=\dfrac{1}{x}dx$;

$d(\sin x)=\cos x\,dx$; $d(\cos x)=-\sin x\,dx$;

$d(\tan x)=\sec^2 x\,dx$; $d(\cot x)=-\csc^2 x\,dx$;

$d(\sec x)=\sec x\tan x\,dx$; $d(\csc x)=-\csc x\cot x\,dx$;

$d(\arcsin x)=\dfrac{1}{\sqrt{1-x^2}}dx$; $d(\arccos x)=-\dfrac{1}{\sqrt{1-x^2}}dx$;

$d(\arctan x)=\dfrac{1}{1+x^2}dx$; $d(\mathrm{arccot}\,x)=-\dfrac{1}{1+x^2}dx$.

由求导的四则运算法则容易推出微分的四则运算法则.

定理 3.11 *若 $u(x),v(x)$ 在点 x 处可微,则*

$$u(x)\pm v(x),\quad u(x)v(x),\quad \frac{u(x)}{v(x)}(v(x)\neq0)$$

也在点 x 处可微,且

$$d(u(x)\pm v(x))=du(x)\pm dv(x),$$
$$d(u(x)v(x))=v(x)du(x)+u(x)dv(x),$$
$$d\left(\frac{u(x)}{v(x)}\right)=\frac{v(x)du(x)-u(x)dv(x)}{v^2(x)}.$$

证明 我们只证商的微分法则,其余的法则类似证明.

$$d\left(\frac{u(x)}{v(x)}\right)=\left(\frac{u(x)}{v(x)}\right)'dx$$
$$=\frac{u'(x)v(x)-v'(x)u(x)}{v^2(x)}dx$$

$$= \frac{v(x)u'(x)\mathrm{d}x - u(x)v'(x)\mathrm{d}x}{v^2(x)}$$

$$= \frac{v(x)\mathrm{d}u(x) - u(x)\mathrm{d}v(x)}{v^2(x)}.$$

由复合函数的求导法则还可推出复合函数的微分法则.

定理 3.12(微分形式的不变性) 设 $u=\varphi(x)$ 在点 x 处可微，$y=f(u)$ 在相应的点 $u=\varphi(x)$ 处可微，则复合函数 $y=f(\varphi(x))$ 在点 x 处可微，且

$$\mathrm{d}y = f'(u)\mathrm{d}u,$$

其中 $u=\varphi(x)$，$\mathrm{d}u=\varphi'(x)\mathrm{d}x$.

证明 $\mathrm{d}y=[f(\varphi(x))]'\mathrm{d}x=f'(\varphi(x))\varphi'(x)\mathrm{d}x=f'(\varphi(x))\mathrm{d}\varphi(x)=f'(u)\mathrm{d}u$.

这样，当函数 $y=f(u)$ 中的 u 是自变量时，$\mathrm{d}y=f'(u)\mathrm{d}u$；当函数 $y=f(u)$ 中的 u 是中间变量 $u=\varphi(x)$ 时，微分公式 $\mathrm{d}y=f'(u)\mathrm{d}u$ 仍成立. 但此时 $\mathrm{d}u$ 的内容不一样：当 u 是自变量时，$\mathrm{d}u=\Delta u$；当 u 是中间变量 $u=\varphi(x)$ 时，$\mathrm{d}u=\varphi'(x)\mathrm{d}x\neq\Delta u$. 在两种情形下只是形式相同，所以定理 3.12 也称为**微分形式的不变性**.

微分法则都是由相应的求导法则推出的，因此，在计算函数的微分时，既可以用微分法则，又可以用求导法则，其结果都是一样的.

例 4 设 $y=\mathrm{e}^x\arctan x$，求 $\mathrm{d}y$.

解 $\mathrm{d}y=f'(x)\mathrm{d}x=\left(\mathrm{e}^x\arctan x+\frac{\mathrm{e}^x}{1+x^2}\right)\mathrm{d}x$.

这是用乘法的求导法则做的，也可以用乘法的微分法则做：

$$\begin{aligned}\mathrm{d}y &= \mathrm{d}(\mathrm{e}^x\arctan x)\\ &= \arctan x\,\mathrm{d}\mathrm{e}^x + \mathrm{e}^x\,\mathrm{d}\arctan x\\ &= \arctan x\,\mathrm{e}^x\mathrm{d}x + \mathrm{e}^x\frac{1}{1+x^2}\mathrm{d}x\\ &= \mathrm{e}^x\left(\arctan x+\frac{1}{1+x^2}\right)\mathrm{d}x.\end{aligned}$$

例 5 设 $y=\ln\sin x^2$，求 $\mathrm{d}y$.

解 $\mathrm{d}y=f'(x)\mathrm{d}x=\frac{\cos x^2}{\sin x^2}2x\mathrm{d}x=2x\cot x^2\mathrm{d}x$.

也可以用复合函数的微分法则(微分形式不变性)做：

$$\begin{aligned}\mathrm{d}y &= \frac{1}{\sin x^2}\mathrm{d}\sin x^2 = \frac{1}{\sin x^2}\cos x^2\mathrm{d}x^2\\ &= \frac{\cos x^2}{\sin x^2}2x\mathrm{d}x = 2x\cot x^2\mathrm{d}x.\end{aligned}$$

例 6 设函数 $y=f(x)$ 有 $f'(x_0)\neq0$，则下述说法错误的是(　　).

(A) $\Delta y=\mathrm{d}y+o(\Delta x)$；

(B) $\Delta y=\mathrm{d}y+o(-\Delta x)$；

(C) $\Delta y=\mathrm{d}y+o(2\Delta x)$；

(D) 只有当 x 是自变量时才有 $\mathrm{d}y=f'(x_0)\mathrm{d}x$.

解 由微分形式不变性知选项(D)中的叙述错误.

由于 $o(\Delta x)=o(-\Delta x)=o(2\Delta x)$，所以由微分的定义知选项(A)，(B)，(C)中的式子都正

确.故应选择(D).

六、微分的应用

由于当 $f'(x_0)\neq 0$ 时函数 $y=f(x)$ 的微分 $\mathrm{d}y$ 是增量 Δy 的线性主部,且相差的是比 Δx 高阶的无穷小 $o(\Delta x)$,所以,当 $|\Delta x|$ 较小时有

$$\Delta y = f(x_0+\Delta x)-f(x_0)\approx \mathrm{d}y \tag{1}$$

或

$$f(x_0+\Delta x)\approx f(x_0)+f'(x_0)\Delta x. \tag{2}$$

利用公式(1)可以估算函数 $y=f(x)$ 的增量 Δy;利用公式(2),可以通过 $f(x_0)$ 和 $f'(x_0)$ 来计算函数值 $f(x_0+\Delta x)$.

例 7 设有一个正方体物体,现测得它的棱长为 2 m,由此算得它的体积为 $V=2^3\,\mathrm{m}^3=8\,\mathrm{m}^3$.已知测量棱长时有不超过 0.01 m 的误差,现问计算出的体积的误差大概是多少?

解 测得的棱长 $x=2$ m,但棱长的真值为 $2+\Delta x$,$\Delta x=\pm 0.01$,则问题归结为估算函数 $V=x^3$ 的增量 $\Delta V=(2+\Delta x)^3-2^3$.由公式(1)有

$$\begin{aligned}\Delta V&\approx 3x^2\big|_{x=2}\cdot\Delta x\\&=12\Delta x=\pm 0.12,\end{aligned}$$

所以算出的体积存在的误差是 $\pm 0.12\,\mathrm{m}^3$.

例 8 计算 $\sqrt{1.02}$ 的近似值.

解 设函数 $y=f(x)=\sqrt{x}$,由于 $1.02=1+0.02$,所以取 $x_0=1$,$\Delta x=0.02$,代入公式(2)有

$$\begin{aligned}\sqrt{1.02}&=f(1+0.02)\\&\approx f(1)+f'(1)\times 0.02,\end{aligned}$$

而 $f'(x)=\dfrac{1}{2\sqrt{x}}$,$f'(1)=\dfrac{1}{2\sqrt{1}}=\dfrac{1}{2}$,$f(1)=1$,所以

$$\begin{aligned}\sqrt{1.02}&=f(1+0.02)\\&\approx 1+\frac{1}{2}\times 0.02=1.01.\end{aligned}$$

习 题 3.4

1. 设 $y=x^3+x+1$,当 $x=2$,$\Delta x=0.01$ 时分别计算 Δy 和 $\mathrm{d}y$.

2. 求下列函数的微分 $\mathrm{d}y$:

(1) $y=2^{\sin x}$;

(2) $y=\dfrac{x}{x^2+1}$;

(3) $y=\sqrt{x}+\ln x$;

(4) $y=\mathrm{e}^{\sqrt{x}}\sin x$;

(5) $y=\arcsin\sqrt{1-x^2}$;

(6) $y=\mathrm{e}^x\sin 2x$;

(7) $y=(\sin x^2)^2$;

(8) $y=\sqrt[3]{\dfrac{x(x+1)}{(x+2)\mathrm{e}^x}}$.

3. 设 $\begin{cases}x=\varphi(t),\\y=\psi(t),\end{cases}$ $\varphi'(t)\neq 0$,试用微分法证明参数式函数的求导公式 $\dfrac{\mathrm{d}y}{\mathrm{d}x}=\dfrac{\psi'(t)}{\varphi'(t)}$.

4. 将适当的函数填入下列括号中使等式成立：

(1) d(　　)$=2\mathrm{d}x$；　　(2) d(　　)$=x\mathrm{d}x$；

(3) d(　　)$=\dfrac{2}{1+x^2}\mathrm{d}x$；　　(4) d(　　)$=(x+2)\mathrm{d}x$；

(5) d(　　)$=\cos 2x\mathrm{d}x$；　　(6) d(　　)$=\mathrm{e}^{2x}\mathrm{d}x$；

(7) d(　　)$=\dfrac{1}{x}\mathrm{d}x$；　　(8) d(　　)$=\dfrac{1}{\sqrt{x}}\mathrm{d}x$；

(9) d(　　)$=\sec^2 x\mathrm{d}x$；　　(10) d(　　)$=\dfrac{1}{\sqrt{1-x^2}}\mathrm{d}x$.

5. 求近似值 arctan1.01.

6. 半径为 1 cm 的钢珠镀铬后，半径增加了 0.01 cm，问所用的铬材料大约是多少(体积)？

§3.5　本章内容小结与学习指导

一、本章知识结构图

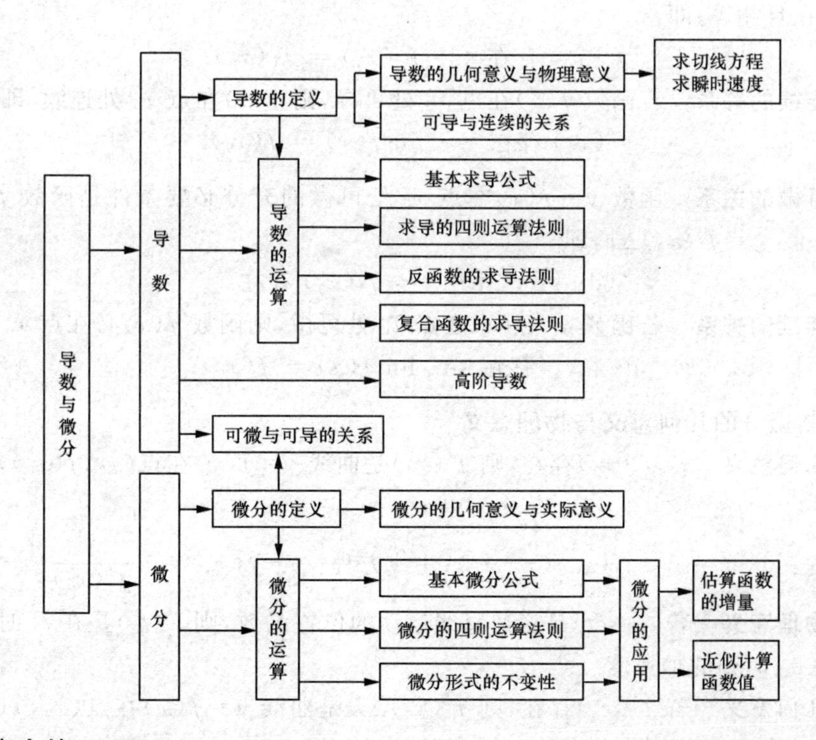

二、内容小结

1. 有关定义

设函数 $y=f(x)$在点 x_0 的某邻域内有定义，则有下列定义式：

导数

$$f'(x_0)=\lim_{\Delta x\to 0}\frac{f(x_0+\Delta x)-f(x_0)}{\Delta x}=\lim_{x\to x_0}\frac{f(x)-f(x_0)}{x-x_0}.$$

导函数

$$f'(x)=\lim_{\Delta x\to 0}\frac{f(x+\Delta x)-f(x)}{\Delta x},\quad x\in U(x_0).$$

左导数

$$f'_-(x_0)=\lim_{\Delta x\to 0^-}\frac{f(x_0+\Delta x)-f(x_0)}{\Delta x}=\lim_{x\to x_0^-}\frac{f(x)-f(x_0)}{x-x_0}.$$

右导数

$$f'_+(x_0)=\lim_{\Delta x\to 0^+}\frac{f(x_0+\Delta x)-f(x_0)}{\Delta x}=\lim_{x\to x_0^+}\frac{f(x)-f(x_0)}{x-x_0}.$$

微分

$$若\ \Delta y=A\Delta x+o(\Delta x),\quad 则\quad dy\,|_{x=x_0}=A\Delta x.$$

二阶导数

$$f''(x_0)=\lim_{\Delta x\to 0}\frac{f'(x_0+\Delta x)-f'(x_0)}{\Delta x}=\lim_{x\to x_0}\frac{f'(x)-f'(x_0)}{x-x_0}.$$

2. 概念之间的关系

可导与单侧导数的关系 函数 $f(x)$在点 x_0 处可导的充分必要条件是 $f(x)$在点 x_0 处的左、右导数存在且相等,即

$$f'(x_0)\ 存在 \Longleftrightarrow f'_-(x_0)=f'_+(x_0).$$

可导与连续的关系 若函数 $f(x)$在点 x_0 处可导,则 $f(x)$在点 x_0 处连续,即

$$f'(x_0)\ 存在 \Longrightarrow \lim_{x\to x_0}f(x)=f(x_0).$$

可导与可微的关系 函数 $y=f(x)$在点 x_0 处可微的充分必要条件是函数 $f(x)$在点 x_0 处可导,且 $dy|_{x=x_0}=f'(x_0)\Delta x$,即

$$dy\,|_{x=x_0}\ 存在 \Longleftrightarrow f'(x_0)\ 存在.$$

可微与连续的关系 若函数 $y=f(x)$在点 x_0 处可微,则函数 $f(x)$必在点 x_0 处连续,即

$$dy\,|_{x=x_0}\ 存在 \Longrightarrow \lim_{x\to x_0}f(x)=f(x_0).$$

3. 导数与微分的几何意义与物理意义

导数的几何意义 若 $f'(x_0)$存在,则 $f'(x_0)$是曲线 $y=f(x)$在点$(x_0,f(x_0))$处的切线的斜率.

切线方程:$y-f(x_0)=f'(x_0)(x-x_0)$;法线方程:$y-f(x_0)=-\dfrac{1}{f'(x_0)}(x-x_0)$.

导数的物理意义 若 $s=s(t)$是变速直线运动的位置函数,则 $s'(t_0)$是在 t_0 时刻的瞬时速度,$s''(t_0)$是在 t_0 时刻的加速度.

微分的几何意义 若 $f'(x_0)$存在,则 $f'(x_0)\Delta x$ 是曲线 $y=f(x)$在点$(x_0,f(x_0))$处的切线上,点 $x=x_0+\Delta x$ 处的纵坐标与点 $x=x_0$ 处的纵坐标之差. 见图 3.7.

微分的实际意义 若 $f'(x_0)\neq 0$,则 $f'(x_0)\Delta y$ 是增量 Δy 的线性主部,与 Δy 的差是 $o(\Delta x)$.

4. 基本的求导公式与微分公式

(1) $(C)'=0$, $\quad dC=0$ (C 是常数);

(2) $(x^\alpha)'=\alpha x^{\alpha-1}$, $\quad d(x^{\alpha-1})=\alpha x^{\alpha-1}dx$ (α 为实常数);

(3) $(a^x)'=a^x\ln a$, $\quad d(a^x)=a^x\ln a\,dx$ ($a>0,a\neq 1$);

$(e^x)'=e^x$, $\qquad$ $d(e^x)=e^x dx$;

(4) $(\log_a x)'=\dfrac{1}{x\ln a}$, $\qquad$ $d(\log_a x)=\dfrac{1}{x\ln a}dx \quad (a>0,a\neq 1)$;

$(\ln x)'=\dfrac{1}{x}$, $\qquad$ $d(\ln x)=\dfrac{1}{x}dx$;

(5) $(\sin x)'=\cos x$, $\qquad$ $d(\sin x)=\cos x dx$;

(6) $(\cos x)'=-\sin x$, $\qquad$ $d(\cos x)=-\sin x dx$;

(7) $(\tan x)'=\sec^2 x$, $\qquad$ $d(\tan x)=\sec^2 x dx$;

(8) $(\cot x)'=-\csc^2 x$, $\qquad$ $d(\cot x)=-\csc^2 x dx$;

(9) $(\sec x)'=\sec x\tan x$, $\qquad$ $d(\sec x)=\sec x\tan x dx$;

(10) $(\csc x)'=-\csc x\cot x$, $\qquad$ $d(\csc x)=-\csc x\cot x dx$;

(11) $(\arcsin x)'=\dfrac{1}{\sqrt{1-x^2}}$, $\qquad$ $d(\arcsin x)=\dfrac{1}{\sqrt{1-x^2}}dx$;

(12) $(\arccos x)'=-\dfrac{1}{\sqrt{1-x^2}}$, $\qquad$ $d(\arccos x)=-\dfrac{1}{\sqrt{1-x^2}}dx$;

(13) $(\arctan x)'=\dfrac{1}{1+x^2}$, $\qquad$ $d(\arctan x)=\dfrac{1}{1+x^2}dx$;

(14) $(\text{arccot} x)'=-\dfrac{1}{1+x^2}$, $\qquad$ $d(\text{arccot} x)'=-\dfrac{1}{1+x^2}dx$.

注意 在上述公式中,所有的求导公式只有当 x 是自变量时正确,而所有的微分公式当 x 是其他变量的可导函数时,即 $x=\varphi(t)$,也是正确的.

5. 求导法则与微分法则

和、差、积、商的求导法则与微分法则

设 $u(x),v(x)$ 在点 x 处可导,则

$$[u(x)\pm v(x)]' = u'(x)\pm v'(x),$$
$$d[u(x)\pm v(x)] = du(x)\pm dv(x);$$
$$[u(x)v(x)]' = u'(x)v(x)+v'(x)u(x),$$
$$d[u(x)v(x)] = v(x)du(x)+u(x)dv(x);$$
$$\left[\frac{u(x)}{v(x)}\right]' = \frac{u'(x)v(x)-u(x)v'(x)}{v^2(x)},\ v(x)\neq 0,$$
$$d\left[\frac{u(x)}{v(x)}\right] = \frac{v(x)du(x)-u(x)dv(x)}{v^2(x)},\ v(x)\neq 0.$$

反函数的求导法则

若函数 $x=\varphi(y)$ 在区间 I_y 内单调、可导,且 $\varphi'(y)\neq 0$,则其反函数 $y=f(x)$ 在对应的区间 I_x 内单调、可导,且有

$$f'(x)=\frac{1}{\varphi'(y)},\quad I_x=\{x\mid x=\varphi(y),y\in I_y\}.$$

复合函数的求导法则与微分法则

设函数 $u=\varphi(x)$ 在点 x 处可导,$y=f(u)$ 在相应的点 $u=\varphi(x)$ 处可导,则复合函数 $y=f(\varphi(x))$ 在点 x 处可导,且

$$\frac{\mathrm{d}y}{\mathrm{d}x}=f'(u)\varphi'(x)=\frac{\mathrm{d}y}{\mathrm{d}u}\cdot\frac{\mathrm{d}u}{\mathrm{d}x},\quad \mathrm{d}y=f'(u)\mathrm{d}u=f'(\varphi(x))\varphi'(x)\mathrm{d}x.$$

6. 在求导运算中常见的函数类型

初等函数 应用基本求导公式和导数的四则运算法则及复合函数的求导法则就可求出初等函数的导数,并且导函数一般还是用初等函数表示.

分段函数 在函数分段的各子区间内,函数的表达式是初等函数,可以用公式与求导法则做;在各子区间的分界点处,由于函数在分界点的左、右邻域的表达式不同,所以应按导数的定义计算函数在这些点上的导数.

7. 高阶导数的求法

y'',y'''等较低阶导数的求法:$y''=(y')'$,$y'''=(y'')'$.依次求出 y',y'',y'''即可.

$y^{(n)}$等较高阶导数的求法:依次求出 y',y'',y''',…,看出规律,归纳出 $y^{(n)}$的表达式.在求 $y^{(n)}$时,一些已求出的结果可作为公式:

$$(\mathrm{e}^x)^{(n)}=\mathrm{e}^x;\qquad (x^\alpha)^{(n)}=\alpha(\alpha-1)\cdots(\alpha-n+1)x^{\alpha-n};$$

$$(\sin x)^{(n)}=\sin\left(x+\frac{n\pi}{2}\right);\qquad (\cos x)^{(n)}=\cos\left(x+\frac{n\pi}{2}\right).$$

8. 导数与微分的简单应用

(1) 求曲线 $y=f(x)$在点 x_0 处的切线、法线方程;

(2) 求变速直线运动 $s=s(t)$的速度、加速度;

(3) 求函数 $y=f(x)$相对于自变量的“瞬时”变化率;

(4) 求函数的增量 Δy 的近似值:$\Delta y\approx f'(x_0)\Delta x$;

(5) 由 $f(x_0)$,$f'(x_0)$近似地求出 $f(x_0+\Delta x)$的近似值:

$$f(x_0+\Delta x)\approx f(x_0)+f'(x_0)\Delta x.$$

三、常见题型

1. 按公式与求导法则求初等函数的导数、二阶导数.
2. 求分段函数的导数,尤其是在分界点处的导数.
3. 判断分段函数在分界点处的可导性.
4. 由分段函数在分界点处的可导性确定函数中的未知常数.
5. 由导数的定义求一些函数的极限.
6. 求曲线在一点的切线方程、法线方程.
7. 求某些简单函数的高阶(n 阶)导数.

四、典型例题解析

例 1 设 $f(x)$在 $x=0$ 处可导,且 $f'(0)\neq 0$,则下列等式中( )正确.

(A) $\lim\limits_{\Delta x\to 0}\frac{f(0)-f(\Delta x)}{\Delta x}=f'(0)$; (B) $\lim\limits_{x\to 0}\frac{f(-x)-f(0)}{x}=f'(0)$;

(C) $\lim\limits_{x\to 0}\frac{f(2x)-f(0)}{x}=2f'(0)$; (D) $\lim\limits_{\Delta x\to 0}\frac{f\left(\frac{\Delta x}{2}\right)-f(0)}{\Delta x}=2f'(0)$.

解 注意到导数的定义

$$f'(0)=\lim_{\Delta x\to 0}\frac{f(0+\Delta x)-f(0)}{\Delta x}=\lim_{\Delta x\to 0}\frac{f(\Delta x)-f(0)}{\Delta x},$$

而且其中分子上 $f(0+\Delta x)$ 中的 Δx 与分母中的 Δx 是完全相等的,而在选项(A)中,

$$\lim_{\Delta x\to 0}\frac{f(0)-f(\Delta x)}{\Delta x}=-\lim_{\Delta x\to 0}\frac{f(\Delta x)-f(0)}{\Delta x}=-f'(0)\neq f'(0),$$

易知选项(A)不正确.在选项(B)中,

$$\lim_{x\to 0}\frac{f(-x)-f(0)}{x}\overset{-x=\Delta x}{=\!=\!=}\lim_{\Delta x\to 0}\frac{f(\Delta x)-f(0)}{-\Delta x}$$

$$=-\lim_{\Delta x\to 0}\frac{f(\Delta x)-f(0)}{\Delta x}=-f'(0)\neq f'(0),$$

所以选项(B)不正确.在选项(C)中,

$$\lim_{x\to 0}\frac{f(2x)-f(0)}{x}\overset{2x=\Delta x}{=\!=\!=}2\lim_{\Delta x\to 0}\frac{f(\Delta x)-f(0)}{\Delta x}=2f'(0),$$

所以选项(C)正确.在选项(D)中,

$$\lim_{\Delta x\to 0}\frac{f\left(\frac{\Delta x}{2}\right)-f(0)}{\Delta x}\overset{\text{令}\frac{\Delta x}{2}=x}{=\!=\!=\!=}\lim_{x\to 0}\frac{f(x)-f(0)}{2x}$$

$$=\frac{1}{2}\lim_{x\to 0}\frac{f(x)-f(0)}{x}=\frac{1}{2}f'(0)\neq 2f'(0),$$

所以选项(D)也不正确.综合上述,应选(C).

例2 设 $f(x)=\begin{cases}e^{2x}+b, & x<0,\\ \sin ax, & x\geqslant 0\end{cases}$ 在 $x=0$ 处可导,则 $a=$______,$b=$______.

解 由 $f(x)$ 在 $x=0$ 处可导知 $f(x)$ 在 $x=0$ 处连续,所以应有下面等式成立:

$$\lim_{x\to 0^-}f(x)=\lim_{x\to 0^+}f(x),\quad \lim_{x\to 0^-}\frac{f(x)-f(0)}{x}=\lim_{x\to 0^+}\frac{f(x)-f(0)}{x},$$

而

$$\lim_{x\to 0^-}f(x)=\lim_{x\to 0^-}(e^{2x}+b)=b+1,\quad \lim_{x\to 0^+}f(x)=\lim_{x\to 0^+}\sin ax=0,$$

于是 $b+1=0$,即 $b=-1$.又

$$\lim_{x\to 0^-}\frac{f(x)-f(0)}{x}=\lim_{x\to 0^-}\frac{e^{2x}-1}{x}=\lim_{x\to 0^-}\frac{2x}{x}=2,$$

$$\lim_{x\to 0^+}\frac{f(x)-f(0)}{x}=\lim_{x\to 0^+}\frac{\sin ax}{x}=\lim_{x\to 0^+}\frac{ax}{x}=a,$$

于是 $a=2$.所以应填 $a=2,b=-1$.

例3 设 $u(x)$ 在点 x_0 处可导,$v(x)$ 在点 x_0 处不可导,则在 x_0 处必有(　　).

(A) $u(x)+v(x)$ 与 $u(x)v(x)$ 都可导;

(B) $u(x)+v(x)$ 可能可导,$u(x)v(x)$ 必不可导;

(C) $u(x)+v(x)$ 必不可导,$u(x)v(x)$ 可能可导;

(D) $u(x)+v(x)$ 与 $u(x)v(x)$ 都必不可导.

解 先看 $u(x)+v(x)$ 的可导性.

若 $u(x)+v(x)$ 在点 x_0 处可导,又由题设知 $u(x)$ 在点 x_0 处可导,再由导数的运算法则知

$$[u(x)+v(x)]-u(x)=v(x)$$

必在点 x_0 处可导,但这是与题设矛盾的,故 $u(x)+v(x)$ 在点 x_0 处必不可导.所以,选项(A),(B)都不正确.

再看 $u(x)v(x)$ 的可导性.

若 $u(x)v(x)$ 在点 x_0 处可导,又由题设知 $u(x)$ 在点 x_0 处可导,再由导数的运算法则知

$$\frac{u(x)v(x)}{u(x)}=v(x)$$

必在点 x_0 处可导,这当然也是矛盾的.注意此时还需 $u(x_0)\neq 0$.所以当 $u(x_0)\neq 0$ 时,$u(x)v(x)$ 必不可导.但是,题目并没有指明 $u(x_0)\neq 0$,所以,$u(x)v(x)$ 当 $u(x_0)=0$ 时也许还可导.

例如,取 $u(x)=x,v(x)=|x|$,显然 $u(0)=0,u(x)$ 在 $x=0$ 处可导,$v(x)$ 在 $x=0$ 处不可导,符合题设.但是 $u(x)v(x)=x|x|$ 在 $x=0$ 处可导,这是因为

$$\lim_{x\to 0}\frac{u(x)v(x)-u(0)v(0)}{x}=\lim_{x\to 0}\frac{x|x|}{x}=\lim_{x\to 0}|x|=0.$$

这个例子说明选项(D)不正确,而选项(C)是正确的.

综合上述,选择(C).

例 4 曲线 $y=x^3-1$ 在点(1,0)处的法线的斜率为( ).

(A) 3; (B) $-\frac{1}{3}$; (C) 2; (D) $-\frac{1}{2}$.

解 该曲线在点(1,0)处的切线的斜率为

$$y'|_{x=1}=3x^2|_{x=1}=3,$$

所以法线的斜率为 $-\frac{1}{3}$.故选项(B)正确.

例 5 $f'_-(x_0)$ 与 $f'_+(x_0)$ 都存在是 $f'(x_0)$ 存在的( ).

(A) 充分必要条件; (B) 充分非必要条件;

(C) 必要非充分条件; (D) 既非充分也非必要条件.

解 由定理 3.1 知 $f'_-(x_0)=f'_+(x_0)$ 是 $f'(x_0)$ 存在的充分必要条件,而在此题中,并没有给出左、右导数相等的条件,所以选项(A),(B)都不正确,而 $f'(x_0)$ 存在是可推出 $f'_-(x_0)$ 与 $f'_+(x_0)$ 都存在的,故选项(C)正确,而选项(D)也不正确.应选择(C).

例 6 设函数 $y=x^2-6x+8$,则使得 $y'>0$ 成立的自变量的范围是____________.

解 先求 y':$y'=2x-6=2(x-3)$.要使 $y'>0$,即 $2(x-3)>0$,必须

$$x-3>0,\quad 即\quad x>3,$$

所以应填 $x>3$ 或 $(3,+\infty)$.

例 7 设 $y=xe^x\sin x^2$,求 y'.

解 由乘法的求导法则推出三个函数乘积的求导法则

$$[u(x)v(x)w(x)]'=u'(x)v(x)w(x)+u(x)v'(x)w(x)+u(x)v(x)w'(x).$$

直接应用这个公式有

$$\begin{aligned}y'&=e^x\sin x^2+xe^x\sin x^2+xe^x\cos x^2\cdot 2x\\&=e^x(\sin x^2+x\sin x^2+2x^2\cos x^2).\end{aligned}$$

例 8 设 $f(x)$ 二阶可导,$y=f(\sin x)$,求 y''.

解 $y'=f'(\sin x)\cdot\cos x$.注意到 $f'(\sin x)$ 仍是中间变量为 $u=\sin x$ 的复合函数,于是

$$
\begin{aligned}
y'' &= [f'(\sin x)]'\cos x - f'(\sin x)\sin x \\
&= f''(\sin x)\cos x \cdot \cos x - f'(\sin x)\sin x \\
&= f''(\sin x)\cos^2 x - f'(\sin x)\sin x.
\end{aligned}
$$

例 9 设 $y=\sin^2(e^{\arctan x})$,求 $\dfrac{dy}{dx}$.

解 $y'=2\sin(e^{\arctan x})[\sin(e^{\arctan x})]'=2\sin(e^{\arctan x})\cos(e^{\arctan x})(e^{\arctan x})'$

$$=\sin(2e^{\arctan x})e^{\arctan x}(\arctan x)'=e^{\arctan x}\sin(2e^{\arctan x})\frac{1}{1+x^2}.$$

例 10 设 $y=\sqrt{x+\sqrt{x+\sqrt{x}}}$,求 dy.

解 由复合函数的微分法则,有

$$
\begin{aligned}
dy &= \frac{1}{2\sqrt{x+\sqrt{x+\sqrt{x}}}}d\left(x+\sqrt{x+\sqrt{x}}\right) = \frac{1}{2\sqrt{x+\sqrt{x+\sqrt{x}}}}\left(dx+d\sqrt{x+\sqrt{x}}\right) \\
&= \frac{1}{2\sqrt{x+\sqrt{x+\sqrt{x}}}}\left(dx+\frac{d(x+\sqrt{x})}{2\sqrt{x+\sqrt{x}}}\right) = \frac{1}{2\sqrt{x+\sqrt{x+\sqrt{x}}}}\left(dx+\frac{dx+d\sqrt{x}}{2\sqrt{x+\sqrt{x}}}\right) \\
&= \frac{1}{2\sqrt{x+\sqrt{x+\sqrt{x}}}}\left(dx+\frac{dx+\frac{1}{2\sqrt{x}}dx}{2\sqrt{x+\sqrt{x}}}\right) = \frac{1}{2\sqrt{x+\sqrt{x+\sqrt{x}}}}\left(1+\frac{1+\frac{1}{2\sqrt{x}}}{2\sqrt{x+\sqrt{x}}}\right)dx.
\end{aligned}
$$

例 11 在曲线 $y=\cos x\ \left(|x|\leqslant\dfrac{\pi}{2}\right)$ 上求一点,使该点的切线平行于过点(1,0)和(−1,−1)的直线.

解 两条直线平行的条件是两条直线的斜率相等.而过点(1,0)和(−1,−1)的直线的斜率是 $\dfrac{-1-0}{-1-1}=\dfrac{1}{2}$,所以,若设所求的点的坐标是 $(x_0,\cos x_0)$,则曲线在该点处的切线的斜率也等于 $\dfrac{1}{2}$,即

$$y'|_{x=x_0}=-\sin x_0=\frac{1}{2},$$

解得 $x_0=-\dfrac{\pi}{6}$.因此所求的点为 $\left(-\dfrac{\pi}{6},\dfrac{\sqrt{3}}{2}\right)$.

例 12 设 $f(x)=\sqrt[3]{x}\sin x$,求 $f'(\pi)$,$f'(0)$.

解 对于初等函数,欲求在一点 x_0 处的导数 $f'(x_0)$,常常是先将导函数 $f'(x)$ 求出,再代入 x_0 值即可.但是若 $f'(x)$ 在 $x=x_0$ 处无意义,也不能立即肯定 $f'(x_0)$ 不存在,还应在 $x=x_0$ 处用导数的定义来求 $f'(x_0)$.

由于

$$f'(x)=\frac{1}{3}x^{-\frac{2}{3}}\sin x+\sqrt[3]{x}\cos x=\frac{1}{3\sqrt[3]{x^2}}\sin x+\sqrt[3]{x}\cos x,$$

所以

$$f'(\pi)=\frac{1}{3\sqrt[3]{\pi^2}}\sin\pi+\sqrt[3]{\pi}\cos\pi=-\sqrt[3]{\pi}.$$

显然,不能将 $x=0$ 代入上述导函数的表达式中.由导数的定义,有

$$f'(0)=\lim_{x\to 0}\frac{\sqrt[3]{x}\sin x}{x}=\lim_{x\to 0}\sqrt[3]{x}=0,$$

所以 $f'(0)=0$ 是存在的.

本题说明,前面求出的导函数 $f'(x)$ 的表达式是对于任何 $x\neq 0$ 统一适合的,但不包括点 $x=0$. 这样,对初等函数 $f(x)=\sqrt[3]{x}\sin x$,其导函数就需要用分段函数表示:

$$f'(x)=\begin{cases}\dfrac{1}{3\sqrt[3]{x^2}}\sin x+\sqrt[3]{x}\cos x, & x\neq 0,\\ 0, & x=0.\end{cases}$$

例 13 设可导函数 $y=f(x)$ 在点 x_0 处 $f'(x_0)=\dfrac{1}{2}$,则当 $\Delta x\to 0$ 时,$\mathrm{d}y$ 与 Δx( ).

(A) 是等价无穷小; (B) 是同阶而非等价无穷小;

(C) $\mathrm{d}y$ 是比 Δx 高阶的无穷小; (D) Δx 是比 $\mathrm{d}y$ 高阶的无穷小.

解 应选(B). 因为 $\mathrm{d}y=f'(x_0)\Delta x=\dfrac{1}{2}\Delta x$,所以 $\lim\limits_{\Delta x\to 0}\dfrac{\mathrm{d}y}{\Delta x}=\dfrac{1}{2}$,故 $\mathrm{d}y$ 是与 Δx 同阶但非等价的无穷小.

例 14 设可导函数 $f(x)$ 有 $f'(1)=1$,$y=f(\ln x)$,则 $\mathrm{d}y|_{x=\mathrm{e}}=$( ).

(A) $\mathrm{d}x$; (B) $\dfrac{1}{\mathrm{e}}$; (C) $\dfrac{1}{\mathrm{e}}\mathrm{d}x$; (D) 1.

解 应选(C). 因为 $\mathrm{d}y=f'(\ln x)\dfrac{1}{x}\mathrm{d}x$,将 $x=\mathrm{e}$ 代入,有

$$\mathrm{d}y\,|_{x=\mathrm{e}}=f'(1)\,\frac{1}{\mathrm{e}}\mathrm{d}x=\frac{1}{\mathrm{e}}\mathrm{d}x.$$

例 15 设 $y=f(u)$,$u=g(\sin x)$,其中 f,g 是可导函数,则下面表达式中错误的是( ).

(A) $\mathrm{d}y=f'(u)\mathrm{d}u$; (B) $\mathrm{d}y=f'(u)g'(v)\mathrm{d}v$,$v=\sin x$;

(C) $\mathrm{d}y=f'(u)g'(\sin x)\mathrm{d}x$; (D) $\mathrm{d}y=f'(u)g'(v)\cos x\mathrm{d}x$.

解 由微分形式的不变性知(A),(B)都是正确的表达式,由复合函数的求导法则知(D)也是正确的表达式,只有(C)的表达式是错误的,故应选(C).

例 16 半径为 2 mm 的球镀铬后体积增加了约 $8\pi(\mathrm{mm})^3$,问它的半径约增加了多少?

解 设函数 $V=\dfrac{4}{3}\pi r^3$,由题意知

$$\frac{4}{3}\pi(2+\Delta r)^3-\frac{4}{3}\pi\cdot 2^3\approx 8\pi,$$

现欲求 Δr. 由微分近似计算公式知

$$\frac{4}{3}\pi(2+\Delta r)^3-\frac{4}{3}\pi\cdot 2^3\approx\frac{\mathrm{d}V}{\mathrm{d}r}\bigg|_{r=2}\cdot\Delta r=(4\pi r^2)\big|_{r=2}\cdot\Delta r=16\pi\Delta r,$$

所以 $16\pi\Delta r=8\pi$,解出 $\Delta r=\dfrac{1}{2}$ mm. 故球的半径约增加了 $\dfrac{1}{2}$ mm.

第四章 微分中值定理与导数的应用

第三章已介绍了导数与微分的概念以及它们的计算方法，为解决物理和几何中的许多问题，如速度以及曲线的切线与法线等，提供了有力的工具.本章将进一步介绍如何利用导数来研究函数以及曲线的某些性态，并利用这些知识解决一些实际问题.为此，我们将首先介绍构成微分学理论基础的微分中值定理，它是导数应用的理论基础.

§4.1 微分中值定理

微分中值定理在微积分理论中占有重要地位，它建立了函数与导数之间的联系，提供了导数应用的基础理论依据.本节介绍费马(Fermat)定理、罗尔(Rolle)定理以及拉格朗日(Lagrange)中值定理.

一、费马定理

让我们先从一个物理例子谈起.由物理知识我们知道，一个做变速直线运动的物体在折返时刻的速度为零(图 4.1(a)).如果我们画出位移函数图(图 4.1(b))，那么不难发现折返时刻的位移相对于邻近时刻的位移来讲是最大的或最小的.因此，"物体折返时刻的速度为零"又可以这样叙述：设物体的运动方程为 $s=s(t)$(显然 $s(t)$为可微函数)，t_0 是某个折返时刻，即在 t_0 的某个邻域内恒有 $s(t)\leqslant s(t_0)$或 $s(t)\geqslant s(t_0)$，则 $s'(t_0)=0$.由此推广到一般，我们便得到如下费马定理.

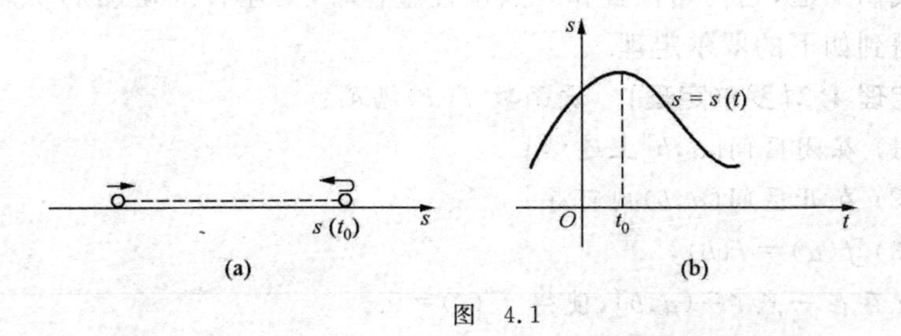

图 4.1

定理 4.1(费马定理) 若函数 $f(x)$在 x_0 处可导，并且在 x_0 的某邻域内恒有

$$f(x)\leqslant f(x_0) \quad 或 \quad f(x)\geqslant f(x_0),$$

则

$$f'(x_0)=0.$$

证明 不妨设在 x_0 的某邻域内恒有 $f(x)\leqslant f(x_0)$，故当 $\Delta x>0$ 并且 $|\Delta x|$ 非常小时，必有

$$\frac{f(x_0+\Delta x)-f(x_0)}{\Delta x}\leqslant 0.$$

因为 $f(x)$ 在 x_0 处可导，所以

$$f'(x_0)=f'_+(x_0)=\lim_{\Delta x\to 0^+}\frac{f(x_0+\Delta x)-f(x_0)}{\Delta x}\leqslant 0.$$

同理，当 $\Delta x<0$ 且 $|\Delta x|$ 非常小时，有

$$\frac{f(x_0+\Delta x)-f(x_0)}{\Delta x}\geqslant 0,$$

从而

$$f'(x_0)=f'_-(x_0)=\lim_{\Delta x\to 0^-}\frac{f(x_0+\Delta x)-f(x_0)}{\Delta x}\geqslant 0.$$

因此，$f'(x_0)=0$.

对于在 x_0 的某个邻域内恒有 $f(x)\geqslant f(x_0)$ 的情形，可以同样证明.

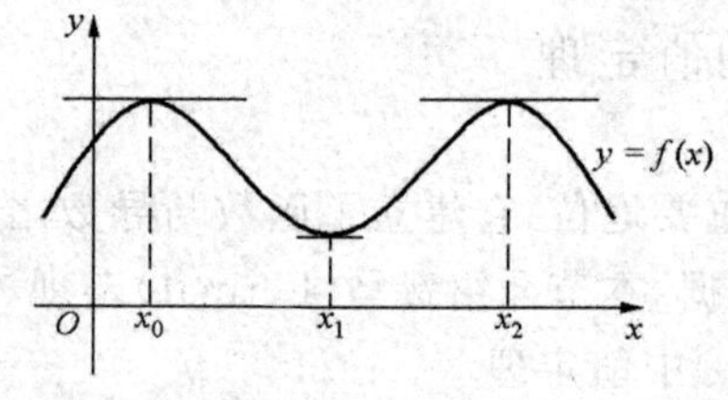

图 4.2

由于导数的几何意义是切线的斜率，而切线水平的充分必要条件是斜率等于 0，因此费马定理有明显的**几何意义**：如果 $f(x_0)$ 是函数 $f(x)$ 在 x_0 的某邻域内的最大值或最小值，并且曲线 $y=f(x)$ 在点 $(x_0,f(x_0))$ 处有切线，则切线一定是水平的(见图 4.2).

如果 $f(x)$ 在 x_0 的某邻域内恒有

$$f(x)\leqslant f(x_0)\quad 或\quad f(x)\geqslant f(x_0),$$

则称 $f(x_0)$ 为 $f(x)$ 的一个**极大值或极小值**，而称 x_0 为 $f(x)$ 的**极大值点或极小值点**. 极大值与极小值统称为**极值**，极大值点与极小值点统称为**极值点**. 有的书也分别将极大值与极小值称为局部最大值与局部最小值，极大值点与极小值点称为局部最大值点与局部最小值点.

如果 $f'(x_0)=0$，则称 x_0 为函数 $f(x)$ 的一个**驻点**. 因此，费马定理又可表述为：**可导的极值点一定是驻点**.

二、罗尔定理

我们知道，当初始位置和终点位置重合时，变速直线运动的质点一定有折返点，由此我们可以得到如下的罗尔定理.

定理 4.2(罗尔定理) *设函数 $f(x)$ 满足：*

(1) 在闭区间 $[a,b]$ 上连续；

(2) 在开区间 (a,b) 内可导；

(3) $f(a)=f(b)$，

则至少存在一点 $\xi\in(a,b)$，使得 $f'(\xi)=0$.

证明 因为 $f(x)$ 在 $[a,b]$ 上连续，所以，由连续函数的性质知，存在 $x_1,x_2\in[a,b]$，使得

$$f(x_1)\leqslant f(x)\leqslant f(x_2),\quad x\in[a,b].$$

当 $f(x_1)=f(x_2)$ 时，$f(x)$ 为 $[a,b]$ 上的常函数，因而 $f'(x)=0,x\in[a,b]$，从而定理显然成立.

当 $f(x_1)<f(x_2)$ 时，由于 $f(a)=f(b)$，所以 x_1 和 x_2 中至少有一个在 (a,b) 内. 不妨设

$\xi=x_1\in(a,b)$，则 ξ 为 $f(x)$ 的一个极小值点，因而由费马定理，$f'(\xi)=0$.

罗尔定理有十分明显的几何意义：如图 4.3 所示，如果 $\overset{\frown}{AB}: y=f(x)(a\leqslant x\leqslant b)$ 是一条连续的曲线弧，除了端点外处处有不垂直于 x 轴的切线，并且两个端点 A 和 B 的纵坐标相同，那么曲线弧上至少有一点的切线平行于 x 轴.

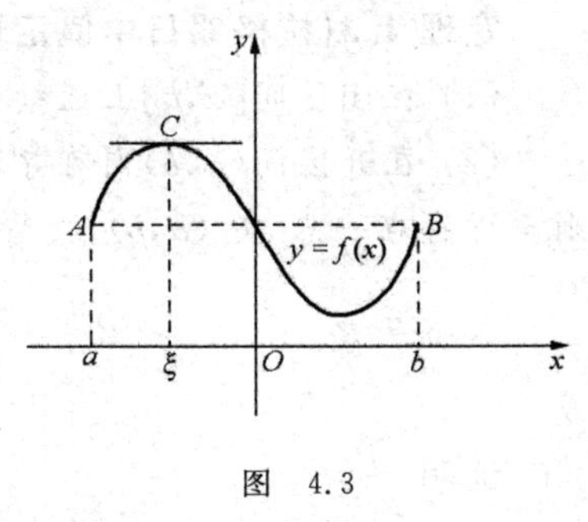

图 4.3

有必要指出，罗尔定理中的三个条件缺一不可. 条件(1)保证了函数 $f(x)$ 的最大值与最小值的存在性；条件(3)保证了最大值与最小值中至少有一个在开区间内取得，从而是极值；条件(2)保证了函数在极值点处的可微性，从而可以利用费马定理. 因此，如果缺少这三个条件中的任何一个，定理 4.2 都可能不成立. 读者不妨自己举些反例加以验证.

例 1 证验函数 $y=\ln\sin x$ 在闭区间 $\left[\frac{\pi}{6},\frac{5\pi}{6}\right]$ 上满足罗尔定理的条件，并求出使罗尔定理成立的 ξ.

解 函数 $y=\ln\sin x$ 是初等函数，而在 $\left[\frac{\pi}{6},\frac{5\pi}{6}\right]$ 上 $\sin x>\frac{1}{2}>0$，所以函数 $y=\ln\sin x$ 在 $\left[\frac{\pi}{6},\frac{5\pi}{6}\right]$ 上有定义，因而连续，且在 $\left(\frac{\pi}{6},\frac{5\pi}{6}\right)$ 内可导，其导数为 $y'=\frac{1}{\sin x}\cos x=\cot x$. 又

$$y\big|_{x=\frac{\pi}{6}}=\ln\sin\frac{\pi}{6}=-\ln 2=\ln\sin\frac{5\pi}{6}=y\big|_{x=\frac{5\pi}{6}},$$

因此，函数 $y=\ln\sin x$ 在 $\left[\frac{\pi}{6},\frac{5\pi}{6}\right]$ 上满足罗尔定理的条件. 从方程

$$y'\big|_{x=\xi}=\cot\xi=0\quad\left(\xi\in\left(\frac{\pi}{6},\frac{5\pi}{6}\right)\right)$$

不难解出使罗尔定理成立的 ξ 只有一个，即 $\xi=\frac{\pi}{2}$.

三、拉格朗日中值定理

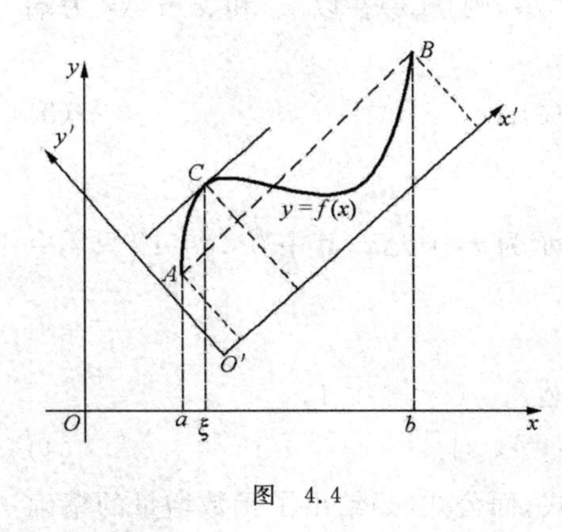

图 4.4

罗尔定理中的条件 $f(a)=f(b)$ 太特殊，不便于不满足这个条件，而且这个条件往往与坐标系的选取有关. 仔细分析罗尔定理的几何意义不难发现，罗尔定理反映的几何事实与坐标系的选取无关，因而与条件 $f(a)=f(b)$ 无关：任何除去端点外处处有“正常”切线的连续曲线弧上至少存在一点，其切线平行于曲线弧的弦(如图 4.4 所示).

我们知道两条直线平行的充分必要条件是斜率相等. 如果设曲线弧 $\overset{\frown}{AB}$ 的方程为 $y=f(x)$，则曲线弧 $\overset{\frown}{AB}$ 上点 $C(\xi,f(\xi))$ 处的切线斜率就是 $f'(\xi)$，而弦 $\overline{AB}$ 的斜率为

$$k=\frac{f(b)-f(a)}{b-a}.$$

因此,如果用严格的数学语言将上面的几何发现表述出来就得到下面的拉格朗日中值定理.

定理 4.3(拉格朗日中值定理) 设函数 $f(x)$ 满足:

(1) 在闭区间 $[a,b]$ 上连续;

(2) 在开区间 (a,b) 内可导,

则至少存在一点 $\xi\in(a,b)$,使得

$$f'(\xi)=\frac{f(b)-f(a)}{b-a}\tag{1}$$

或

$$f(b)-f(a)=f'(\xi)(b-a).\tag{2}$$

证明 令

$$g(x)=f(x)-f(a)-\frac{f(b)-f(a)}{b-a}(x-a),$$

则由题设知 $g(x)$ 在闭区间 $[a,b]$ 上连续,在开区间 (a,b) 内可导,且 $g(a)=g(b)=0$. 故由罗尔定理知,至少存在一点 $\xi\in(a,b)$,使得 $g'(\xi)=0$,亦即

$$f'(\xi)-\frac{f(b)-f(a)}{b-a}=0.$$

定理得证.

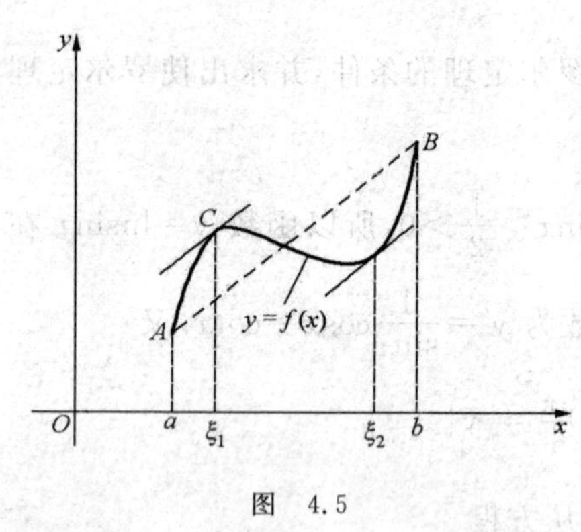

图 4.5

由前面的分析知,拉格朗日中值定理的几何意义是:如果 $[a,b]$ 上的连续曲线,除了端点外处处有不垂直于 x 轴的切线,那么在曲线弧上至少有一点 $(\xi,f(\xi))$,曲线在该点处的切线平行于过曲线弧两个端点的弦(如图 4.5 所示).

公式(2)称为**微分中值公式**. 如果 $b<a$,在 $[b,a]$ 上利用拉格朗日中值定理有

$$f(a)-f(b)=f'(\xi)(a-b),$$

从而

$$f(b)-f(a)=f'(\xi)(b-a),$$

其中 ξ 介于 b 与 a 之间. 因此,微分中值公式(2)不论 a,b 中哪个大都始终成立.

如果 $f(x)$ 在 (a,b) 内可导, $x_0\in(a,b)$, $x_0+\Delta x\in(a,b)$,则 $f(x)$ 在以 x_0 和 $x_0+\Delta x$ 为端点的闭区间上满足拉格朗日中值定理的条件,故

$$f(x_0+\Delta x)-f(x_0)=f'(\xi)\Delta x,\tag{3}$$

其中 ξ 为介于 x_0 与 $x_0+\Delta x$ 之间的一个点.

由于介于 x_0 与 $x_0+\Delta x$ 之间的任何一个点都可以表示为 $x_0+\theta\Delta x$,其中 $0<\theta<1$ $\left(\text{只需令 }\theta=\frac{\xi-x_0}{\Delta x}\text{即可}\right)$,因此(3)式又可表示为

$$f(x_0+\Delta x)-f(x_0)=f'(x_0+\theta\Delta x)\Delta x,\quad 0<\theta<1,$$

或

$$\Delta y=f'(x_0+\theta\Delta x)\Delta x,\quad 0<\theta<1.\tag{4}$$

我们知道函数的微分给出了函数增量的一个近似公式,而公式(4)给出了函数增量的精确值. 因此,拉格朗日中值定理也称为**有限增量定理**,公式(4)也称为**有限增量公式**.

由拉格朗日中值定理很容易得到如下推论:

推论 1 如果 $f(x)$ 在 (a,b) 内可导,并且在 (a,b) 内恒有 $f'(x)=0$,那么 $f(x)$ 在 (a,b) 内

恒为常数.

证明 在(a,b)内任意取定一点c.对任意的$x\in(a,b)$,由拉格朗日中值定理可得

$$f(x)-f(c)=f'(\xi)(x-c)=0,$$

其中ξ位于c与x之间.故对任意的$x\in(a,b)$均有

$$f(x)=f(c).$$

推论得证.

推论 2 如果$f(x)$和$g(x)$在(a,b)内可导,并且在(a,b)内恒有$f'(x)=g'(x)$,那么

$$f(x)=g(x)+C,\quad \forall x\in(a,b),$$

其中C为某个常数.

事实上,由已知条件及导数运算可知

$$[f(x)-g(x)]'=f'(x)-g'(x)=0,$$

故由推论1知$f(x)-g(x)=C$,即$f(x)=g(x)+C$.

例 2 函数$y=\ln x$在区间$[1,\mathrm{e}]$上使拉格朗日中值定理结论成立的ξ是(　　).

(A) $\mathrm{e}-\frac{1}{2}$; (B) $\mathrm{e}-1$; (C) $\frac{\mathrm{e}+1}{2}$; (D) $\frac{\mathrm{e}+1}{3}$.

解 由于函数$y=f(x)=\ln x$在$[1,\mathrm{e}]$上连续,在$(1,\mathrm{e})$内可导,所以在$[1,\mathrm{e}]$上满足拉格朗日中值定理的条件.由拉格朗日中值定理知,必定至少存在一个$\xi\in(1,\mathrm{e})$,使得

$$f'(\xi)=\frac{f(\mathrm{e})-f(1)}{\mathrm{e}-1}.$$

而$f(\mathrm{e})=1$, $f(1)=0$, $f'(x)=\frac{1}{x}$,所以有

$$\frac{1}{\xi}=\frac{1-0}{\mathrm{e}-1},$$

从而$\xi=\mathrm{e}-1$.因此应选(B).

例 3 证明:当$x>1$时,

$$2\arctan x+\arcsin\frac{2x}{1+x^2}=\pi.$$

证明 令

$$f(x)=2\arctan x+\arcsin\frac{2x}{1+x^2},$$

则$f(x)$在$(1,+\infty)$内可导,并且

$$\begin{aligned}f'(x)&=2\frac{1}{1+x^2}+\frac{1}{\sqrt{1-\left(\frac{2x}{1+x^2}\right)^2}}\left(\frac{2x}{1+x^2}\right)'\\&=\frac{2}{1+x^2}+\frac{1+x^2}{\sqrt{(x^2-1)^2}}\cdot\frac{2(1+x^2)-2x\cdot 2x}{(1+x^2)^2}\\&=\frac{2}{1+x^2}+\frac{1}{(x^2-1)}\cdot\frac{2(1-x^2)}{(1+x^2)}=0,\end{aligned}$$

故$f(x)\equiv C$ $(x\in(1,+\infty))$.特别地,取$x=\sqrt{3}$得

$$C=f(\sqrt{3})=2\arctan\sqrt{3}+\arcsin\frac{\sqrt{3}}{2}=2\cdot\frac{\pi}{3}+\frac{\pi}{3}=\pi.$$

因此，当 $x>1$ 时，$2\arctan x+\arcsin\dfrac{2x}{1+x^2}=\pi$.

习 题 4.1

1. 下列各函数在给定区间上满足罗尔定理条件的是(　　).

(A) $f(x)=\dfrac{3}{2x^2+1}$, $x\in[-1,1]$;　　(B) $f(x)=xe^x$, $x\in[0,1]$;

(C) $f(x)=|x|$, $x\in[-1,1]$;　　(D) $f(x)=\dfrac{1}{\ln x}$, $x\in[1,e]$.

2. 函数 $f(x)=x\sqrt{1-x}$ 在区间$[0,1]$上满足罗尔定理条件的 $\xi=$(　　).

(A) 0;　　(B) $\dfrac{1}{2}$;　　(C) $\dfrac{2}{3}$;　　(D) $\dfrac{1}{3}$.

3. 下列各函数在给定区间上是否满足拉格朗日中值定理的条件？若满足，求出相应 ξ 的值.

(1) $f(x)=\sqrt[3]{x^2}$, $x\in[-1,2]$;　　(2) $f(x)=\arctan x$, $x\in[0,1]$.

4. 设函数 $f(x)=x(x+1)(x-2)$，判断方程 $f'(x)=0$ 有几个根，并指出它们所在的区间.

5. 证明：当 $x>0$ 时，$\arctan x+\arctan\dfrac{1}{x}=\dfrac{\pi}{2}$.

§4.2 洛必达法则

如果当 $x\to a$(或 $x\to\infty$)时，函数 $f(x)$ 与 $g(x)$ 均趋于 0 或∞，那么极限 $\lim\limits_{\substack{x\to a\\(x\to\infty)}}\dfrac{f(x)}{g(x)}$可能存在，也可能不存在. 通常分别称这种极限为$\dfrac{0}{0}$**型**或$\dfrac{\infty}{\infty}$**型未定式**. 例如 $\lim\limits_{x\to 0}\dfrac{1-\cos x}{x^2}$就是一个$\dfrac{0}{0}$型未定式；而 $\lim\limits_{x\to 0^+}\dfrac{\ln\sin 2x}{\ln\sin 3x}$就是一个$\dfrac{\infty}{\infty}$型未定式. 对这样的极限，即使存在也无法直接利用极限的商的法则来求. 下面介绍计算这类极限的一种有效简便的方法——洛必达(L'Hospital)法则.

一、$\dfrac{0}{0}$型和$\dfrac{\infty}{\infty}$型洛必达法则

定理 4.4(洛必达法则)　如果 $f(x)$和 $g(x)$满足下列条件：

(1) $\lim\limits_{x\to a}f(x)=\lim\limits_{x\to a}g(x)=0$ (或∞)；

(2) 在点 a 的某去心邻域内(a 除外)，$f(x)$与 $g(x)$可导，并且 $g'(x)\neq 0$；

(3) $\lim\limits_{x\to a}\dfrac{f'(x)}{g'(x)}$存在(或者为$\infty$)，

那么

$$\lim_{x\to a}\frac{f(x)}{g(x)}=\lim_{x\to a}\frac{f'(x)}{g'(x)}.$$

这也就是说,如果 $\lim\limits_{x\to a}\dfrac{f(x)}{g(x)}$是$\dfrac{0}{0}$型或$\dfrac{\infty}{\infty}$型未定式,并且满足条件(2),那么当 $\lim\limits_{x\to a}\dfrac{f'(x)}{g'(x)}$存在时, $\lim\limits_{x\to a}\dfrac{f(x)}{g(x)}$也存在且等于 $\lim\limits_{x\to a}\dfrac{f'(x)}{g'(x)}$;当 $\lim\limits_{x\to a}\dfrac{f'(x)}{g'(x)}$为无穷大时, $\lim\limits_{x\to a}\dfrac{f(x)}{g(x)}$也为无穷大. 定理4.4的证明要用到我们未介绍的柯西中值定理,在此略去.

定理4.4中的 $x\to a$ 也可以换成 $x\to a^+$,或 $x\to a^-$,或 $x\to\infty$,或 $x\to+\infty$,或 $x\to-\infty$,定理仍然成立,但此时需对条件(2)中"点 a 的某去心邻域"作相应的改动.

这种在一定条件下通过分子、分母分别求导再求未定式的极限值的方法称为**洛必达方法**.

例 1 计算极限$\lim\limits_{x\to 0}\dfrac{e^x-1}{x}$.

解 当 $x\to 0$ 时, 这个极限是$\dfrac{0}{0}$型未定式, 由洛必达法则有

$$\lim_{x\to 0}\frac{e^x-1}{x}=\lim_{x\to 0}\frac{(e^x-1)'}{(x)'}=\lim_{x\to 0}\frac{e^x}{1}=1.$$

例 2 计算极限 $\lim\limits_{x\to+\infty}\dfrac{\ln x}{x^\alpha}(\alpha>0)$.

解 当 $x\to+\infty$时,这个极限是$\dfrac{\infty}{\infty}$型未定式,由洛必达法则有

$$\lim_{x\to+\infty}\frac{\ln x}{x^\alpha}=\lim_{x\to+\infty}\frac{\frac{1}{x}}{\alpha x^{\alpha-1}}=\lim_{x\to+\infty}\frac{1}{\alpha x^\alpha}=0.$$

例 3 计算极限$\lim\limits_{x\to 0}\dfrac{x-\sin x}{x^3}$.

解 设

$$f(x)=x-\sin x,\quad g(x)=x^3.$$

极限$\lim\limits_{x\to 0}\dfrac{f(x)}{g(x)}$是一个$\dfrac{0}{0}$型未定式. 虽然

$$\lim_{x\to 0}\frac{f'(x)}{g'(x)}=\lim_{x\to 0}\frac{1-\cos x}{3x^2}$$

仍是一个$\dfrac{0}{0}$型未定式,但是

$$\lim_{x\to 0}\frac{f''(x)}{g''(x)}=\lim_{x\to 0}\frac{(1-\cos x)'}{(3x^2)'}=\lim_{x\to 0}\frac{\sin x}{6x}=\frac{1}{6},$$

这里,用了重要极限

$$\lim_{x\to 0}\frac{\sin x}{x}=1.$$

故对$\lim\limits_{x\to 0}\dfrac{f'(x)}{g'(x)}$利用洛必达法则, 得

$$\lim_{x\to 0}\frac{f'(x)}{g'(x)}=\lim_{x\to 0}\frac{f''(x)}{g''(x)}=\frac{1}{6}.$$

从而$\lim\limits_{x\to 0}\dfrac{f(x)}{g(x)}$也满足洛必达法则的条件, 因此再次对$\lim\limits_{x\to 0}\dfrac{f(x)}{g(x)}$利用洛必达法则有

$$\lim_{x\to 0}\frac{f(x)}{g(x)}=\lim_{x\to 0}\frac{f'(x)}{g'(x)}=\frac{1}{6},$$

即

$$\lim_{x\to 0}\frac{x-\sin x}{x^3}=\frac{1}{6}.$$

例 3 说明可以连续使用洛必达法则计算极限.但是,上面的叙述有些繁杂,一般不宜这样叙述,而采取以下叙述比较方便直观:

$$\lim_{x\to 0}\frac{x-\sin x}{x^3}\overset{\frac{0}{0}}{=\!=}\lim_{x\to 0}\frac{1-\cos x}{3x^2}\overset{\frac{0}{0}}{=\!=}\lim_{x\to 0}\frac{\sin x}{6x}=\frac{1}{6}.$$

上述各式等式上的$\frac{0}{0}$表示我们已经验证了等号左边的极限是$\frac{0}{0}$型未定式,且满足定理条件. 对$\frac{\infty}{\infty}$我们也用类似的记号来简化表示. 当分子分母分别求导后已经不再是$\frac{0}{0}$型或$\frac{\infty}{\infty}$型未定式,就不能再用洛必达法则.

例 4 计算极限 $\lim\limits_{x\to+\infty}\frac{e^x}{x^n}$($n$ 为正整数).

解 由洛必达法则有

$$\lim_{x\to+\infty}\frac{e^x}{x^n}\overset{\frac{\infty}{\infty}}{=\!=}\lim_{x\to+\infty}\frac{e^x}{nx^{n-1}}\overset{\frac{\infty}{\infty}}{=\!=}\lim_{x\to+\infty}\frac{e^x}{n(n-1)x^{n-2}}$$

$$\overset{\frac{\infty}{\infty}}{=\!=}\cdots\overset{\frac{\infty}{\infty}}{=\!=}\lim_{x\to+\infty}\frac{e^x}{n!}=+\infty.$$

对任意的 $\alpha>0$,类似地可以证明

$$\lim_{x\to+\infty}\frac{e^x}{x^\alpha}=+\infty.$$

例 2 和例 4 表明:当 $x\to+\infty$ 时,$\ln x$,$x^\alpha(\alpha>0)$和 e^x 三个无穷大中趋向∞的速度最快的是 e^x,其次是 x^α,最慢的是 $\ln x$.

二、其他类型的未定式

除上述$\frac{0}{0}$型和$\frac{\infty}{\infty}$型未定式外,还有 $0\cdot\infty$,$\infty-\infty$,0^0,1^∞,∞^0 等类型未定式. 所谓 $0\cdot\infty$ 型未定式就是指形如 $\lim\limits_{\substack{x\to a\\(x\to\infty)}}f(x)g(x)$的极限,其中 $\lim\limits_{\substack{x\to a\\(x\to\infty)}}f(x)=0$,而 $\lim\limits_{\substack{x\to a\\(x\to\infty)}}g(x)=\infty$. 所谓 0^0 型未定式就是指形如 $\lim\limits_{\substack{x\to a\\(x\to\infty)}}f(x)^{g(x)}$的极限,其中 $\lim\limits_{\substack{x\to a\\(x\to\infty)}}f(x)=\lim\limits_{\substack{x\to a\\(x\to\infty)}}g(x)=0$. 其他类型未定式类似定义.

由于这些未定式都能化为$\frac{0}{0}$型或$\frac{\infty}{\infty}$型未定式,所以,也常常用洛必达法则来计算它们的值. 下面用例子说明如何将它们化为$\frac{0}{0}$型或$\frac{\infty}{\infty}$型未定式并加以计算.

例 5 计算极限$\lim\limits_{x\to 1}\left(\frac{x}{x-1}-\frac{1}{\ln x}\right)$.

解 当 $x\to 1$ 时,$\frac{x}{x-1}\to\infty$,$\frac{1}{\ln x}\to\infty$,所以这是一个$\infty-\infty$型未定式.

$$\lim_{x\to 1}\left(\frac{x}{x-1}-\frac{1}{\ln x}\right)=\lim_{x\to 1}\frac{x\ln x-(x-1)}{(x-1)\ln x}\overset{\frac{0}{0}}{=\!=}\lim_{x\to 1}\frac{\ln x+x\dfrac{1}{x}-1}{\ln x+(x-1)\dfrac{1}{x}}$$

$$=\lim_{x\to 1}\frac{x\ln x}{x\ln x+x-1}\overset{\frac{0}{0}}{=\!=}\lim_{x\to 1}\frac{\ln x+x\dfrac{1}{x}}{\ln x+x\dfrac{1}{x}+1}$$

$$=\lim_{x\to 1}\frac{\ln x+1}{\ln x+2}=\frac{1}{2}.$$

一般地,$\infty-\infty$型和$0\cdot\infty$型未定式均可像例5一样通过恒等式变换化成$\frac{0}{0}$或$\frac{\infty}{\infty}$型未定式来计算.

例6 计算极限 $\lim\limits_{x\to 0^+}x^{\sin x}$.

解 这是0^0型未定式. 由于$x^{\sin x}=e^{\sin x\ln x}$,所以

$$\lim_{x\to 0^+}x^{\sin x}=\lim_{x\to 0^+}e^{\sin x\ln x}\overset{\text{连续性}}{=\!=\!=}e^{\lim\limits_{x\to 0^+}\sin x\ln x}.$$

这里应用了连续函数求极限的法则(定理2.29). 而

$$\lim_{x\to 0^+}\sin x\ln x\overset{0\cdot\infty}{=\!=\!=}\lim_{x\to 0^+}\frac{\ln x}{\dfrac{1}{\sin x}}\overset{\frac{\infty}{\infty}}{=\!=}\lim_{x\to 0^+}\frac{\dfrac{1}{x}}{-\dfrac{\cos x}{\sin^2 x}}=-\lim_{x\to 0^+}\frac{\sin x}{x}\tan x=0,$$

故

$$\lim_{x\to 0^+}x^{\sin x}=e^{\lim\limits_{x\to 0^+}\sin x\ln x}=e^0=1.$$

一般地,0^0型,1^∞型和∞^0型未定式也都可像例6那样转化成$\frac{0}{0}$型或$\frac{\infty}{\infty}$型未定式来计算.

利用洛必达法则不但可以将前面几乎无从下手的函数极限比较容易地计算出来,而且也可以通过函数极限与数列极限的关系,利用洛必达法则来计算数列极限.

例7 计算数列极限$\lim\limits_{n\to\infty}\left(\dfrac{1+\sqrt[n]{a}}{2}\right)^n\ (a>0)$.

解 因为

$$\lim_{x\to+\infty}\left(\frac{1+a^{\frac{1}{x}}}{2}\right)^x\overset{1^\infty\text{型}}{=\!=\!=}\lim_{x\to+\infty}e^{x\ln\left(\frac{1+a^{\frac{1}{x}}}{2}\right)}\overset{\text{连续性}}{=\!=\!=}e^{\lim\limits_{x\to+\infty}x\ln\left(\frac{1+a^{\frac{1}{x}}}{2}\right)},$$

而

$$\lim_{x\to+\infty}x\ln\left(\frac{1+a^{\frac{1}{x}}}{2}\right)=\lim_{x\to+\infty}\frac{\ln\left(\dfrac{1+a^{\frac{1}{x}}}{2}\right)}{\dfrac{1}{x}}\overset{\frac{0}{0}}{=\!=}\lim_{x\to+\infty}\frac{\dfrac{1}{1+a^{\frac{1}{x}}}a^{\frac{1}{x}}\ln a\left(-\dfrac{1}{x^2}\right)}{-\dfrac{1}{x^2}}$$

$$=\lim_{x\to+\infty}\frac{a^{\frac{1}{x}}}{1+a^{\frac{1}{x}}}\ln a=\ln\sqrt{a},$$

所以

$$\lim_{x\to+\infty}\left(\frac{1+a^{\frac{1}{x}}}{2}\right)^x=e^{\ln\sqrt{a}}=\sqrt{a}.$$

这即是说当 x 不论用什么方式趋于 $+\infty$ 时，函数 $\left(\frac{1+a^{\frac{1}{x}}}{2}\right)^{x}$ 都趋向于 $\sqrt{a}$，特别地，当 x 取正整数 n 趋于 $+\infty$ 时，函数值也应趋于 $\sqrt{a}$，即

$$\lim_{n\to\infty}\left(\frac{1+\sqrt[n]{a}}{2}\right)^{n}=\sqrt{a}.$$

最后强调一下，在利用洛必达法则计算未定式的极限值时必须注意两点：

(1) 只能对 $\frac{0}{0}$ 型或 $\frac{\infty}{\infty}$ 型未定式才能直接使用洛必达法则，其他类型的未定式必须先化成这两种类型之一，然后再应用洛必达法则；

(2) 洛必达法则只说明了如果 $\lim\frac{f'(x)}{g'(x)}=A$(有穷或无穷)，那么 $\lim\frac{f(x)}{g(x)}=A$. 也就是说，当 $\lim\frac{f'(x)}{g'(x)}$ 不存在又不是无穷大时，无法断定极限 $\lim\frac{f(x)}{g(x)}$ 存在与否. 此时无法利用洛必达法则(洛必达法则条件(3)不满足)，必须利用其他方法讨论.

例 8 计算极限 $\lim\limits_{x\to\infty}\frac{x+\cos x}{2x+\sin x}$.

解 这是 $\frac{\infty}{\infty}$ 型未定式，如果分别对分子、分母求导得

$$\lim_{x\to\infty}\frac{1-\sin x}{2+\cos x},$$

这个极限不存在. 但是我们不能由此断定 $\lim\limits_{x\to\infty}\frac{x+\cos x}{2x+\sin x}$ 不存在. 事实上，

$$\lim_{x\to\infty}\frac{x+\cos x}{2x+\sin x}=\lim_{x\to\infty}\frac{1+\frac{1}{x}\cos x}{2+\frac{1}{x}\sin x}=\frac{1}{2}.$$

这里用了无穷小的性质：有界变量乘无穷小量仍然是无穷小量，即用到了

$$\lim_{x\to\infty}\frac{1}{x}\cos x=\lim_{x\to\infty}\frac{1}{x}\sin x=0.$$

习 题 4.2

1. 选择题：

(1) 极限 $\lim\limits_{x\to 0}\frac{\ln(1+2x)}{\tan 2x}=($ $)$.

(A) 1； (B) 2； (C) ∞； (D) $\frac{1}{2}$.

(2) 极限 $\lim\limits_{x\to 0}\frac{e^{x^2}-1}{\cos x-1}=($ $)$.

(A) 0； (B) ∞； (C) -2； (D) 2.

(3) 设 $a\neq 0$，极限 $\lim\limits_{x\to a}\frac{x^n-a^n}{x^m-a^m}=($ $)$.

(A) $\frac{n}{m}$； (B) $\frac{m}{n}$； (C) $\frac{m}{n}a^{m-n}$； (D) $\frac{n}{m}a^{n-m}$.

(4) 极限 $\lim\limits_{x\to\frac{\pi}{2}}\dfrac{\ln\sin x}{(2x-\pi)^2}=($ $)$.

(A) $\dfrac{1}{8}$; (B) $\dfrac{1}{4}$; (C) $-\dfrac{1}{8}$; (D) $-\dfrac{1}{4}$.

(5) 极限 $\lim\limits_{x\to+\infty}\dfrac{\ln(1+x)}{\ln(1+x^2)}=($ $)$.

(A) 0; (B) ∞; (C) $\dfrac{1}{2}$; (D) 2.

(6) 极限 $\lim\limits_{x\to\pi}\dfrac{\sin x}{\pi-x}=($ $)$.

(A) 0; (B) -1; (C) 1; (D) ∞.

(7) 下列极限中能使用洛必达法则的是( ).

(A) $\lim\limits_{x\to 0}\dfrac{x^2\sin\dfrac{1}{x}}{\sin x}$; (B) $\lim\limits_{x\to\infty}\dfrac{x-\sin x}{x+\cos x}$;

(C) $\lim\limits_{x\to+\infty}x\left(\dfrac{\pi}{2}-\arctan x\right)$; (D) $\lim\limits_{x\to 1}\dfrac{(x^2-1)\sin x}{\ln(1+x)}$.

(8) 极限 $\lim\limits_{x\to 0}x\cot 3x=($ $)$.

(A) 0; (B) $\dfrac{1}{3}$; (C) 1; (D) 3.

2. 计算下列极限:

(1) $\lim\limits_{x\to 0}\dfrac{e^x-e^{-x}}{\sin x}$; (2) $\lim\limits_{x\to\pi}\dfrac{\sin 2x}{\tan 5x}$; (3) $\lim\limits_{x\to+\infty}\dfrac{\ln\left(1+\dfrac{1}{x}\right)}{\operatorname{arccot}x}$;

(4) $\lim\limits_{x\to\pi}(\pi-x)\tan\dfrac{x}{2}$; (5) $\lim\limits_{x\to 0}\left(\dfrac{1}{x}-\dfrac{1}{e^x-1}\right)$; (6) $\lim\limits_{x\to 1}x^{\frac{1}{x-1}}$;

(7) $\lim\limits_{x\to+\infty}(\ln x)^{\frac{1}{x}}$; (8) $\lim\limits_{x\to 0^+}(\tan x)^x$; (9) $\lim\limits_{x\to 1^-}\ln x\cdot\ln(1-x)$;

(10) $\lim\limits_{x\to 0}\left(\dfrac{2}{\pi}\arccos x\right)^{\frac{1}{x}}$; (11) $\lim\limits_{n\to\infty}n(3^{\frac{1}{n}}-1)$; (12) $\lim\limits_{x\to 0^+}(\cot x)^{\frac{1}{\ln x}}$.

3. 设 $\lim\limits_{x\to\infty}\left(1+\dfrac{2}{x}\right)^{-kx}=\dfrac{1}{e}$,求 k 的值.

4. 设 $f(x)=\begin{cases}\dfrac{(1+x)^{\frac{1}{x}}-e}{x}, & x\neq 0,\\ a, & x=0\end{cases}$ 在 $x=0$ 处连续,试求 a 的值.

§4.3 函数的单调性

函数的单调性是函数的一个重要特征.第一章§3中已介绍了函数在区间上单调的概念,本节将利用导数对函数的单调性进行研究.

由几何图形可以直观地观察到,如果函数 $y=f(x)$ 在 $[a,b]$ 上单调增加,那么它的图形是一条随 x 增大而上升的曲线;如果此曲线上处处有非垂直于 x 轴的切线,那么曲线上各点处的切线斜率非负,即 $f'(x)\geqslant 0$(如图 4.6(a)所示).同样地,如果函数 $y=f(x)$ 在 $[a,b]$ 上单调减少,那么它的图形是一条随 x 增大而下降的曲线;如果此曲线上处处有非垂直于 x 轴的切线,那么曲线上各点处的切线斜率非正,即 $f'(x)\leqslant 0$(如图 4.6(b)所示).这也很容易从导数以及函数的单调性的定义推出.

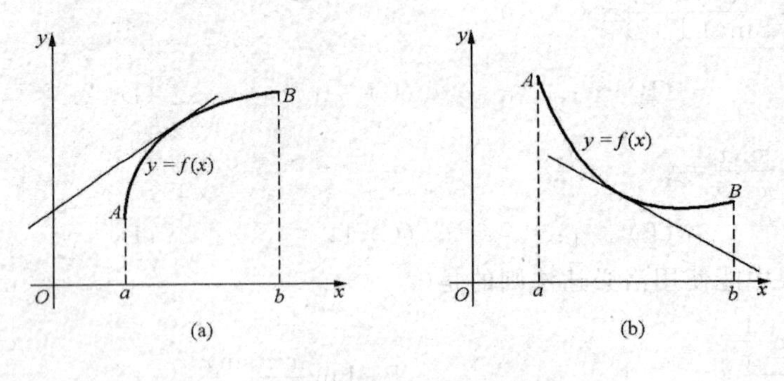

图 4.6

反过来,能否利用导数的符号来判定函数的单调性呢?回答是肯定的.利用拉格朗日中值定理可以得到判定函数单调性的如下定理.

定理 4.5 设函数 $f(x)$ 在 $[a,b]$ 上连续,在 (a,b) 内可导.

(1) 如果在 (a,b) 内 $f'(x)>0$,那么函数 $f(x)$ 在 $[a,b]$ 上单调增加;

(2) 如果在 (a,b) 内 $f'(x)<0$,那么函数 $f(x)$ 在 $[a,b]$ 上单调减少.

证明 对任意的 $x_1,x_2\in[a,b]$,不妨设 $x_1<x_2$.由定理的条件知,$f(x)$ 在 $[x_1,x_2]$ 上连续,在 (x_1,x_2) 内可导.故由拉格朗日中值定理得

$$f(x_2)-f(x_1)=f'(\xi)(x_2-x_1), \tag{1}$$

其中 $\xi\in(x_1,x_2)\subset(a,b)$.

由于 $x_2-x_1>0$,因此,如果在 (a,b) 内 $f'(x)>0$,那么也有 $f'(\xi)>0$.从而由(1)式可知 $f(x_2)-f(x_1)>0$,即 $f(x_2)>f(x_1)$.故 $y=f(x)$ 在 $[a,b]$ 上单调增加.

同理,如果在 (a,b) 内 $f'(x)<0$,那么也有 $f'(\xi)<0$.从而由(1)式知 $f(x_2)-f(x_1)<0$,即 $f(x_2)<f(x_1)$.故 $y=f(x)$ 在 $[a,b]$ 上单调减少.

分析定理的证明不难看出,如果将定理中的闭区间 $[a,b]$ 换为开区间、半开半闭区间或换为无穷区间,仍有类似结果.

如果将定理中的条件“$f'(x)>0(<0)$”改为“$f'(x)\geqslant 0(\leqslant 0)$,但只在有限个点处等于 0”,定理仍然成立.

例 1 讨论函数 $f(x)=x^3$ 的单调性.

解 因为函数 $f(x)=x^3$ 在其定义域 $(-\infty,+\infty)$ 内可导,在 $(-\infty,+\infty)$ 内

$$f'(x)=3x^2\geqslant 0,$$

且 $f'(x)$ 仅在 $x=0$ 处为 0,因此,函数 $f(x)=x^3$ 在其定义域 $(-\infty,+\infty)$ 内单调增加.

如果一个函数在其定义域内单调增加(减少),则称为**单调增加(减少)函数**.单调增加与单调减少函数统称**单调函数**.

例 2 讨论函数 $f(x)=3x-x^3$ 的单调性.

解 函数 $f(x)=3x-x^3$ 为定义在 $(-\infty,+\infty)$ 内的可导函数,并且

$$f'(x) = 3 - 3x^2 = 3(1-x)(1+x).$$

因此,当 $x<-1$ 时 $f'(x)<0$,从而 $f(x)$ 在 $(-\infty,-1)$ 内单调减少;当 $-1<x<1$ 时 $f'(x)>0$,从而 $f(x)$ 在 $(-1,1)$ 内单调增加;当 $x>1$ 时 $f'(x)<0$,从而 $f(x)$ 在 $(1,+\infty)$ 内单调减少.

为讨论方便,通常可以列表讨论,见表 4.1:

表 4.1

	$(-\infty,-1)$	-1	$(-1,1)$	1	$(1,+\infty)$
$f'(x)$	$-$	0	$+$	0	$-$
$y=f(x)$	↘	-2	↗	2	↘

例 3 讨论函数 $y=\sqrt[3]{x^2}$ 的单调性.

解 函数 $y=\sqrt[3]{x^2}$ 的定义域为 $(-\infty,+\infty)$. 当 $x\neq 0$ 时,$y'=\dfrac{2}{3\sqrt[3]{x}}$;当 $x=0$ 时,函数不可导. 在 $(-\infty,0)$ 内,$y'<0$,所以 $y=\sqrt[3]{x^2}$ 在 $(-\infty,0)$ 内单调减少;而在 $(0,+\infty)$ 内,$y'>0$,所以 $y=\sqrt[3]{x^2}$ 在 $(0,+\infty)$ 内单调增加.

由例 2 和例 3 知,有些函数虽然不是单调函数,但可以用此函数的驻点(导数为 0 的点)和不可导点将定义域分成一些小区间后,函数在各个小区间上单调,而且在任何一个严格包含某一个小区间的大区间上均不单调,这样的小区间称为函数的**单调区间**. 如果函数在这样的某个小区间上单调增加(减少),则称该小区间为函数的一个**单调增加(减少)区间**. 例如,$(-\infty,-1)$ 和 $(1,+\infty)$ 为函数 $f(x)=3x-x^3$ 的单调减少区间,而 $(-1,1)$ 是其单调增加区间,它们都是函数 $f(x)=3x-x^3$ 的单调区间.

函数的单调性在不等式证明中有重要应用.

例 4 试用函数的单调性证明:当 $x>0$ 时,

$$x-\frac{x^2}{2} < \ln(1+x) < x.$$

证明 设 $f(x)=\ln(1+x)-x+\dfrac{x^2}{2}$,则 $f(x)$ 在 $[0,+\infty)$ 上连续,在 $(0,+\infty)$ 内可导,并且在 $(0,+\infty)$ 内

$$f'(x) = \frac{1}{1+x} - 1 + x = \frac{x^2}{1+x} > 0.$$

所以,函数 $f(x)$ 在区间 $[0,+\infty)$ 上单调增加. 故当 $x>0$ 时,

$$f(x) > f(0) = 0, \quad 即 \quad \ln(1+x) > x - \frac{x^2}{2}.$$

同理,令 $g(x)=x-\ln(1+x)$,可以类似地证明:当 $x>0$ 时,

$$\ln(1+x) < x.$$

综上所述,当 $x>0$ 时,$x-\dfrac{x^2}{2}<\ln(1+x)<x$.

习　题　4.3

1. 选择题：

(1) 函数 $y=\frac{1}{2}(e^x-e^{-x})$ 在区间 $(-1,1)$ 内(　　).

(A) 单调增加；　(B) 单调减少；　(C) 不单调；　(D) 是一个常数.

(2) 函数 $y=\ln(1+x^2)$ 的严格单调减少区间是(　　).

(A) $(-1,1)$；　(B) $(-\infty,0)$；　(C) $(0,+\infty)$；　(D) $(-\infty,+\infty)$.

(3) 函数 $y=x+\frac{1}{x}$ 的严格单调增加区间是(　　).

(A) $(-1,1)$；　(B) $(-1,0)$ 和 $(0,1)$；

(C) $(-\infty,-1)$ 和 $(1,+\infty)$；　(D) $(-1,0)$ 和 $(0,+\infty)$.

(4) 设函数 $f(x)$ 在闭区间 $[0,1]$ 上连续，在开区间 $(0,1)$ 内可导，并且 $f'(x)>0$，则(　　).

(A) $f(0)<0$；　(B) $f(1)>0$；　(C) $f(1)>f(0)$；(D) $f(1)<f(0)$.

2. 确定下列函数的单调区间：

(1) $y=2x^3-6x^2-18x+7$；　(2) $y=(x-1)^3(x+1)$；

(3) $y=x\ln x$；　(4) $y=x^2e^{-x}$.

3. 利用单调性证明不等式：

(1) 当 $x>1$ 时，$e^x>ex$；

(2) 当 $x>0$ 时，$\frac{x}{1+x}<\ln(1+x)<x$；

(3) 当 $x>4$ 时，$2^x>x^2$；

(4) 当 $x>0$ 时，$1+x\ln(x+\sqrt{1+x^2})>\sqrt{1+x^2}$.

4*. 证明方程 $x^3-3x+1=0$ 在区间 $(0,1)$ 内有且只有一个根.

§4.4　函数的极值及其求法

§4.1 中已经介绍了极值的概念，本节进一步介绍极值的求法.

函数的极值一般在什么地方取得呢？由费马定理，立即可以得到取得极值的必要条件.

定理 4.6(必要条件)　*如果 x_0 是函数 $f(x)$ 的极值点，则 x_0 必为函数 $f(x)$ 的驻点或不可导点，亦即，要么 $f'(x_0)=0$，要么 $f'(x_0)$ 不存在.*

但是，函数 $f(x)$ 的驻点或不可导点并不一定就是极值点. 例如，$f(x)=x^3$ 的导数为 $f'(x)=3x^2$，显然 $x=0$ 为它的一个驻点，但 $x=0$ 不是这个函数的极值点. 事实上，$f(x)=x^3$ 是一个单调增加的函数(如图 4.7 所示). 又如，函数 $f(x)=\sqrt[3]{x}$ 在 $x=0$ 处不可导，但 $x=0$ 并不是这个函数的极值点. 事实上，$f(x)=\sqrt[3]{x}$ 也是一个单调增加的函数(如图 4.7 所示). 因此定理 4.6 只是取得极值的必要条件，它告诉我们产生极值的点一定是驻点或导数不存在的点，至于这些点是否真的是极值点还需要进一步判别.

怎样判断一个驻点或不可导点是否是极值点呢？结合函数的单调性判别法，可以得到如下定理.

定理 4.7(第一充分条件) 设函数 $f(x)$ 在点 x_0 的某邻域 $(x_0-\delta,x_0+\delta)$ 内连续,在去心邻域内可导.

(1) 如果当 $x\in(x_0-\delta,x_0)$ 时,$f'(x)>0$;当 $x\in(x_0,x_0+\delta)$ 时,$f'(x)<0$,那么函数 $f(x)$ 在 x_0 处取得极大值.

(2) 如果当 $x\in(x_0-\delta,x_0)$ 时,$f'(x)<0$;当 $x\in(x_0,x_0+\delta)$ 时,$f'(x)>0$,那么函数 $f(x)$ 在 x_0 处取得极小值.

(3) 如果当 $x\in(x_0-\delta,x_0)\cup(x_0,x_0+\delta)$ 时,恒有 $f'(x)>0$,或恒有 $f'(x)<0$,那么函数 $f(x)$ 在 x_0 处没有极值.

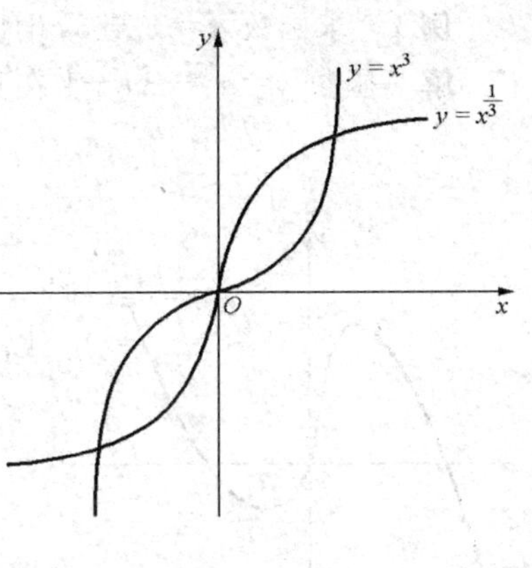

图 4.7

证明 仅对情形(1)加以证明,其他情形类似.

事实上,由(1)中条件和函数单调性判别定理知,函数 $f(x)$ 在区间 $(x_0-\delta,x_0]$ 上单调增加,在区间 $[x_0,x_0+\delta)$ 上单调减少.因此,$f(x_0)$ 是函数 $f(x)$ 的一个极大值.

图 4.8 可以帮助大家更直观地理解定理 4.7.图 4.8 中(a),(b)分别对应定理 4.7 中的(1),(2),图 4.8 中的(c)和(d)对应定理 4.7 中的(3).

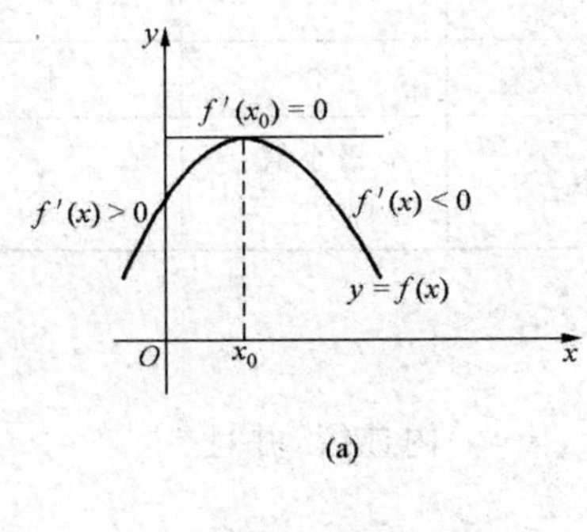

(a)

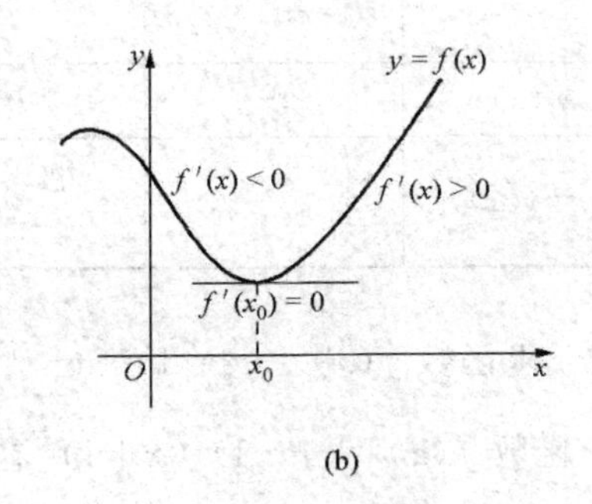

(b)

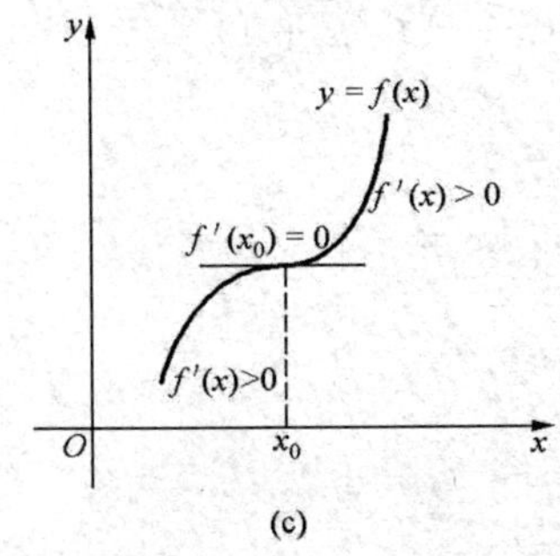

(c)

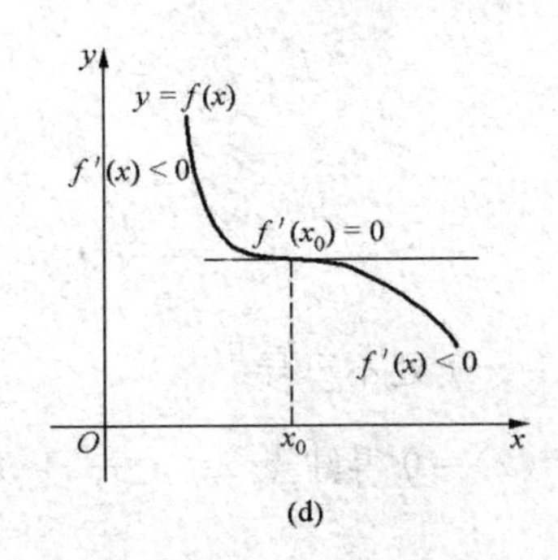

(d)

图 4.8

根据定理 4.6 和定理 4.7,可以按下列步骤求函数 $f(x)$ 的极值点和极值:

(1) 求出导数 $f'(x)$ 以及不可导的点;

(2) 求出函数 $f(x)$ 的全部驻点(即求出方程 $f'(x)=0$ 在所讨论的区间内的全部根);

(3) 考查 $f'(x)$ 在每一个驻点、不可导点的左右两侧附近的符号,由定理 4.7 判定这些点是否是极值点,是极大值点还是极小值点;

(4) 求出各极值点处的函数值,就是函数 $f(x)$ 的全部极值.

例 1 求函数 $y=x^3-3x+1$ 的极值.

解 函数 $y=x^3-3x+1$ 在其定义域 $(-\infty,+\infty)$ 内可导,并且

$$y'(x)=3x^2-3=3(x-1)(x+1).$$

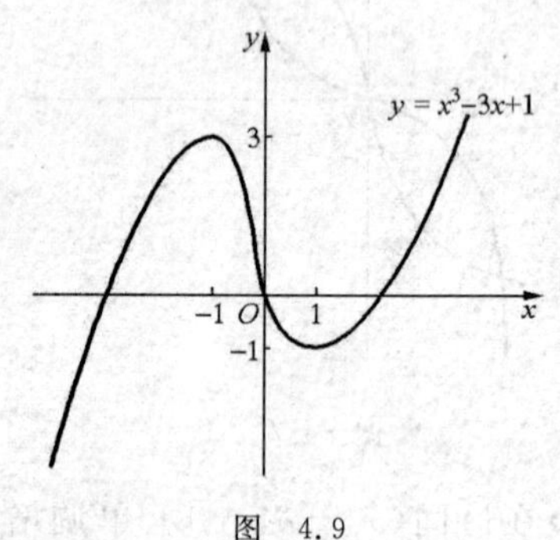

图 4.9

令 $y'(x)=0$ 得驻点 $x_1=-1,x_2=1$.

当 $x<-1$ 时,$y'(x)>0$,而当 $-1<x<1$ 时,$y'(x)<0$,所以 $x_1=-1$ 为函数 $y=x^3-3x+1$ 的极大值点.

当 $-1<x<1$ 时,$y'(x)<0$,而当 $x>1$ 时,$y'(x)>0$,所以 $x_2=1$ 为函数 $y=x^3-3x+1$ 的极小值点.

因此函数 $y=x^3-3x+1$ 的极大值为 $y(-1)=(-1)^3-3(-1)+1=3$,极小值为 $y(1)=1^3-3\cdot1+1=-1$.(如图 4.9 所示)

同讨论函数的单调性一样,有时采用列表的形式来讨论更简洁,如表 4.2 所示.

表 4.2

	$(-\infty,-1)$	-1	$(-1,1)$	1	$(1,+\infty)$
$y'(x)$	+	0	−	0	+
$y=y(x)$	↗	极大值 $y(-1)=3$	↘	极小值 $y(1)=-3$	↗

例 2 求函数 $f(x)=(x-1)^2(x+1)^{\frac{2}{3}}$ 的极值.

解 函数 $f(x)=(x-1)^2(x+1)^{\frac{2}{3}}$ 在定义域 $(-\infty,+\infty)$ 内连续,并且

$$f'(x)=2(x-1)(x+1)^{\frac{2}{3}}+\frac{2}{3}(x-1)^2(x+1)^{-\frac{1}{3}}$$

$$=\frac{8}{3}\cdot\frac{(x-1)\left(x+\frac{1}{2}\right)}{(x+1)^{1/3}},\quad x\neq-1.$$

函数在 $x=-1$ 处不可导.

令 $f'(x)=0$ 得驻点 $x=-\frac{1}{2},1$.列表 4.3 讨论.

表 4.3

	$(-\infty,-1)$	-1	$\left(-1,-\frac{1}{2}\right)$	$-\frac{1}{2}$	$\left(-\frac{1}{2},1\right)$	1	$(1,+\infty)$
$f'(x)$	−	不存在	+	0	−	0	+
$f(x)$	↘	极小值 $f(-1)=0$	↗	极大值 $f\left(-\frac{1}{2}\right)=\frac{9}{4\sqrt[3]{4}}$	↘	极小值 $f(1)=0$	↗

因此,函数在 $x=\pm1$ 处取到极小值 0,在 $x=-\dfrac{1}{2}$ 处取得极大值 $\dfrac{9}{4\sqrt[3]{4}}$(如图 4.10 所示).

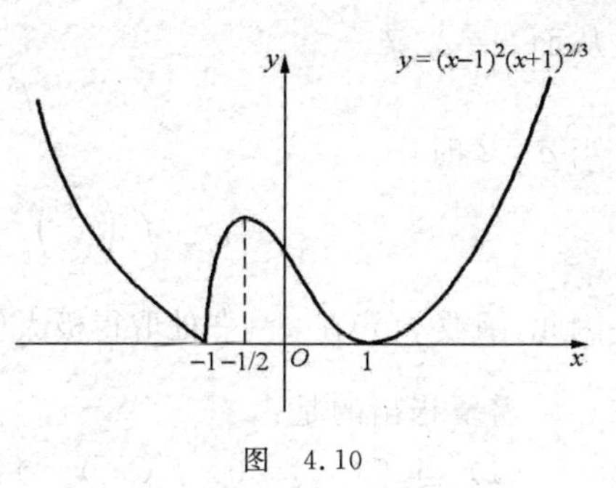

图 4.10

当函数在驻点处的二阶导数存在且不为 0 时,也可以用下列定理来判别一个驻点是极大值点还是极小值点.

定理 4.8(第二充分条件) 设函数 $y=f(x)$ 在点 x_0 处具有二阶导数,并且 $f'(x_0)=0$, $f''(x_0)\neq0$.

(1) 若 $f''(x_0)<0$,则函数 $y=f(x)$ 在 x_0 处取得极大值;

(2) 若 $f''(x_0)>0$,则函数 $y=f(x)$ 在 x_0 处取得极小值.

下面给出定理 4.8(1)的证明,仅供参考,不作要求.

证明 仅给出(1)的证明,(2)可以类似地证明.

由已知及二阶导数的定义知,

$$\lim_{x\to x_0}\frac{f'(x)}{x-x_0}=\lim_{x\to x_0}\frac{f'(x)-f'(x_0)}{x-x_0}=f''(x_0)<0.$$

由极限的保号性定理知,存在 x_0 的一个去邻域 $(x_0-\delta,x_0+\delta)\backslash\{x_0\}$,使得当 x 在里面取值时,

$$\frac{f'(x)}{x-x_0}<0.$$

故当 $x_0-\delta<x<x_0$ 时,$f'(x)>0$(因为此时 $x-x_0<0$);而当 $x_0<x<x_0+\delta$ 时,$f'(x)<0$(因为此时 $x-x_0>0$). 因此,由定理 4.7 知,函数 $y=f(x)$ 在 x_0 处取得极大值.

例 3 求函数 $y=-x^4+2x^2$ 的极值.

解 函数 $y=-x^4+2x^2$ 在其定义域 $(-\infty,+\infty)$ 内二阶可导,并且

$$y'=-4x^3+4x=-4x(x-1)(x+1).$$

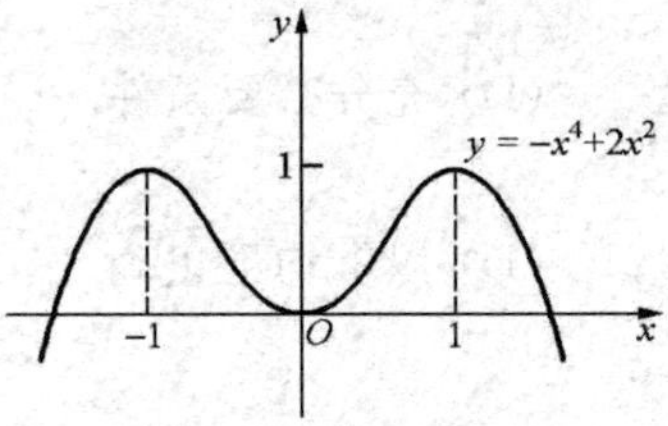

令 $y'(x)=0$ 得驻点 $x_1=-1,x_2=0,x_3=1$.

又因为 $y''=-12x^2+4$,从而

$$y''(-1)=y''(1)=-8<0,\quad y''(0)=4>0,$$

因此,由定理 4.8 知,$f(x)$ 分别在 $x_1=-1$ 和 $x_3=1$ 处取得极大值,极大值为 $f(-1)=f(1)=1$;在 $x_2=0$ 处取得极小值,极小值为 $f(0)=0$(如图 4.11 所示).

图 4.11

例 4 试问 a 为何值时,函数 $f(x)=a\sin x+\dfrac{1}{3}\sin 3x$ 在 $x=\dfrac{\pi}{3}$ 处取得极值? 它是极大值还是极小值? 并求此极值.

解 函数 $f(x)=a\sin x+\dfrac{1}{3}\sin 3x$ 在其定义域 $(-\infty,+\infty)$ 内二阶可导,并且

$$f'(x)=a\cos x+\cos 3x.$$

要使函数在 $x=\dfrac{\pi}{3}$ 处取得极值,点 $x=\dfrac{\pi}{3}$ 必为驻点. 故

$$0=f'\left(\frac{\pi}{3}\right)=a\cos\frac{\pi}{3}+\cos\pi=\frac{1}{2}a-1,$$

从而 $a=2$. 又

$$f''(x)=-a\sin x-3\sin 3x,$$

当 $a=2$ 时,

$$f''\left(\frac{\pi}{3}\right)=-2\sin\frac{\pi}{3}-3\sin\pi=-\sqrt{3}<0.$$

因此,函数 $f(x)$ 在 $x=\frac{\pi}{3}$ 处取得极大值,极大值为 $f\left(\frac{\pi}{3}\right)=2\sin\frac{\pi}{3}+\frac{1}{3}\sin\pi=\sqrt{3}$.

需要指出的是:

(1) 当 $f'(x_0)=0$, $f''(x_0)=0$ 时, $f(x)$ 在 x_0 处可能有极大值,也可能有极小值,还可能没有极值. 例如, $f(x)=-x^4$, $g(x)=x^4$, $h(x)=x^3$ 这三个函数在 $x=0$ 处的一阶导数和二阶导数均为 0,但 $f(x)$ 在 $x=0$ 处取得极大值, $g(x)$ 取得极小值,而 $h(x)$ 在 $x=0$ 处没有极值. 因此,如果函数在驻点处的二阶导数为 0,那么还得用一阶导数在驻点左右两侧附近的符号来判别.

(2) 在求极值时,何时用第一充分条件判别(定理 4.7),何时用第二充分条件判别(定理 4.8)要根据具体情况而定. 若 $f'(x)$ 的符号容易判定,可用第一充分条件判别,否则,用第二充分条件判别. 但对于不可导点只能用第一充分条件来判别.

习 题 4.4

1. 选择题:

(1) $f'(x_0)=0$ 是可导函数 $f(x)$ 在 x_0 点处取得极值的( ).

(A) 必要条件; (B) 充分条件; (C) 充要条件; (D) 无关条件.

(2) 若 $f'(x_0)=0$, $f''(x_0)=0$,则函数 $f(x)$ 在 x_0 点处( ).

(A) 一定有极大值; (B) 一定有极小值; (C) 可能有极值; (D) 一定无极值.

(3) 函数 $f(x)$ 在 x_0 点处二阶可导,且 $f'(x_0)=0$, $f''(x_0)\neq 0$ 是函数 $f(x)$ 在 x_0 点处取得极值的( ).

(A) 必要条件; (B) 充分条件; (C) 无关条件; (D) 充分必要条件.

(4) $f'(x_0)=0$ 是函数 $f(x)$ 在 x_0 点处取得极值的( ).

(A) 必要条件; (B) 充分条件; (C) 充分必要条件; (D) 以上均不正确.

2. 计算下列函数的极值:

(1) $y=2x^3-6x^2-18x+3$; (2) $y=\frac{\ln x}{x}$;

(3) $y=\frac{x}{1+x^2}$; (4) $y=x^2e^{-x}$;

(5) $y=2-\sqrt[3]{(x-1)^2}$; (6) $y=2e^x+e^{-x}$.

3. 设函数 $f(x)=x^3+ax^2+bx+c$. 试问当常数 a, b 分别满足什么关系时,函数 $f(x)$ 一定没有极值,可能有一个极值,可能有两个极值?

§4.5 函数的最大值和最小值及其应用

许多生产活动、科学技术实践乃至军事活动中常常会遇到这样一类问题: 在一定条件下,怎样才能使“产量最大”“用料最省”“成本最低”“利润最大”“效率最高”“射程最远”等. 这类问题在数学上往往可以归结为求某个函数(通常称为目标函数)的最大值或最小值问题.

第二章已介绍了最大值与最小值的概念,并且介绍了最大值与最小值存在定理,即有界闭区间上的连续函数一定有最大值和最小值. 最大值和最小值可能在端点处取得,也可能在开区间内部取得. 当最大值在区间内部取得时便成了极大值,而当最小值在区间内部取得时便成了极小值. 这其实告诉了我们求闭区间上连续函数的最大值和最小值的方法.

假定函数 $f(x)$在闭区间$[a,b]$上连续,在开区间(a,b)内最多有有限个驻点和导数不存在的点. 则由上面的分析知,函数 $f(x)$在$[a,b]$上的最大值和最小值要么在端点 a,b 处达到,要么是极值,从而在某个极值点处达到. 而由极值的必要条件知,极值点要么是驻点,要么是函数的不可导点. 因此,函数 $f(x)$在$[a,b]$上的最大值和最小值只可能在端点 a,b,$f(x)$的驻点,或不可导点处取到. 故只需要求出这些点处的函数值并加以比较:其中最大的即为最大值,最小的即为最小值. 具体归纳出来可以按以下步骤求满足上述条件的函数的极值:

(1) 求出 $f(x)$在(a,b)上的所有驻点和导数不存在的点;

(2) 求出驻点、导数不存在的点以及端点的函数值;

(3) 比较函数在端点、驻点、不可导点处的值, 最大的即为最大值, 最小的即为最小值.

例 1 求函数 $y=x+3\sqrt[3]{1-x}$ 在区间$[-1,2]$上的最大值与最小值.

解 函数 $y=x+3\sqrt[3]{1-x}$ 在区间$[-1,2]$上连续,并且

$$y'=1+3\cdot\frac{1}{3\sqrt[3]{(1-x)^2}}(-1)=\frac{\sqrt[3]{(1-x)^2}-1}{\sqrt[3]{(1-x)^2}},\quad x\neq 1.$$

函数在 $x=1$ 处不可导.

令 $y'=0$ 得驻点 $x=0$. 而

$$y(-1)=3\sqrt[3]{2}-1,\quad y(0)=3,\quad y(1)=1,\quad y(2)=-1,$$

所以函数 $y=x+3\sqrt[3]{1-x}$ 在区间$[-1,2]$上的最大值为 $y(0)=3$,最小值为 $y(2)=-1$.

例 2 设有一块边长为 a 的正方形铁皮,从 4 个角各截去大小一样的小正方形,做一个无盖的方匣. 试问截去边长为多少的小正方形时方能使做成的方匣的容积最大.

解 设截去的小正方形的边长为 x(如图 4.12 所示),则做成的方匣的容积为

$$y=f(x)=(a-2x)^2x\quad\left(0<x<\frac{a}{2}\right).$$

于是问题就转化为求函数 $y=(a-2x)^2x$ 在$\left(0,\frac{a}{2}\right)$中的最大值问题.

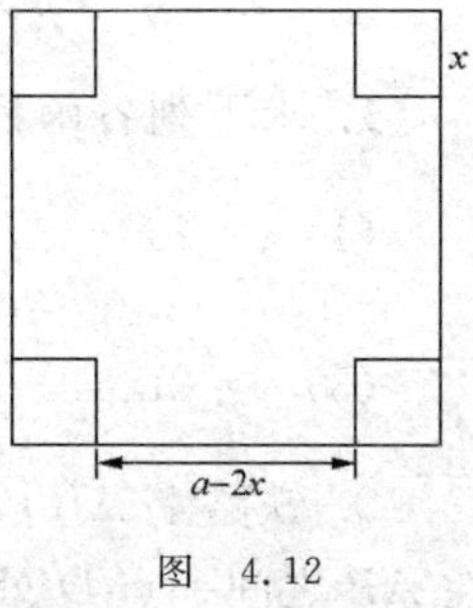

图 4.12

因为

$$y'=2(a-2x)(-2)x+(a-2x)^2=(a-2x)(a-6x),$$

所以令 $y'=0$ 得函数在$\left(0,\frac{a}{2}\right)$中的唯一驻点 $x=\frac{a}{6}$.

当 $0<x<\frac{a}{6}$时, $y'>0$,从而 $f(x)$单调增加;而当$\frac{a}{6}<x<\frac{a}{2}$时,$y'<0$,从而 $f(x)$单调减

少. 因此,在 $x=\frac{a}{6}$处,$f(x)$取得最大值,即容积最大,最大容积为 $f\left(\frac{a}{6}\right)=\frac{2}{27}a^3$.

对于求实际问题中的最大值与最小值,首先应该建立函数关系,也就是通常所说的建立数学模型或目标函数,然后求出目标函数在定义区间内的驻点以及不可导点,最后比较这些点和端点处的函数值确定函数的最大值或最小值. 有必要指出的是,如果目标函数的驻点(或不可导点)唯一,并且实际问题表明函数的最大值或最小值存在,并且不能在定义区间的端点(一般为极端情况)处达到,那么所求驻点或不可导点就是函数的最大值点或最小值点. 因此,将来遇到实际问题,可以不像例 2 那样详细讨论.

例 3 某工厂要建一个容积为 500 m^3 的圆柱形密封容器. 上、下顶部每平方米造价 2000 元,侧面每平方米造价 4000 元. 试问这个容器的底面半径和高各取多大时,造价最低?

解 设底面半径为 x(单位: m),高为 h(单位: m). 则由已知 $\pi x^2h=500$,从而 $h=\frac{500}{\pi x^2}$. 因此,建造一个底面半径为 x,容积为 500 m^3 的容器的造价为

$$y=2\pi x^2\cdot 2000+2\pi xh\cdot 4000=4000\pi\left(x^2+2x\frac{500}{\pi x^2}\right),$$

即
$$y=4000\pi\left(x^2+\frac{1000}{\pi x}\right),\quad x\in(0,+\infty).$$

下面讨论 x 取什么值时,y 最小.

因为 $y'=4000\pi\left(2x-\frac{1000}{\pi x^2}\right)$,令 $y'=0$ 得唯一驻点 $x=\frac{10}{\sqrt[3]{2\pi}}$,而且从这个实际问题知道应有最小值,所以当 $x=\frac{10}{\sqrt[3]{2\pi}}\mathrm{m}\approx 5.42\ \mathrm{m}$ 时,造价 y 最低. 此时,相应的高为

$$h=\frac{500}{\pi x^2}=\frac{500}{\pi\frac{100}{\sqrt[3]{4\pi^2}}}=5\sqrt[3]{\frac{4}{\pi}}\approx 5.42\ \mathrm{m},$$

最低造价为 $y\big|_{x=\frac{10}{\sqrt[3]{2\pi}}}=1\,200\,000\sqrt[3]{\frac{\pi}{4}}\approx 1107162$ 元.

习 题 4.5

1. 求下列各函数在所给区间上的最大值和最小值:

(1) $y=2x^3-3x^2$, $[-1,4]$;　　(2) $y=\frac{x}{1+x^2}$, $[0,2]$;

(3) $y=2\tan x-\tan^2x$, $\left[0,\frac{\pi}{3}\right]$;　　(4) $y=\sqrt[3]{x^2(x-1)}$, $[-1,2]$.

2. 铁路上 AB 段的距离为 100 km,工厂 C 与 A 相距 40 km,并且 AC 垂直于 AB. 现在要在 AB 之间一点 D 处向工厂 C 修一条公路(如图 4.13 所示),使得从原料供应站 B 运货到工厂 C 所用费用最省,试问 D 点应该设在何处? 已知每千米的铁路运费和公路运费之比为 3∶5.

3. 从一块半径为 R 的圆形铁皮上剪下一块圆心角为 α 的扇形用来做漏斗. 试问: 当 α 为多少时,漏斗容积最大?

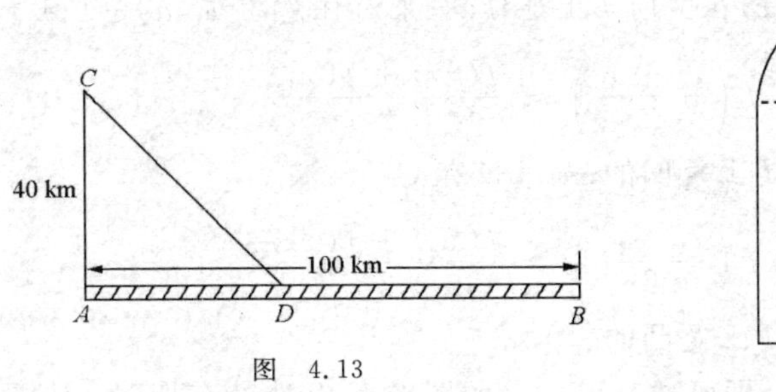

图 4.13

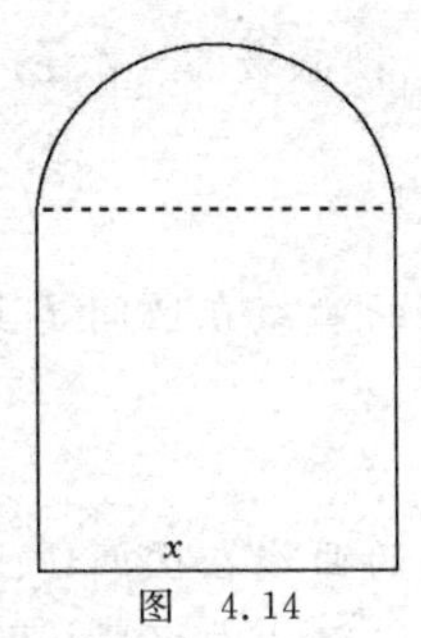

图 4.14

4. 某隧洞的截面拟建成矩形加半圆(如图 4.14 所示),截面面积为 12 m^2. 试问:底宽 x 为多少时才能使周长最小,从而使建造时用料最少?

5. 求内接于椭圆 $\frac{x^2}{a^2}+\frac{y^2}{b^2}=1$,边平行于坐标轴的矩形中最大者的面积.

§4.6 函数的凹凸性和拐点

§4.3 和 §4.4 讨论了函数的单调性和极值,这对了解函数的性态有很大的作用. 但是,仅仅知道这些还不够,还不能准确地描绘函数的图像. 例如,函数 $y=x^2$ 和 $y=\sqrt{x}$在$[0,1]$上都是单调增加的,并且其图像都以(0,0)和(1,1)为端点,但是它们的图形却有着显著的区别(如图 4.15 所示). 函数 $y=x^2$ 的图形是"凹的",而函数 $y=\sqrt{x}$的图形是"凸的". 本节将研究函数的凹凸性及其判别方法.

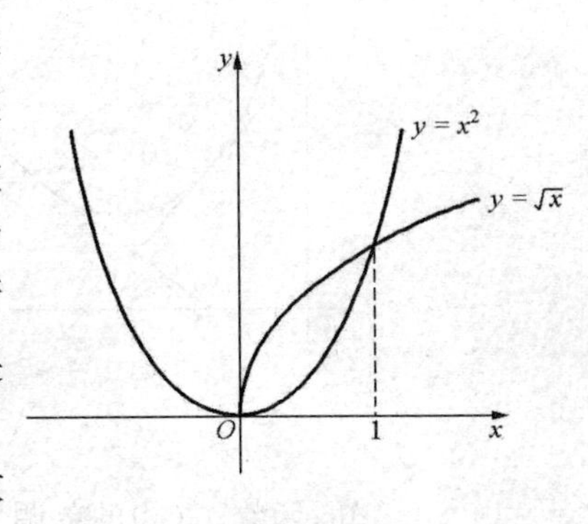

图 4.15

首先遇到的问题是如何用严格的数学语言来定义函数的凹凸性. 从几何直观上看,如果函数的图像是"凸的",那么联结它上面的任意两点的弦的中点都总是位于这两点之间的弧段的下方(如图 4.16(a)所示);而如果函数的图像是"凹的",那么联结它上面的任意两点的弦的中点都总是位于这两点之间的弧段的上方(如图 4.16(b)所示). 因此我们可以利用这一特性来定义函数的凹凸性.

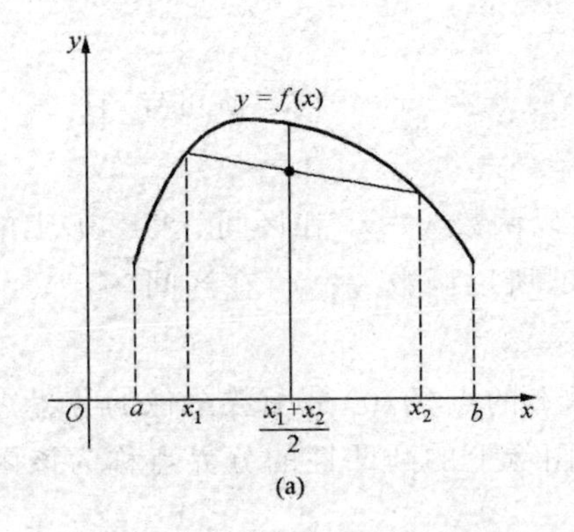

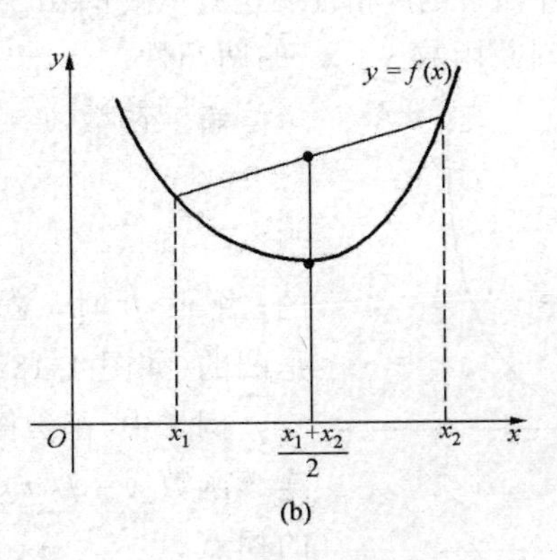

图 4.16

定义 4.1 设函数 $y=f(x)$ 在区间 I 上连续. 如果对任意的 $x_1, x_2 \in I$ 且 $x_1 \neq x_2$ 恒有

$$f\left(\frac{x_1+x_2}{2}\right) < \frac{f(x_1)+f(x_2)}{2},$$

则称函数 $f(x)$ 的曲线在区间 I 上是**凹的**;如果恒有

$$f\left(\frac{x_1+x_2}{2}\right) > \frac{f(x_1)+f(x_2)}{2},$$

则称函数 $f(x)$ 的曲线在区间 I 上是**凸的**.

设 $f(x)$ 在区间 I 内可导，即函数 $y=f(x)$ 的图像 C 上处处有切线. 从图 4.17(a)和(b)不难发现:如果 $f(x)$ 的曲线在区间 I 上是凹的,那么随着切点向右移动,切线的斜率不断增大,换句话说,$f'(x)$ 在区间 I 内是单调增加的;如果 $f(x)$ 的曲线在区间 I 上是凸的，那么随着切点向右移动,切线的斜率不断减少，换句话说,$f'(x)$ 在区间 I 内是单调减少的. 其实,可以从理论上证明:可导函数 $y=f(x)$ 在区间 I 上的曲线是凹(凸)的充分必要条件是 $f'(x)$ 在 I 内是单调增加(单调减少)的.

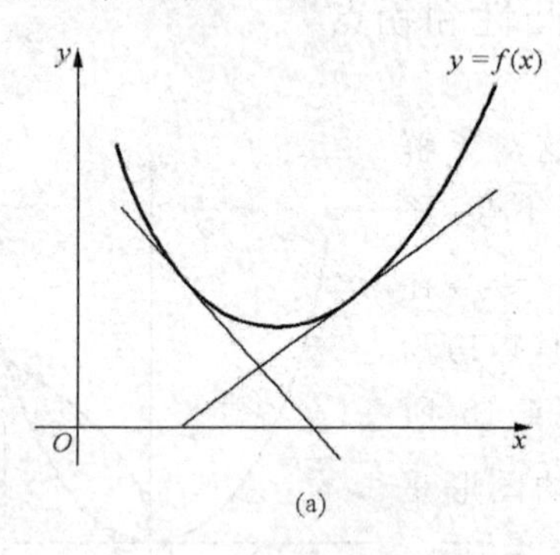

(a)

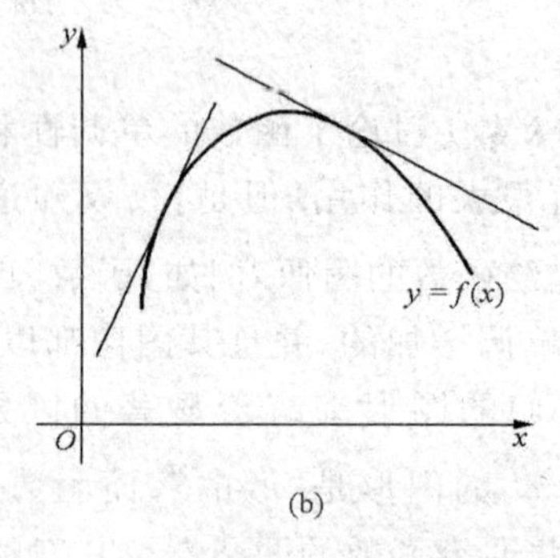

(b)

图 4.17

由§4.3 知,函数 $f'(x)$ 的单调性可以由其导数 $f''(x)$ 的符号来判别. 由此我们有以下定理.

定理 4.9 设函数 $f(x)$ 在 $[a,b]$ 上连续,在 (a,b) 内具有二阶导数.

(1) 若在 (a,b) 内 $f''(x)>0$,则函数 $f(x)$ 在 $[a,b]$ 上的曲线是凹的;

(2) 若在 (a,b) 内 $f''(x)<0$,则函数 $f(x)$ 在 $[a,b]$ 上的曲线是凸的.

关于这个定理的严格证明这里不做介绍. 下面举例说明如何利用这个定理判别函数的凹凸性.

例 1 判断函数 $y=x^3$ 的凹凸性.

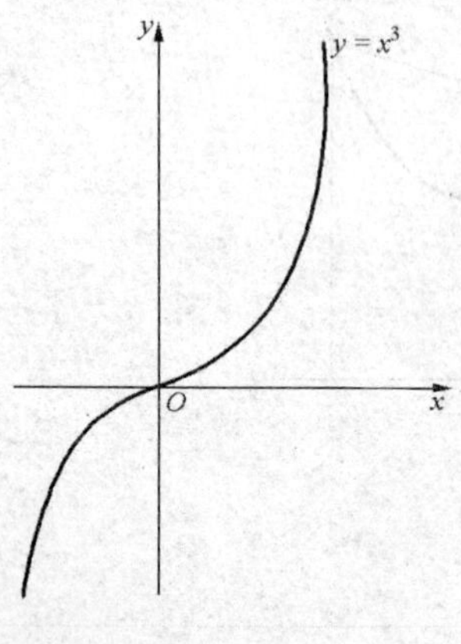

图 4.18

解 函数 $y=x^3$ 在 $(-\infty,+\infty)$ 内二阶可导,且

$$y'=3x^2, \quad y''=3x,$$

当 $x<0$ 时，$y''<0$,所以函数 $y=x^3$ 在区间 $(-\infty,0)$ 上的曲线是凸的;当 $x>0$ 时，$y''>0$,所以函数 $y=x^3$ 在区间 $(0,+\infty)$ 上的曲线是凹的(如图 4.18 所示).

例 1 中,函数图像上的点 $(0,0)$ 是函数图像的分界点. 一般地,连续函数 $y=f(x)$ 的图像上的凸凹性的分界点称为该函数(图像)的**拐点**.

例 2 讨论函数 $y=\sqrt[3]{x}$ 的凹凸性. 如果有拐点,求出拐点坐标.

解 函数 $y=\sqrt[3]{x}$ 在其定义域内连续,并且

$$y' = \frac{1}{3}x^{-\frac{2}{3}}, \quad y'' = -\frac{2}{9}x^{-\frac{5}{3}}, \quad x \neq 0,$$

$x=0$ 为函数 $y=\sqrt[3]{x}$ 的不可导点.

当 $x<0$ 时，$y''>0$,所以函数在$(-\infty,0)$上的曲线是凹的;而当 $x>0$ 时，$y''<0$,所以函数在$(0,+\infty)$上的曲线是凸的. $(0,0)$是函数 $y=\sqrt[3]{x}$ 的拐点(如图 4.19 所示).

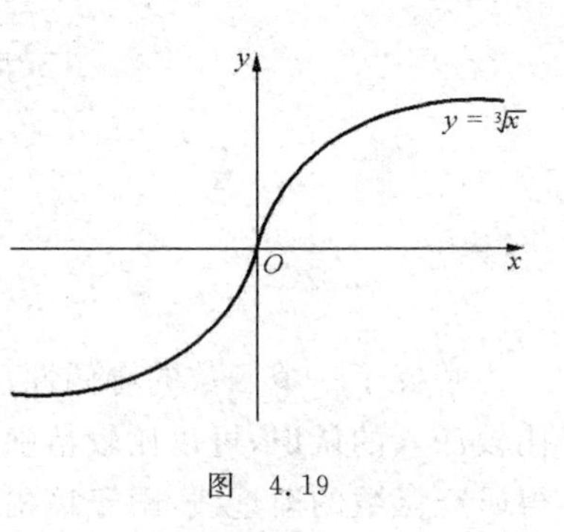

图 4.19

由例 1 和例 2 可以看出,拐点常常发生在二阶导数为 0 或二阶导数不存在的点处. 而拐点的横坐标将函数的定义区间分成了若干小区间,在这些小区间上函数的曲线要么是凸的,要么是凹的. 这样的区间分别称为曲线的**凸区间**和**凹区间**,例如,$(-\infty,0)$是函数 $y=x^3-3x^2+2x+1$ 曲线的凸区间,而$(0,+\infty)$为它的凹区间. 为了简单起见,通常不特别强调端点,而直接说$(-\infty,0)$和$(0,+\infty)$分别为该函数曲线的凸区间和凹区间.

一般地,可以采用如下步骤求连续函数 $y=f(x)$的拐点以及凹、凸区间:

(1) 求 $f''(x)$,并求出在所讨论区间内的 $f''(x)$不存在的点;

(2) 令 $f''(x)=0$,求出位于所讨论区间内的所有实根;

(3) 讨论 $f''(x)$在以上求出的区间内 $f''(x)=0$ 的点以及 $f''(x)$不存在的点的左右两侧的符号,确定该点是否为拐点.

例 3 讨论函数 $y=\dfrac{x}{1+x^2}$曲线的凹、凸区间,并求出其拐点.

解 函数 $y=\dfrac{x}{1+x^2}$在其定义区间$(-\infty,+\infty)$内二阶可导,且

$$y' = \frac{(1+x^2)-x\cdot 2x}{(1+x^2)^2} = \frac{(1-x^2)}{(1+x^2)^2},$$

$$y'' = \frac{-2x(1+x^2)^2-(1-x^2)\cdot 2(1+x^2)2x}{(1+x^2)^4}$$

$$= \frac{2x(x-\sqrt{3})(x+\sqrt{3})}{(1+x^2)^3}.$$

令 $y''=0$ 得: $x=-\sqrt{3},0,\sqrt{3}$. 列表讨论,如表 4.4 所示:

表 4.4

	$(-\infty,-\sqrt{3})$	$-\sqrt{3}$	$(-\sqrt{3},0)$	0	$(0,\sqrt{3})$	$\sqrt{3}$	$(\sqrt{3},+\infty)$
y''	$-$	0	$+$	0	$-$	0	$+$
$y=y(x)$	凸	对应拐点	凹	对应拐点	凸	对应拐点	凹

因此,函数 $y=\dfrac{x}{1+x^2}$曲线的凸区间是$(-\infty,-\sqrt{3})$和$(0,\sqrt{3})$;凹区间是$(-\sqrt{3},0)$和$(\sqrt{3},+\infty)$;拐点是 $A\left(-\sqrt{3},-\dfrac{\sqrt{3}}{4}\right)$,$O(0,0)$以及 $B\left(\sqrt{3},\dfrac{\sqrt{3}}{4}\right)$,如图 4.20 所示.

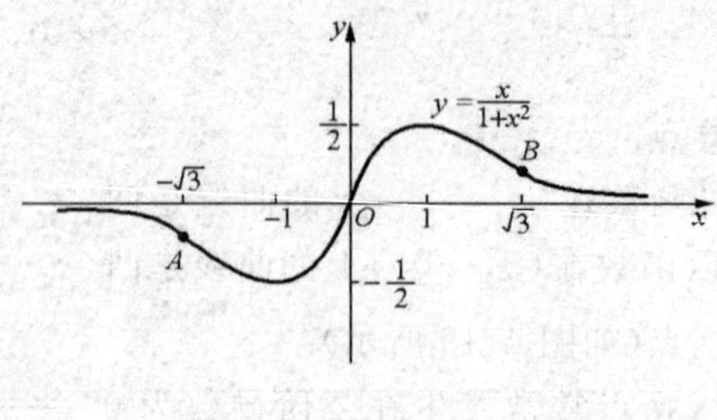

图 4.20

掌握了一个函数的奇偶性、周期性、单调性、凹凸性、极值、拐点等基本上就对该函数有了比较深入的认识,可以比较精确地描绘出函数的图像. 如果想更精确地描绘出函数的图像,还得研究函数的渐近线,限于篇幅我们就不在这里介绍了.

习 题 4.6

1. 选择题:

(1) 曲线 $y=x^4-24x^2+6x$ 的凸区间为( ).

(A) $(-2,2)$; (B) $(-\infty,0)$; (C) $(0,+\infty)$; (D) $(-\infty,+\infty)$.

(2) 函数 $y=\mathrm{e}^{-x}$ 在其定义域内的曲线是严格单调( ).

(A) 增加且凹的; (B) 增加且凸的; (C) 减少且凹的; (D) 减少且凸的.

(3) 曲线 $y=\mathrm{e}^{-x^2}$( ).

(A) 没有拐点; (B) 有一个拐点; (C) 有两个拐点; (D) 有三个拐点.

(4) 设函数 $f(x)$ 在区间 (a,b) 内恒有 $f'(x)>0$, $f''(x)<0$,则曲线 $y=f(x)$ 在 (a,b) 内( ).

(A) 单调增加且凹; (B) 单调增加且凸;

(C) 单调减少且凹; (D) 单调减少且凸.

(5) 已知函数 $y=f(x)$ 的导函数 $f'(x)$ 的图像如图 4.21 所示,则函数 $y=f(x)$ 的图像在 $(-\infty,+\infty)$ 内是( ).

(A) 凹的; (B) 凸的; (C) 单调增加的; (D) 单调减少的.

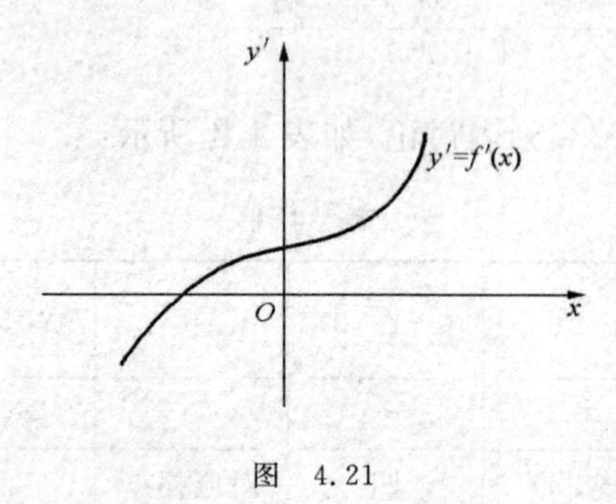

图 4.21

2. 讨论下列函数曲线的凹凸性,并求出它们的拐点.

(1) $y=x^3-3x+1$; (2) $y=\dfrac{\ln x}{x}$; (3) $y=\ln(1+x^2)$;

(4) $y=x\mathrm{e}^{-x}$; (5) $y=\sqrt[3]{1-x^2}$.

3. 已知函数 $y=ax^3+bx^2+1$ 以(1,3)为拐点,试求 a 和 b 的值.

§4.7 本章内容小结与学习指导

一、本章知识结构图

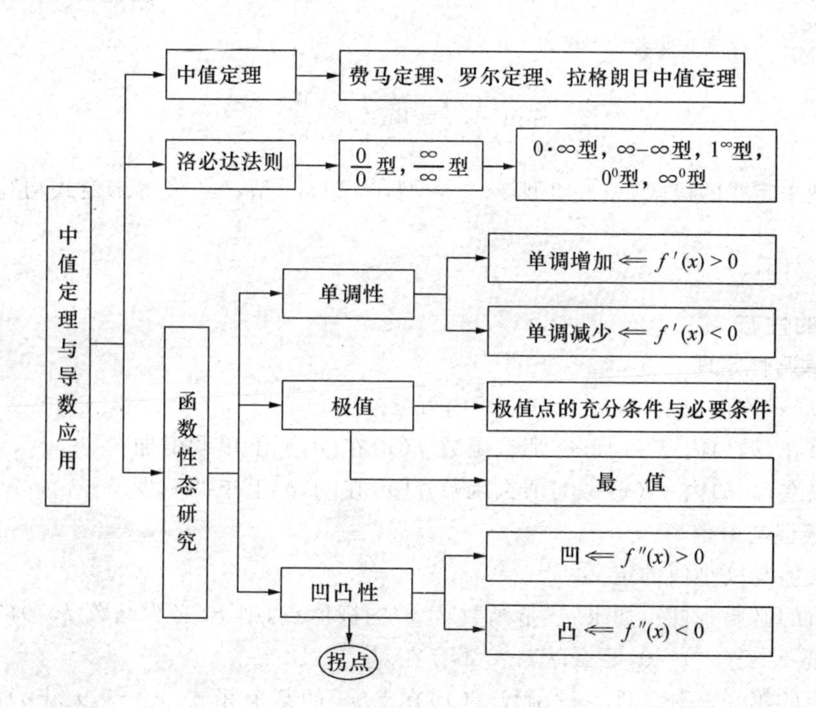

二、内容小结

1. 中值定理

费马定理 设函数 $f(x)$ 在 x_0 处可导,并且在 x_0 的某个邻域内恒有

$$f(x)\leqslant f(x_0) \quad 或 \quad f(x)\geqslant f(x_0),$$

则

$$f'(x_0)=0.$$

罗尔定理 设函数 $f(x)$ 满足:

(1) 在闭区间 $[a,b]$ 上连续;

(2) 在开区间 (a,b) 内可导;

(3) $f(a)=f(b)$,

则至少存在一点 $\xi\in(a,b)$,使得 $f'(\xi)=0$.

拉格朗日中值定理 设函数 $f(x)$ 满足:

(1) 在闭区间 $[a,b]$ 上连续;

(2) 在开区间 (a,b) 内可导,

则至少存在一点 $\xi\in(a,b)$,使得

$$f'(\xi)=\frac{f(b)-f(a)}{b-a} \quad 或 \quad f(b)-f(a)=f'(\xi)(b-a).$$

2. 洛必达法则

$\frac{0}{0}$型和$\frac{\infty}{\infty}$型未定式的洛必达法则 如果 $f(x)$和 $g(x)$满足下列条件：

(1) $\lim\limits_{x\to a}f(x)=\lim\limits_{x\to a}g(x)=0$(或$\infty$)；

(2) 在点 a 的某个去心邻域内(a 除外)，$f(x)$与 $g(x)$可导，并且 $g'(x)\neq 0$；

(3) $\lim\limits_{x\to a}\frac{f'(x)}{g'(x)}$存在(或者为$\infty$)，

则
$$\lim_{x\to a}\frac{f(x)}{g(x)}=\lim_{x\to a}\frac{f'(x)}{g'(x)}.$$

其他类型未定式的极限 $0\cdot\infty$型，$\infty-\infty$型，0^0 型，1^∞ 型，∞^0 型等未定式均转换为$\frac{0}{0}$型和$\frac{\infty}{\infty}$型未定式来计算.

3. 函数的性态

函数的单调性定理

设函数 $f(x)$在$[a,b]$上连续，在(a,b)内可导.

(1) 如果在(a,b)内 $f'(x)>0$，那么函数 $f(x)$在$[a,b]$上单调增加；

(2) 如果在(a,b)内 $f'(x)<0$，那么函数 $f(x)$在$[a,b]$上单调减少.

函数的极值与最值

(1) 极大值与极小值的定义.

(2) 极值的必要条件 如果 x_0 是函数 $f(x)$的极值点，则 x_0 必为函数 $f(x)$的驻点或不可导点，亦即，要么 $f'(x_0)=0$，要么 $f'(x_0)$不存在.

(3) 极值的第一充分条件 设函数 $f(x)$在点 x_0 的某个邻域$(x_0-\delta,x_0+\delta)$内连续，在去心邻域内可导.

① 如果当 $x\in(x_0-\delta,x_0)$时，$f'(x)>0$；当 $x\in(x_0,x_0+\delta)$时，$f'(x)<0$，那么函数 $f(x)$在 x_0 处取得极大值.

② 如果当 $x\in(x_0-\delta,x_0)$时，$f'(x)<0$；当 $x\in(x_0,x_0+\delta)$时，$f'(x)>0$，那么函数 $f(x)$在 x_0 处取得极小值.

③ 如果当 $x\in(x_0-\delta,x_0)\cup(x_0,x_0+\delta)$时恒有 $f'(x)>0$，或恒有 $f'(x)<0$，那么函数 $f(x)$在 x_0 处没有极值.

(4) 极值的第二充分条件 设函数 $y=f(x)$在点 x_0 处具有二阶导数，并且 $f'(x_0)=0$，$f''(x_0)\neq 0$.

① 若 $f''(x_0)<0$，则函数 $y=f(x)$在 x_0 处取得极大值；

② 若 $f''(x_0)>0$，则函数 $y=f(x)$在 x_0 处取得极小值.

(5) 函数极值的计算方法：

① 求出导数 $f'(x)$以及不可导的点；

② 求出函数 $f(x)$的全部驻点(即求出方程 $f'(x)=0$ 在所讨论的区间内的全部根)；

③ 考查 $f'(x)$的每一个驻点、不可导点的左右两侧附近的符号，由第一充分条件判定这些点是否是极值点，是极大值点还是极小值点，或求出二阶导数，由第二充分条件判别.

④ 求出各极值点处的函数值，就是函数 $f(x)$的全部极值.

(6) 闭区间上连续函数的最值的计算方法：

① 求出 $f(x)$在(a,b)上的所有驻点和导数不存在的点；

② 求出驻点、导数不存在的点以及端点的函数值；

③ 比较以上函数值，最大的即为最大值，最小的即为最小值.

函数曲线的凹凸性与拐点

(1) 函数曲线的凹凸性及拐点的定义.

(2) 函数曲线的凹凸性判别定理　设函数 $f(x)$在$[a,b]$上连续，在(a,b)内具有二阶导数.

① 若在(a,b)内 $f''(x)>0$，则函数 $f(x)$在$[a,b]$上是凹的；

② 若在(a,b)内 $f''(x)<0$，则函数 $f(x)$在$[a,b]$上是凸的.

(3) 拐点以及凹、凸区间方法：

① 求 $f''(x)$，并求出在所讨论区间内的 $f''(x)$不存在的点；

② 令 $f''(x)=0$，求出位于所讨论区间内的所有实根；

③ 讨论 $f''(x)$在以上求出的区间内 $f''(x)=0$ 的点和 $f''(x)$不存在的点的左右两侧的符号，确定该点是否为拐点.

三、常见题型

1. 用洛必达法则求未定式的值(注意结合等价无穷小替换化简计算).
2. 函数的单调性的判定和求函数的单调区间.
3. 函数曲线的凹凸性判定和求函数曲线的凹区间和凸区间以及拐点.
4. 函数的极值点、驻点以及导数不存在的点之间的关系.
5. 函数的极值和最值的求法及其应用.
6. 证明简单的不等式.

四、典型例题分析

例 1　函数 $f(x)=x\ln x$ 在区间$[1,\mathrm{e}]$上使得拉格朗日中值定理成立的 $\xi=($　　$)$.

(A) $\mathrm{e}^{\mathrm{e}-1}$；　(B) $\dfrac{\mathrm{e}}{2}$；　(C) $\mathrm{e}^{\frac{1}{\mathrm{e}-1}}$；　(D) $\dfrac{1+\mathrm{e}}{2}$.

解　函数 $f(x)=x\ln x$ 在区间$[1,\mathrm{e}]$上连续、可导，从而满足拉格朗日中值定理的条件，所以存在 $\xi\in(1,\mathrm{e})$，使得

$$f(\mathrm{e})-f(1)=f'(\xi)(\mathrm{e}-1).$$

而 $f(\mathrm{e})-f(1)=\mathrm{e}$，$f'(x)=\ln x+1$，因此 $\mathrm{e}=(\ln\xi+1)(\mathrm{e}-1)$，由此推出

$$\xi=\mathrm{e}^{\frac{1}{\mathrm{e}-1}},$$

从而答案应选(C).

例 2　计算下列极限：

(1) $\lim\limits_{x\to0}\dfrac{\mathrm{e}^x+\mathrm{e}^{-x}-2}{\sin^2 x}$；　(2) $\lim\limits_{x\to\pi}(x-\pi)\tan\dfrac{x}{2}$；

(3) $\lim\limits_{x\to+\infty}\left[x-x^2\ln\left(1+\dfrac{1}{x}\right)\right]$；　(4) $\lim\limits_{x\to0}(\cos x)^{\frac{1}{\sin^2 x}}$.

解 (1) 由洛必达法则有

$$\lim_{x\to 0}\frac{e^x+e^{-x}-2}{\sin^2 x}\overset{\frac{0}{0}}{=\!=}\lim_{x\to 0}\frac{e^x-e^{-x}}{2\sin x\cos x}=\lim_{x\to 0}\frac{e^x-e^{-x}}{\sin 2x}\overset{\frac{0}{0}}{=\!=}\lim_{x\to 0}\frac{e^x+e^{-x}}{2\cos 2x}=1.$$

(2) 由洛必达法则有

$$\lim_{x\to\pi}(x-\pi)\tan\frac{x}{2}\overset{0\cdot\infty}{=\!=}\lim_{x\to\pi}\frac{x-\pi}{\cot\frac{x}{2}}\overset{\frac{0}{0}}{=\!=}\lim_{x\to\pi}\frac{1}{-\frac{1}{2}\csc^2\frac{x}{2}}=-\lim_{x\to\pi}2\sin^2\frac{x}{2}=-2.$$

(3) 由洛必达法则有

$$\lim_{x\to+\infty}\left[x-x^2\ln\left(1+\frac{1}{x}\right)\right]\overset{\infty-\infty}{=\!=}\lim_{x\to+\infty}x^2\left[\frac{1}{x}-\ln\left(1+\frac{1}{x}\right)\right]$$

$$=\lim_{x\to+\infty}\frac{\frac{1}{x}-\ln\left(1+\frac{1}{x}\right)}{\left(\frac{1}{x}\right)^2}\overset{y=\frac{1}{x}}{=\!=}\lim_{y\to 0}\frac{y-\ln(1+y)}{y^2}$$

$$\overset{\frac{0}{0}}{=\!=}\lim_{y\to 0}\frac{1-\frac{1}{1+y}}{2y}=\lim_{y\to 0}\frac{1}{2(1+y)}=\frac{1}{2}.$$

(4) 由洛必达法则有

$$\lim_{x\to 0}(\cos x)^{\frac{1}{\sin^2 x}}\overset{1^\infty}{=\!=}\lim_{x\to 0}e^{\frac{1}{\sin^2 x}\ln\cos x}=e^{\lim\limits_{x\to 0}\frac{\ln\cos x}{\sin^2 x}}$$

$$\overset{\frac{0}{0}}{=\!=}e^{\lim\limits_{x\to 0}\frac{\frac{-\sin x}{\cos x}}{2\sin x\cos x}}=e^{\lim\limits_{x\to 0}\frac{-1}{2\cos^2 x}}=e^{-\frac{1}{2}}.$$

注1 在用洛必达法则计算极限时，适当利用等价无穷小替换是非常有益的，往往可以简化计算. 如(1)题还可以如下求解：

$$\lim_{x\to 0}\frac{e^x+e^{-x}-2}{\sin^2 x}\overset{0\sim 0}{=\!=}\lim_{x\to 0}\frac{e^x+e^{-x}-2}{x^2}$$

$$\overset{\frac{0}{0}}{=\!=}\lim_{x\to 0}\frac{e^x-e^{-x}}{2x}\overset{\frac{0}{0}}{=\!=}\lim_{x\to 0}\frac{e^x+e^{-x}}{2}=\frac{1}{2}.$$

注2 在用洛必达法则计算极限时，适当利用变量替换也可以起到化简作用，如上面的(3)题.

注3 此外，还可以利用洛必达法则来计算数列的极限，如§4.2中的例7.

例3 求函数 $f(x)=\dfrac{x^3}{x^2-1}$ 曲线的单调区间、凹、凸区间、极值、拐点.

解 函数 $f(x)=\dfrac{x^3}{x^2-1}$ 的定义域为 $(-\infty,-1)\cup(-1,1)\cup(1,+\infty)$，且

$$f'(x)=\frac{x^2(x^2-3)}{(x^2-1)^2},\quad f''(x)=\frac{2x(x^2+3)}{(x^2-1)^3}.$$

令 $f'(x)=0, f''(x)=0$ 得 $x=0,\pm\sqrt{3}$. 这些点将定义域分为6部分，它们的特征见表4.5.

表 4.5

	$(-\infty,-\sqrt{3})$	$-\sqrt{3}$	$(-\sqrt{3},-1)$	$(-1,0)$	0	$(0,1)$	$(1,\sqrt{3})$	$\sqrt{3}$	$(\sqrt{3},+\infty)$
$f'(x)$	+	0	−	−	0	−	−	0	+
$f''(x)$	−	−	−	+	0	−	+	+	+
$f(x)$	增,凸	极大值点	减,凸	减,凹	拐点(0,0)	减,凸	减,凹	极小值点	增,凹

因此,单调增区间为$(-\infty,-\sqrt{3})$,$(\sqrt{3},+\infty)$,单调减区间为$(-\sqrt{3},-1)$,$(-1,1)$,$(1,\sqrt{3})$;凸区间为$(-\infty,-1)$,$(0,1)$,凹区间为$(-1,0)$,$(1,+\infty)$;极大值为$f(-\sqrt{3})=-\dfrac{3}{2}\sqrt{3}$,极小值为$f(\sqrt{3})=\dfrac{3}{2}\sqrt{3}$;拐点为$(0,0)$.

注 函数单调性和凹凸性判定、单调区间和凹凸区间的求法、拐点的求法、以及极值和最值的计算方法等都是本章最基本的,读者务必熟练掌握.

例 4 $f'(x_0)=0$是可导函数$f(x)$在x_0点处有极值的(　　).

(A) 充分条件; (B) 必要条件;

(C) 充要条件; (D) 既非充分又非必要条件.

解 由§4.1定理4.1知,如果$f(x)$可导,则$f'(x_0)=0$是$f(x)$在x_0点处有极值的必要条件.故选择(B).

注 必须注意极值点、驻点以及不可导点的关系:极值点一定是驻点或不可导点,但反过来不成立,即驻点不一定就是极值点,不可导点也不一定就是极值点.

例 5 若在(a,b)内函数$f(x)$的一阶导数$f'(x)>0$,二阶导数$f''(x)<0$,则函数$f(x)$在此区间内(　　).

(A) 单调减少,凸的; (B) 单调减少,凹的;

(C) 单调增加,凹的; (D) 单调增加,凸的.

解 因为$f'(x)>0$,所以$f(x)$在(a,b)内单调增加;又因为$f''(x)<0$,所以函数在(a,b)内为凸的.故应选择(D).

例 6 设函数$f(x)=nx(1-x)^n\ (n=1,2,\cdots)$在区间$[0,1]$上的最大值为$M_n$,试计算$\lim\limits_{n\to\infty}M_n$.

解 因为$f(x)$在$[0,1]$上可导,并且

$$\begin{aligned}f'(x)&=n(1-x)^n+nx\cdot n(1-x)^{n-1}(-1)\\&=n(1-x)^{n-1}[1-(n+1)x].\end{aligned}$$

令$f'(x)=0$,得开区间$(0,1)$内的驻点为$x=\dfrac{1}{n+1}$.而

$$f(0)=f(1)=0,\quad f\left(\frac{1}{n+1}\right)=\left(\frac{n}{n+1}\right)^n,$$

所以,经比较得函数$f(x)$在闭区间$[0,1]$上的最大值为

$$M_n=\left(\frac{n}{n+1}\right)^n=\frac{1}{\left(1+\dfrac{1}{n}\right)^n},$$

因此
$$\lim_{n\to\infty}M_n=\lim_{n\to\infty}\frac{1}{\left(1+\frac{1}{n}\right)^n}=\frac{1}{\mathrm{e}}.$$

例 7 试证明：当 $0<x_1<x_2<\frac{\pi}{2}$ 时，$\frac{\tan x_2}{\tan x_1}>\frac{x_2}{x_1}$.

分析 要证的不等式等价于
$$\frac{\tan x_2}{x_2}>\frac{\tan x_1}{x_1}.$$
因此要证明这个不等式，只需证明函数 $f(x)=\frac{\tan x}{x}$ 在 $\left(0,\frac{\pi}{2}\right)$ 内单调增加.

证明 令 $f(x)=\frac{\tan x}{x}$，则 $f(x)$ 在 $\left(0,\frac{\pi}{2}\right)$ 内可导，并且
$$f'(x)=\frac{x\sec^2x-\tan x}{x^2}=\frac{x-\sin x\cdot\cos x}{x^2\cos^2x}>0,$$
所以 $f(x)$ 在 $\left(0,\frac{\pi}{2}\right)$ 内单调增加，从而当 $0<x_1<x_2<\frac{\pi}{2}$ 时，
$$f(x_2)>f(x_1),\quad 即\quad \frac{\tan x_2}{x_2}>\frac{\tan x_1}{x_1},$$
从而 $\frac{\tan x_2}{\tan x_1}>\frac{x_2}{x_1}$.

以上证明中，利用了重要不等式：$\sin x<x,\ x\in\left(0,\frac{\pi}{2}\right)$. 由此可得当 $x\in\left(0,\frac{\pi}{2}\right)$ 时，
$$\sin x\cdot\cos x\leqslant\sin x<x.$$

例 8 证明方程 $4\ln x=x$ 在 $(1,\mathrm{e})$ 内有唯一实根.

证明 令 $f(x)=4\ln x-x$，则 $f(x)$ 为初等函数，从而在 $[1,\mathrm{e}]$ 上连续. 因为
$$f(1)=-1<0,\quad f(\mathrm{e})=4-\mathrm{e}>0,$$
故由零点存在定理知，$f(x)$ 在 $(1,\mathrm{e})$ 内至少有一个零点.

又因为 $f(x)$ 可导，并且
$$f'(x)=\frac{4}{x}-1=\frac{4-x}{x}>4-\mathrm{e}>0,\quad x\in(1,\mathrm{e}),$$
因而 $f(x)$ 在 $[1,\mathrm{e}]$ 上单调增加，从而在 $(1,\mathrm{e})$ 上最多只有一个零点.

综上所述，函数 $f(x)$ 在 $(1,\mathrm{e})$ 内有并且只有一个零点，即方程 $4\ln x=x$ 在 $(1,\mathrm{e})$ 内有唯一实根.

例 9 设 $f(x)$ 在 $[0,+\infty)$ 上二阶可导，并且 $f(0)=0,f''(x)>0$. 证明：$g(x)=\frac{f(x)}{x}$ 在 $(0,+\infty)$ 内单调增加.

分析 要证明 $g(x)$ 的单调增加性，只需证明
$$g'(x)=\frac{xf'(x)-f(x)}{x^2}>0,$$
即只需证明 $xf'(x)-f(x)>0$ 即可.

证明 因为
$$g'(x)=\frac{xf'(x)-f(x)}{x^2},\quad x\in(0,+\infty),$$

令 $F(x)=xf'(x)-f(x)$. 由题设可知, $F(x)$在$[0,+\infty)$上可导,并且

$$F'(x)=f'(x)+xf''(x)-f'(x)=xf''(x)>0,\quad x\in(0,+\infty),$$

因此, $F(x)$在$[0,+\infty)$上单调增加,从而当 $x>0$ 时,

$$F(x)>F(0)=0.$$

因此,当 $x>0$ 时,

$$g'(x)=\frac{xf'(x)-f(x)}{x^2}>0,$$

故 $g(x)$在$(0,+\infty)$内单调增加.

例 10 将一条长为 l 的铁丝分成两段,分别构成圆形和正方形. 若将它们的面积分别记为 S_1 和 S_2. 试证明:当 S_1+S_2 最小时, $\frac{S_1}{S_2}=\frac{\pi}{4}$.

证明 设构成圆形那段铁丝的长度为 x,则构成正方形那段铁丝长度为 $l-x$. 若圆的半径为 r,正方形的边长为 a,则

$$2\pi r=x,\quad 4a=l-x,$$

因而 $r=\frac{x}{2\pi}$, $a=\frac{l-x}{4}$. 故

$$f(x)=S_1+S_2=\pi\left(\frac{x}{2\pi}\right)^2+\left(\frac{l-x}{4}\right)^2=\frac{x^2}{4\pi}+\frac{(l-x)^2}{16},$$

其中 $x\in(0,l)$.

由于 $f'(x)=\frac{x}{2\pi}-\frac{l-x}{8}$,令 $f'(x)=0$ 得唯一驻点 $x=\frac{\pi}{4+\pi}l$. 由于这是一个实际问题,而最小值一定存在,所以当 $x=\frac{\pi}{4+\pi}l$ 时, $f(x)=S_1+S_2$ 取得最小值. 此时,

$$S_1=\pi\left(\frac{x}{2\pi}\right)^2=\frac{\pi}{4(4+\pi)^2}l^2,\quad S_2=\left(\frac{l-x}{4}\right)^2=\frac{1}{(4+\pi)^2}l^2,$$

从而 $\frac{S_1}{S_2}=\frac{\pi}{4}$.

第五章 一元函数积分学

科学技术中的许多问题常常需要考虑与微分运算正好相反的问题，即已知函数 $F(x)$ 的导数 $F'(x)=f(x)$，要求这个函数 $F(x)$. 这就导致了函数 $f(x)$ 的原函数与不定积分的概念.

科学技术中同样也存在许多需要考虑无穷多个微小量(或微元)的求和的问题，例如，计算一个由曲线围成的平面图形的面积，计算不规则立体的体积，计算质点在变力作用下移动时所做的功，计算变速直线运动物体在一定时间段内所经历的位移，等等. 这就导致了定积分的概念. 定积分作为无穷多个微元的和在几何、物理以及其他科学和实际问题中被广泛地应用.

函数的不定积分与定积分这两个看似没什么关系的问题，经过17世纪众多数学家，特别是牛顿(Newton)和莱布尼茨(Leibniz)的工作，被发现它们其实是紧密相关的. 在一定条件下，定积分可以通过不定积分来计算，这就是著名的牛顿-莱布尼茨公式. 这个公式将一元函数的微分学与积分学紧密地连成一体，使微积分成为一个完整的数学体系.

本章前半部分介绍不定积分的概念及其计算方法，后半部分介绍定积分的概念、计算方法，以及定积分在几何和物理中的简单应用.

§5.1 原函数与不定积分的概念

一、原函数与不定积分

定义 5.1 设 $f(x)$ 是定义在区间 I 上的一个函数. 如果 $F(x)$ 是区间 I 上的可导函数，并且对任意的 $x\in I$ 均有

$$F'(x)=f(x) \quad 或 \quad \mathrm{d}F(x)=f(x)\mathrm{d}x,$$

则称 $F(x)$ 是 $f(x)$ 在区间 I 上的一个**原函数**.

例如，因为对任意的 $x\in(-\infty,+\infty)$ 均有 $(\sin x)'=\cos x$，所以 $\sin x$ 是 $\cos x$ 在区间 $(-\infty,+\infty)$ 内的一个原函数；因为对任意的 $x\in(-1,1)$ 均有

$$(\arcsin x)'=\frac{1}{\sqrt{1-x^2}},$$

所以 $\arcsin x$ 是 $\dfrac{1}{\sqrt{1-x^2}}$ 在 $(-1,1)$ 内的一个原函数.

显然,一个函数的原函数不是唯一的.事实上,如果 $F(x)$ 是 $f(x)$ 在区间 I 上的一个原函数,即 $F'(x)=f(x)\ (x\in I)$,那么,对任意常数 C,均有

$$[F(x)+C]'=F'(x)+C'=f(x),\quad x\in I,$$

从而 $F(x)+C$ 也是 $f(x)$ 在区间 I 上的原函数.这说明,如果函数 $f(x)$ 在区间 I 上有一个原函数,那么 $f(x)$ 在 I 上有无穷多个原函数.另一方面,如果函数 $F(x)$ 和 $G(x)$ 都是函数 $f(x)$ 在区间 I 上的原函数,那么

$$[G(x)-F(x)]'=G'(x)-F'(x)=f(x)-f(x)=0\quad(x\in I),$$

从而

$$G(x)-F(x)=C,\quad 即\quad G(x)=F(x)+C,$$

其中 C 为某个常数.因此,如果函数 $f(x)$ 在区间 I 上有一个原函数 $F(x)$,那么 $f(x)$ 在区间 I 上的全体原函数组成的集合为函数族

$$\{F(x)+C\colon -\infty<C<+\infty\}.$$

定义 5.2 如果函数 $f(x)$ 在区间 I 上有原函数,那么称 $f(x)$ 在 I 上的全体原函数组成的函数族为函数 $f(x)$ 在区间 I 上的**不定积分**,记为

$$\int f(x)\mathrm{d}x,$$

其中记号 $\int$ 称为**积分号**,$f(x)$ 称为**被积函数**,$f(x)\mathrm{d}x$ 称为**被积表达式**,x 称为**积分变量**.

由定义以及前面的说明知,如果 $F(x)$ 是 $f(x)$ 在区间 I 上的一个原函数,那么

$$\int f(x)\mathrm{d}x=F(x)+C,$$

其中 C 为任意常数.例如

$$\int\cos x\mathrm{d}x=\sin x+C,\quad \int\frac{1}{\sqrt{1-x^2}}\mathrm{d}x=\arcsin x+C.$$

一个函数要具备什么条件,才能保证它的原函数一定存在呢?关于这个问题,我们有如下结论,至于它的证明将在§5.7(定理5.8)中给出.

定理 5.1(原函数存在定理) 如果函数 $f(x)$ 在区间 I 上连续,那么 $f(x)$ 在区间 I 上一定有原函数,即一定存在区间 I 上的可导函数 $F(x)$,使得

$$F'(x)=f(x),\quad x\in I.$$

简单地说就是:**连续函数必有原函数**.由于初等函数在其定义区间上连续,所以初等函数在其定义区间上一定有原函数.

怎样求一个连续函数的原函数或不定积分呢?后面几节将讨论这个问题.下面仅给出一些简单函数的不定积分的例子.

例 1 求不定积分 $\int x^\alpha\mathrm{d}x\ (\alpha\neq-1)$.

解 因为 $\left(\dfrac{x^{\alpha+1}}{\alpha+1}\right)'=x^\alpha\,(\alpha\neq-1)$,所以 $\dfrac{x^{\alpha+1}}{\alpha+1}$ 为函数 x^α 的一个原函数.故

$$\int x^\alpha\mathrm{d}x=\frac{x^{\alpha+1}}{\alpha+1}+C.$$

例 2 求不定积分$\int \frac{1}{x}\mathrm{d}x$.

解 当$x>0$时,$(\ln|x|)' = (\ln x)' = \frac{1}{x}$;

当$x<0$时,$(\ln|x|)' = [\ln(-x)]' = \frac{1}{-x}(-1) = \frac{1}{x}$.

所以$\ln|x|$是函数$\frac{1}{x}$在$(-\infty,0)\cup(0,+\infty)$上的一个原函数,从而

$$\int \frac{1}{x}\mathrm{d}x = \ln|x| + C.$$

例 3 设曲线通过点(1,0),且曲线上任一点处的切线斜率等于该点横坐标的两倍. 试求此曲线的方程.

解 设曲线方程为$y=f(x)$,则由已知,曲线在点$(x,f(x))$处的斜率为

$$f'(x) = 2x,$$

即$f(x)$为$2x$的一个原函数.

又因为$\int 2x\mathrm{d}x = x^2 + C$,所以必有某个常数$C$,使得$f(x)=x^2+C$,即曲线方程为

$$y = x^2 + C.$$

由于曲线过点(1,0),所以$0=1+C$,从而$C=-1$. 于是所求曲线的方程为

$$y = x^2 - 1.$$

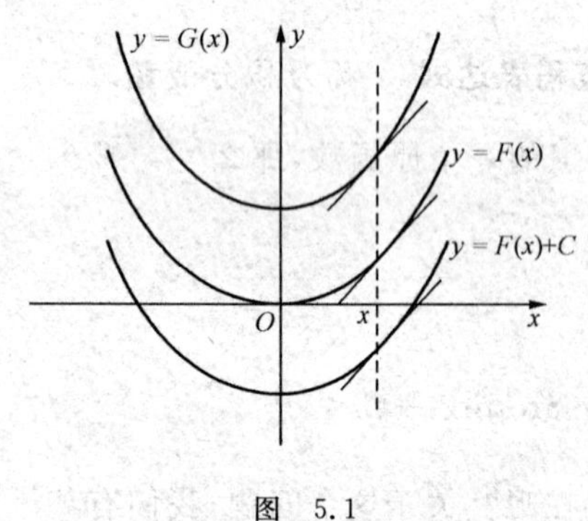

图 5.1

函数$f(x)$的原函数的图像称为$f(x)$的**积分曲线**. 例 3 中所求的就是$2x$的积分曲线中经过点(1,0)的那一条. 由定义知,如果$y=F(x)$和$y=G(x)$都是$f(x)$的积分曲线方程,那么$F'(x)=G'(x)=f(x)$,即积分曲线$y=F(x)$和$y=G(x)$在x的对应点处的切线斜率相等,从而切线平行(如图 5.1 所示).

最后指出,由于$\int f(x)\mathrm{d}x$是$f(x)$的原函数族,所以

$$\frac{\mathrm{d}}{\mathrm{d}x}\int f(x)\mathrm{d}x = f(x) \quad 或 \quad \mathrm{d}\int f(x)\mathrm{d}x = f(x)\mathrm{d}x; \tag{1}$$

又由于$F(x)$是$F'(x)$的原函数,所以

$$\int F'(x)\mathrm{d}x = F(x) + C \quad 或 \quad \int \mathrm{d}F(x) = F(x) + C. \tag{2}$$

因此,微分运算 d 和求不定积分的运算$\int$是互逆的,当记号$\int$和 d 连在一起时,或者抵消,或者抵消后相差一个常数.

二、基本积分公式

既然积分运算与微分运算互为逆运算,因此,正如例 1、例 2 中所做的那样,可以很自然地从基本导数公式或基本微分公式得到相应的基本积分公式. 下面将这些基本积分公式罗列如下:

(1) $\int 0\mathrm{d}x = C$；　　(2) $\int k\mathrm{d}x = kx + C$ (k 为常数)；

(3) $\int x^{\mu}\mathrm{d}x = \dfrac{x^{\mu+1}}{\mu+1} + C\ (\mu \neq -1)$；　　(4) $\int \dfrac{1}{x}\mathrm{d}x = \ln|x| + C$；

(5) $\int \dfrac{\mathrm{d}x}{1+x^2} = \arctan x + C\left(\text{或}\int \dfrac{1}{1+x^2}\mathrm{d}x = -\operatorname{arccot} x + C\right)$；

(6) $\int \dfrac{\mathrm{d}x}{\sqrt{1-x^2}} = \arcsin x + C\left(\text{或}\int \dfrac{\mathrm{d}x}{\sqrt{1-x^2}} = -\arccos x + C\right)$；

(7) $\int \cos x\mathrm{d}x = \sin x + C$；　　(8) $\int \sin x\mathrm{d}x = -\cos x + C$；

(9) $\int \dfrac{\mathrm{d}x}{\cos^2 x} = \int \sec^2 x\mathrm{d}x = \tan x + C$；　　(10) $\int \dfrac{\mathrm{d}x}{\sin^2 x} = \int \csc^2 x\mathrm{d}x = -\cot x + C$；

(11) $\int \sec x\tan x\mathrm{d}x = \sec x + C$；　　(12) $\int \csc x\cot x\mathrm{d}x = -\csc x + C$；

(13) $\int a^x\mathrm{d}x = \dfrac{a^x}{\ln a} + C$；　　(14) $\int \mathrm{e}^x\mathrm{d}x = \mathrm{e}^x + C$.

以上 14 个基本积分公式是求不定积分的基础,其他函数的不定积分往往经过运算变形后,最终都归结为这些不定积分,因此必须牢牢记住.下面举例说明如何利用这些公式计算一些简单的不定积分.

例 4　求不定积分 $\int \dfrac{1}{\sqrt{x}}\mathrm{d}x$.

解　$\int \dfrac{1}{\sqrt{x}}\mathrm{d}x = \int x^{-\frac{1}{2}}\mathrm{d}x = \dfrac{1}{-\frac{1}{2}+1}x^{-\frac{1}{2}+1} + C = 2\sqrt{x} + C.$

例 5　求不定积分 $\int 2^x\mathrm{e}^x\mathrm{d}x$.

解　$\int 2^x\mathrm{e}^x\mathrm{d}x = \int (2\mathrm{e})^x\mathrm{d}x = \dfrac{(2\mathrm{e})^x}{\ln(2\mathrm{e})} + C = \dfrac{(2\mathrm{e})^x}{1+\ln 2} + C.$

三、不定积分的基本性质

仅有基本积分公式是不够的,即使像 $\ln x$,$\tan x$,$\cot x$,$\arctan x$ 等一些基本初等函数,也无法直接利用以上基本积分公式给出它们的不定积分.因此,必须进一步寻求计算不定积分的方法.这里首先从导数的四则运算得到不定积分的线性性质.

定理 5.2(线性性质)　设函数 $f(x)$和 $g(x)$在区间 I 上的不定积分存在,α 和 β 为两个常数,则 $\alpha f(x)+\beta g(x)$在区间 I 上的不定积分存在,且当 α 和 β 不同时为 0 时,

$$\int [\alpha f(x) + \beta g(x)]\mathrm{d}x = \alpha\int f(x)\mathrm{d}x + \beta\int g(x)\mathrm{d}x. \tag{3}$$

证明　设 $F(x)$和 $G(x)$分别为函数 $f(x)$和 $g(x)$在 I 上的原函数,即

$$F'(x) = f(x),\quad G'(x) = g(x),\quad x \in I.$$

故

$$[\alpha F(x) + \beta G(x)]' = \alpha F'(x) + \beta G'(x) = \alpha f(x) + \beta g(x),\quad x \in I,$$

即 $\alpha f(x)+\beta g(x)$在区间 I 上有原函数 $\alpha F(x)+\beta G(x)$,从而不定积分存在:

$$\int[\alpha f(x)+\beta g(x)]\mathrm{d}x=\alpha F(x)+\beta G(x)+C, \tag{4}$$

其中 C 为任意常数.

又因为

$$\int f(x)\mathrm{d}x=F(x)+C_1,\quad \int g(x)\mathrm{d}x=G(x)+C_2, \tag{5}$$

其中 C_1,C_2 为两个任意常数. 因此，当 α 和 β 不同时为 0 时，$C=\alpha C_1+\beta C_2$ 也是任意常数，从而由(4)式和(5)式立刻可得(3)式.

由定理 5.2 立刻可得

$$\int[f(x)\pm g(x)]\mathrm{d}x=\int f(x)\mathrm{d}x\pm\int g(x)\mathrm{d}x;$$

$$\int kf(x)\mathrm{d}x=k\int f(x)\mathrm{d}x\quad(k\neq 0).$$

利用不定积分的线性性质可以求一些简单函数的不定积分.

例 6 求不定积分 $\int\left(2\sin x+\frac{3}{\sqrt{1-x^2}}\right)\mathrm{d}x$.

解 $$\int\left(2\sin x+\frac{3}{\sqrt{1-x^2}}\right)\mathrm{d}x=2\int\sin x\mathrm{d}x+3\int\frac{\mathrm{d}x}{\sqrt{1-x^2}}$$

$$=-2\cos x+3\arcsin x+C.$$

例 7 求不定积分 $\int\frac{(x-1)(x+1)}{\sqrt[3]{x}}\mathrm{d}x$.

解 $$\int\frac{(x-1)(x+1)}{\sqrt[3]{x}}\mathrm{d}x=\int\frac{x^2-1}{x^{\frac{1}{3}}}\mathrm{d}x=\int(x^{\frac{5}{3}}-x^{-\frac{1}{3}})\mathrm{d}x=\frac{3}{8}x^{\frac{8}{3}}-\frac{3}{2}x^{\frac{2}{3}}+C.$$

例 8 求不定积分 $\int\tan^2x\mathrm{d}x$.

解 $$\int\tan^2x\mathrm{d}x=\int(\sec^2x-1)\mathrm{d}x=\int\sec^2x\mathrm{d}x-\int\mathrm{d}x=\tan x-x+C.$$

这里利用了三角恒等式：$\sec^2x=1+\tan^2x$.

例 9 求不定积分 $\int\frac{\mathrm{d}x}{\cos^2x\sin^2x}$.

解 $$\int\frac{\mathrm{d}x}{\cos^2x\sin^2x}=\int\frac{\sin^2x+\cos^2x}{\cos^2x\sin^2x}\mathrm{d}x=\int(\sec^2x+\csc^2x)\mathrm{d}x$$

$$=\int\sec^2x\mathrm{d}x+\int\csc^2x\mathrm{d}x=\tan x-\cot x+C.$$

这里利用了三角恒等式：$\sin^2x+\cos^2x=1$.

例 10 求不定积分 $\int\frac{x^4}{1+x^2}\mathrm{d}x$.

解 $$\int\frac{x^4}{1+x^2}\mathrm{d}x=\int\frac{(x^4-1)+1}{1+x^2}\mathrm{d}x=\int\frac{(x^2+1)(x^2-1)+1}{1+x^2}\mathrm{d}x$$

$$=\int\left(x^2-1+\frac{1}{1+x^2}\right)\mathrm{d}x=\frac{x^3}{3}-x+\arctan x+C.$$

习 题 5.1

1. 选择题:

(1) 设 $f(x)$ 的一个原函数为 $\frac{1}{x}$,则 $f'(x)=($ $)$.

(A) $\ln|x|$;　(B) $\frac{1}{x}$;　(C) $-\frac{1}{x^2}$;　(D) $\frac{2}{x^3}$.

(2) 设 $f(x)$ 的一个原函数为 $\cos 2x$,则 $\int f'(x)\mathrm{d}x=($ $)$.

(A) $\cos 2x$;　(B) $\cos 2x+C$;　(C) $-2\sin 2x+C$;　(D) $-2\sin 2x$.

(3) 下列各等式中不正确的选项是( ).

(A) $\left[\int f(x)\mathrm{d}x\right]'=f(x)$;　(B) $\mathrm{d}\left[\int f(x)\mathrm{d}x\right]=f(x)\mathrm{d}x$;

(C) $\int f'(x)\mathrm{d}x=f(x)+C$;　(D) $\int \mathrm{d}F(x)=F(x)$.

(4) 设在区间 (a,b) 内 $f'(x)=g'(x)$,则下列各式一定成立的是( ).

(A) $f(x)=g(x)$;　(B) $f(x)=g(x)+1$;

(C) $\left[\int f(x)\mathrm{d}x\right]'=\left[\int g(x)\mathrm{d}x\right]'$;　(D) $\int f'(x)\mathrm{d}x=\int g'(x)\mathrm{d}x$.

(5) 不定积分 $\int \mathrm{d}\arctan x=($ $)$.

(A) $\arctan x$;　(B) $\frac{1}{1+x^2}$;　(C) $\arctan x+C$;　(D) $\frac{1}{1+x^2}+C$.

2. 设 $F(x)$ 为 e^{-x^2} 的一个原函数,求 $\frac{\mathrm{d}F(\sqrt{x})}{\mathrm{d}x}$.

3. 计算下列不定积分:

(1) $\int\left(x^2-\frac{1}{x^2}+\frac{\sqrt{x}}{2}\right)\mathrm{d}x$;　(2) $\int(x^2+1)^2\mathrm{d}x$;　(3) $\int(\sqrt{x}+1)(x-1)\mathrm{d}x$;

(4) $\int(2-\sec^2 x)\mathrm{d}x$;　(5) $\int\left(3^x-\frac{2}{\sqrt{1-x^2}}\right)\mathrm{d}x$;　(6) $\int 2^{2x}3^x\mathrm{d}x$;

(7) $\int\left(1-\frac{1}{x^2}\right)\sqrt{x\sqrt{x}}\,\mathrm{d}x$;　(8) $\int\frac{1-\mathrm{e}^{2x}}{1-\mathrm{e}^x}\mathrm{d}x$;　(9) $\int \mathrm{e}^x\left(1-\frac{\mathrm{e}^{-x}}{1+x^2}\right)\mathrm{d}x$;

(10) $\int\cot^2 x\mathrm{d}x$;　(11) $\int\frac{x^2}{1+x^2}\mathrm{d}x$;　(12) $\int\frac{1+x+x^2}{x(1+x^2)}\mathrm{d}x$;

(13) $\int\cos^2\frac{x}{2}\mathrm{d}x$;　(14) $\int\sec x(\sec x-\tan x)\mathrm{d}x$;　(15) $\int\frac{\cos 2x}{\cos x-\sin x}\mathrm{d}x$;

(16) $\int\frac{\mathrm{d}x}{1+\sin x}$;　(17) $\int\frac{\cos 2x}{\sin^2 x\cos^2 x}\mathrm{d}x$.

4. 一曲线过点(1,1),并且在其上任一点处的切线斜率等于该点横坐标的倒数的两倍.试求该曲线方程.

§5.2 不定积分的换元法

§5.1介绍了原函数与不定积分的概念、基本积分公式以及不定积分的线性性质,并通过例子说明如何利用它们直接计算某些函数的不定积分.但是仅仅利用不定积分的线性性质和基本积分公式所能计算的不定积分非常有限.因此有必要进一步研究不定积分的求法.本节介绍如何将复合函数的微分法反过来用于计算不定积分,利用中间变量的代换得到复合函数的不定积分,这就是通常说的不定积分的换元积分法,简称换元法.换元积分法通常分成两类:第一换元法和第二换元法.

一、第一换元法(凑微分法)

由复合函数的微分法知,如果 $F(u)$,$\varphi(x)$可微,则复合函数 $F[\varphi(x)]$也可微,并且

$$(F(\varphi(x)))' = F'(\varphi(x))\varphi'(x).$$

因此,$F(\varphi(x))$为 $F'(\varphi(x))\varphi'(x)$的一个原函数,从而

$$\int F'(\varphi(x))\varphi'(x)\mathrm{d}x = F(\varphi(x)) + C.$$

如果令 $f(u)=F'(u)$,亦即 $\int f(u)\mathrm{d}u = F(u) + C$,则

$$\int f(\varphi(x))\varphi'(x)\mathrm{d}x = F(\varphi(x)) + C = \left(\int f(u)\mathrm{d}u\right)_{u=\varphi(x)}.$$

于是有下面的定理.

定理 5.3 设 $f(u)$具有原函数,$u=\varphi(x)$可导,则

$$\int f(\varphi(x))\varphi'(x)\mathrm{d}x = \left(\int f(u)\mathrm{d}u\right)_{u=\varphi(x)}. \tag{1}$$

公式(1)称为不定积分的**第一换元公式**.定理 5.3 表明:虽然 $\int f(\varphi(x))\varphi'(x)\mathrm{d}x$ 是一个整体的记号,但如同导数记号 $\dfrac{\mathrm{d}y}{\mathrm{d}x}$ 中的 $\mathrm{d}y$ 和 $\mathrm{d}x$ 可看做微分一样,被积表达式 $f(\varphi(x))\varphi'(x)\mathrm{d}x$ 中的 $\mathrm{d}x$ 也可以当作变量 x 的微分来对待,这样微分等式 $\varphi'(x)\mathrm{d}x=\mathrm{d}u$ 便可以方便地应用到被积表达式中来.其实,在 §5.1 我们已经这样做了,在那里把积分 $\int F'(x)\mathrm{d}x$ 记为$\int \mathrm{d}F(x)$ 就是按照微分等式 $F'(x)\mathrm{d}x=\mathrm{d}F(x)$将被积表达式 $F'(x)\mathrm{d}x$ 记为 $\mathrm{d}F(x)$的.

如何利用第一换元公式(1)来求不定积分 $\int g(x)\mathrm{d}x$ 呢?关键在于如何将被积表达式 $g(x)\mathrm{d}x$ 化为 $f(\varphi(x))\varphi'(x)\mathrm{d}x$ 的形式,换句话说,需要凑一个微分 $\varphi'(x)\mathrm{d}x$ 出来,从而得到

$$\int g(x)\mathrm{d}x = \int f(\varphi(x))\varphi'(x)\mathrm{d}x = \int f(\varphi(x))\mathrm{d}\varphi(x) = \left(\int f(u)\mathrm{d}u\right)_{u=\varphi(x)},$$

这样,函数 $g(x)$的积分就转化为函数 $f(u)$的积分.如果 $\int f(u)\mathrm{d}u$ 能求出来,那么就能得到积分 $\int g(x)\mathrm{d}x$.因此,第一还原法也称**凑微分法**.

例 1 求不定积分 $\int \sin 3x\mathrm{d}x$.

解 被积函数 $\sin 3x$ 是一个复合函数,它是由 $f(u)=\sin u$ 和 $u=\varphi(x)=3x$ 复合而成.因此,为了利用第一换元积分公式,我们将 $\sin 3x$ 变形为

$$\sin 3x = \frac{1}{3}\sin 3x(3x)'.$$

故有

$$\int \sin 3x = \frac{1}{3}\int \sin 3x(3x)'\mathrm{d}x = \frac{1}{3}\int \sin 3x\mathrm{d}(3x)$$
$$\xlongequal{3x=u} \frac{1}{3}\int \sin u\mathrm{d}u = \frac{1}{3}(-\cos u)+C$$
$$\xlongequal{u=3x} -\frac{1}{3}\cos 3x + C.$$

例 2 求不定积分 $\int x\mathrm{e}^{x^2}\mathrm{d}x$.

解 函数 e^{x^2} 是复合函数,它是由 $f(u)=\mathrm{e}^u$ 和 $u=\varphi(x)=x^2$ 复合而成,而 $x=\frac{1}{2}(x^2)'$,所以被积函数可以变形为

$$x\mathrm{e}^{x^2} = \frac{1}{2}\mathrm{e}^{x^2}(x^2)'.$$

由第一换元积分公式,

$$\int x\mathrm{e}^{x^2}\mathrm{d}x = \int \frac{1}{2}\mathrm{e}^{x^2}(x^2)'\mathrm{d}x = \frac{1}{2}\int \mathrm{e}^{x^2}\mathrm{d}(x^2) \xlongequal{x^2=u} \frac{1}{2}\int \mathrm{e}^u\mathrm{d}u$$
$$= \frac{1}{2}\mathrm{e}^u + C \xlongequal{u=x^2} \frac{1}{2}\mathrm{e}^{x^2} + C.$$

例 3 计算不定积分 $\int \frac{\ln^2 x}{x}\mathrm{d}x$.

解 $\int \frac{\ln^2 x}{x}\mathrm{d}x = \int \ln^2 x\mathrm{d}(\ln x) \xlongequal{\ln x=u} \int u^2\mathrm{d}u$

$$= \frac{u^3}{3} + C \xlongequal{u=\ln x} \frac{\ln^3 x}{3} + C.$$

当熟练以后,甚至没必要将中间变量明显地设出来.

例 4 求下列不定积分:

(1) $\int \frac{\mathrm{d}x}{\sqrt{a^2-x^2}}\ (a>0)$;　　　(2) $\int \frac{\mathrm{d}x}{a^2-x^2}\ (a\neq 0)$.

解 (1) $\int \frac{\mathrm{d}x}{\sqrt{a^2-x^2}} = \int \frac{\mathrm{d}x}{a\sqrt{1-\left(\frac{x}{a}\right)^2}} = \int \frac{\mathrm{d}\left(\frac{x}{a}\right)}{\sqrt{1-\left(\frac{x}{a}\right)^2}} = \arcsin\frac{x}{a} + C.$

(2) 因为

$$\frac{1}{a^2-x^2} = \frac{1}{(a-x)(a+x)} = \frac{1}{2a}\cdot\frac{(a-x)+(a+x)}{(a-x)(a+x)} = \frac{1}{2a}\left(\frac{1}{a+x}+\frac{1}{a-x}\right),$$

故
$$\int \frac{\mathrm{d}x}{a^2-x^2} = \frac{1}{2a}\int\left(\frac{1}{a+x}+\frac{1}{a-x}\right)\mathrm{d}x = \frac{1}{2a}\left(\int \frac{\mathrm{d}(a+x)}{a+x} - \int \frac{\mathrm{d}(a-x)}{a-x}\right)$$
$$= \frac{1}{2a}(\ln|a+x| - \ln|a-x|) + C = \frac{1}{2a}\ln\left|\frac{a+x}{a-x}\right| + C.$$

例 4 中,没有具体引入中间变量进行换元,而是凑微分后直接利用积分公式,从而也就不再有还原的过程,极大地简化求解书写表述.

例 5 计算下列不定积分:

(1) $\int \tan x \mathrm{d}x$；　　(2) $\int \sec x \mathrm{d}x$.

解 (1) $\int \tan x \mathrm{d}x = \int \frac{\sin x}{\cos x}\mathrm{d}x = -\int \frac{\mathrm{d}\cos x}{\cos x} = -\ln|\cos x| + C$.

(2)
$$\int \sec x \mathrm{d}x = \int \frac{\mathrm{d}x}{\cos x} = \int \frac{\cos x}{\cos^2 x}\mathrm{d}x = \int \frac{\mathrm{d}\sin x}{1-\sin^2 x}$$
$$= \frac{1}{2}\ln\frac{1+\sin x}{1-\sin x} + C = \frac{1}{2}\ln\frac{(1+\sin x)^2}{\cos^2 x} + C$$
$$= \ln|\sec x + \tan x| + C,$$

或

$$\int \sec x \mathrm{d}x = \int \sec x \frac{\sec x + \tan x}{\sec x + \tan x}\mathrm{d}x = \int \frac{\sec^2 x + \sec x \tan x}{\sec x + \tan x}\mathrm{d}x$$
$$= \int \frac{1}{\sec x + \tan x}\mathrm{d}(\tan x + \sec x)$$
$$= \ln|\sec x + \tan x| + C.$$

类似地可以得到

$$\int \cot x \mathrm{d}x = \ln|\sin x| + C,\quad \int \csc x \mathrm{d}x = \ln|\csc x - \cot x| + C.$$

上述两个公式还也可以直接利用例 5 的结果得到，我们仅以第一个为例：

$$\int \cot x \mathrm{d}x = \int \tan\left(\frac{\pi}{2} - x\right)\mathrm{d}x = -\int \tan\left(\frac{\pi}{2} - x\right)\mathrm{d}\left(\frac{\pi}{2} - x\right)$$
$$= \ln\left|\cos\left(\frac{\pi}{2} - x\right)\right| + C = \ln|\sin x| + C.$$

例 6 求下列不定积分：

(1) $\int \sin^3 x \mathrm{d}x$；　　(2) $\int \cos^2 x \mathrm{d}x$；　　(3) $\int \sin 3x \cos 2x \mathrm{d}x$.

解 (1)
$$\int \sin^3 x \mathrm{d}x = \int \sin^2 x \sin x \mathrm{d}x = -\int (1-\cos^2 x)\mathrm{d}\cos x$$
$$= -\int \mathrm{d}\cos x + \int \cos^2 x \mathrm{d}\cos x = -\cos x + \frac{1}{3}\cos^3 x + C.$$

(2)
$$\int \cos^2 x \mathrm{d}x = \int \frac{1+\cos 2x}{2}\mathrm{d}x = \frac{1}{2}\left(\int \mathrm{d}x + \int \cos 2x \mathrm{d}x\right)$$
$$= \frac{1}{2}\int \mathrm{d}x + \frac{1}{4}\int \cos 2x \mathrm{d}(2x) = \frac{1}{2}x + \frac{1}{4}\sin 2x + C.$$

(3)
$$\int \sin 3x \cos 2x \mathrm{d}x = \frac{1}{2}\int (\sin 5x + \sin x)\mathrm{d}x$$
$$= \frac{1}{10}\int \sin 5x \mathrm{d}(5x) + \frac{1}{2}\int \sin x \mathrm{d}x = -\frac{1}{10}\cos 5x - \frac{1}{2}\cos x + C.$$

这里我们用了三角函数的半角公式：

$$\sin^2 x = \frac{1-\cos 2x}{2},\quad \cos^2 x = \frac{1+\cos 2x}{2}$$

中的第二式以及以下积化和差公式中的第一个：

$$\sin\alpha\cos\beta = \frac{1}{2}[\sin(\alpha+\beta) + \sin(\alpha-\beta)],$$

$$\sin\alpha\sin\beta=-\frac{1}{2}[\cos(\alpha+\beta)-\cos(\alpha-\beta)],$$

$$\cos\alpha\cos\beta=\frac{1}{2}[\cos(\alpha+\beta)+\cos(\alpha-\beta)].$$

例 7 计算不定积分 $\int\frac{\mathrm{d}x}{\sqrt{x-x^2}}$.

解 法一 $$\int\frac{\mathrm{d}x}{\sqrt{x-x^2}}=\int\frac{\mathrm{d}x}{\sqrt{-\left[x^2-2\,\frac{1}{2}x+\left(\frac{1}{2}\right)^2\right]+\left(\frac{1}{2}\right)^2}}$$

$$=\int\frac{\mathrm{d}\left(x-\frac{1}{2}\right)}{\sqrt{\left(\frac{1}{2}\right)^2-\left(x-\frac{1}{2}\right)^2}}$$

$$=\arcsin\frac{x-\frac{1}{2}}{\frac{1}{2}}+C=\arcsin(2x-1)+C.$$

法二

$$\int\frac{\mathrm{d}x}{\sqrt{x-x^2}}=\int\frac{\mathrm{d}x}{\sqrt{x}\,\sqrt{1-x}}=2\int\frac{\mathrm{d}\sqrt{x}}{\sqrt{1-(\sqrt{x})^2}}=2\arcsin\sqrt{x}+C.$$

由例 7 可见,采用不同的积分方法计算不定积分时得到的结果可能看起来不一样,但其本质是完全一样的,因为原函数之间可以相差一个常数. 换句话说,必有

$$2\arcsin\sqrt{x}=\arcsin(2x-1)+C,$$

其实这里的 $C=\frac{\pi}{2}$. 因此,当计算结果和标准答案或与别人的不一样时,最好的检查方法是求导. 如果将结果求导得到被积函数,则说明该计算结果是正确的.

从上面这些例子不难发现,第一换元法是计算不定积分的一种十分灵活有效的方法,需要多练才能熟能生巧.

二、第二换元积分法

不定积分的第一换元公式也可写成

$$\int f(\varphi(t))\varphi'(t)\,\mathrm{d}t=\left(\int f(x)\,\mathrm{d}x\right)_{x=\varphi(t)}.$$

它告诉我们: 如果能求出不定积分 $\int f(x)\mathrm{d}x$, 那么就可以利用这个公式求出不定积分 $\int f(\varphi(t))\varphi'(t)\mathrm{d}t$. 有时我们也可以将以上公式反过来用,即如果 $x=\varphi(t)$ 的反函数 $t=\varphi^{-1}(x)$ 存在,则

$$\int f(x)\,\mathrm{d}x=\left(\int f(\varphi(t))\varphi'(t)\,\mathrm{d}t\right)_{t=\varphi^{-1}(x)}.$$

这个式子告诉我们: 可以通过计算 $\int f(\varphi(t))\varphi'(t)\mathrm{d}t$ 来计算不定积分 $\int f(x)\mathrm{d}x$. 这就是所谓的不定积分的第二换元法.

定理 5.4 设 $x=\varphi(t)$ 单调、可导，并且 $\varphi'(t)\neq 0$，又设 $f(\varphi(t))\varphi'(t)$ 具有原函数，则 $f(x)$ 具有原函数，且

$$\int f(x)\mathrm{d}x=\left(\int f(\varphi(t))\varphi'(t)\mathrm{d}t\right)_{t=\varphi^{-1}(x)},\tag{2}$$

其中 $t=\varphi^{-1}(x)$ 为 $x=\varphi(t)$ 的反函数.

下面举例说明如何利用第二换元公式(2)计算不定积分.

例 8 求不定积分 $\int\frac{1}{1+\sqrt{x}}\mathrm{d}x$.

解 为了消去根式，令 $\sqrt{x}=t$，则 $x=t^2\,(t>0)$，$\mathrm{d}x=2t\mathrm{d}t$. 从而由第二换元法有

$$\begin{aligned}\int\frac{1}{1+\sqrt{x}}\mathrm{d}x&=\int\frac{1}{1+t}2t\mathrm{d}t=2\int\frac{1+t-1}{1+t}\mathrm{d}t=2\left(\int\mathrm{d}t-\int\frac{\mathrm{d}t}{1+t}\right)\\&=2(t-\ln(1+t))+C\\&\xlongequal{t=\sqrt{x}}2(\sqrt{x}-\ln(1+\sqrt{x}))+C.\end{aligned}$$

例 9 求不定积分 $\int\sqrt{a^2-x^2}\mathrm{d}x\ (a>0)$.

解 为了消去根式，利用三角恒等式 $\sin^2t+\cos^2t=1$，可令 $x=a\sin t\ (-\pi/2<t<\pi/2)$，则

$$\sqrt{a^2-x^2}=\sqrt{a^2-a^2\sin^2t}=a\cos t,\quad \mathrm{d}x=a\cos t\mathrm{d}t.$$

因此，由第二换元法有

$$\begin{aligned}\int\sqrt{a^2-x^2}\mathrm{d}x&=\int a\cos t\cdot a\cos t\mathrm{d}t=a^2\int\cos^2t\mathrm{d}t=a^2\int\frac{1+\cos2t}{2}\mathrm{d}t\\&=\frac{a^2}{2}\int\mathrm{d}t+\frac{a^2}{4}\int\cos2t\mathrm{d}(2t)=\frac{a^2}{2}t+\frac{a^2}{4}\sin2t+C\\&=\frac{a^2}{2}(t+\sin t\cos t)+C.\end{aligned}$$

由于 $x=a\sin t\ (-\pi/2<t<\pi/2)$，所以

$$t=\arcsin(x/a),\quad \cos t=\sqrt{1-\sin^2t}=\sqrt{1-\left(\frac{x}{a}\right)^2}=\frac{\sqrt{a^2-x^2}}{a},$$

于是

$$\int\sqrt{a^2-x^2}\mathrm{d}x=\frac{a^2}{2}\arcsin\frac{x}{a}+\frac{1}{2}x\sqrt{a^2-x^2}+C.$$

例 9 中涉及的

$$\cos t=\frac{\sqrt{a^2-x^2}}{a},$$

也可以用图 5.2 所示的直角三角形直接写出：

$$\cos t=\frac{\text{邻边}}{\text{斜边}}=\frac{\sqrt{a^2-x^2}}{a},$$

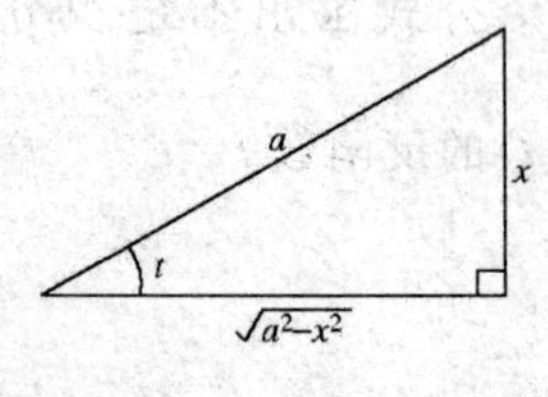

图 5.2

甚至 $\sqrt{a^2-x^2}$ 也可以由图 5.2 所示的直角三角形直接写出：

$$\sqrt{a^2-x^2}\,(\text{邻边})=\text{斜边}\cdot\cos t=a\cos t.$$

例 10 求不定积分 $\int\frac{\mathrm{d}x}{\sqrt{a^2+x^2}}\ (a>0)$.

解 为了消去根式,利用三角恒等式 $1+\tan^2 x=\sec^2 x$,令 $x=a\tan t$ $(-\pi/2<t<\pi/2)$,则

$$\frac{1}{\sqrt{a^2+x^2}}=\frac{1}{\sqrt{a^2+a^2\tan^2 t}}=\frac{1}{a\sec t},\quad \mathrm{d}x=a\sec^2 t\mathrm{d}t.$$

由第二换元法有

$$\int\frac{\mathrm{d}x}{\sqrt{a^2+x^2}}=\int\frac{1}{a\sec t}a\sec^2 t\mathrm{d}t=\int\sec t\mathrm{d}t=\ln|\sec t+\tan t|+C.$$

由于 $\tan t=\frac{x}{a}$ $(-\pi/2<t<\pi/2)$,所以

$$\sec t=\sqrt{1+\tan^2 t}=\sqrt{1+\left(\frac{x}{a}\right)^2}=\frac{\sqrt{a^2+x^2}}{a}.$$

因此

$$\int\frac{\mathrm{d}x}{\sqrt{a^2+x^2}}=\ln\left|\frac{x}{a}+\frac{\sqrt{a^2+x^2}}{a}\right|+C_1=\ln(x+\sqrt{a^2+x^2})+C,$$

其中 $C=C_1-\ln a$.

关于 $\sec t$,$\sqrt{a^2+x^2}$ 的计算,也可以由图 5.3 所示的直角三角形直接写出:

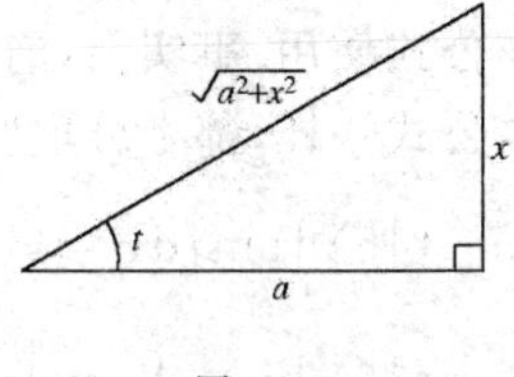

图 5.3

$$\sec t=\frac{\text{斜边}}{\text{邻边}}=\frac{\sqrt{a^2+x^2}}{a},$$

$$\sqrt{a^2+x^2}(\text{斜边})=\text{邻边}\cdot\sec t=a\sec t.$$

例 11 求不定积分 $\int\frac{\mathrm{d}x}{\sqrt{x^2-a^2}}$ $(a>0)$.

解 被积函数的定义域为 $(-\infty,-a)\cup(a,+\infty)$. 分别在两个区间讨论.

当 $x\in(a,+\infty)$ 时,为了消去根式,利用三角恒等式 $1+\tan^2 x=\sec^2 x$,令 $x=a\sec t$ $(0<t<\pi/2)$,则

$$\sqrt{x^2-a^2}=\sqrt{a^2\sec^2 t-a^2}=a\sqrt{\sec^2 t-1}=a\tan t,\quad \mathrm{d}x=a\sec t\tan t\mathrm{d}t,$$

于是

$$\int\frac{\mathrm{d}x}{\sqrt{x^2-a^2}}=\int\frac{1}{a\tan t}a\sec t\tan t\mathrm{d}t=\int\sec t\mathrm{d}t$$
$$=\ln|\sec t+\tan t|+C_1.$$

由于 $\sec t=\frac{x}{a}$ $(t\in(0,\pi/2))$,所以

$$\tan t=\sqrt{\sec^2 t-1}=\sqrt{\left(\frac{x}{a}\right)^2-1}=\frac{\sqrt{x^2-a^2}}{a}.$$

因此

$$\int\frac{\mathrm{d}x}{\sqrt{x^2-a^2}}=\ln\left|\frac{x}{a}+\frac{\sqrt{x^2-a^2}}{a}\right|+C_1=\ln|x+\sqrt{x^2-a^2}|+C,$$

其中 $C=C_1-\ln a$.

当 $x\in(-\infty,-a)$ 时,令 $x=a\sec t$ $\left(-\frac{\pi}{2}<t<0\right)$,同理可得

$$\int\frac{\mathrm{d}x}{\sqrt{x^2-a^2}}=\ln|x+\sqrt{x^2-a^2}|+C.$$

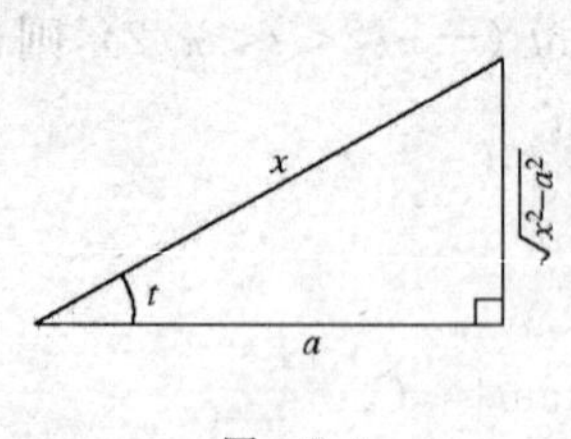

图 5.4

综上所述，$\int \frac{dx}{\sqrt{x^2-a^2}} = \ln|x+\sqrt{x^2-a^2}|+C.$

关于 $\tan t$，$\sqrt{x^2-a^2}$的计算，也可以由图 5.4 所示的直角三角形直接写出：

$$\tan t = \frac{\text{对边}}{\text{邻边}} = \frac{\sqrt{x^2-a^2}}{a},$$

$$\sqrt{x^2-a^2}(\text{对边}) = \text{邻边}\cdot\tan t = a\tan t.$$

例 11 之所以分成了两个区间讨论，是因为第二换元法中要求 $x=\varphi(t)$单调，但最终一般都能化为统一的形式. 因此我们以后仅仅对一种情形讨论就可以了.

从例 9～例 11 中可以看出：如果被积函数含有 $\sqrt{a^2-x^2}$，$\sqrt{a^2+x^2}$或 $\sqrt{x^2-a^2}$，则可以分别做代换 $x=a\sin t, x=a\tan t, x=a\sec t$ 消去根式. 采用这种形式换元的方法称为**三角代换法**. 具体解题时要分析被积函数的具体情况，选取尽可能简捷的代换，不要只拘泥于三角代换.

在本节的例子中，有几个不定积分在计算别的不定积分时常常用到，所以通常也将它们当作公式使用. 事实上，前面有些例子已这样做了. 这里，把这些公式集中给出来，它们和积分基本公式一样，都十分重要.

(15) $\int \tan x\,dx = -\ln|\cos x|+C$；

(16) $\int \cot x\,dx = \ln|\sin x|+C$；

(17) $\int \sec x\,dx = \ln|\sec x+\tan x|+C$；

(18) $\int \csc x\,dx = \ln|\csc x-\cot x|+C$；

(19) $\int \frac{dx}{a^2+x^2} = \frac{1}{a}\arctan\frac{x}{a}+C$；

(20) $\int \frac{dx}{x^2-a^2} = \frac{1}{2a}\ln\left|\frac{x-a}{x+a}\right|+C$；

(21) $\int \frac{dx}{\sqrt{a^2-x^2}} = \arcsin\frac{x}{a}+C$；

(22) $\int \frac{dx}{\sqrt{x^2+a^2}} = \ln(x+\sqrt{x^2+a^2})+C$；

(23) $\int \frac{dx}{\sqrt{x^2-a^2}} = \ln|x+\sqrt{x^2-a^2}|+C$；

(24) $\int \sqrt{a^2-x^2}\,dx = \frac{x}{2}\sqrt{a^2-x^2}+\frac{a^2}{2}\arcsin\frac{x}{a}+C$；

(25) $\int \sqrt{x^2+a^2}\,dx = \frac{x}{2}\sqrt{x^2+a^2}+\frac{1}{a^2}\ln(x+\sqrt{x^2+a^2})+C$；

(26) $\int \sqrt{x^2-a^2}\,dx = \frac{x}{2}\sqrt{x^2-a^2}-\frac{1}{a^2}\ln\left|x+\sqrt{x^2-a^2}\right|+C$.

习 题 5.2

1. 在下列各式的横线上填入适当的系数，使等式成立：

(1) $\mathrm{d}x=$________ $\mathrm{d}(3x+1)$；　(2) $x\mathrm{d}x=$________ $\mathrm{d}(3x^2-4)$；

(3) $x\mathrm{d}x=$________ $\mathrm{d}(1-x^2)$；　(4) $x^2\mathrm{d}x=$________ $\mathrm{d}(2x^3-2)$；

(5) $\mathrm{e}^{-3x}\mathrm{d}x=$________ $\mathrm{d}(\mathrm{e}^{-3x}+1)$；　(6) $\frac{1}{x^2}\mathrm{d}x=$________ $\mathrm{d}\left(1+\frac{1}{x}\right)$；

(7) $\sin\frac{x}{2}\mathrm{d}x=$________ $\mathrm{d}\left(\cos\frac{x}{2}\right)$；　(8) $\csc^2 4x\mathrm{d}x=$________ $\mathrm{d}(\cot 4x)$；

(9) $\frac{\mathrm{d}x}{\sqrt{1-3x^2}}=$________ $\mathrm{d}\arcsin(\sqrt{3}x)$；　(10) $\frac{\mathrm{d}x}{9+x^2}=$________ $\mathrm{d}\arctan\frac{x}{3}$；

(11) $x\mathrm{e}^{x^2}\mathrm{d}x=$________ $\mathrm{d}(\mathrm{e}^{x^2})$；　(12) $\frac{1}{x}\mathrm{d}x=$________ $\mathrm{d}(3\ln x-1)$.

2. 选择与填空题：

(1) 设 $F(x)$是 $f(x)$的一个原函数,则 $\int \mathrm{e}^{-x}f(\mathrm{e}^{-x})\mathrm{d}x=$(　　).

(A) $F(\mathrm{e}^{-x})+C$；　(B) $-F(\mathrm{e}^{-x})+C$；　(C) $F(\mathrm{e}^{x})+C$；　(D) $-F(\mathrm{e}^{x})+C$.

(2) 若 $\int f(x)\mathrm{d}x=F(x)+C$,则 $\int \sin x f(\cos x)\mathrm{d}x=$(　　).

(A) $F(\sin x)+C$；　(B) $-F(\sin x)+C$；　(C) $F(\cos x)+C$；　(D) $-F(\cos x)+C$.

(3) 不定积分 $\int\left(\frac{1}{\sin^2 x}+1\right)\mathrm{d}\sin x=$(　　).

(A) $-\frac{1}{\sin x}+\sin x+C$；　(B) $\frac{1}{\sin x}+\sin x+C$；

(C) $-\cot x+\sin x+C$；　(D) $\cot x+\sin x+C$.

(4) 不定积分 $\int\frac{1}{x^2}\cos\frac{1}{x}\mathrm{d}x=$________.

(5) 不定积分 $\int x^2\mathrm{e}^{2x^3}\mathrm{d}x=$________.

(6) 设 $f(x)=\mathrm{e}^{-x}$,则 $\int\frac{f'(\ln x)}{x}\mathrm{d}x=$________.

(7) 不定积分 $\int xf(x^2)f'(x^2)\mathrm{d}x=$________.

3. 求下列不定积分：

(1) $\int\sqrt{1-2x}\mathrm{d}x$；　(2) $\int\frac{\mathrm{d}x}{3+2x}$；　(3) $\int(3x+2)^4\mathrm{d}x$；

(4) $\int\mathrm{e}^{3x+2}\mathrm{d}x$；　(5) $\int\frac{1}{\sin(3x-1)}\mathrm{d}x$；　(6) $\int\frac{\sin\sqrt{x}}{\sqrt{x}}\mathrm{d}x$；

(7) $\int\frac{\mathrm{e}^{\frac{1}{x}}}{x^2}\mathrm{d}x$；　(8) $\int\frac{\mathrm{e}^{x}}{1+\mathrm{e}^{2x}}\mathrm{d}x$；　(9) $\int\frac{\ln^2 x}{x}\mathrm{d}x$；

(10) $\int\frac{\mathrm{d}x}{x\sqrt{1-\ln^2 x}}$；　(11) $\int\frac{x\mathrm{d}x}{(1+x^2)^2}$；　(12) $\int\frac{x\mathrm{d}x}{4+x^4}$；

(13) $\int x\mathrm{e}^{-x^2}\mathrm{d}x$；　(14) $\int\frac{\sqrt{1+\ln x}}{x}\mathrm{d}x$；　(15) $\int\frac{\mathrm{d}x}{9x^2-4}$；

(16) $\int\frac{\mathrm{d}x}{9+4x^2}$；　(17) $\int\frac{\mathrm{d}x}{x^2+x-2}$；　(18) $\int\frac{2x+1}{x^2+x+2}\mathrm{d}x$；

(19) $\int \frac{dx}{e^x + e^{-x}}$；　　(20) $\int \frac{\arctan x}{1+x^2}dx$；　　(21) $\int \frac{dx}{\arcsin^2 x\sqrt{1-x^2}}$；

(22) $\int \frac{x+1}{x^2+x+1}dx$；　　(23) $\int \frac{x+1}{\sqrt{1-x^2}}dx$；　　(24) $\int \frac{dx}{\sin x\cos x}$；

(25) $\int \frac{\sec^2 x}{4+\tan^2 x}dx$；　　(26) $\int e^{e^x+x}dx$.

4. 求下列不定积分：

(1) $\int \sin^2 2x dx$；　　(2) $\int \sin^2 x\cos^3 x dx$；　　(3) $\int \frac{\sin x}{\sqrt{\cos^3 x}}dx$；

(4) $\int \cot x dx$；　　(5) $\int \frac{\sin x+\cos x}{\sqrt[3]{\sin x-\cos x}}dx$；　　(6) $\int \sin^4 x dx$；

(7) $\int \sin 2x\cos x dx$；　　(8) $\int \sin 3x\sin 5x dx$；　　(9) $\int \tan^3 x dx$；

(10) $\int \frac{\cos^3 x}{\sin x}dx$；　　(11) $\int \sin^2 3x\cos x dx$；　　(12) $\int \frac{1-\sin x}{x+\cos x}dx$；

(13) $\int \frac{\cos^2(\ln x)}{x}dx$.

5. 求下列不定积分(其中 $a>0$)：

(1) $\int \frac{dx}{\sqrt{2x-1}+1}$；　　(2) $\int \frac{dx}{x(1+x^8)}$；　　(3) $\int \frac{dx}{(a^2-x^2)^{\frac{3}{2}}}$；

(4) $\int \frac{dx}{(a^2+x^2)^{\frac{3}{2}}}$；　　(5) $\int \frac{dx}{(x^2-a^2)^{\frac{3}{2}}}$；　　(6) $\int \frac{x^2}{\sqrt{a^2-x^2}}dx$；

(7) $\int \frac{\sqrt{x^2-a^2}}{x^2}dx$；　　(8) $\int \frac{\sqrt{x^2+a^2}}{x^4}dx$；　　(9) $\int \frac{dx}{x^2\sqrt{x^2-a^2}}$；

(10) $\int \frac{dx}{x^2\sqrt{a^2-x^2}}$.

§5.3　分部积分法

§5.2 利用复合函数求导法则得到了不定积分的换元法. 本节将利用两个函数乘积的求导法则推导出求不定积分的另一种基本方法——**分部积分法**.

定理 5.5　设函数 $u=u(x)$ 和 $v=v(x)$ 在区间 I 上有连续导数，则

$$\int uv'dx = uv - \int u'v dx. \tag{1}$$

证明　因为 $u=u(x)$ 和 $v=v(x)$ 在区间 I 上有连续导数，所以 $u(x)v(x)$ 在区间 I 上也有连续导数，并且

$$(uv)' = u'v + uv'.$$

移项得

$$uv' = (uv)' - u'v.$$

对以上等式两边求不定积分得

$$\int uv'\mathrm{d}x = uv - \int u'v\mathrm{d}x,$$

定理 5.5 得证.

公式(1)称为不定积分的**分部积分公式**. 如果求 $\int uv'\mathrm{d}x$ 比较困难,而求 $\int u'v\mathrm{d}x$ 比较容易,那么就可以利用分部积分公式来计算 $\int uv'\mathrm{d}x$.

为了简便起见,常常将公式(1)写成如下形式:

$$\int u\mathrm{d}v = uv - \int v\mathrm{d}u. \tag{2}$$

公式(2)也称为不定积分的分部积分公式.

下面通过一些例子说明如何利用分部积分公式计算不定积分.

例 1 求不定积分 $\int x\mathrm{e}^x\mathrm{d}x$.

分析 如果被积函数 $f(x)=x\mathrm{e}^x$ 中没有 x 或 e^x,那么这个积分都容易计算出来. 怎样才能消去 x 或 e^x? 如果令 $u=x$,利用分部积分公式就可以消去 x(因为 $u'=1$).

解 令 $u=x$, $\mathrm{d}v=\mathrm{e}^x\mathrm{d}x$,则 $\mathrm{d}u=\mathrm{d}x$, $v=\mathrm{e}^x$. 利用分部积分公式(2)得

$$\int x\mathrm{e}^x\mathrm{d}x = \int u\mathrm{d}v = uv - \int v\mathrm{d}u = x\mathrm{e}^x - \int \mathrm{e}^x\mathrm{d}x = x\mathrm{e}^x - \mathrm{e}^x + C.$$

能否令 $u=\mathrm{e}^x$, $\mathrm{d}v=x\mathrm{d}x$ 呢? 回答是否定的. 因为如果这样的话, $\mathrm{d}u=\mathrm{e}^x\mathrm{d}x$, $v=\frac{1}{2}x^2$,由分部积分公式得

$$\int x\mathrm{e}^x\mathrm{d}x = \int u\mathrm{d}v = uv - \int v\mathrm{d}u = \frac{x^2}{2}\mathrm{e}^x - \int \frac{x^2}{2}\mathrm{e}^x\mathrm{d}x,$$

但是,上式右端的不定积分比原不定积分更难求出. 由此可见,选取 u 和 v'(或 $\mathrm{d}v$)不当不仅不能将问题化简,反而可能使问题变得更困难. 因此,在利用分部积分法时,适当选取 u 和 v'(或 $\mathrm{d}v$)是非常关键的. 一般应该怎样选取 u 和 v'(或 $\mathrm{d}v$)呢? 通常有如下两个原则:

(1) v 要容易求出;

(2) $\int v\mathrm{d}u$ 要比 $\int u\mathrm{d}v$ 容易求出.

例 2 求不定积分 $\int x\sin x\mathrm{d}x$.

分析 如果被积函数 $f(x)=x\sin x$ 中没有 x 或 $\sin x$,那么这个积分都容易计算出来. 所以可以考虑用分部积分求此不定积分. 如果令 $u=x$,那么利用分部积分公式就可以消去 x(因为 $u'=1$).

解 令 $u=x$, $\mathrm{d}v=\sin x\mathrm{d}x$,则 $\mathrm{d}u=\mathrm{d}x$, $v=-\cos x$. 于是

$$\begin{aligned}\int x\sin x\mathrm{d}x &= \int u\mathrm{d}v = uv - \int v\mathrm{d}u = x(-\cos x) - \int(-\cos x)\mathrm{d}x \\ &= -x\cos x + \sin x + C.\end{aligned}$$

熟悉以后,没必要明确地引入符号 u, v,而可以像下面那样表述:

$$\begin{aligned}\int x\sin x\mathrm{d}x &= -\int x\mathrm{d}\cos x = -\left(x\cos x - \int \cos x\mathrm{d}x\right) \\ &= -x\cos x + \sin x + C.\end{aligned}$$

例 3 求不定积分$\int x^2\cos x\mathrm{d}x$.

解
$$\begin{aligned}\int x^2\cos x\mathrm{d}x &= \int x^2\mathrm{d}\sin x = x^2\sin x - \int \sin x\mathrm{d}(x^2)\\ &= x^2\sin x - 2\int x\sin x\mathrm{d}x = x^2\sin x + 2\int x\mathrm{d}\cos x\\ &= x^2\sin x + 2\left(x\cos x - \int\cos x\mathrm{d}x\right)\\ &= x^2\sin x + 2x\cos x - 2\sin x + C.\end{aligned}$$

由例 1～例 3 知道,如果被积函数是幂函数与三角函数或幂函数与指数函数的乘积,就可以考虑用分部积分法计算,并且令幂函数为 u. 这样,每用一次分部积分公式就可以使幂函数的幂降低一次,从而化简积分. 这里假定幂指数是正整数. 例 3 还表明,有时需要多次利用分部积分方法才能最终求得所要的不定积分.

例 4 求不定积分$\int \arcsin x\mathrm{d}x$.

解
$$\begin{aligned}\int\arcsin x\mathrm{d}x &= x\arcsin x - \int x\mathrm{d}(\arcsin x) = x\arcsin x - \int x\frac{\mathrm{d}x}{\sqrt{1-x^2}}\\ &= x\arcsin x + \int\frac{\mathrm{d}(1-x^2)}{2\sqrt{1-x^2}} = x\arcsin x + \sqrt{1-x^2} + C.\end{aligned}$$

例 5 求不定积分$\int x\arctan x\mathrm{d}x$.

解
$$\begin{aligned}\int x\arctan x\mathrm{d}x &= \frac{1}{2}\int\arctan x\mathrm{d}(x^2) = \frac{1}{2}\left(x^2\arctan x - \int x^2\mathrm{d}\arctan x\right)\\ &= \frac{1}{2}\left(x^2\arctan x - \int\frac{x^2}{1+x^2}\mathrm{d}x\right) = \frac{1}{2}\left[x^2\arctan x - \int\left(1-\frac{1}{1+x^2}\right)\mathrm{d}x\right]\\ &= \frac{1}{2}(x^2\arctan x - x + \arctan x) + C = \frac{1}{2}(x^2+1)\arctan x - \frac{x}{2} + C.\end{aligned}$$

如果例 5 中考虑到 $\arctan x$ 的导数,第一步就凑微分为

$$\int x\arctan x\mathrm{d}x = \frac{1}{2}\int\arctan x\mathrm{d}(x^2+1),$$

后面就方便多了,读者不妨自己试试,这些技巧在练多了后就会自然而然地想到.

例 6 求不定积分$\int x\ln x\mathrm{d}x$.

解
$$\begin{aligned}\int x\ln x\mathrm{d}x &= \frac{1}{2}\int\ln x\mathrm{d}(x^2) = \frac{1}{2}\left(x^2\ln x - \int x^2\mathrm{d}\ln x\right) = \frac{1}{2}\left(x^2\ln x - \int x\mathrm{d}x\right)\\ &= \frac{1}{2}\left(x^2\ln x - \frac{x^2}{2}\right) + C = \frac{x^2\ln x}{2} - \frac{x^2}{4} + C.\end{aligned}$$

由例 4～例 6 知,如果被积函数是幂函数与反三角函数乘积或幂函数与对数函数的乘积,就可以考虑用分部积分法求不定积分,并且令反三角函数或对数函数为 u.

将分部积分法与换元积分法结合起来,可以求出更多函数的不定积分.

例 7 计算不定积分$\int\sin\sqrt{x}\mathrm{d}x$.

解 令 $x=t^2(t>0)$,则 $\mathrm{d}x=2t\mathrm{d}t$,于是

$$\int \sin\sqrt{x}\,\mathrm{d}x = 2\int t\sin t\,\mathrm{d}t = -2\int t\,\mathrm{d}\cos t = -2\left(t\cos t - \int \cos t\,\mathrm{d}t\right)$$

$$= -2(t\cos t - \sin t) + C \xlongequal{t=\sqrt{x}} -2(\sqrt{x}\cos\sqrt{x} - \sin\sqrt{x}) + C.$$

例 8 设 $f(x)$有一个原函数为 e^{-x^2},求 $\int xf'(x)\mathrm{d}x$.

分析 如果先由原函数的概念求出 $f(x)$,$f'(x)$,再代入 $\int xf'(x)\mathrm{d}x$ 计算,读者很快就会发现需要用分部积分法.既然如此,不如直接对 $\int xf'(x)\mathrm{d}x$ 应用分部积分公式,这样更为简便.

解 由分部积分法得

$$\int xf'(x)\mathrm{d}x = \int x\mathrm{d}f(x) = xf(x) - \int f(x)\mathrm{d}x.$$

因为 e^{-x^2} 为 $f(x)$的一个原函数,所以 $f(x) = (\mathrm{e}^{-x^2})' = \mathrm{e}^{-x^2}(-2x)$,且

$$\int f(x)\mathrm{d}x = \mathrm{e}^{-x^2} + C.$$

因此

$$\int xf'(x)\mathrm{d}x = x\mathrm{e}^{-x^2}(-2x) - \mathrm{e}^{-x^2} + C = -(2x^2+1)\mathrm{e}^{-x^2} + C.$$

到目前为止,我们已经介绍了原函数、不定积分以及它们的基本的计算方法.只有熟悉了这些基本的方法,才能比较熟练地求出许多函数的不定积分.但是,在这里我们必须指出:由于初等函数在其定义区间内连续,因而它的原函数一定存在,但是原函数不一定都是初等函数,例如,

$$\mathrm{e}^{-x^2},\quad \frac{\sin x}{x},\quad \frac{1}{\ln x},\quad \frac{1}{\sqrt{1+x^4}},\quad \sqrt{\sin x},\quad \sin(x^2),\quad \cdots,$$

它们的原函数就都不是初等函数,因此不能用前面介绍的方法求它们的不定积分.

习 题 5.3

1. 计算下列不定积分:

(1) $\int x\cos x\mathrm{d}x$; (2) $\int \ln x\mathrm{d}x$; (3) $\int \arccos x\mathrm{d}x$;

(4) $\int x\mathrm{e}^{-x}\mathrm{d}x$; (5) $\int x\ln(x^2+1)\mathrm{d}x$; (6) $\int x\sin 2x\mathrm{d}x$;

(7) $\int x\tan^2 x\mathrm{d}x$; (8) $\int x\mathrm{e}^{-\frac{x}{2}}\mathrm{d}x$; (9) $\int x\arcsin x\mathrm{d}x$;

(10) $\int \ln^2 x\mathrm{d}x$; (11) $\int x^2\sin^2 x\mathrm{d}x$; (12) $\int \frac{\ln^3 x}{x^2}\mathrm{d}x$;

(13) $\int \mathrm{e}^{-2x}\cos x\mathrm{d}x$; (14) $\int \ln(x+\sqrt{x^2+1})\mathrm{d}x$; (15) $\int \mathrm{e}^{\sqrt{x}}\mathrm{d}x$;

(16) $\int \frac{\arccos x}{\sqrt{1-x}}\mathrm{d}x$; (17) $\int x\sin x\cos x\mathrm{d}x$; (18) $\int \frac{x\cos x}{\sin^3 x}\mathrm{d}x$.

2. 已知 $f(x)$的一个原函数为 $x\mathrm{e}^{-x}$,求:

(1) $\int f(x)\mathrm{d}x$； (2) $\int xf'(x)\mathrm{d}x$； (3) $\int xf(x)\mathrm{d}x$.

§5.4 微分方程简介

在科学技术中，往往是通过函数关系对客观事物的规律性进行研究的. 如何寻求函数关系，在实践中具有重要意义. 许多实际问题往往不能直接找出所需的函数关系，但可以通过具体问题所提供的情况以及相关的科学原理列出含有所要寻找的函数以及其导数之间的关系式. 这样的涉及未知函数及其导数的关系式就是所谓的微分方程. 对微分方程进行研究，找出未知函数就是所谓的求解微分方程. 本节介绍微分方程的一些基本概念以及一些简单微分方程的求解方法.

一、微分方程的基本概念

下面通过具体的例子来说明微分方程的有关概念.

例 1 一曲线通过点(1,−1)，并且该曲线上任一点处的切线斜率等于其横坐标平方的倒数. 求这条曲线的方程.

解 设所求曲线方程为 $y=y(x)$，则根据题意可知，未知函数 $y=y(x)$满足关系式

$$\frac{\mathrm{d}y}{\mathrm{d}x}=\frac{1}{x^2}. \tag{1}$$

此外，未知函数 $y=y(x)$还满足条件：

$$y(1)=-1. \tag{2}$$

将(1)式两端积分

$$y=\int\frac{1}{x^2}\mathrm{d}x,\quad 即得\quad y=-\frac{1}{x}+C, \tag{3}$$

其中 C 为任意常数.

将条件(2)代入(3)式得，$-1=-1+C$，从而 $C=0$. 将 $C=0$ 代入(3)式即得所求曲线的方程

$$y=-\frac{1}{x}. \tag{4}$$

例 2 将质量为 m 的物体在离地面 h 处以初速度 v_0 向上抛出. 在不考虑空气阻力的情况下，试求出物体的运动规律.

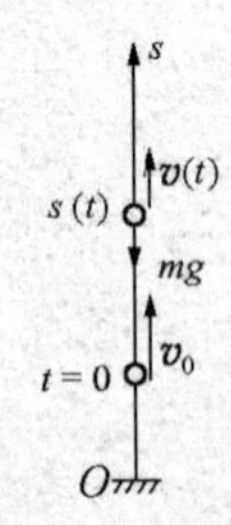

图 5.5

解 过上抛点做一铅直向上的直线，以该直线与地面的交点为原点，铅直向上方向为正轴方向建立坐标系(如图 5.5 所示)，并在物体上抛时刻记时.

设 t 时刻物体的位置为 $s=s(t)$，此时刻的速度、加速度分别为

$$v=\frac{\mathrm{d}s}{\mathrm{d}t},\quad a=\frac{\mathrm{d}^2s}{\mathrm{d}t^2}.$$

物体只受重力作用，故由牛顿第二定律知

$$ma=-mg,\quad 即\quad m\frac{\mathrm{d}^2s}{\mathrm{d}t^2}=-mg,$$

化简得

$$\frac{\mathrm{d}^2s}{\mathrm{d}t^2}=-g. \tag{5}$$

又根据题意，$s=s(t)$满足

$$s(0)=h,\quad \left.\frac{\mathrm{d}s}{\mathrm{d}t}\right|_{t=0}=v_0. \tag{6}$$

(5)式两端积分一次得

$$\frac{\mathrm{d}s}{\mathrm{d}t}=-gt+C_1, \tag{7}$$

再对(7)式积分一次得

$$s=-\frac{1}{2}gt^2+C_1t+C_2, \tag{8}$$

其中 C_1,C_2 为任意常数.

将条件 $\left.\frac{\mathrm{d}s}{\mathrm{d}t}\right|_{t=0}=v_0$ 代入(7)式得 $C_1=v_0$;

将条件 $s(0)=h$ 代入(8)式得 $C_2=h$.

将 C_1,C_2 的值代入(8)式,即得物体运动方程:

$$s=-\frac{1}{2}gt^2+v_0t+h. \tag{9}$$

方程(1)和(5)都是含有未知函数的导数的关系式.一般地,我们将联系自变量 x,一元未知函数 $y(x)$ 以及它的导数(或微分)的关系式称为**微分方程**.微分方程中出现的未知函数的最高阶导数的阶数称为**微分方程的阶**.例如,方程(1)是一阶微分方程,方程(5)是二阶微分方程.

如果将某个函数及其各阶导数代入微分方程,能使方程成为恒等式,那么称这个函数是**微分方程的一个解**.例如,函数(3)和(4)都是方程(1)的解,函数(8)和(9)都是方程(5)的解.

如果微分方程的解中含有任意常数并且相互无关的任意常数的个数正好是方程的阶数,则称此解为微分方程的**通解**.如果微分方程的解中不含任意常数,称此解为**特解**.例如,函数(3)和(8)分别为方程(1)和(5)的通解,而函数(4)和(9)分别是方程(1)和(5)的特解.

要确定微分方程的特解,需要给定一定的条件,如例1中的条件(2),例2中的条件(6).这种用来确定特解的条件称为**初始条件(初值条件)**.求微分方程满足一定初始条件的特解的问题称为**初始问题(初值问题)**.

以上介绍的微分方程是所谓的常微分方程,其中的未知函数都是一元函数.下面我们主要介绍一些简单的一阶常微分方程的求解方法.

一阶微分方程一般可以表示为

$$F(x,y,y')=0, \tag{10}$$

或

$$y'=f(x,y), \tag{11}$$

或

$$M(x,y)\mathrm{d}x+N(x,y)\mathrm{d}y=0 \tag{12}$$

三种形式.(10)式称为一阶微分方程的一般式,(11)式称为一阶微分方程的标准式.

二、可分离变量的微分方程

如果一个一阶微分方程可以表示成

$$\frac{\mathrm{d}y}{\mathrm{d}x}=g(x)h(y), \tag{13}$$

或

$$M_1(x)M_2(y)\mathrm{d}x+N_1(x)N_2(y)\mathrm{d}y=0, \tag{14}$$

则称之为**可分离变量的微分方程**.

假定方程(13)中的函数 $g(x)$,$h(y)$连续,并且 $h(y)\neq 0$,则分离变量得到

$$\frac{\mathrm{d}y}{h(y)}=g(x)\mathrm{d}x.$$

上式两端积分即可得方程的通解

$$H(y)=G(x)+C.$$

这样的通解称为方程的**隐式解**,即由它确定的隐函数是微分方程的解.

以上这种求解微分方程的方法称为**分离变量法**.下面通过具体的例子进一步说明.

例 3 求微分方程 $\frac{\mathrm{d}y}{\mathrm{d}x}-2y=1$ 的通解.

解 原方程是可分离变量的方程,移项分离变量得

$$\frac{\mathrm{d}y}{2y+1}=\mathrm{d}x,$$

两端积分

$$\int\frac{\mathrm{d}y}{2y+1}=\int\mathrm{d}x$$

得

$$\frac{1}{2}\ln|2y+1|=x+C_1,$$

从而

$$y=\pm\frac{\mathrm{e}^{2C_1}}{2}\mathrm{e}^{2x}-\frac{1}{2}.$$

因为$\pm\frac{\mathrm{e}^{2C_1}}{2}$仍是任意常数,把它记作 C,故原方程的通解为

$$y=C\mathrm{e}^{2x}-1/2,$$

其中 C 为任意常数.

需要指出的是 $C=\pm\frac{\mathrm{e}^{2C_1}}{2}\neq 0$,但 $C=0$ 时 $y=-\frac{1}{2}$的确也是原方程的解.漏掉 $C=0$ 对应的解的原因是因为分离变量时方程两端同除了 $2y+1$,这要求 $y\neq-\frac{1}{2}$.我们只需在通解中加进去就是.以后若遇到这样的情况,类似处理,就不再特别强调了.

例 4 求微分方程 $\frac{\mathrm{d}y}{\mathrm{d}x}=-\frac{y}{x}$ 满足条件 $y|_{x=1}=1$ 的特解.

解 原方程为可分离变量的方程,分离变量后得

$$\frac{\mathrm{d}y}{y}=-\frac{\mathrm{d}x}{x},$$

两端积分

$$\int\frac{\mathrm{d}y}{y}=-\int\frac{\mathrm{d}x}{x}$$

得

$$\ln|y|=-\ln|x|+C_1,\tag{15}$$

从而

$$y=\pm\mathrm{e}^{C_1}\frac{1}{x}.$$

记$\pm\mathrm{e}^{C_1}=C$,仍是任意常数,故原方程的通解为 $y=\frac{C}{x}$.由已知初始条件知 $1=C$,从而特解为

$$y=\frac{1}{x}.$$

为了方便起见,我们常常将 $\ln|y|$,$\ln|x|$分别简写成 $\ln y$,$\ln x$,反正最后去掉对数、绝对值后出现的"±"都归入任意常数 C 中了.有时为了方便,我们直接将(15)式中的 C_1 直接写成

$\ln C$,这样(15)式就变为

$$\ln y = -\ln x + \ln C.$$

去掉对数得方程 $\frac{dy}{dx} = -\frac{y}{x}$ 之通解为

$$y = \frac{C}{x},$$

其中 C 为任意常数.往后,我们都这样简写,不再一一说明.

例 5 求微分方程 $(1+x^2)dy + xydx = 0$ 的通解.

解 原方程是可分离变量的方程,分离变量后得

$$\frac{dy}{y} = -\frac{xdx}{1+x^2},$$

两端积分

$$\int \frac{dy}{y} = -\int \frac{xdx}{1+x^2}$$

得

$$\ln y = -\frac{1}{2}\ln(1+x^2) + \ln C,$$

从而

$$y = \frac{C}{\sqrt{1+x^2}}$$

为原方程之通解,其中 C 为任意常数.

例 6 放射性元素铀由于不断地有原子放射出微粒子而变成其他元素,铀的含量不断减少,这种现象叫作衰变.由原子物理学知道,铀的衰变速度与当时未衰变的原子的含量 M 成正比.已知 $t=0$ 时铀的含量为 M_0,求在衰变过程中铀含量 $M(t)$ 随时间 t 的变化规律.

解 铀的衰变速度就是 $M(t)$ 对时间 t 的导数.由于铀的衰变速度与其含量 M 成正比,故有

$$\frac{dM}{dt} = -\lambda M, \tag{16}$$

其中 $\lambda(>0)$ 是常数,称为衰变系数.λ 前面的负号是因为 M 随时间增加而递减,即 $\frac{dM}{dt}<0$ 的缘故.

由题意,初始条件为 $M|_{t=0} = M_0$.

方程(16)是可分离变量的微分方程,分离变量得

$$\frac{dM}{M} = -\lambda dt,$$

两端积分

$$\int \frac{dM}{M} = -\int \lambda dt$$

得

$$\ln M = -\lambda t + \ln C, \quad 即 \quad M = Ce^{-\lambda t}$$

为方程(16)之通解.由初始条件得 $M_0 = Ce^0 = C$,所以

$$M = M_0 e^{-\lambda t}$$

就是所求的衰变规律.由此可见,铀的含量随时间的增加而按指数规律衰减.人们常将这一规律用于考古研究等.

习 题 5.4

1. 指出下列微分方程的阶数:

(1) $x(y')^2-yy'+2x=0$;　　(2) $xy'''+y'^2-y\cos x=0$;

(3) $y''y'+xy=0$;　　(4) $(x-y)\mathrm{d}x-(x+y)\mathrm{d}y=0$.

2. 指出下列各题中的函数是否为所给方程的解.若是,请说明是通解还是特解.

(1) $xy'=y$, $y=2x$;　　(2) $y''+y=0$, $y=2\cos x-\sin x$;

(3) $x\dfrac{\mathrm{d}y}{\mathrm{d}x}+3y=0$, $y=Cx^{-3}$;　　(4) $y''+y'-2y=0$, $y=C_1\mathrm{e}^{-2x}+C_2\mathrm{e}^{x}$.

3. 求下列微分方程的通解:

(1) $(1-y)\mathrm{d}x+(1+x)\mathrm{d}y=0$;　　(2) $x\dfrac{\mathrm{d}y}{\mathrm{d}x}-y\ln y=0$;

(3) $\sqrt{1-x^2}\,y'=\sqrt{1-y^2}$;　　(4) $\dfrac{\mathrm{d}y}{\mathrm{d}x}=\mathrm{e}^{2x+y}$;

(5) $2xy\mathrm{d}x+\sqrt{1+x^2}\,\mathrm{d}y=0$;　　(6) $(\mathrm{e}^{x+y}-\mathrm{e}^{x})\mathrm{d}x+(\mathrm{e}^{x+y}+\mathrm{e}^{y})\mathrm{d}y=0$.

4. 求下列微分方程的特解:

(1) $x\mathrm{d}y+2y\mathrm{d}x=0$, $y|_{x=2}=1$;

(2) $\cos x\sin y\mathrm{d}y+\sin x\cos y\mathrm{d}x=0$, $y|_{x=0}=\dfrac{\pi}{4}$;

(3) $(xy^2+x)\mathrm{d}x-(y-x^2y)\mathrm{d}y=0$, $y|_{x=0}=1$.

5. 设一曲线过坐标原点,并且在它上面任何一点 $P(x,y)$ 处的切线斜率为 $2x+1$. 求此曲线方程.

§5.5　定积分的概念

定积分是一元函数积分学中的一个基本概念.它是从大量的实际问题中抽象出来的,并在自然科学与工程技术中有着广泛的应用.下面通过曲边梯形的面积问题引出定积分的概念.

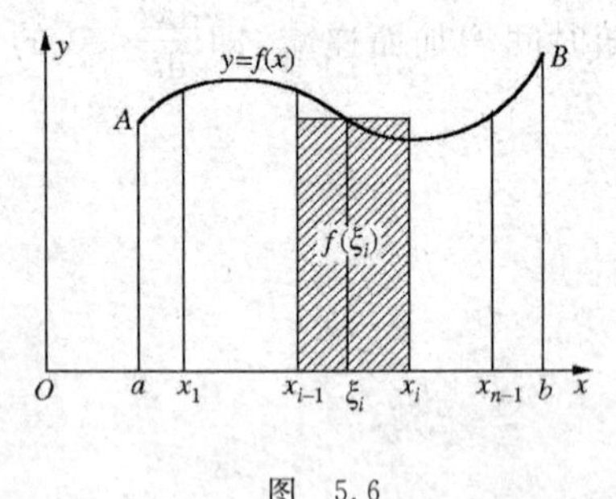

图　5.6

设 $y=f(x)$ 是区间 $[a,b]$ 上非负、连续的非常值函数. 由直线 $x=a$, $x=b$, $y=0$ 以及曲线 $y=f(x)$ 所围成的图形(如图 5.6 所示)称为曲边梯形,其中曲线弧称为曲边.

由初等数学知道,矩形的面积可以用公式

$$矩形面积 = 底 \times 高$$

来定义和计算.但是如何定义并计算出曲边梯形的面积呢?由于 $f(x)$ 在区间 $[a,b]$ 上连续,所以在 $[a,b]$ 的很小的一段小区间上它的变化非常小,可以近似地看作不变.因此,可以将区间 $[a,b]$ 划分成许多小区间,相应地就将曲边梯形划分为许多窄的曲边梯形,每一个小区间对应一个这样的窄的曲边梯形.由于小区间很小时,其上各点处的 $f(x)$ 变化也很小,因而对应的窄曲边梯形可以近似地看作窄矩形,而小区间上任意一处的高 $f(x)$ 都可以近似地看作这个窄矩形的高.将所有这些窄矩形面积的和作为曲边梯形面积的近似值,并把区间 $[a,b]$ 无限细分下去,即让每个小区间的长度都趋于 0,所有窄矩形面积和的极限就定义为**曲边梯形的面积**.

下面用严格的数学语言描述以上思路.

(1) **划分**——划分曲边梯形为 n 个小曲边梯形.

在$[a,b]$中任意插入 $n-1$ 个分点

$$a=x_0<x_1<x_2<\cdots<x_{n-1}<x_n=b,$$

将区间分成 n 个小区间

$$[x_0,x_1],[x_1,x_2],\cdots,[x_{i-1},x_i],\cdots,[x_{n-1},x_n];$$

记小区间$[x_{i-1},x_i]$的长度为

$$\Delta x_i=x_i-x_{i-1}\quad(i=1,2,\cdots,n).$$

过这些分点 $x_i(i=1,2,\cdots,n-1)$作平行于 y 轴的直线,将曲边梯形分割成 n 个小曲边梯形(如图 5.6 所示),小区间$[x_{i-1},x_i]$对应的小曲边梯形的面积记作 $\Delta A_i(i=1,2,\cdots,n)$.

(2) **近似**——"以直代曲".

在每个小区间$[x_{i-1},x_i]$上任取一点 ξ_i,以 Δx_i 为底,$f(\xi_i)$为高做小矩形,以此矩形的面积近似相应小曲边梯形面积:

$$\Delta A_i\approx f(\xi_i)\Delta x_i\quad(i=1,2,\cdots,n).$$

(3) **求和**——求 n 个小矩形的面积之和近似原曲边梯形面积 A.

$$A=\sum_{i=1}^{n}\Delta A_i\approx\sum_{i=1}^{n}f(\xi_i)\Delta x_i.$$

(4) **取极限**——由近似值过渡到精确值.

记 $\lambda=\max\limits_{1\leqslant i\leqslant n}\Delta x_i$ 为所有小区间长度的最大值. 当 $\lambda\to 0$ 时,如果和式 $\sum\limits_{i=1}^{n}f(\xi_i)\Delta x_i$ 的极限存在,则定义此极限值为曲边梯形的面积:

$$A=\lim_{\lambda\to 0}\sum_{i=1}^{n}f(\xi_i)\Delta x_i.$$

类似地,对速度为 $v=v(t)$的做变速直线运动的质点,它在时间间隔$[T_1,T_2]$上的位移 s 为

$$s=\lim_{\lambda\to 0}\sum_{i=1}^{n}v(\tau_i)\Delta t_i,$$

其中

$$T_1=t_0<t_1<t_2<\cdots<t_{n-1}<t_n=T_2$$

为区间$[T_1,T_2]$的任一划分,$[t_{i-1},t_i]$和 Δt_i 分别为划分得到的小区间以及其长度,τ_i 为小区间$[t_{i-1},t_i]$上的任意一点($1\leqslant i\leqslant n$),$\lambda=\max\limits_{1\leqslant i\leqslant n}\Delta t_i$ 为最大小区间长度.

不但曲边梯形的面积和变速直线的位移可以表示成这样的特殊和式的极限,其实数学、科学与技术中大量的问题都可以转换成这样的特殊和式的极限,由此我们抽象出下述定积分的概念.

一、定积分的概念

1. 定积分的定义

定义 5.3(定积分) 设函数 $y=f(x)$在区间$[a,b]$上有定义. 在区间$[a,b]$中任意插入 $n-1$ 个分点

$$a=x_0<x_1<x_2<\cdots<x_{n-1}<x_n=b,$$

将区间分成 n 个小区间

$$[x_0,x_1],\ [x_1,x_2],\ \cdots,\ [x_{i-1},x_i],\ \cdots,\ [x_{n-1},x_n];$$

各小区间$[x_{i-1},x_i]$的长度记为

$$\Delta x_i = x_i - x_{i-1} \quad (i=1,2,\cdots,n).$$

记$\lambda=\max\limits_{1\leqslant i\leqslant n}\Delta x_i$，并在每个小区间$[x_{i-1},x_i]$上任取一点$\xi_i$，如果当$\lambda\to 0$时，

$$\lim_{\lambda\to 0}\sum_{i=1}^{n} f(\xi_i)\Delta x_i = I$$

总存在，且与$[a,b]$的划分、点ξ_i的选取无关，那么我们称这个极限I为函数$f(x)$在区间$[a,b]$上的**定积分**(简称**积分**)，并记为$\int_a^b f(x)\mathrm{d}x$，即

$$\int_a^b f(x)\mathrm{d}x = I = \lim_{\lambda\to 0}\sum_{i=1}^{n} f(\xi_i)\Delta x_i.$$

我们称$f(x)$为**被积函数**，$f(x)\mathrm{d}x$为**被积表达式**，x为**积分变量**，a为**积分下限**，b为**积分上限**，$[a,b]$为**积分区间**.

如果函数$f(x)$在区间$[a,b]$上的积分存在，我们就称函数$f(x)$在区间$[a,b]$上**可积**. 因为历史上黎曼(Riemann)是第一个以一般形式给出这一定义的人，所以也称这种意义下的积分为**黎曼积分**. 函数$f(x)$在区间$[a,b]$上可积也称为**黎曼可积**.

引入定积分的概念后，前面提到的曲边梯形的面积和变速直线运动的位移就可用定积分分别表示为

$$A=\int_a^b f(x)\mathrm{d}x \quad 和 \quad s=\int_{T_1}^{T_2} v(t)\mathrm{d}t.$$

关于定积分的概念，还应该注意以下几点：

(1) 定积分$\int_a^b f(x)\mathrm{d}x$是积分和式$\sum\limits_{i=1}^{n} f(\xi_i)\Delta x_i$的极限，是一个数值. 它只与被积函数$f(x)$以及积分区间$[a,b]$有关，而与积分变量的记号无关，即

$$\int_a^b f(x)\mathrm{d}x = \int_a^b f(t)\mathrm{d}t.$$

(2) 在定积分$\int_a^b f(x)\mathrm{d}x$的定义中，假设了$a<b$. 为了以后应用方便，我们规定：

当$a=b$时，$\int_a^b f(x)\mathrm{d}x = 0$；

当$a>b$时，$\int_a^b f(x)\mathrm{d}x = -\int_b^a f(x)\mathrm{d}x$.

当$f(x)\geqslant 0, x\in[a,b]$时，我们已经知道定积分$\int_a^b f(x)\mathrm{d}x$在几何上表示的就是由曲线$y=f(x)$与直线$x=a, x=b$以及$x$轴所围成的曲边梯形的面积.

当$f(x)\leqslant 0, x\in[a,b]$时，同样由定义易知定积分$\int_a^b f(x)\mathrm{d}x$在几何上表示的就是由曲线$y=f(x)$与直线$x=a, x=b$以及$x$轴所围成的曲边梯形的面积的相反数(如图 5.7(a)所示).

当$f(x)$在$[a,b]$上取值有正有负时，函数的图形有些位于x轴上方，有些位于x轴的下方，此时定积分$\int_a^b f(x)\mathrm{d}x$在几何上表示的就是由曲线$y=f(x)$与直线$x=a, x=b$以及x轴所围成各部分曲边梯形的面积的代数和，位于x轴上方的图形面积取正，位于x轴下方的图

形面积取负(如图5.7(b)所示).

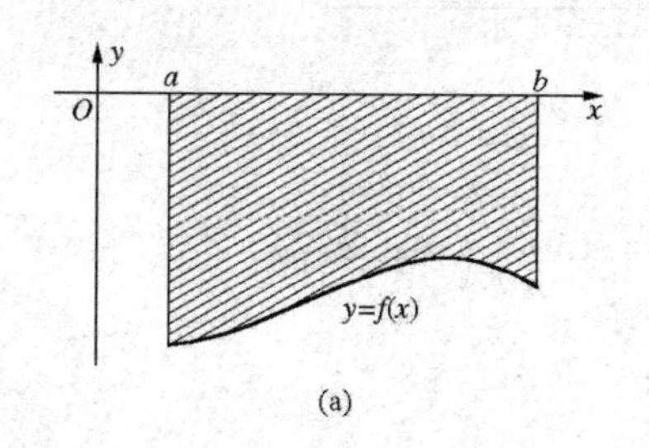

(a)

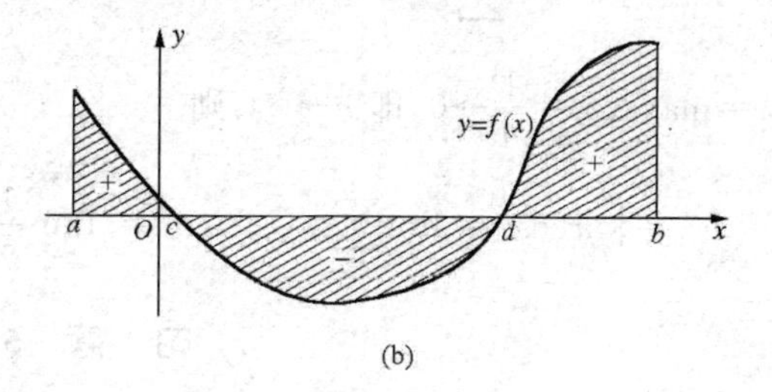

(b)

图 5.7

既然已给出函数的定积分的概念,那么一个首先有待解决的问题就是:函数 $f(x)$ 在区间 $[a,b]$ 上满足什么样的条件时,才能保证在区间 $[a,b]$ 上可积呢?关于这个问题我们不作深入讨论,而只给出可积的两个简单的充分条件.

定理 5.6 设函数 $f(x)$ 在区间 $[a,b]$ 上连续,则 $f(x)$ 在 $[a,b]$ 上可积.

定理 5.7 设函数 $f(x)$ 在区间 $[a,b]$ 上有界,并且只有有限个间断点,则 $f(x)$ 在 $[a,b]$ 上可积.

如不作特别的说明,往后总假定所讨论的定积分是存在的.

最后举例说明如何利用定义计算定积分.

例 1 用定义计算 $\int_0^1 x^2\mathrm{d}x$.

分析 这其实就是由抛物线 $y=x^2$ 与直线 $x=1$ 以及 x 轴围成的曲边三角形的面积. 早在古希腊时期阿基米德(Archimedes)就曾用在他之前的希腊人所创造的“穷竭法”计算出该曲边三角形的精确面积. 下面的解法就是阿基米德的. 由此可见定积分的思想古已有之.

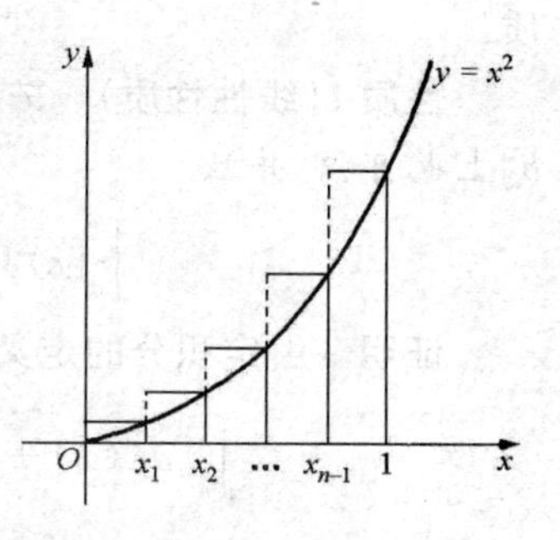

图 5.8

解 因为被积函数 $f(x)=x^2$ 在区间 $[0,1]$ 上连续,因而定积分 $\int_0^1 x^2\mathrm{d}x$ 存在. 由于定积分与区间的划分、点 $\xi_i\in[x_{i-1},x_i]$ 的选取无关,因此,为了便于计算,我们特将 $[0,1]$ n 等分,即在 $[0,1]$ 中插入 $n-1$ 个分点(如图5.8所示)

$$x_0=0,\ x_1=\frac{1}{n},\ x_2=\frac{2}{n},\ \cdots,\ x_i=\frac{i}{n},\ \cdots,\ x_{n-1}=\frac{n-1}{n},\ x_n=1,$$

每个小区间的长度均为 $\Delta x_i=\frac{1}{n}$ $(i=1,2,\cdots,n)$. 特别取 $\xi_i=x_i=\frac{i}{n}\in[x_{i-1},x_i]$ $(i=1,2,\cdots,n)$,作和式

$$\begin{aligned}\sum_{i=1}^{n}f(\xi_i)\Delta x_i&=\sum_{i=1}^{n}\xi_i^2\Delta x_i=\sum_{i=1}^{n}x_i^2\Delta x_i=\sum_{i=1}^{n}\left(\frac{i}{n}\right)^2\frac{1}{n}=\frac{1}{n^3}\sum_{i=1}^{n}i^2\\&=\frac{1}{n^3}\cdot\frac{n(n+1)(2n+1)}{6}=\frac{1}{6}\left(1+\frac{1}{n}\right)\left(2+\frac{1}{n}\right),\end{aligned}$$

这里用了整数平方和公式

$$\sum_{i=1}^{n} i^2 = 1^2 + 2^2 + \cdots + n^2 = \frac{n(n+1)(2n+1)}{6}.$$

令 $\lambda = \max\limits_{1 \leqslant i \leqslant n} \Delta x_i = \frac{1}{n} \to 0$，即 $n \to \infty$，则

$$\int_0^1 x^2 \mathrm{d}x = \lim_{\lambda \to 0} \sum_{i=1}^{n} f(\xi_i) \Delta x_i = \lim_{n \to \infty} \frac{1}{6}\left(1 + \frac{1}{n}\right)\left(2 + \frac{1}{n}\right) = \frac{1}{3}.$$

习 题 5.5

1. 试用定积分的几何意义给出下列定积分的值：

(1) $\int_{-1}^{2} |x| \mathrm{d}x$；　　(2) $\int_0^2 \sqrt{4-x^2} \mathrm{d}x$.

2*. 试用定义计算定积分 $\int_1^2 x^2 \mathrm{d}x$.

3*. 试用定积分表示极限

$$\lim_{n \to +\infty}\left(\frac{1}{n+1} + \frac{1}{n+2} + \cdots + \frac{1}{n+n}\right).$$

§5.6 定积分的基本性质

§5.5 介绍了定积分的概念、几何意义和可积的充分条件. 本节介绍定积分的几个基本性质.

性质 1(线性性质) 若 $f(x)$，$g(x)$ 在 $[a,b]$ 上可积，α，β 为二常数，则 $\alpha f(x) + \beta g(x)$ 在 $[a,b]$ 上也可积，并且

$$\int_a^b [\alpha f(x) + \beta g(x)] \mathrm{d}x = \alpha \int_a^b f(x) \mathrm{d}x + \beta \int_a^b g(x) \mathrm{d}x.$$

证明 由定积分的定义知，

$$\begin{aligned}\int_a^b [\alpha f(x) + \beta g(x)] \mathrm{d}x &= \lim_{\lambda \to 0} \sum_{i=1}^{n} [\alpha f(\xi_i) + \beta g(\xi_i)] \Delta x_i \\ &= \alpha \lim_{\lambda \to 0} \sum_{i=1}^{n} f(\xi_i) \Delta x_i + \beta \lim_{\lambda \to 0} \sum_{i=1}^{n} g(\xi_i) \Delta x_i \\ &= \alpha \int_a^b f(x) \mathrm{d}x + \beta \int_a^b g(x) \mathrm{d}x.\end{aligned}$$

由性质 1 立刻可得

$$\int_a^b [f(x) \pm g(x)] \mathrm{d}x = \int_a^b f(x) \mathrm{d}x \pm \int_a^b g(x) \mathrm{d}x,$$

$$\int_a^b k f(x) \mathrm{d}x = k \int_a^b f(x) \mathrm{d}x \quad (k \text{ 为任意常数}).$$

性质 2(对区间的可加性) 设 $f(x)$ 在 $[a,b]$ 上可积，$a<c<b$，则 $f(x)$ 在 $[a,c]$ 和 $[c,b]$ 上可积；反之，若 $f(x)$ 在 $[a,c]$ 和 $[c,b]$ 上可积，则 $f(x)$ 在 $[a,b]$ 上也可积，并且

$$\int_a^b f(x) \mathrm{d}x = \int_a^c f(x) \mathrm{d}x + \int_c^b f(x) \mathrm{d}x.$$

性质 2 的证明不作要求. 需要指出的是，不论 a，b，c 的位置关系如何，上述等式仍然成立.

这个性质常常用于计算分段函数的定积分.

例1 设

$$f(x)=\begin{cases}\sqrt{1-x^2}, & x\in[-1,0),\\ 1-x, & x\in[0,1].\end{cases}$$

试计算定积分 $\int_{-1}^{1}f(x)\mathrm{d}x$.

解 由性质2知

$$\int_{-1}^{1}f(x)\mathrm{d}x=\int_{-1}^{0}f(x)\mathrm{d}x+\int_{0}^{1}f(x)\mathrm{d}x=\int_{-1}^{0}\sqrt{1-x^2}\mathrm{d}x+\int_{0}^{1}(1-x)\mathrm{d}x.$$

由定积分的几何意义知,$\int_{-1}^{0}\sqrt{1-x^2}\mathrm{d}x$ 是由 x 轴,y 轴以及单位圆周位于第二象限的部分围成的四分之一圆的面积(如图5.9所示),即

$$\int_{-1}^{0}\sqrt{1-x^2}\mathrm{d}x=\frac{\pi}{4}.$$

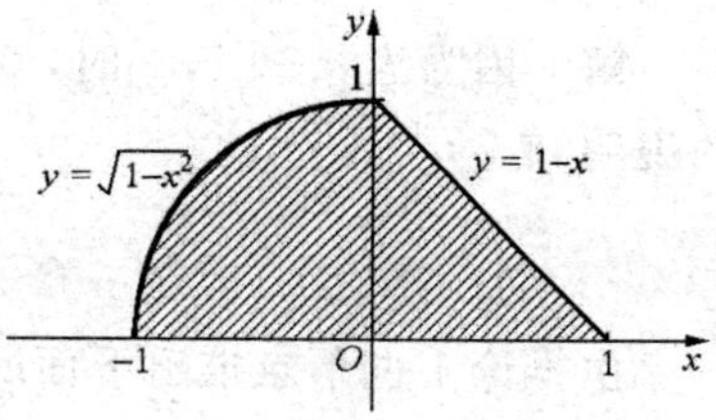

图 5.9

类似地,$\int_{0}^{1}(1-x)\mathrm{d}x$ 是由 x 轴,y 轴以及直线 $y=1-x$ 围成的三角形的面积(如图5.9所示),即

$$\int_{0}^{1}(1-x)\mathrm{d}x=\frac{1}{2}.$$

因此

$$\int_{-1}^{1}f(x)\mathrm{d}x=\frac{\pi}{4}+\frac{1}{2}.$$

性质3 如果在 $[a,b]$ 上 $f(x)\equiv 1$,则

$$\int_{a}^{b}f(x)\mathrm{d}x=\int_{a}^{b}1\mathrm{d}x=\int_{a}^{b}\mathrm{d}x=b-a.$$

事实上,$\int_{a}^{b}1\mathrm{d}x$ 就是 x 轴,$x=a$,$x=b$ 以及 $y=1$ 围成的矩形的面积 $b-a$.

性质4(保号性) 设 $f(x)$ 在区间 $[a,b]$ 上可积,并且 $f(x)\geqslant 0$ $(x\in[a,b])$,则

$$\int_{a}^{b}f(x)\mathrm{d}x\geqslant 0.$$

性质4很容易由定积分的定义以及极限的保号性推出.当然,从定积分的几何意义也容易看出.事实上,由于 $\int_{a}^{b}f(x)\mathrm{d}x$ 是由 x 轴,$x=a$,$x=b$ 以及曲线 $y=f(x)$ 围成的曲边梯形的面积,故

$$\int_{a}^{b}f(x)\mathrm{d}x\geqslant 0.$$

由性质4不难得到如下推论.

推论1(比较性质) 设 $f(x)$ 和 $g(x)$ 在 $[a,b]$ 上可积,并且在 $[a,b]$ 上 $f(x)\leqslant g(x)$,则

$$\int_{a}^{b}f(x)\mathrm{d}x\leqslant\int_{a}^{b}g(x)\mathrm{d}x.$$

证明 因为在 $[a,b]$ 上 $f(x)\leqslant g(x)$,所以 $g(x)-f(x)\geqslant 0$.故由性质4知

$$0\leqslant\int_{a}^{b}[g(x)-f(x)]\mathrm{d}x=\int_{a}^{b}g(x)\mathrm{d}x-\int_{a}^{b}f(x)\mathrm{d}x,$$

从而
$$\int_a^b f(x)\mathrm{d}x \leqslant \int_a^b g(x)\mathrm{d}x.$$

推论 1 表明，在相同的积分区间$[a,b]$上，函数大的积分就大，函数小的积分就小. 可以进一步证明：当 $f(x)$和 $g(x)$都连续时，推论 1 中的不等式是严格的不等式，除非 $f(x)\equiv g(x)$.

由推论 1 还推出如下推论.

推论 2 设 $f(x)$在$[a,b]$上可积，则
$$\left|\int_a^b f(x)\mathrm{d}x\right| \leqslant \int_a^b |f(x)|\mathrm{d}x.$$

例 2 试比较定积分 $\int_1^2 \ln x\mathrm{d}x$ 与 $\int_1^2 \ln^2 x\mathrm{d}x$ 的大小.

解 因为当 $x\in[1,2]$时，$0\leqslant \ln x<1$，所以 $\ln^2 x\leqslant \ln x$，且 $\ln^2 x\not\equiv \ln x$. 故由推论 1 及其后面的说明知
$$\int_1^2 \ln x\mathrm{d}x > \int_1^2 \ln^2 x\mathrm{d}x.$$

由推论 1 也不难推出下面所谓的**估值定理**.

性质 5(估值定理) 设 $f(x)$在$[a,b]$上可积，且 M 和 m 分别为 $f(x)$在$[a,b]$上的最大值与最小值，则
$$m(b-a) \leqslant \int_a^b f(x)\mathrm{d}x \leqslant M(b-a).$$

性质 5 说明，只要知道函数在一个闭区间上的最大值和最小值，就可以估计出这个函数在该区间上的定积分值的大致范围(如图 5.10 所示).

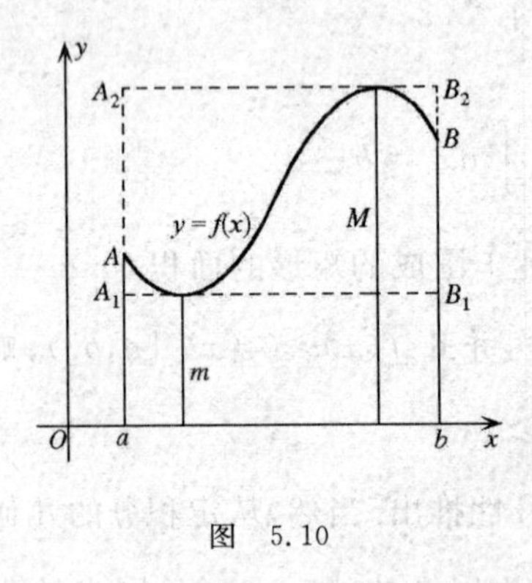

图 5.10

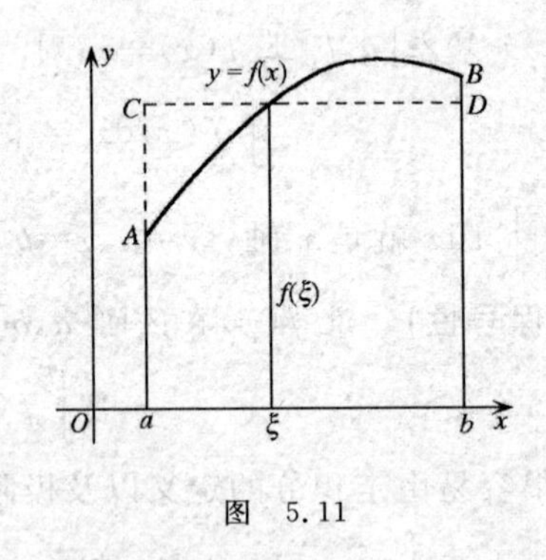

图 5.11

例 3 试估计定积分 $\int_{\frac{\pi}{4}}^{\frac{5}{4}\pi}(1+\sin^2 x)\mathrm{d}x$ 的值.

解 因为在区间$\left[\frac{\pi}{4},\frac{5}{4}\pi\right]$上，函数 $f(x)=1+\sin^2 x$ 的最大值为 $f\left(\frac{\pi}{2}\right)=2$，最小值为 $f(\pi)=1$，故由估值定理知
$$1\cdot\left(\frac{5}{4}\pi-\frac{\pi}{4}\right) \leqslant \int_{\frac{\pi}{4}}^{\frac{5}{4}\pi}(1+\sin^2 x)\mathrm{d}x \leqslant 2\cdot\left(\frac{5}{4}\pi-\frac{\pi}{4}\right),$$

即
$$\pi \leqslant \int_{\frac{\pi}{4}}^{\frac{5}{4}\pi}(1+\sin^2 x)\mathrm{d}x \leqslant 2\pi.$$

由估值定理和连续函数的介值定理可以得到下面的**积分中值定理**.

性质 6(积分中值定理) 如果函数 $f(x)$ 在区间 $[a,b]$ 上连续,则至少存在一个点 $\xi\in[a,b]$,使得

$$\int_a^b f(x)\,\mathrm{d}x = f(\xi)(b-a). \tag{1}$$

公式(1)称作**积分中值公式**.

性质 6 的证明我们就不作介绍,感兴趣的读者可以参阅其他高等数学书籍.

积分中值定理有着很强的几何意义:如果 $f(x)$ 在 $[a,b]$ 上连续,则至少存在一个点 $\xi\in[a,b]$,使得以区间 $[a,b]$ 为底,以曲线 $y=f(x)$ 为曲边的曲边梯形的面积等于以区间 $[a,b]$ 为底,高为 $f(\xi)$ 的一个矩形的面积(如图 5.11 所示).因此,$\dfrac{1}{b-a}\displaystyle\int_a^b f(x)\,\mathrm{d}x$ 称为函数 $f(x)$ 在 $[a,b]$ 上的**平均值**.

习 题 5.6

1. 选择题:

(1) 定积分 $\displaystyle\int_{\frac{1}{2}}^2 |\ln x|\,\mathrm{d}x=($ $)$.

(A) $\displaystyle\int_{\frac{1}{2}}^1 \ln x\mathrm{d}x+\int_1^2 \ln x\mathrm{d}x$; (B) $\displaystyle-\int_{\frac{1}{2}}^1 \ln x\mathrm{d}x+\int_1^2 \ln x\mathrm{d}x$;

(C) $\displaystyle-\int_{\frac{1}{2}}^1 \ln x\mathrm{d}x-\int_1^2 \ln x\mathrm{d}x$; (D) $\displaystyle\int_{\frac{1}{2}}^1 \ln x\mathrm{d}x-\int_1^2 \ln x\mathrm{d}x$.

(2) 定积分 $\displaystyle\int_1^2 x^2\mathrm{d}x$ 与 $\displaystyle\int_1^2 x^3\mathrm{d}x$ 有关系式( ).

(A) $\displaystyle\int_1^2 x^2\mathrm{d}x>\int_1^2 x^3\mathrm{d}x$; (B) $\displaystyle\int_1^2 x^2\mathrm{d}x<\int_1^2 x^3\mathrm{d}x$;

(C) $\displaystyle\int_1^2 x^2\mathrm{d}x=\int_1^2 x^3\mathrm{d}x$; (D) $\displaystyle\int_1^2 x^2\mathrm{d}x=-\int_1^2 x^3\mathrm{d}x$.

(3) 设 $f(x)$ 在 $[a,b]$ 上连续,则 $f(x)$ 在 $[a,b]$ 上的平均值为( ).

(A) $\dfrac{f(b)+f(a)}{2}$; (B) $\displaystyle\int_a^b f(x)\mathrm{d}x$; (C) $\dfrac{1}{b-a}\displaystyle\int_a^b f(x)\mathrm{d}x$; (D) $\dfrac{f(b)-f(a)}{b-a}$.

(4) 设函数 $f(x)$ 在区间 $[1,3]$ 上的平均值为 4,则 $\displaystyle\int_1^3 f(x)\mathrm{d}x=($ $)$.

(A) 2; (B) 8; (C) 12; (D) $\dfrac{1}{2}$.

2. 估计下列定积分的值:

(1) $\displaystyle\int_{\frac{\pi}{4}}^{\frac{\pi}{2}} \sin x\mathrm{d}x$; (2) $\displaystyle\int_0^1 \mathrm{e}^{-x^2}\mathrm{d}x$; (3) $\displaystyle\int_1^2 \frac{x}{1+x^2}\mathrm{d}x$; (4) $\displaystyle\int_{\frac{1}{\sqrt{3}}}^{\sqrt{3}} x\arctan x\mathrm{d}x$.

3. 不计算积分,比较下列定积分的大小:

(1) $\displaystyle\int_0^1 x\mathrm{d}x$ 与 $\displaystyle\int_0^1 x^2\mathrm{d}x$; (2) $\displaystyle\int_1^2 x^2\mathrm{d}x$ 与 $\displaystyle\int_1^2 x^3\mathrm{d}x$;

(3) $\displaystyle\int_0^{\frac{\pi}{2}} x\mathrm{d}x$ 与 $\displaystyle\int_0^{\frac{\pi}{2}} \sin x\mathrm{d}x$; (4) $\displaystyle\int_0^1 x\mathrm{d}x$ 与 $\displaystyle\int_0^1 \ln(1+x)\mathrm{d}x$.

§5.7 微积分基本公式

前面两节介绍了定积分的概念及其基本性质，知道定积分是非常有用而且是十分重要的数学概念和工具. 但是如何计算定积分呢? 虽然通过极限直接利用定积分的定义可以计算一些简单的积分，但是，即使是简单的积分往往计算起来也很复杂、困难，并且对于不同的被积函数还需要不同的、特殊的技巧. 因此，可以说利用定义来求定积分实际上是行不通的. 我们有必要寻求一种计算定积分的简单、易行，而且统一的方法. 这就是本节要介绍的微积分学基本定理. 它将定积分的计算转化成不定积分的计算，揭示了定积分与不定积分的内在联系，在解决定积分计算问题上大大地前进了一步.

在§5.5 中我们已知道速度为 $v=v(t)$ 的变速直线运动的物体在时间间隔 $[T_1,T_2]$ 内所经过的位移是

$$\int_{T_1}^{T_2} v(t)\,\mathrm{d}t.$$

另一方面，如果已知物体的位移函数 $s=s(t)$，那么在时间间隔 $[T_1,T_2]$ 内所经过的位移显然就是

$$s(T_2)-s(T_1).$$

因此

$$\int_{T_1}^{T_2} v(t)\,\mathrm{d}t = s(T_2)-s(T_1).$$

而 $v(t)$ 与 $s(t)$ 有如下关系：

$$s'(t)=v(t),$$

即 $s(t)$ 是 $v(t)$ 的一个原函数.

受此启发，人们自然会问：一般地，对于在 $[a,b]$ 上连续的函数 $f(x)$，如果 $F(x)$ 是其在区间 $[a,b]$ 上的原函数，是否也一定有

$$\int_a^b f(x)\,\mathrm{d}x = F(b)-F(a)?$$

回答是肯定的. 这就是我们下面将证明的微积分学的基本定理.

如果任取 $t\in[T_1,T_2]$，$\int_{T_1}^{t} v(\tau)\,\mathrm{d}\tau$ 是物体在 $[T_1,t]$ 内走过的路程，即 $s(t)=\int_{T_1}^{t} v(\tau)\,\mathrm{d}\tau$，由导数的物理意义可知 $s'(t)=v(t)$，即有

$$\left(\int_{T_1}^{t} v(\tau)\,\mathrm{d}\tau\right)' = v(t).$$

受此启发，人们自然会问：对于在 $[a,b]$ 上连续的函数 $f(x)$，任取 $x\in[a,b]$，是否也有

$$\left(\int_a^x f(t)\,\mathrm{d}t\right)' = f(x)?$$

回答也是肯定的. 这个公式就是定理 5.8 中的结论.

一、积分上限的函数及其导数

设函数 $f(t)$ 在区间 $[a,b]$ 上连续，则对任意的 $x\in[a,b]$，$f(t)$ 在 $[a,x]$ 上连续，从而在 $[a,x]$ 上可积. 令其积分为

$$\Phi(x)=\int_a^x f(t)\mathrm{d}t,\quad x\in[a,b],$$

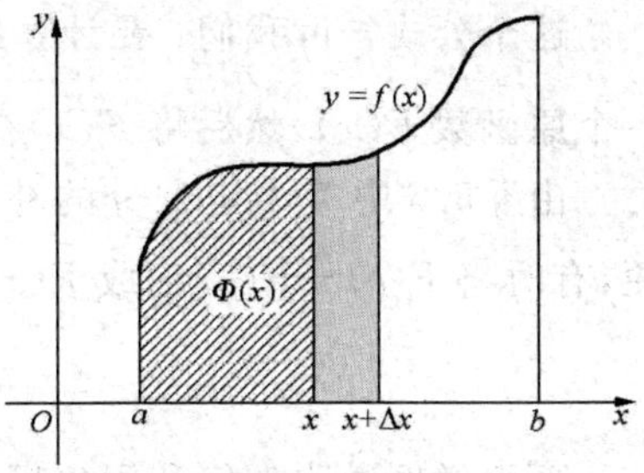

则 $\Phi(x)$ 为定义在区间 $[a,b]$ 上的一个函数,通常称作**积分上限的函数或变上限积分**,其几何意义如图 5.12 所示.

图 5.12

变上限积分函数 $\Phi(x)$ 具有如下的重要性质.

定理 5.8 设函数 $f(x)$ 在区间 $[a,b]$ 上连续,则变上限积分

$$\Phi(x)=\int_a^x f(t)\mathrm{d}t$$

在 $[a,b]$ 上可导,并且

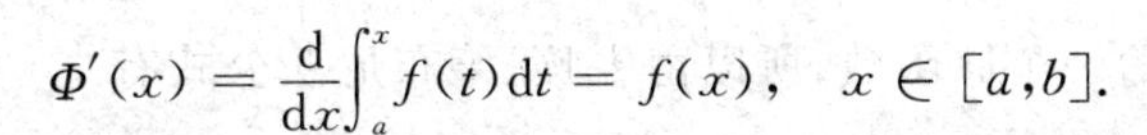

$$\Phi'(x)=\frac{\mathrm{d}}{\mathrm{d}x}\int_a^x f(t)\mathrm{d}t=f(x),\quad x\in[a,b].$$

定理 5.8 告诉我们:如果函数 $f(x)$ 在 $[a,b]$ 上连续,那么它在 $[a,b]$ 上一定有原函数

$$\Phi(x)=\int_a^x f(t)\mathrm{d}t.$$

换句话说,**连续函数的原函数总是存在的**.这就是我们在§5.1 中介绍了但未证明的原函数存在定理(定理 5.1).

定理 5.8 的重要性在于:它一方面肯定了连续函数的原函数的存在性,另一方面初步揭示了定积分与原函数的关系,为利用原函数计算定积分奠定了基础.

二、微积分学基本定理

现在利用定理 5.8 给出微积分学基本定理及其证明.

定理 5.9(微积分学基本定理) 设函数 $f(x)$ 在区间 $[a,b]$ 上连续,$F(x)$ 是 $f(x)$ 在 $[a,b]$ 上的一个原函数,则

$$\int_a^b f(x)\mathrm{d}x=F(b)-F(a). \tag{1}$$

证明 由已知及定理 5.8,函数 $F(x)$ 和 $\Phi(x)=\int_a^x f(t)\mathrm{d}t$ 都是函数 $f(x)$ 在区间 $[a,b]$ 上的原函数,从而

$$F(x)-\Phi(x)=C\quad(x\in[a,b]), \tag{2}$$

其中 C 为一个常数.

令 $x=a$ 得 $F(a)-\Phi(a)=C$.又由于 $\Phi(a)=0$,所以 $C=F(a)$.代入(2)式得

$$\Phi(x)=F(x)-F(a)\quad(x\in[a,b]),$$

即

$$\int_a^x f(t)\mathrm{d}t=F(x)-F(a)\quad(x\in[a,b]).$$

特别地,当 $x=b$ 时,即有

$$\int_a^b f(x)\mathrm{d}x=F(b)-F(a).$$

定理 5.9 是微积分学中非常重要的一个定理,它将原来看似无关的定积分与原函数(不定积分)联系起来,因此通常称之为微积分学的基本定理,而公式(1)称为**微积分学基本公式**.由于它是由牛顿(Newton)和莱布尼茨(Leibniz)发现的,所以也称为牛顿-莱布尼茨公式.

这个公式告诉我们：要计算连续函数 $f(x)$的定积分 $\int_a^b f(x)\mathrm{d}x$，只需先求出 $f(x)$的任何一个原函数 $F(x)$，然后将 $F(x)$在积分上限的值减去 $F(x)$在积分下限的值即可.

由§5.5中关于定积分的补充规定，牛顿-莱布尼茨公式在 $a>b$ 的情形也成立. 为了方便，有时将 $F(b)-F(a)$记成 $F(x)\Big|_a^b$ 或$[F(x)]_a^b$，这样牛顿-莱布尼茨公式又可以写成

$$\int_a^b f(x)\mathrm{d}x = F(x)\Big|_a^b.$$

下面举例说明如何利用牛顿-莱布尼茨公式计算定积分.

例 1 求定积分 $\int_0^1 x^2\mathrm{d}x$.

解 因为$\frac{x^3}{3}$是 x^2 的一个原函数，所以由牛顿-莱布尼茨公式有

$$\int_0^1 x^2\mathrm{d}x = \frac{x^3}{3}\Big|_0^1 = \frac{1^3}{3}-\frac{0^3}{3}=\frac{1}{3}.$$

例 2 求定积分 $\int_0^4 \frac{1}{2x+1}\mathrm{d}x$.

解 因为

$$\int\frac{1}{2x+1}\mathrm{d}x=\frac{1}{2}\int\frac{1}{2x+1}\mathrm{d}(2x+1)=\frac{1}{2}\ln|2x+1|+C,$$

所以
$$\int_0^4\frac{1}{2x+1}\mathrm{d}x=\left(\frac{1}{2}\ln|2x+1|\right)\Big|_0^4=\frac{1}{2}(\ln9-\ln1)=\ln3.$$

当计算熟练后，大家不必将计算不定积分的步骤单独分离出来，而可以直接表述如下：

$$\int_0^4\frac{1}{2x+1}\mathrm{d}x=\frac{1}{2}\int_0^4\frac{1}{2x+1}\mathrm{d}(2x+1)=\left(\frac{1}{2}\ln|2x+1|\right)\Big|_0^4=\ln3.$$

例 3 求定积分 $\int_0^{\frac{\pi}{2}}\sin^2x\cos x\mathrm{d}x$.

解 $\int_0^{\frac{\pi}{2}}\sin^2x\cos x\mathrm{d}x=\int_0^{\frac{\pi}{2}}\sin^2x\mathrm{d}\sin x=\frac{1}{3}\sin^3x\Big|_0^{\frac{\pi}{2}}=\frac{1}{3}.$

例 4 求定积分 $\int_0^{\frac{1}{2}}\frac{\mathrm{d}x}{\sqrt{x(1-x)}}$.

解
$$\int_0^{\frac{1}{2}}\frac{\mathrm{d}x}{\sqrt{x(1-x)}}=\int_0^{\frac{1}{2}}\frac{1}{\sqrt{1-x}}\cdot\frac{1}{\sqrt{x}}\mathrm{d}x=2\int_0^{\frac{1}{2}}\frac{\mathrm{d}(\sqrt{x})}{\sqrt{1-(\sqrt{x})^2}}$$
$$=2\arcsin\sqrt{x}\Big|_0^{\frac{1}{2}}=2\arcsin\frac{\sqrt{2}}{2}=\frac{\pi}{2}.$$

例 5 求定积分 $\int_0^2|x-1|\mathrm{d}x$.

分析 此例的关键在于去掉绝对值，这可以利用定积分对区间的可加性.

解 因为

$$|x-1|=\begin{cases}1-x, & x\in[0,1],\\ x-1, & x\in[1,2],\end{cases}$$

所以
$$\int_0^2|x-1|\,\mathrm{d}x=\int_0^1|x-1|\,\mathrm{d}x+\int_1^2|x-1|\,\mathrm{d}x$$

$$=\int_0^1(1-x)\mathrm{d}x+\int_1^2(x-1)\mathrm{d}x$$

$$=\left(x-\frac{x^2}{2}\right)\Big|_0^1+\left(\frac{x^2}{2}-x\right)\Big|_1^2=1.$$

变上限积分提供了一种构造新函数的方法,因此,有必要研究这样的函数的导数以及相关性质.为此,我们最后举几个这样的例子来说明.

例 6 计算导数 $\frac{\mathrm{d}}{\mathrm{d}x}\left(\int_0^{x^2}\sqrt{1+t^2}\mathrm{d}t\right)$.

解 设 $\Phi(u)=\int_0^u\sqrt{1+t^2}\mathrm{d}t$,则由定理 5.8 知 $\Phi(u)$可导,且 $\Phi'(u)=\sqrt{1+u^2}$.因此由复合函数求导法有

$$\frac{\mathrm{d}}{\mathrm{d}x}\left(\int_0^{x^2}\sqrt{1+t^2}\mathrm{d}t\right)=(\Phi(x^2))'=\Phi'(x^2)\cdot(x^2)'=\sqrt{1+x^4}\cdot 2x.$$

不难证明:如果 $f(x)$连续,$a(x)$和 $b(x)$可导,则

$$\frac{\mathrm{d}}{\mathrm{d}x}\left(\int_{a(x)}^{b(x)}f(t)\mathrm{d}t\right)=f[b(x)]b'(x)-f[a(x)]a'(x).$$

例 7 计算极限 $\lim\limits_{x\to 0}\frac{\int_0^{x^2}\mathrm{e}^t\sin t\mathrm{d}t}{x^4}$.

解 这是一个$\frac{0}{0}$型未定式,用洛必达法则得

$$\lim_{x\to 0}\frac{\int_0^{x^2}\mathrm{e}^t\sin t\mathrm{d}t}{x^4}\overset{\frac{0}{0}}{=\!=}\lim_{x\to 0}\frac{\mathrm{e}^{x^2}\sin x^2(2x)}{4x^3}=\lim_{x\to 0}\frac{\mathrm{e}^{x^2}}{2}\cdot\frac{\sin x^2}{x^2}=\frac{1}{2}.$$

习 题 5.7

1. 选择题:

(1) 设 $y=\int_0^x(t-1)(t-2)\mathrm{d}t$, 则 $y'(0)=$(   ).

(A) -2;   (B) 0;   (C) 1;   (D) 2.

(2) 极限 $\lim\limits_{x\to 0}\frac{\int_0^x\sin t^2\mathrm{d}t}{x^3}=$(   ).

(A) 1;   (B) 0;   (C) 1/2;   (D) 1/3.

(3) 函数 $f(x)=\int_0^x(t-1)\mathrm{d}t$ 有(   ).

(A) 极小值$\frac{1}{2}$;   (B) 极小值$-\frac{1}{2}$;   (C) 极大值$\frac{1}{2}$;   (D) 极大值$-\frac{1}{2}$.

(4) 定积分$\int_0^3|x-1|\mathrm{d}x=$(   ).

(A) 0;   (B) 1;   (C) 2;   (D) 5/2.

(5) 变上限积分$\int_{\frac{\pi}{2}}^x\left(\frac{\sin t}{t}\right)'\mathrm{d}t=$(   ).

(A) $\dfrac{\sin x}{x}$；　(B) $\dfrac{\sin x}{x}+C$；　(C) $\dfrac{\sin x}{x}-\dfrac{2}{\pi}$；　(D) $\dfrac{\sin x}{x}-\dfrac{2}{\pi}+C$.

(6) 若 $\int_0^1 (2x+k)\mathrm{d}x = 2$，则 $k=$(　　).

(A) 0；　(B) 1；　(C) -1；　(D) 1/2.

2. 求下列各导数或微分：

(1) $\dfrac{\mathrm{d}}{\mathrm{d}x}\int_0^{\tan x} \mathrm{e}^t \mathrm{d}t$；　(2) $\dfrac{\mathrm{d}}{\mathrm{d}x}\int_{\sin x}^{\cos x} \sqrt{1-t^2}\,\mathrm{d}t$；

(3) 设 $y=y(x)$ 是由方程 $yx^2-\int_0^y \sqrt{1+t^2}\,\mathrm{d}t=0$ 确定的隐函数，试求函数 $y=y(x)$ 的微分 $\mathrm{d}y$；

(4) 求由参数方程 $\begin{cases} x=\int_0^t \sin u^2 \mathrm{d}u, \\ y=\cos t^2 \end{cases}$ 确定的函数 $y=y(x)$ 的导数 $\dfrac{\mathrm{d}y}{\mathrm{d}x}$.

3. 计算下列定积分：

(1) $\int_{-\frac{1}{\sqrt{3}}}^{\sqrt{3}} \dfrac{1}{1+x^2}\mathrm{d}x$；　(2) $\int_0^1 \dfrac{\mathrm{d}x}{\sqrt{4-x^2}}$；　(3) $\int_0^1 a^x \mathrm{e}^x \mathrm{d}x$；

(4) $\int_0^1 \dfrac{x^4}{1+x^2}\mathrm{d}x$；　(5) $\int_{-\frac{\pi}{2}}^{\frac{\pi}{2}} \sin^2 \dfrac{x}{2}\mathrm{d}x$；　(6) $\int_0^{\frac{\pi}{4}} \tan^2 x\mathrm{d}x$；

(7) $\int_0^{2\pi} |\sin x|\,\mathrm{d}x$；　(8) $\int_0^3 |2-x|\,\mathrm{d}x$；

(9) $\int_{-1}^2 f(x)\mathrm{d}x$，其中 $f(x)=\begin{cases} x, & x\in[0,2], \\ x^2, & x\in[-1,0]; \end{cases}$

(10) $\int_0^{\pi} \sin^3 x\cos^2 x\mathrm{d}x$；　(11) $\int_1^{\mathrm{e}} \dfrac{1+\ln x}{x}\mathrm{d}x$；　(12) $\int_1^2 \dfrac{\mathrm{d}x}{x+x^2}$.

4. 求下列极限：

(1) $\lim\limits_{x\to 0}\dfrac{1}{x}\int_x^0 \dfrac{\sin t}{t}\mathrm{d}t$；　(2) $\lim\limits_{x\to 0}\dfrac{\int_0^x (\mathrm{e}^t+\mathrm{e}^{-t}-2)\mathrm{d}t}{1-\cos x}$.

5. 设函数 $f(x)$ 在区间 $[a,b]$ 上连续、单调增加，且

$$F(x)=\frac{1}{x-a}\int_a^x f(t)\mathrm{d}t,\quad x\in(a,b].$$

证明：在区间 $(a,b]$ 上恒有 $F'(x)\geqslant 0$.

§5.8　定积分的换元法与分部积分法

由§5.7已经知道，要计算定积分，只需先求出被积函数的一个原函数或不定积分，再由牛顿-莱布尼茨公式即可完成. 但是，这样做也有些小小的问题，比如，在用第二换元法计算不定积分时，变量替换必须可逆，而且最后总要将参数 t 代回到原来的变量 x；又如，在连续利用分部积分法计算不定积分时，每用一次，前面就出现一个函数，这在书写上极不方便. 为了在定积分的计算中克服这些问题，本节介绍定积分的换元法与分部积分法.

一、定积分的换元法

定理 5.10 设函数 $f(x)$在区间$[a,b]$上连续,函数 $x=\varphi(t)$满足:

(1) $\varphi(t)$在$[\alpha,\beta]$上具有连续的导数,并且其值域 $\varphi([\alpha,\beta])=[a,b]$;

(2) $\varphi(\alpha)=a$, $\varphi(\beta)=b$,

则

$$\int_a^b f(x)\mathrm{d}x = \int_\alpha^\beta f(\varphi(t))\varphi'(t)\mathrm{d}t. \tag{1}$$

公式(1)称为**定积分的换元公式**.

证明 设函数 $F(x)$为连续函数 $f(x)$在区间$[a,b]$上的一个原函数,即 $F'(x)=f(x)$ $(x\in[a,b])$,故由牛顿-莱布尼茨公式知

$$\int_a^b f(x)\mathrm{d}x = F(b)-F(a).$$

另一方面,由于 $\varphi(t)$在$[\alpha,\beta]$上有连续的导数,所以 $F(\varphi(t))$在$[\alpha,\beta]$上可导,并且

$$\frac{\mathrm{d}F(\varphi(t))}{\mathrm{d}t} = F'(\varphi(t))\varphi'(t) = f(\varphi(t))\varphi'(t).$$

故函数 $F(\varphi(t))$是连续函数 $f(\varphi(t))\varphi'(t)$在区间$[\alpha,\beta]$上的一个原函数,从而由牛顿-莱布尼茨公式以及条件(1)有

$$\int_\alpha^\beta f(\varphi(t))\varphi'(t)\mathrm{d}t = F(\varphi(t))\Big|_\alpha^\beta = F(\varphi(\beta))-F(\varphi(\alpha)) = F(b)-F(a),$$

因此

$$\int_a^b f(x)\mathrm{d}x = \int_\alpha^\beta f(\varphi(t))\varphi'(t)\mathrm{d}t.$$

定理 5.10 得证.

定积分符号 $\int_a^b f(x)\mathrm{d}x$ 本来是一个完整的记号,$\mathrm{d}x$ 是其中不可分割的一部分. 但是定理 5.10 告诉我们,在一定条件下,$\mathrm{d}x$ 确实可以作为微分记号来对待. 也就是说,应用换元公式(1)时,如果将积分变量 x 换为 $\varphi(t)$,则 $\mathrm{d}x$ 就换成 $\varphi'(t)\mathrm{d}t$,这正好是函数 $x=\varphi(t)$的微分.

从定理 5.10 的证明不难看出,如果将条件(2)改成"$\varphi(\alpha)=b,\varphi(\beta)=a$",则

$$\int_a^b f(x)\mathrm{d}x = \int_\beta^\alpha f(\varphi(t))\varphi'(t)\mathrm{d}t. \tag{2}$$

在应用定积分的换元法时应当注意两点:

(1) 换元必换限,上限对上限,下限对下限. 即如果用 $x=\varphi(t)$把原来的变量换成了新变量 t,积分限也必须换成新变量 t 的积分限,并且原来下限对应的参数做下限,原来上限对应的参数做上限.

(2) 求出 $f(\varphi(t))\varphi'(t)$的原函数 $\Phi(t)$后,不必像计算不定积分那样将它还原成 x 的函数,只需将新变量的上、下限带入相减即可. 另外,定理 5.10 中不要求 $x=\varphi(t)$单调,从而其反函数也可以不存在.

例 1 求定积分 $\int_0^8 \frac{\mathrm{d}x}{1+\sqrt[3]{x}}$.

解 为了去掉被积函数中的根式,令$\sqrt[3]{x}=t$,即 $x=t^3$,于是 $\mathrm{d}x=3t^2\mathrm{d}t$,并且当 $x=0$ 时,$t=0$;当 $x=8$ 时,$t=2$. 因此,由换元公式有

$$\int_0^8 \frac{dx}{1+\sqrt[3]{x}}=\int_0^2 \frac{3t^2\,dt}{1+t}=3\int_0^2 \frac{(t^2-1)+1}{1+t}dt$$

$$=3\int_0^2\left(t-1+\frac{1}{1+t}\right)dt=3\left[\int_0^2 (t-1)dt+\int_0^2 \frac{d(1+t)}{1+t}\right]$$

$$=3\left[\left(\frac{t^2}{2}-t\right)\Big|_0^2+\ln(1+t)\Big|_0^2\right]=3\ln 3.$$

例 2　计算定积分 $\int_0^{\frac{\sqrt{2}}{2}} \frac{x^2}{\sqrt{1-x^2}}dx$.

解　为了去掉被积函数中的根式,令 $x=\sin t$,则 $dx=\cos t dt$,并且当 $x=0$ 时,$t=0$;当 $x=\frac{\sqrt{2}}{2}$时,$t=\frac{\pi}{4}$;被积函数$\frac{x^2}{\sqrt{1-x^2}}=\frac{\sin^2 t}{\cos t}$ $\left(t\in\left[0,\frac{\pi}{4}\right]\right)$.

由定积分换元法有

$$\int_0^{\frac{\sqrt{2}}{2}} \frac{x^2}{\sqrt{1-x^2}}dx=\int_0^{\frac{\pi}{4}} \frac{\sin^2 t}{\cos t}\cos t dt=\int_0^{\frac{\pi}{4}} \sin^2 t dt=\int_0^{\frac{\pi}{4}} \frac{1-\cos 2t}{2}dt$$

$$=\frac{1}{2}\int_0^{\frac{\pi}{4}} dt-\frac{1}{4}\int_0^{\frac{\pi}{4}} \cos 2t d(2t)=\frac{\pi}{8}-\frac{1}{4}\sin 2t\Big|_0^{\frac{\pi}{4}}=\frac{\pi-2}{8}.$$

例 1、例 2 都是作一适当变换,将换元公式(1)左端的积分化为右端的积分加以计算,这相当于不定积分的第二换元法. 有时,我们也可能从换元公式(1)的右端往左端化,这相当于不定积分的第一换元法. 不过,这时仍然必须注意:换元一定换限,下限对下限,上限对上限.

例 3　计算定积分 $\int_1^{e} \frac{dx}{x\sqrt{1-\ln^2 x}}$.

解　$\int_1^{e} \frac{dx}{x\sqrt{1-\ln^2 x}}=\int_1^{e} \frac{d(\ln x)}{\sqrt{1-\ln^2 x}}\overset{\ln x=u}{=\!=\!=}\int_0^1 \frac{du}{\sqrt{1-u^2}}=\arcsin u\Big|_0^1=\frac{\pi}{2}.$

如果不引入新变量 u,那么定积分的上、下限就不要变更:

$$\int_1^{e} \frac{dx}{x\sqrt{1-\ln^2 x}}=\int_1^{e} \frac{d(\ln x)}{\sqrt{1-\ln^2 x}}=\arcsin\ln x\Big|_1^{e}=\frac{\pi}{2}.$$

这就是§5.6 例 3、例 4 中那种解法,即先用不定积分的第一换元法(即凑微分法)求不定积分,再用牛顿-莱布尼茨公式计算定积分,只不过未将定积分的计算单独列出来而已. 这里必须强调的是:换元必须换限,但是如果未换元就千万别换限.

例 4　设 $f(x)$在区间$[-a,a]$上连续. 试证明:

(1) 若 $f(x)$是偶函数,则

$$\int_{-a}^{a} f(x)dx=2\int_0^a f(x)dx;$$

(2) 若 $f(x)$是奇函数,则

$$\int_{-a}^{a} f(x)dx=0.$$

证明　因为

$$\int_{-a}^{a} f(x)dx=\int_{-a}^{0} f(x)dx+\int_0^a f(x)dx,$$

而由换元法有

$$\int_{-a}^{0} f(x)\mathrm{d}x \xlongequal{x=-t} \int_{a}^{0} f(-t)(-\mathrm{d}t) = \int_{0}^{a} f(-t)\mathrm{d}t = \int_{0}^{a} f(-x)\mathrm{d}x,$$

因此

$$\int_{-a}^{a} f(x)\mathrm{d}x = \int_{0}^{a} f(-x)\mathrm{d}x + \int_{0}^{a} f(x)\mathrm{d}x = \int_{0}^{a} [f(-x)+f(x)]\mathrm{d}x.$$

(1) 若 $f(x)$是偶函数,则 $f(-x)=f(x)$,从而

$$\int_{-a}^{a} f(x)\mathrm{d}x = 2\int_{0}^{a} f(x)\mathrm{d}x.$$

(2) 若 $f(x)$是奇函数,则 $f(-x)=-f(x)$,从而

$$\int_{-a}^{a} f(x)\mathrm{d}x = 0.$$

例 4 的结论很重要,常常用来简化奇函数与偶函数在关于原点对称的区间$[-a,a]$上的积分.

例 5 计算定积分 $\int_{-1}^{1} \frac{x\ln(1+x^2)+1}{1+x^2}\mathrm{d}x$.

解 因为

$$\int_{-1}^{1} \frac{x\ln(1+x^2)+1}{1+x^2}\mathrm{d}x = \int_{-1}^{1} \frac{x\ln(1+x^2)}{1+x^2}\mathrm{d}x + \int_{-1}^{1} \frac{1}{1+x^2}\mathrm{d}x,$$

而 $\frac{x\ln(1+x^2)}{1+x^2}$是$[-1,1]$上的奇函数,$\frac{1}{1+x^2}$是$[-1,1]$上的偶函数,所以

$$\int_{-1}^{1} \frac{x\ln(1+x^2)}{1+x^2}\mathrm{d}x = 0,\quad \int_{-1}^{1} \frac{1}{1+x^2}\mathrm{d}x = 2\int_{0}^{1} \frac{1}{1+x^2}\mathrm{d}x = 2\arctan x\Big|_{0}^{1} = \frac{\pi}{2},$$

因此

$$\int_{-1}^{1} \frac{x\ln(1+x^2)+1}{1+x^2}\mathrm{d}x = 0 + \frac{\pi}{2} = \frac{\pi}{2}.$$

例 6 设 $f(x)$在$(-\infty,+\infty)$内连续,且是以 T 为周期的周期函数. 证明:对任意的 $a\in(-\infty,+\infty)$均有

$$\int_{a}^{a+T} f(x)\mathrm{d}x = \int_{0}^{T} f(x)\mathrm{d}x.$$

证明 因为

$$\int_{a}^{a+T} f(x)\mathrm{d}x = \int_{a}^{0} f(x)\mathrm{d}x + \int_{0}^{T} f(x)\mathrm{d}x + \int_{T}^{a+T} f(x)\mathrm{d}x,$$

又

$$\int_{a}^{0} f(x)\mathrm{d}x = -\int_{0}^{a} f(x)\mathrm{d}x,$$

以及由换元法有

$$\int_{T}^{a+T} f(x)\mathrm{d}x \xlongequal{x=T+t} \int_{0}^{a} f(T+t)\mathrm{d}t \xlongequal{\text{周期性}} \int_{0}^{a} f(t)\mathrm{d}t,$$

因此
$$\int_a^{a+T} f(x)\mathrm{d}x = \int_0^T f(x)\mathrm{d}x.$$

最后指出,定积分的换元法既然是从不定积分的换元法来的,因此,在计算不定积分时所常用的变量替换,在计算定积分时仍然适用,对应类型也完全一样.

二、定积分的分部积分法

定理 5.11 设函数 $u(x)$, $v(x)$ 在区间 $[a,b]$ 上有连续导数,则
$$\int_a^b u(x)v'(x)\mathrm{d}x = u(x)v(x)\Big|_a^b - \int_a^b u'(x)v(x)\mathrm{d}x. \tag{3}$$

证明 因为 $u=u(x)$ 和 $v=v(x)$ 在区间 $[a,b]$ 上有连续导数,所以 $u(x)v(x)$ 在区间 $[a,b]$ 上也有连续导数,从而(2)式中各个积分存在,并且
$$(u(x)v(x))' = u'(x)v(x) + u(x)v'(x),$$
移项得
$$u(x)v'(x) = (u(x)v(x))' - u'(x)v(x). \tag{4}$$
上式两边在 $[a,b]$ 上取定积分,并利用定积分的线性性质即得(3)式.

(4)式也常常简写为
$$\int_a^b uv'\mathrm{d}x = (uv)\Big|_a^b - \int_a^b u'v\mathrm{d}x, \tag{5}$$
或
$$\int_a^b u\mathrm{d}v = (uv)\Big|_a^b - \int_a^b v\mathrm{d}u. \tag{6}$$

定积分的分部积分公式本质上与先用不定积分的分部积分公式求原函数,再用牛顿-莱布尼茨计算定积分是一样的.因此,定积分的分部积分法的技巧和适应的函数类型与不定积分的分部积分法完全一样.但在利用定积分的分部积分公式时,可以及时地将前面出现的项 $(uv)\Big|_a^b$ 化为常数,从而在书写上起到简化作用.

例 7 计算定积分 $\int_0^1 x\mathrm{e}^{-x}\mathrm{d}x$.

解 令 $u=x$, $\mathrm{d}v=\mathrm{e}^{-x}\mathrm{d}x$,则 $\mathrm{d}u=\mathrm{d}x$, $v=-\mathrm{e}^{-x}$.故由分部积分公式得
$$\begin{aligned}\int_0^1 x\mathrm{e}^{-x}\mathrm{d}x &= x(-\mathrm{e}^{-x})\Big|_0^1 - \int_0^1(-\mathrm{e}^{-x})\mathrm{d}x = -\mathrm{e}^{-1} - \int_0^1 \mathrm{e}^{-x}\mathrm{d}(-x)\\ &= -\mathrm{e}^{-1} - \mathrm{e}^{-x}\Big|_0^1 = 1-\frac{2}{\mathrm{e}}.\end{aligned}$$

同不定积分一样,当熟练后可以直接凑微分,然后利用分部积分公式,而不必引入 u, v.这样,例 7 的解就可以表述为
$$\begin{aligned}\int_0^1 x\mathrm{e}^{-x}\mathrm{d}x &= -\int_0^1 x\mathrm{d}(\mathrm{e}^{-x}) = -\left(x\mathrm{e}^{-x}\Big|_0^1 - \int_0^1 \mathrm{e}^{-x}\mathrm{d}x\right)\\ &= -\left[\mathrm{e}^{-1} + \int_0^1 \mathrm{e}^{-x}\mathrm{d}(-x)\right] = -\left(\mathrm{e}^{-1} + \mathrm{e}^{-x}\Big|_0^1\right) = 1-\frac{2}{\mathrm{e}}.\end{aligned}$$

例 8 求定积分 $\int_0^1 x\ln(1+x)\mathrm{d}x$.

解 $\int_0^1 x\ln(1+x)\mathrm{d}x = \frac{1}{2}\int_0^1 \ln(1+x)\mathrm{d}(x^2) = \frac{1}{2}\left[x^2\ln(1+x)\Big|_0^1 - \int_0^1 \frac{x^2}{1+x}\mathrm{d}x\right]$

$$= \frac{1}{2}\left[\ln 2 - \int_0^1 \left(x-1+\frac{1}{1+x}\right)\mathrm{d}x\right]$$

$$= \frac{1}{2}\left[\ln 2 - \left(\frac{x^2}{2} - x + \ln(1+x)\right)\Big|_0^1\right] = \frac{1}{4}.$$

这里我们将微分凑成 $\mathrm{d}(x^2-1)$ 而非 $\mathrm{d}(x^2)$，是因为我们观察到当利用分部积分公式时，对数的导数将出现 $\frac{1}{1+x}$ 的因子，凑成 $\mathrm{d}(x^2-1)$ 便于简化. 读者不妨自己将微分凑成 $\mathrm{d}(x^2)$ 去算算看.

在计算定积分的时候，也常常将分部积分法与换元法结合起来使用.

例 9 计算定积分 $\int_0^1 \mathrm{e}^{\sqrt{x}}\mathrm{d}x$.

解 令 $\sqrt{x}=t$，即 $x=t^2$，则 $\mathrm{d}x=2t\mathrm{d}t$，并且当 $x=0$ 时，$t=0$；当 $x=1$ 时，$t=1$. 由换元法得

$$\int_0^1 \mathrm{e}^{\sqrt{x}}\mathrm{d}x = \int_0^1 2t\mathrm{e}^t\mathrm{d}t = 2\int_0^1 t\mathrm{d}\mathrm{e}^t = 2\left(t\mathrm{e}^t\Big|_0^1 - \int_0^1 \mathrm{e}^t\mathrm{d}t\right)$$

$$= 2\left(\mathrm{e} - \mathrm{e}^t\Big|_0^1\right) = 2.$$

按照定义，在定积分 $\int_a^b f(x)\mathrm{d}x$ 中，上、下限 a,b 都是常数. 但是，在物理应用中，有时 $b \gg a$，我们可以认为 $b\to+\infty$，所以，我们对定积分的上、下限作如下扩充：

若 $\lim\limits_{b\to+\infty}\int_a^b f(x)\mathrm{d}x$ 存在，则记该极限值为 $\int_a^{+\infty} f(x)\mathrm{d}x$，称之为反常积分 ξ，即

$$\int_a^{+\infty} f(x)\mathrm{d}x = \lim_{b\to+\infty}\int_a^b f(x)\mathrm{d}x.$$

例 10 计算反常积分 $\int_1^{+\infty}\frac{1}{x^2}\mathrm{d}x$.

解 因为

$$\int_1^b \frac{1}{x^2}\mathrm{d}x = -\frac{1}{x}\Big|_1^b = 1-\frac{1}{b},$$

且

$$\lim_{b\to+\infty}\int_1^b \frac{1}{x^2}\mathrm{d}x = \lim_{b\to+\infty}\left(1-\frac{1}{b}\right) = 1,$$

所以

$$\int_1^{+\infty}\frac{1}{x^2}\mathrm{d}x = 1.$$

类似地，可定义反常积分

$$\int_{-\infty}^b f(x)\mathrm{d}x = \lim_{a\to-\infty}\int_a^b f(x)\mathrm{d}x$$

和

$$\int_{-\infty}^{+\infty} f(x)\mathrm{d}x = \lim_{a\to-\infty}\int_a^0 f(x)\mathrm{d}x + \lim_{b\to+\infty}\int_0^b f(x)\mathrm{d}x.$$

例 11 计算反常积分 $\int_{-\infty}^{0} x\mathrm{e}^x\mathrm{d}x$.

解 因为

$$\begin{aligned}\int_a^0 x\mathrm{e}^x\mathrm{d}x &= x\mathrm{e}^x\Big|_a^0 - \int_a^0 \mathrm{e}^x\mathrm{d}x \\ &= -a\mathrm{e}^a - \mathrm{e}^x\Big|_a^0 = -a\mathrm{e}^a - 1 + \mathrm{e}^a,\end{aligned}$$

且

$$\lim_{a\to-\infty}\int_a^0 x\mathrm{e}^x\mathrm{d}x = \lim_{a\to-\infty}(\mathrm{e}^a - a\mathrm{e}^a - 1) = -1,$$

所以

$$\int_{-\infty}^0 x\mathrm{e}^x\mathrm{d}x = -1.$$

例 12 计算反常积分 $\int_{-\infty}^{+\infty}\frac{1}{1+x^2}\mathrm{d}x$.

解 因为

$$\int_a^0 \frac{1}{1+x^2}\mathrm{d}x = \arctan x\Big|_a^0 = -\arctan a,$$

$$\int_0^b \frac{1}{1+x^2}\mathrm{d}x = \arctan x\Big|_0^b = \arctan b,$$

且

$$\lim_{a\to-\infty}\int_a^0 \frac{1}{1+x^2}\mathrm{d}x = \lim_{a\to-\infty}(-\arctan a) = \frac{\pi}{2},$$

$$\lim_{b\to+\infty}\int_0^b \frac{1}{1+x^2}\mathrm{d}x = \lim_{b\to+\infty}\arctan b = \frac{\pi}{2},$$

所以

$$\begin{aligned}\int_{-\infty}^{+\infty}\frac{1}{1+x^2}\mathrm{d}x &= \lim_{a\to-\infty}\int_a^0 \frac{1}{1+x^2}\mathrm{d}x + \lim_{b\to+\infty}\int_0^b \frac{1}{1+x^2}\mathrm{d}x \\ &= \frac{\pi}{2} + \frac{\pi}{2} = \pi.\end{aligned}$$

习 题 5.8

1. 选择题:

(1) 设函数 $f(x)$ 在 $[0,1]$ 上连续,令 $t=2x$,则 $\int_0^1 f(2x)\mathrm{d}x =$ ( ).

(A) $\int_0^2 f(t)\mathrm{d}t$; (B) $\frac{1}{2}\int_0^1 f(t)\mathrm{d}t$; (C) $2\int_0^2 f(t)\mathrm{d}t$; (D) $\frac{1}{2}\int_0^2 f(t)\mathrm{d}t$.

(2) 设 $f(x)$ 是连续函数,则 $\int_a^b f(x)\mathrm{d}x - \int_a^b f(a+b-x)\mathrm{d}x =$ ( ).

(A) 0; (B) 1; (C) $a+b$; (D) $\int_a^b f(x)\mathrm{d}x$.

(3) 定积分 $\int_{-\pi}^{\pi}\frac{x^2\sin x}{1+x^2}\mathrm{d}x =$ ( ).

(A) 2; (B) -1; (C) 1; (D) 0.

(4) 定积分 $\int_1^{e} \ln x \mathrm{d}x =$ ( ).

(A) 0; (B) 1; (C) e; (D) e+1.

(5) 设 $P=\int_0^{\frac{\pi}{2}} \sin^2 x \mathrm{d}x$，$Q=\int_0^{\frac{\pi}{2}} \cos^2 x \mathrm{d}x$，$R=\frac{1}{2}\int_{-\frac{\pi}{2}}^{\frac{\pi}{2}} \sin^2 x \mathrm{d}x$，则 ( ).

(A) $P=Q=R$; (B) $P=Q<R$; (C) $P<Q<R$; (D) $P>Q>R$.

2. 求下列定积分：

(1) $\int_0^3 \frac{x\mathrm{d}x}{1+\sqrt{1+x}}$; (2) $\int_1^8 \frac{1}{x+\sqrt[3]{x}}\mathrm{d}x$; (3) $\int_0^4 \frac{x+2}{\sqrt{2x+1}}\mathrm{d}x$;

(4) $\int_1^{e} \frac{1}{x\sqrt{1+8\ln x}}\mathrm{d}x$; (5) $\int_0^{\ln 2}\sqrt{e^x-1}\mathrm{d}x$; (6) $\int_1^2 \frac{\sqrt{x^2-1}}{x}\mathrm{d}x$;

(7) $\int_1^{\sqrt{3}} \frac{\mathrm{d}x}{x^2\sqrt{1+x^2}}$; (8) $\int_0^a x^2\sqrt{a^2-x^2}\mathrm{d}x$ $(a>0)$;

(9) $\int_1^{\ln 2} \frac{\mathrm{d}x}{e^x-e^{-x}}$; (10) $\int_0^{\pi}\sqrt{\sin^3 x-\sin^5 x}\mathrm{d}x$.

3. 求下列定积分：

(1) $\int_0^1 x\cos\pi x\mathrm{d}x$; (2) $\int_0^{\sqrt{2}/2} \arccos x\mathrm{d}x$; (3) $\int_0^1 x\arctan x\mathrm{d}x$;

(4) $\int_0^1 x^2 e^{\frac{x}{2}}\mathrm{d}x$; (5) $\int_0^1 x\ln(1+x^2)\mathrm{d}x$; (6) $\int_1^{e}\frac{\ln x}{x^3}\mathrm{d}x$;

(7) $\int_{\frac{\pi}{4}}^{\frac{\pi}{2}} \frac{x}{\sin^2 x}\mathrm{d}x$; (8) $\int_0^{\pi} e^{-x}\sin x\mathrm{d}x$; (9) $\int_{\frac{1}{e}}^{e} |\ln x|\mathrm{d}x$;

(10) $\int_{-\frac{1}{2}}^{\frac{1}{2}} \frac{x\arcsin x}{\sqrt{1-x^2}}\mathrm{d}x$; (11) 已知 xe^x 为 $f(x)$的一个原函数，求 $\int_0^1 xf'(x)\mathrm{d}x$.

4. 求函数 $f(x)=\int_0^x te^{-t}\mathrm{d}t$ 的极值与拐点.

5. 设 $f(x)$为连续函数. 证明：

$$\int_0^a x^3 f(x^2)\mathrm{d}x=\frac{1}{2}\int_0^{a^2} xf(x)\mathrm{d}x \quad (a>0 \text{ 为常数}).$$

6. 设 $f(x)$是$(-\infty,+\infty)$上周期为 T 的连续函数. 证明：对任意的 $a\in(-\infty,+\infty)$，$n\in\mathbb{N}$有

$$\int_a^{a+nT} f(x)\mathrm{d}x=n\int_0^T f(x)\mathrm{d}x.$$

7. 设 $f(x)=\int_1^x \frac{\ln t}{1+t}\mathrm{d}t, x>0$. 证明：

$$f(x)+f\left(\frac{1}{x}\right)=\frac{1}{2}\ln^2 x, \quad x\geqslant 0.$$

8. 设 $f(x)$为$[-a,a]$上的连续函数. 证明：

(1) 若 $f(x)$是偶函数，则 $F(x)=\int_0^x f(t)\mathrm{d}t$ 是$[-a,a]$上的奇函数；

(2) 若 $f(x)$是奇函数,则 $F(x)=\int_0^x f(t)\mathrm{d}t$ 是$[-a,a]$上的偶函数.

9. 若反常积分 $\int_0^{+\infty}\frac{k}{1+x^2}\mathrm{d}x=1$,则常数 $k=$________.

10. 求下列反常积分的值:

(1) $\int_0^{+\infty}x\mathrm{e}^{-x^2}\mathrm{d}x$;　(2) $\int_{\mathrm{e}}^{+\infty}\frac{1}{x\ln^2 x}\mathrm{d}x$;　(3) $\int_{-\infty}^{+\infty}\frac{1}{x^2+2x+2}\mathrm{d}x$.

§5.9 定积分的应用

前面学习了定积分的基本理论和计算,这一节着重介绍定积分的几何应用和物理应用.在本节的学习中,读者不仅要掌握一些几何量和物理量的计算公式,更重要的是要学会导出这些公式的思想方法——微元法.

一、微元法

回顾一下引入定积分概念的曲边梯形的面积的例子,以及定积分的概念,不难发现,如果某个实际问题中要求的量 I 满足以下条件:

(1) I 是与一个变量 x 的变化区间$[a,b]$有关的量;

(2) I 对区间$[a,b]$具有可加性,即如果把区间$[a,b]$分成许多小区间,则 I 相应地分成许多部分量,而 I 等于所有部分量的和;

(3) 在$[a,b]$的部分区间$[x,x+\Delta x]$上对应的部分量 ΔI 可以近似地表示为 $\Delta I\approx f(x)\cdot\Delta x$,并且误差为 Δx 的高阶无穷小,即 $\Delta I=f(x)\Delta x+o(\Delta x)$,那么可以按照§5.5中求曲边梯形面积的方法,将这个量 I 用定积分表示为

$$I=\int_a^b f(x)\mathrm{d}x.$$

我们不必再像§5.5曲边梯形例子那样分四步写出这个量的积分表达式,而是将其简化为如下步骤:

(1) 确定一个积分变量 x 及其变化范围$[a,b]$;

(2) 求出$[a,b]$上任一典型子区间$[x,x+\mathrm{d}x]$上对应量 ΔI 的近似值

$$\mathrm{d}I=f(x)\mathrm{d}x,$$

这个近似值称作整体量 I 的**微元**;

(3) 写出 I 的积分表达式

$$I=\int_a^b f(x)\mathrm{d}x.$$

上述方法通常称为**微元法**.下面将应用这一方法讨论几何和物理中的一些问题.

二、定积分的几何应用

1. 平面图形的面积

由定积分的几何意义知道:如果函数 $f(x)$在区间$[a,b]$上连续,并且 $f(x)\geqslant 0$ $(x\in[a,b])$,则由曲线 $y=f(x)$与直线 $x=a,x=b$ 以及 x 轴围成的曲边梯形(如图5.13所示)的面积为

$$A=\int_a^b f(x)\mathrm{d}x. \tag{1}$$

设函数 $f(x),g(x)$ 在区间 $[a,b]$ 上连续，并且 $f(x)\geqslant g(x)$ $(x\in[a,b])$，A 为曲线 $y=f(x)$ 与 $y=g(x)$ 以及直线 $x=a$ 和 $x=b$ 围成的平面图形(如图 5.14 所示)的面积. 下面我们用微元法来推导出 A 的公式：

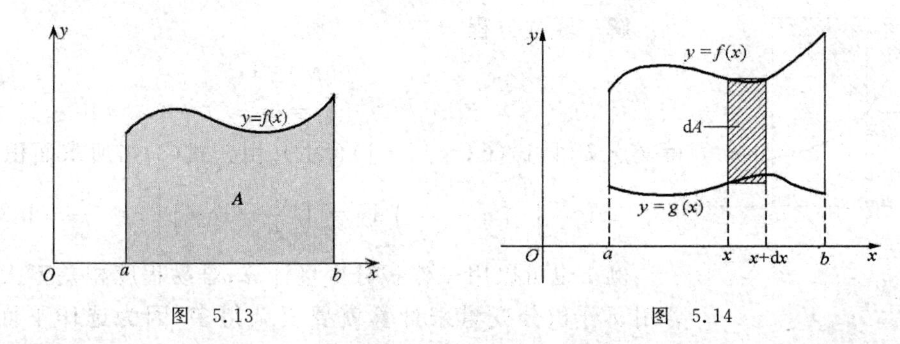

图 5.13　　图 5.14

(1) 在区间 $[a,b]$ 上任取一个小区间 $[x,x+\mathrm{d}x]$. 相应于这个小区间的面积 ΔA 可以用面积微元

$$\mathrm{d}A=(f(x)-g(x))\mathrm{d}x$$

来近似代替，$\mathrm{d}A$ 其实就是图 5.14 中小阴影矩形的面积. 这个小矩形以 $\mathrm{d}x$ 为底，$(f(x)-g(x))$ 为高.

(2) 在 $[a,b]$ 上积分即得平面图形的面积公式：

$$A=\int_a^b [f(x)-g(x)]\mathrm{d}x. \tag{2}$$

类似地，设函数 $\psi(y),\varphi(y)$ 在区间 $[c,d]$ 上连续，且 $\varphi(y)\leqslant\psi(y)$ $(y\in[c,d])$，则由曲线 $x=\varphi(y)$ 与 $x=\psi(y)$ 以及直线 $y=c$ 和 $y=d$ 围成的图形(如图 5.15 所示)的面积 A 为

$$A=\int_c^d [\psi(y)-\varphi(y)]\mathrm{d}y. \tag{3}$$

特别地，当 $\varphi(y)\equiv 0$ 时就得到由曲线 $x=\psi(y)$ 与直线 $y=c,y=d$ 围成的曲边梯形的面积.

例 1　计算由抛物线 $y=x^2$ 与 $y^2=x$ 所围图形(如图 5.16 所示)的面积.

解　联立两抛物线方程

$$\begin{cases} y=x^2, \\ x=y^2 \end{cases}$$

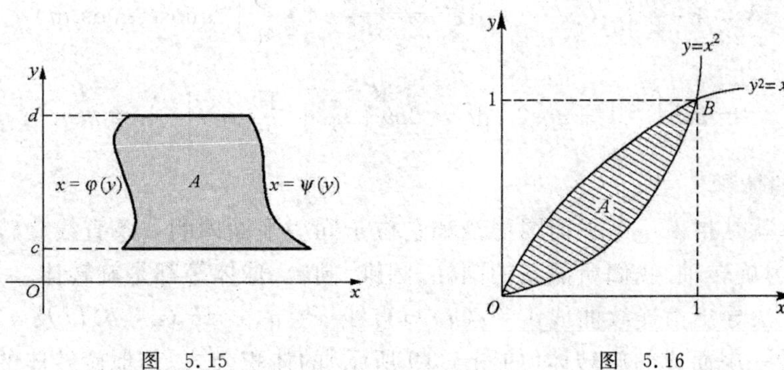

图 5.15　　图 5.16

得交点 $O(0,0)$,$B(1,1)$. 由公式(2)得所求图形的面积为

$$A=\int_0^1(\sqrt{x}-x^2)\mathrm{d}x=\left(\frac{2}{3}x^{\frac{3}{2}}-\frac{1}{3}x^3\right)\Big|_0^1=\frac{1}{3}.$$

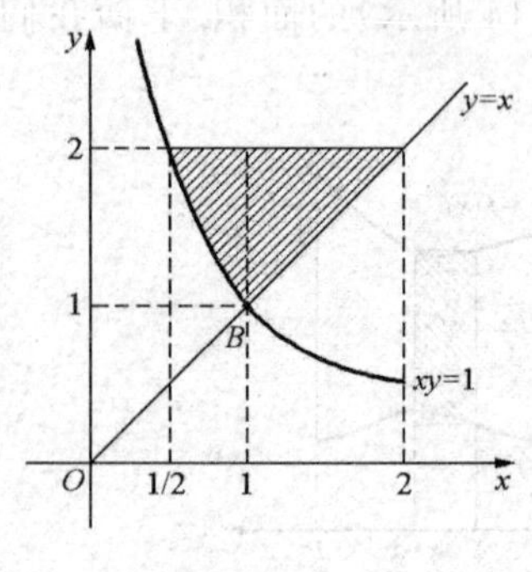

图 5.17

例 2 求由曲线 $xy=1$ 和直线 $y=x$,$y=2$ 围成的平面图形的面积(如图 5.17 所示).

解 联立方程

$$\begin{cases}xy=1,\\y=x\end{cases}$$

得交点 $B(1,1)$($C(-1,-1)$舍去). 由公式(3)得所求面积为

$$A=\int_1^2\left(y-\frac{1}{y}\right)\mathrm{d}y=\left(\frac{y^2}{2}-\ln y\right)\Big|_1^2=\frac{3}{2}-\ln 2.$$

例 1 也可以用 y 作积分变量计算,难易程度相差不大,但例 2 若用 x 作积分变量来计算就要复杂得多,因为选作下面的曲线 $y=g(x)$是一个分段函数,所以必须分段计算. 当然,也可以将图形用直线 $x=1$ 分成两块,分别计算后相加得到.

由此不难看出,选取不同的积分变量,计算的复杂程度大不一样. 那么究竟应该怎样选取积分变量呢?一般地,如果上下两条曲线都可以以一个 x 的简单函数表示,适合用公式(2)计算;如果左右两条曲线均可以用 y 的一个简单函数表示,适合用公式(3)计算;如果上下(或左右)两条曲线中至少有一条是用 x(或 y)的分段函数表示的,用 x(或 y)做积分变量计算面积时需要分块进行.

最后,利用定积分给出椭圆的面积计算公式.

例 3 求椭圆 $\frac{x^2}{a^2}+\frac{y^2}{b^2}=1$ 所围图形的面积(如图 5.18 所示).

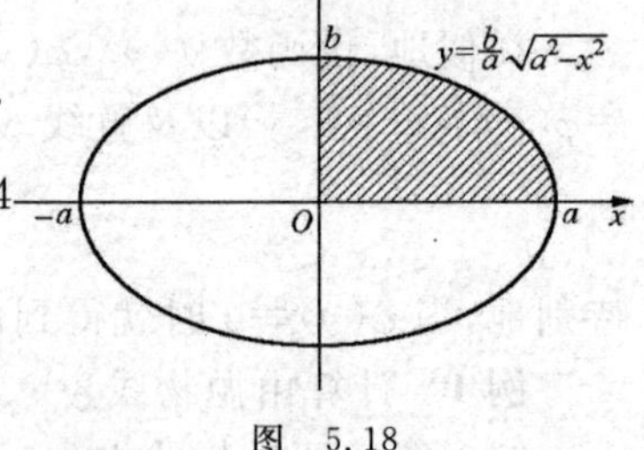

图 5.18

解 由对称性,椭圆面积是其在第一象限那部分面积的 4 倍. 因此,由公式(2)得椭圆面积

$$A=4\int_0^a y(x)\mathrm{d}x,$$

其中 $y=y(x)$是椭圆曲线位于第一象限部分的方程,即 $y(x)=\frac{b}{a}\sqrt{a^2-x^2}$. 故

$$A=4\cdot\frac{b}{a}\int_0^a\sqrt{a^2-x^2}\mathrm{d}x\xlongequal{x=a\sin t}4\cdot\frac{b}{a}\int_0^{\frac{\pi}{2}}a\cos t(a\cos t\mathrm{d}t)$$

$$=2ab\int_0^{\frac{\pi}{2}}(1+\cos 2t)\mathrm{d}t=2ab\left(\frac{\pi}{2}+\frac{1}{2}\sin 2t\Big|_0^{\frac{\pi}{2}}\right)=\pi ab.$$

2. 旋转体的体积

所谓旋转体就是指由一个平面图形绕和它位于同一平面内的一条直线旋转一周而形成的立体,该直线称为旋转轴. 我们所熟悉的圆柱、圆锥、圆台、球体等都是旋转体.

下面用微元法导出由连续曲线 $y=f(x)$与直线 $x=a$,$x=b$ $(a<b)$以及 x 轴围成的曲边梯形绕 x 轴旋转一周而成的旋转体(如图 5.19 所示)的体积公式,其他旋转体的体积可利用此公式或用相同的微元法得到.

(1) 在区间$[a,b]$上任取一个小区间$[x,x+\mathrm{d}x]$. 相应于这个小区间的部分体积ΔV可以用体积微元$\mathrm{d}V$来近似代替，$\mathrm{d}V$是图5.19中小阴影圆柱体的体积. 这个小圆柱体以$|f(x)|$为底面半径，$\mathrm{d}x$为高，因而

$$\mathrm{d}V=\pi f^2(x)\mathrm{d}x;$$

(2) 在$[a,b]$上积分即得所讨论的旋转体的体积

$$V=\int_a^b \pi f^2(x)\mathrm{d}x. \tag{4}$$

类似地，由连续曲线$x=\varphi(y)$与直线$y=c,y=d\ (c<d)$以及y轴围成的平面图形绕y轴旋转一周所成旋转体(如图5.20所示)的体积为

$$V=\int_c^d \pi\varphi^2(y)\mathrm{d}y. \tag{5}$$

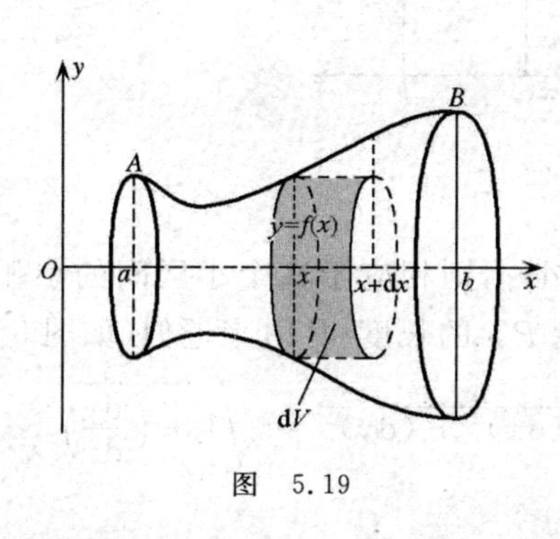

图 5.19

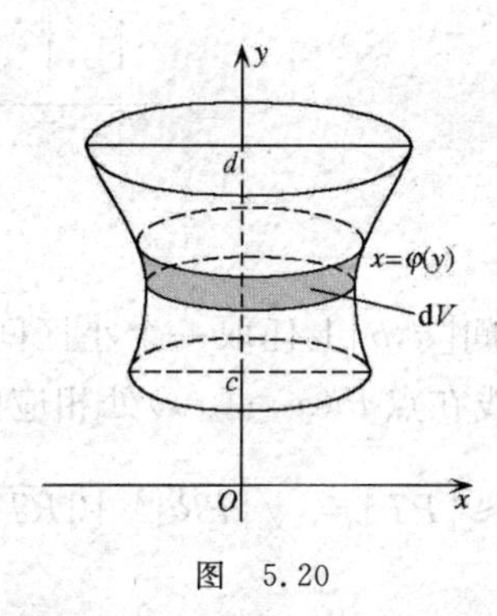

图 5.20

例4 计算由椭圆

$$\frac{x^2}{a^2}+\frac{y^2}{b^2}=1$$

所围图形绕x轴旋转一周而成的旋转体(即旋转椭球体)的体积(如图5.21所示).

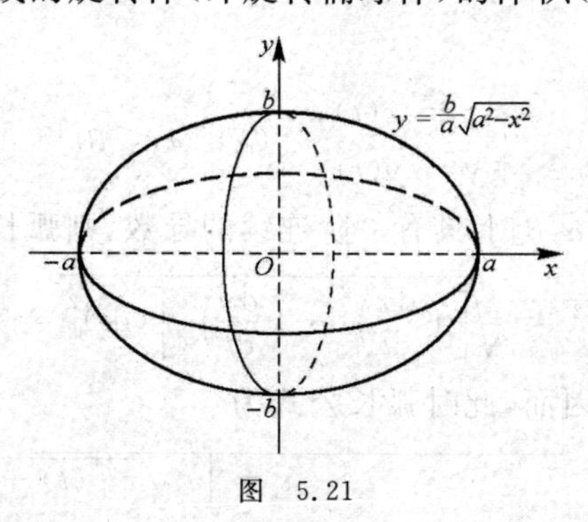

图 5.21

解 这个旋转椭球体也可以看成是由上半椭圆$y=\dfrac{b}{a}\sqrt{a^2-x^2}$和$x$轴围成的图形绕$x$轴旋转而成的旋转体，因此，由公式(4)得椭球体的体积

$$V=\int_{-a}^{a}\pi\left(\frac{b}{a}\sqrt{a^2-x^2}\right)^2\mathrm{d}x=\pi\frac{b^2}{a^2}\int_{-a}^{a}(a^2-x^2)\mathrm{d}x$$

$$=\pi\frac{b^2}{a^2}\left(a^2x-\frac{1}{3}x^3\right)\Bigg|_{-a}^{a}=\frac{4}{3}\pi ab^2.$$

3. 平面曲线的弧长

设

$$\widehat{AB}: y=f(x), \quad a\leqslant x\leqslant b$$

是一条光滑的曲线(如图 5.22 所示),即 $f(x)$ 在区间 $[a,b]$ 上有一阶连续的导数. 下面用微元法导出其长度公式:

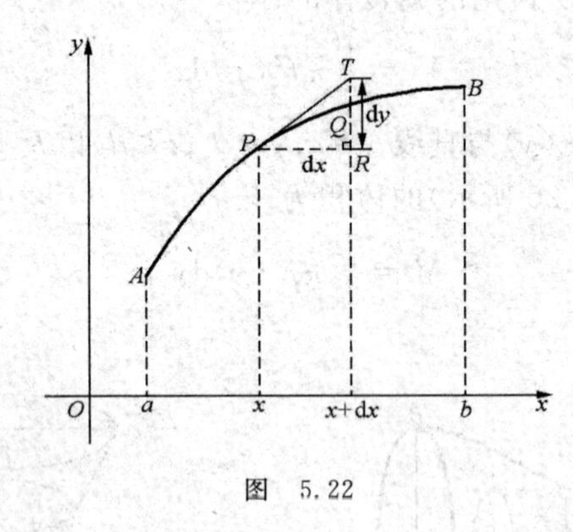

图 5.22

(1) 在区间 $[a,b]$ 上任取一个小区间 $[x,x+\mathrm{d}x]$,则相应于这个小区间的小弧段 $\widehat{PQ}$ 的弧长 Δs 可用曲线在点 $P(x,f(x))$ 处相应的切线段 PT 的长度 $|PT|$ 来近似(如图 5.22 所示):

$$\Delta s\approx |PT|=\sqrt{|PR|^2+|RT|^2}=\sqrt{(\mathrm{d}x)^2+(\mathrm{d}y)^2}=\sqrt{1+\left(\frac{\mathrm{d}y}{\mathrm{d}x}\right)^2}\,\mathrm{d}x,$$

即弧长微元为

$$\mathrm{d}s=\sqrt{(\mathrm{d}x)^2+(\mathrm{d}y)^2}=\sqrt{1+y'^2}\,\mathrm{d}x.$$

(2) 在 $[a,b]$ 上积分得曲线弧 $L_{\widehat{AB}}$ 的弧长公式

$$s=\int_a^b\sqrt{1+y'^2}\,\mathrm{d}x. \tag{6}$$

当曲线 $\widehat{AB}$ 由参数方程

$$\begin{cases} x=x(t), \\ y=y(t) \end{cases} \quad (\alpha\leqslant t\leqslant\beta)$$

给出,其中 $x(t),y(t)$ 在区间 $[\alpha,\beta]$ 上具有一阶连续的导数,则弧长微元为

$$\mathrm{d}s=\sqrt{(\mathrm{d}x)^2+(\mathrm{d}y)^2}=\sqrt{\left[\left(\frac{\mathrm{d}x}{\mathrm{d}t}\right)^2+\left(\frac{\mathrm{d}y}{\mathrm{d}t}\right)^2\right](\mathrm{d}t)^2}=\sqrt{x'^2(t)+y'^2(t)}\,\mathrm{d}t,$$

因而,此时弧长公式为

$$s=\int_\alpha^\beta\sqrt{x'^2(t)+y'^2(t)}\,\mathrm{d}t. \tag{7}$$

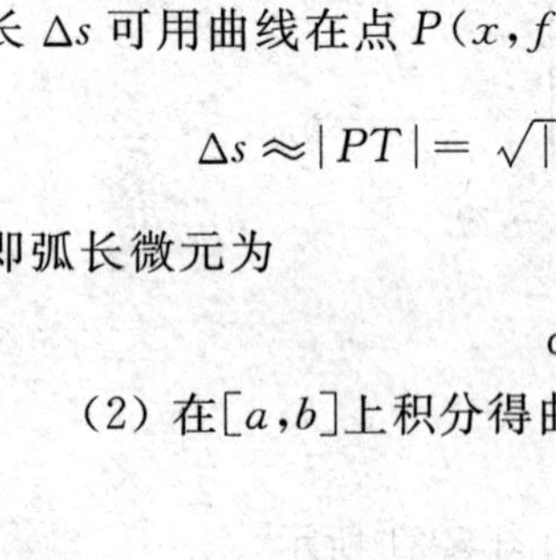

例 5 证明半径为 r 的圆的周长为 $2\pi r$.

解 以圆心为原点建立坐标系(如图 5.23 所示),则圆的方程为

$$x^2+y^2=r^2.$$

由对称性,圆的周长等于其位于第一象限部分的弧长的 4 倍,而位于第一象限内的圆弧可以表示为

图 5.23

$$y=\sqrt{r^2-x^2},\quad 0\leqslant x\leqslant r,$$

从而弧长微元为

$$ds=\sqrt{1+y'^2}dx=\sqrt{1+\left(\frac{-2x}{2\sqrt{r^2-x^2}}\right)^2}dx=\frac{r}{\sqrt{r^2-x^2}}dx,$$

因此圆周的长度为

$$s=4\int_0^r\frac{r}{\sqrt{r^2-x^2}}dx=4r\arcsin\frac{x}{r}\Big|_0^r=2\pi r.$$

当然,此例也可以用圆的参数方程

$$\begin{cases}x=r\cos t,\\ y=r\sin t\end{cases}\quad(0\leqslant t\leqslant 2\pi)$$

来求解,请读者自己完成.

例 6 求星形线

$$x^{\frac{2}{3}}+y^{\frac{2}{3}}=a^{\frac{2}{3}}\quad(a>0)$$

的周长(如图 5.24 所示).

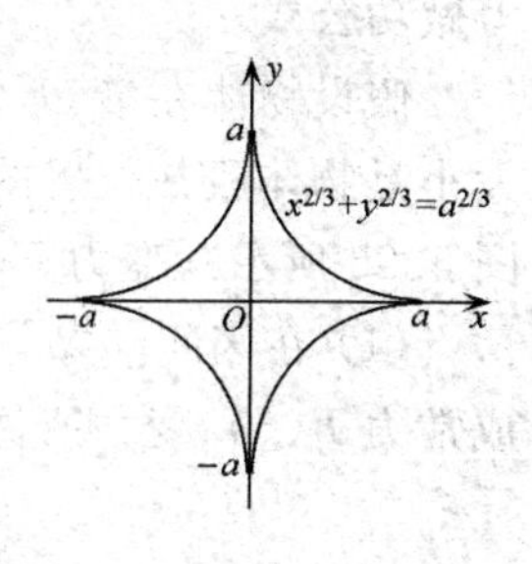

图 5.24

解 参数化得星形线的参数方程

$$\begin{cases}x=a\cos^3 t,\\ y=a\sin^3 t\end{cases}\quad(0\leqslant t\leqslant 2\pi),$$

则其弧长微元为

$$\begin{aligned}ds&=\sqrt{x'^2(t)+y'^2(t)}dt=\sqrt{(-3a\cos^2 t\sin t)^2+(3a\sin^2 t\cos t)^2}dt\\&=3a|\cos t\sin t|dt.\end{aligned}$$

由对称性,星形线的周长等于其位于第一象限内的部分弧段长度的 4 倍,即等于参数 t 由 0 到 $\frac{\pi}{2}$ 对应弧段长度的 4 倍. 因此,星形线的周长为

$$\begin{aligned}s&=4\int_0^{\frac{\pi}{2}}3a|\cos t\sin t|dt=12a\int_0^{\frac{\pi}{2}}\sin t\cos t dt\\&=12a\int_0^{\frac{\pi}{2}}\sin t d\sin t=6a\sin^2 t\Big|_0^{\frac{\pi}{2}}=6a.\end{aligned}$$

如果不用对称性而直接在$[0,2\pi]$上积分求星形线的周长,那么需要将积分分成 4 段来求,以便于去掉绝对值符号.

三、定积分的物理应用

1. 变速直线运动的位移问题

由§5.5 引例知,速度为 $v=v(t)$的变速直线运动物体在时间间隔$[T_1,T_2]$内的位移为

$$s=\int_{T_1}^{T_2}v(t)dt.\tag{8}$$

例 7 已知一个做变速直线运动物体的速度为 $v=t\sin t-\cos t$. 试计算该物体在时刻 $t=0$ 到时刻 $t=\pi$ 这段时间里的位移.

解 由变速直线运动的位移公式,所求位移为

$$s=\int_0^{\pi}(t\sin t-\cos t)\mathrm{d}t=-\int_0^{\pi}t\mathrm{d}\cos t-\int_0^{\pi}\cos t\mathrm{d}t$$

$$=-\left(t\cos t\Big|_0^{\pi}-\int_0^{\pi}\cos t\mathrm{d}t\right)-\int_0^{\pi}\cos t\mathrm{d}t$$

$$=-t\cos t\Big|_0^{\pi}=\pi.$$

2. 变力沿直线所做的功

由物理学知道,一个大小不变,方向与物体的运动方向一致的力 F 作用于做直线运动的物体,当物体移动的距离为 s 时,力 F 对物体所做的功是

$$W=F\cdot s.$$

但是,变力所做的功就没法直接利用以上公式计算了. 下面用微元法导出一类简单的变力做功公式.

假设物体在沿 Ox 轴做直线运动, $F=F(x)$是作用于该物体的一个力,其方向始终不变,大小是物体所在位置的坐标 x 的函数. 当物体从坐标为 a 的位置移动到坐标为 b 的位置时(如图 5.25 所示),变力 $F(x)$对物体所做的功可推导如下:

(1) 在区间$[a,b]$上任取一个小区间$[x,x+\mathrm{d}x]$. 在这段位移小区间上变力可以近似地看成常力 $F(x)$,变力所做的功 ΔW 可以用常力 $F(x)$所做的功 $\mathrm{d}W=F(x)\mathrm{d}x$ 来近似:

$$\Delta W\approx \mathrm{d}W=F(x)\mathrm{d}x,$$

即功微元为

$$\mathrm{d}W=F(x)\mathrm{d}x.$$

(2) 在$[a,b]$上积分,即得物体从坐标为 a 的位置移动到坐标为 b 的位置时,变力 $F(x)$对物体所做的功

$$W=\int_a^b F(x)\mathrm{d}x. \tag{9}$$

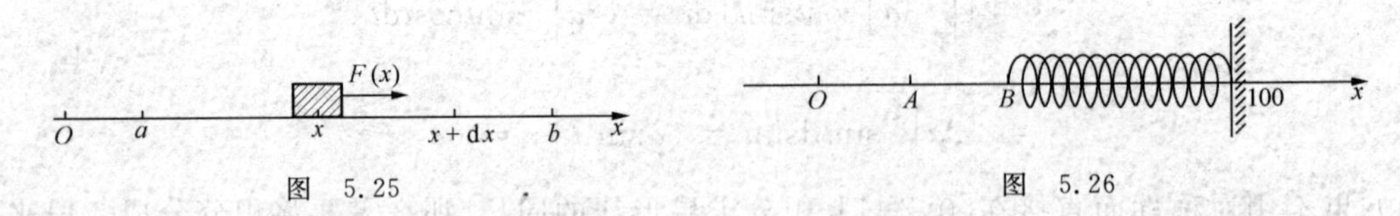

图 5.25　　图 5.26

例 8 设有一弹簧,原长 1 m. 一端固定,压缩另一端. 假定每压缩 1 cm 需要 0.05 N 重的力. 今将弹簧从 80 cm 压缩至 60 cm,试问需要做多少功?

解 将弹簧在平衡位置时的自由端作原点,建立坐标系,如图 5.26 所示. 将弹簧从 80 cm 压缩为 60 cm,就是将自由端从坐标为 $1-0.8=0.2$(m)的点 A 处压缩到坐标为 $1-0.6=0.4$(m)的点 B 处.

由物理学中的胡克定律知,当自由端的坐标为 $x(>0)$时,弹簧的弹力为

$$F=kx,$$

其中 $k>0$ 为弹簧的劲度系数. 根据已知,当 $x=0.01$ m 时, $F=0.05$ N,代入上式即得 $k=5$ N/m,即

$$F=5x(\mathrm{N}).$$

故将弹簧从 80 cm 压缩至 60 cm 需要做的功即是克服弹力所做的功：

$$W=\int_{0.2}^{0.4}5x\mathrm{d}x=2.5x^2\Big|_{0.2}^{0.4}=0.3(\mathrm{J}).$$

例 9 自地面垂直向上发射一质量为 m(单位：kg)的火箭. 试计算将火箭发射到距离地面的高度为 h(单位:m)的位置时，地球引力对火箭所做的功，并由此计算第二宇宙速度(即火箭要脱离地球引力范围所必须具有的初速度).

解 以地心为原点，垂直向上方向作 x 轴正向建立坐标系(如图 5.27 所示). 设地球的质量为 M(单位：kg)，半径为 R(单位：m). 由牛顿的万有引力定律知，当火箭的位置在 x 处时，火箭所受地球的万有引力为

$$F(x)=G\frac{M\cdot m}{x^2},$$

其中 G 为万有引力常数.

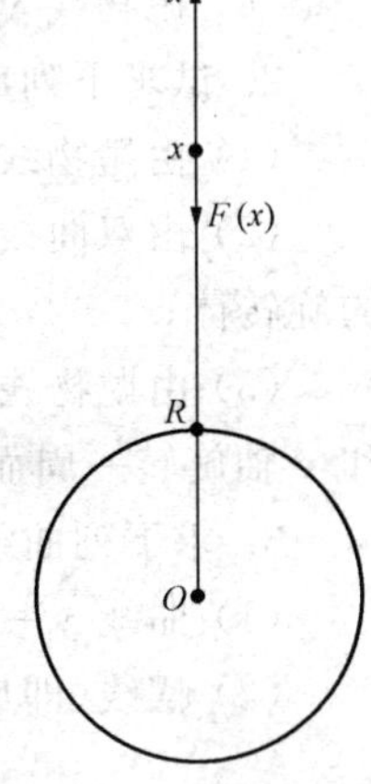

图 5.27

将火箭发射到距离地面的高度为 h 时，地球引力对火箭所做的功为

$$\begin{aligned}W&=\int_R^{R+h}F(x)\mathrm{d}x=\int_R^{R+h}G\frac{M\cdot m}{x^2}\mathrm{d}x\\&=GMm\left(-\frac{1}{x}\right)\Big|_R^{R+h}=GMm\left(\frac{1}{R}-\frac{1}{R+h}\right).\end{aligned}$$

由于在地球表面，火箭的重量 mg 就是火箭所受的地球引力，即

$$G\frac{Mm}{R^2}=mg,$$

所以
$$G=\frac{R^2g}{M},$$

从而
$$W=mgR^2\left(\frac{1}{R}-\frac{1}{R+h}\right).$$

为了使火箭脱离地球的引力范围，也就是要将火箭发射到无穷远处，即 $h\to+\infty$. 这时地球引力做的功为

$$W_\infty=\lim_{h\to+\infty}W=\lim_{h\to+\infty}mgR^2\left(\frac{1}{R}-\frac{1}{R+h}\right)=mgR.$$

由能量守恒定律，要将火箭发射到无穷远处，给予火箭的动能 $\frac{1}{2}mv_0^2$(v_0 为火箭离开地面的初速度)必须至少等于地球对火箭的万有引力所做的功 W_∞，即

$$mgR=\frac{1}{2}mv_0^2,\quad 从而\quad v_0=\sqrt{2gR}.$$

将 $g=9.8\,\mathrm{m/s^2}$，$R=6.371\times10^6$ m(地球半径)代入即得

$$v_0=11.2\times10^3\ \mathrm{m/s}=11.2\,\mathrm{km/s}.$$

这就是使火箭脱离地球引力范围至少必须具备的初速度，即通常所说的第二宇宙速度.

例 8 和例 9 都是先写出了变力的表达式，然后直接利用功的计算公式. 其实，有时直接利用微元法更方便.

习　题　5.9

1. 试求由下列各曲线围成的平面图形的面积：

(1) 直线 $y=x$ 与抛物线 $y^2=x$；

(2) 直线 $y=2x$ 与抛物线 $y=3-x^2$；

(3) 抛物线 $y=x^2-1$ 与直线 $x=-2$ 及 x 轴；

(4) 抛物线 $y^2=2px\ (p>0)$ 与其在点 $P(p/2,p)$ 处的法线.

2. 试求下列旋转体的体积：

(1) 由抛物线 $y=x^2$ 与直线 $y=1$ 围成的平面图形绕 y 轴旋转一周而成的旋转体；

(2) 由双曲线 $xy=1$ 与直线 $y=4x, x=2$ 以及 x 轴围成的平面图形绕 x 轴旋转一周而成的旋转体；

(3) 由抛物线 $y=2-x^2$ 与直线 $y=x$ 以及 y 轴在第一象限内围成的平面图形分别绕 x 轴和 y 轴旋转一周而成的旋转体.

3. 求下列曲线弧段的长度：

(1) 曲线 $y=\ln(1-x^2)$ 上相应于 $0\leqslant x\leqslant 1/2$ 的那一段；

(2) 摆线(即旋轮线)

$$\begin{cases} x=a(t-\sin t), \\ y=a(1-\cos t) \end{cases}$$

的第一拱(即参数 $t=0$ 到 $t=2\pi$ 对应的那一段，其中 $a>0$)；

(3) 抛物线 $y^2=2px\ (p>0)$ 从原点到该曲线上一点 $M(x,y)$ 的那段.

4. 一物体做直线运动，其速度为 $v=\sqrt{1+t}$(单位：m/s)，试求该物体自运动开始到 8s 末的位移.

5. 两个点电荷分别带正电荷 q_1 和 q_2，其相互间的作用力可由库仑定律

$$F=k\frac{q_1q_2}{r^2}$$

计算，其中 k 为常数，r 是两电荷间的距离. 设当 $r=0.5\,\text{m}$ 时，$F=0.02\,\text{N}$. 今固定电荷 q_1，另一电荷 q_2 在由距离电荷 q_1 0.75 m 处运动到 1 m 处，试计算它们之间的作用力所做的功.

6. 设一物体按规律 $x=ct^3$ 做直线运动，媒质的阻力与速度的平方成正比. 试计算物体由 $x=0$ 移至 $x=a$ 时，克服媒质阻力所做的功.

7*. 设一圆锥形蓄水池，池内贮满了水. 池深 15 m，池口直径为 20 m. 现欲将池内的水全部抽出，问需要做多少功?

§5.10 本章内容小结与学习指导

一、本章知识结构图

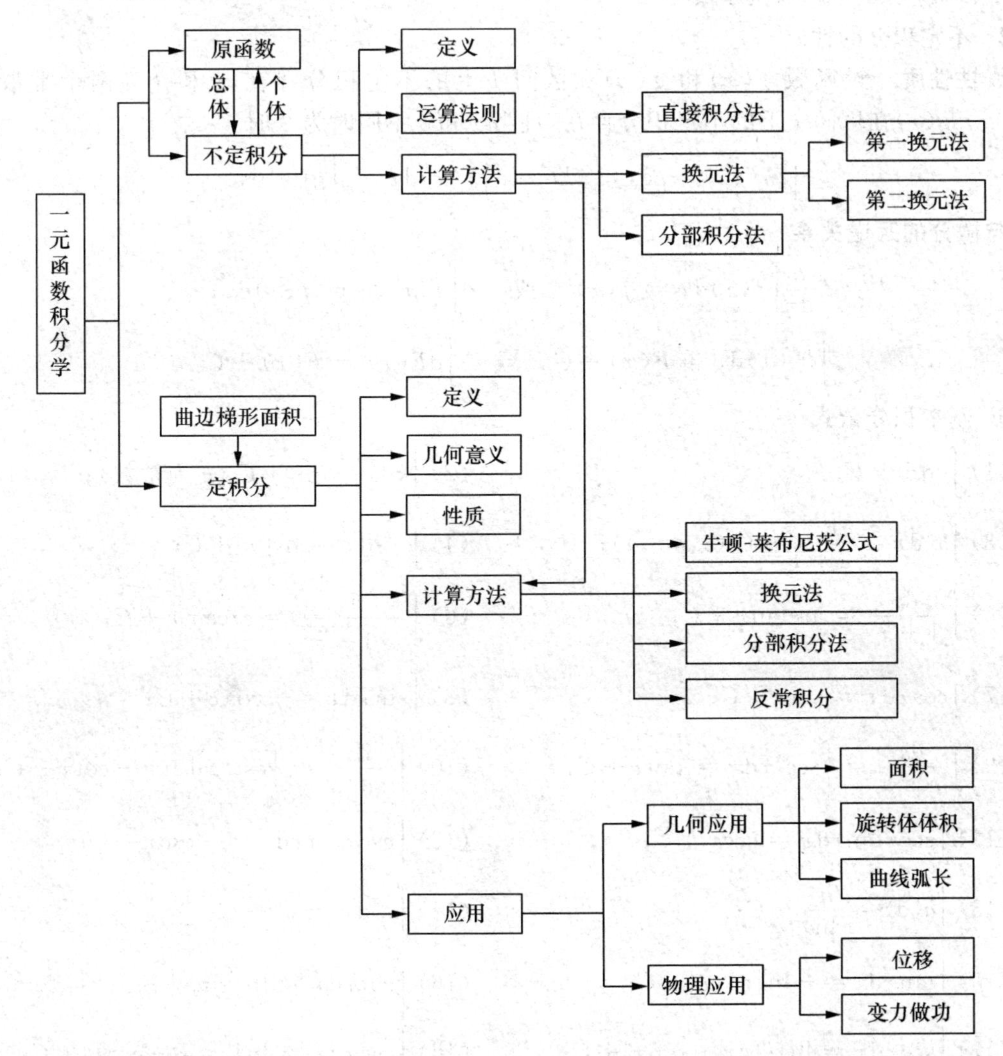

二、内容小结

(一) 不定积分及其计算

1. 原函数与不定积分的定义

原函数 设 $f(x)$是定义在区间 I 上的一个函数.如果 $F(x)$是区间 I 上的可导函数,并且满足对任意的 $x\in I$ 均有

$$F'(x)=f(x) \quad 或 \quad \mathrm{d}F(x)=f(x)\mathrm{d}x,$$

则称 $F(x)$是 $f(x)$在区间 I 上的一个原函数.

原函数存在定理 如果函数 $f(x)$在区间 I 上连续,那么 $f(x)$在区间 I 上一定有原函数.

不定积分 如果函数 $f(x)$在区间 I 上有原函数,那么称 $f(x)$在 I 上的全体原函数组成

的函数族为函数 $f(x)$在区间 I 上的不定积分,记为$\int f(x)\mathrm{d}x$,即

$$\int f(x)\mathrm{d}x = F(x) + C,$$

其中 $F(x)$为 $f(x)$的一个原函数.

2. 不定积分的性质

线性性质 设函数 $f(x)$和 $g(x)$在区间 I 上的不定积分存在,α 和 β 为两个常数,则 $\alpha f(x)+\beta g(x)$在区间 I 上的不定积分存在,且当 α 和 β 不同时为 0 时,

$$\int[\alpha f(x) + \beta g(x)]\mathrm{d}x = \alpha\int f(x)\mathrm{d}x + \beta\int g(x)\mathrm{d}x.$$

与微分的互逆关系

$$\frac{\mathrm{d}}{\mathrm{d}x}\int f(x)\mathrm{d}x = f(x) \quad 或 \quad \mathrm{d}\int f(x)\mathrm{d}x = f(x)\mathrm{d}x;$$

$$\int F'(x)\mathrm{d}x = F(x) + C \quad 或 \quad \int \mathrm{d}F(x) = F(x) + C.$$

3. 基本积分公式

(1) $\int 0\mathrm{d}x = C$;

(2) $\int k\mathrm{d}x = kx + C$ (k 为常数);

(3) $\int x^\alpha \mathrm{d}x = \frac{x^{\alpha+1}}{\alpha+1} + C\ (\alpha \neq -1)$;

(4) $\int \frac{1}{x}\mathrm{d}x = \ln|x| + C$;

(5) $\int \frac{\mathrm{d}x}{1+x^2} = \arctan x + C$;

(6) $\int \frac{\mathrm{d}x}{\sqrt{1-x^2}} = \arcsin x + C$;

(7) $\int \cos x\mathrm{d}x = \sin x + C$;

(8) $\int \sin x\mathrm{d}x = -\cos x + C$;

(9) $\int \frac{\mathrm{d}x}{\cos^2 x} = \int \sec^2 x\mathrm{d}x = \tan x + C$;

(10) $\int \frac{\mathrm{d}x}{\sin^2 x} = \int \csc^2 x\mathrm{d}x = -\cot x + C$;

(11) $\int \sec x\tan x\mathrm{d}x = \sec x + C$;

(12) $\int \csc x\cot x\mathrm{d}x = -\csc x + C$;

(13) $\int a^x \mathrm{d}x = \frac{a^x}{\ln a} + C$;

(14) $\int \mathrm{e}^x \mathrm{d}x = \mathrm{e}^x + C$;

(15) $\int \tan x\mathrm{d}x = -\ln|\cos x| + C$;

(16) $\int \cot x\mathrm{d}x = \ln|\sin x| + C$;

(17) $\int \sec x\mathrm{d}x = \ln|\sec x + \tan x| + C$;

(18) $\int \csc x\mathrm{d}x = \ln|\csc x - \cot x| + C$;

(19) $\int \frac{\mathrm{d}x}{a^2+x^2} = \frac{1}{a}\arctan\frac{x}{a} + C$;

(20) $\int \frac{\mathrm{d}x}{x^2-a^2} = \frac{1}{2a}\ln\left|\frac{x-a}{x+a}\right| + C$;

(21) $\int \frac{\mathrm{d}x}{\sqrt{a^2-x^2}} = \arcsin\frac{x}{a} + C$;

(22) $\int \frac{\mathrm{d}x}{\sqrt{x^2+a^2}} = \ln(x + \sqrt{x^2+a^2}) + C$;

(23) $\int \frac{\mathrm{d}x}{\sqrt{x^2-a^2}} = \ln|x + \sqrt{x^2-a^2}| + C$;

(24) $\int \sqrt{a^2-x^2}\mathrm{d}x = \frac{x}{2}\sqrt{a^2-x^2} + \frac{a^2}{2}\arcsin\frac{x}{a} + C$;

(25) $\int \sqrt{x^2+a^2}\mathrm{d}x = \frac{x}{2}\sqrt{x^2+a^2} + \frac{1}{a^2}\ln(x + \sqrt{x^2+a^2}) + C$;

(26) $\int \sqrt{x^2-a^2}\,dx = \frac{x}{2}\sqrt{x^2-a^2} - \frac{1}{a^2}\ln\left|x+\sqrt{x^2-a^2}\right| + C$.

4. 不定积分的计算方法

(1) **直接积分法** 直接利用基本积分表与积分的性质求不定积分的方法.

(2) **第一换元法(凑微分法)** 设 $f(u)$ 具有原函数，$u=\varphi(x)$ 可导,则

$$\int f(\varphi(x))\varphi'(x)dx = \left[\int f(u)du\right]_{u=\varphi(x)}.$$

常见凑微分形式：

① $\int f(ax+b)dx = \frac{1}{a}\int f(ax+b)d(ax+b)\ (a\neq 0)$；

② $\int f(x^\alpha)x^{\alpha-1}dx = \frac{1}{\alpha}\int f(x^\alpha)dx^\alpha\ (\alpha\neq 0)$；

③ $\int f(a^x)a^x dx = \frac{1}{\ln a}\int f(a^x)da^x\ (a>0, a\neq 1)$；

$\int f(e^x)e^x dx = \int f(e^x)de^x$；

④ $\int f(\ln x)\frac{dx}{x} = \int f(\ln x)d\ln x$；

⑤ $\int f(\sin x)\cos x dx = \int f(\sin x)d\sin x$；

⑥ $\int f(\cos x)\sin x dx = -\int f(\cos x)d\cos x$；

⑦ $\int f(\tan x)\sec^2 x dx = \int f(\tan x)d\tan x$；

⑧ $\int f(\cot x)\csc^2 x dx = -\int f(\cot x)d\cot x$；

⑨ $\int f(\arcsin x)\frac{dx}{\sqrt{1-x^2}} = \int f(\arcsin x)d\arcsin x$；

⑩ $\int f(\arctan x)\frac{dx}{1+x^2} = \int f(\arctan x)d\arctan x$.

(3) **第二换元法** 设 $x=\varphi(t)$ 单调、可导,并且 $\varphi'(t)\neq 0$,又设 $f(\varphi(t))\varphi'(t)$ 具有原函数,则 $f(x)$ 具有原函数,且

$$\int f(x)dx = \left[\int f(\varphi(t))\varphi'(t)dt\right]_{t=\varphi^{-1}(x)},$$

其中 $t=\varphi^{-1}(x)$ 为 $x=\varphi(t)$ 的反函数.

常用变量代换：

① 简单无理代换：$x=(ct+d)^n$（对应于 $t=\sqrt[n]{ax+b}$）；

② 三角代换：如果被积函数含有 $\sqrt{a^2-x^2}$，$\sqrt{a^2+x^2}$ 或 $\sqrt{x^2-a^2}$,则可以分别作代换 $x=a\sin t, x=a\tan t, x=a\sec t$ 消去根式；

③ 倒代换：$x=\frac{1}{t}$.

(4) **分部积分法** 设 $u(x), v(x)$ 在区间 I 上有连续导数,则

$$\int uv'\mathrm{d}x = uv - \int u'v\mathrm{d}x \quad 或 \quad \int u\mathrm{d}v = uv - \int v\mathrm{d}u.$$

选取 u 的有效方法:

① 当被积函数是幂函数与三角函数或幂函数与指数函数的乘积时,通常用分部积分法计算,且令幂函数为 u.

② 当被积函数是幂函数与反三角函数或幂函数与对数函数的乘积时,通常用分部积分法计算,且令反三角函数和对数函数为 u;

③ 当被积函数是三角函数与指数函数的乘积时,选择哪个为 u 都行,两次利用分部积分公式,建立一个关于所求不定积分的循环式,最终求出该不定积分.

(二) 定积分及其应用

1. 定积分的概念

(1) **引例**:曲边梯形的面积和变速直线运动物体的位移.

(2) **定积分的定义**:设函数 $y=f(x)$ 在区间 $[a,b]$ 上有界,在 $[a,b]$ 中任意插入 $n-1$ 个分点 $a=x_0<x_1<\cdots<x_{n-1}<x_n=b$ 将其分成 n 个小区间 $[x_{i-1},x_i]$ $(1\leqslant i\leqslant n)$,并记 $[x_{i-1},x_i]$ 的长度为 $\Delta x_i=x_i-x_{i-1}$,$\lambda=\max\limits_{1\leqslant i\leqslant n}\Delta x_i$,在 $[x_{i-1},x_i]$ 上任取一点 ξ_i $(1\leqslant i\leqslant n)$. 如果极限 $\lim\limits_{\lambda\to 0}\sum\limits_{i=1}^{n}f(\xi_i)\Delta x_i$ 存在,且与 $[a,b]$ 的划分、ξ_i 的选取无关,则定义定积分为

$$\int_a^b f(x)\mathrm{d}x := I = \lim_{\lambda\to 0}\sum_{i=1}^{n}f(\xi_i)\Delta x_i.$$

(3) **定积分的几何意义**:

当 $f(x)\geqslant 0$ $(x\in[a,b])$ 时,$\int_a^b f(x)\mathrm{d}x$ 为由曲线 $y=f(x)$ 与直线 $x=a$,$x=b$ 以及 x 轴所围成的曲边梯形的面积.

当 $f(x)\leqslant 0$ $(x\in[a,b])$ 时,$\int_a^b f(x)\mathrm{d}x$ 为由曲线 $y=f(x)$ 与直线 $x=a$,$x=b$ 以及 x 轴所围成的曲边梯形的面积的相反数.

$f(x)$ 可正可负时,$\int_a^b f(x)\mathrm{d}x$ 为曲线 $y=f(x)$ 与直线 $x=a$,$x=b$ 以及 x 轴所围成各部分曲边梯形的面积的代数和,位于 x 轴上方的图形面积取正,位于 x 轴下方的图形面积取负.

(4) **定积分的存在定理**:

定理 1 设函数 $f(x)$ 在区间 $[a,b]$ 上连续,则 $f(x)$ 在 $[a,b]$ 上可积.

定理 2 设函数 $f(x)$ 在区间 $[a,b]$ 上有界,并且只有有限个间断点,则 $f(x)$ 在 $[a,b]$ 上可积.

2. 定积分的基本性质

性质 1(线性性质) 若 $f(x)$,$g(x)$ 在 $[a,b]$ 上可积,α,β 为二常数,则 $\alpha f(x)+\beta g(x)$ 在 $[a,b]$ 上也可积,并且

$$\int_a^b(\alpha f(x)+\beta g(x))\mathrm{d}x = \alpha\int_a^b f(x)\mathrm{d}x + \beta\int_a^b g(x)\mathrm{d}x.$$

性质 2(对区间的可加性) 设 $f(x)$ 在 $[a,b]$ 上可积,$a<c<b$,则 $f(x)$ 在 $[a,c]$ 和 $[c,b]$ 上可积;反之,若 $f(x)$ 在 $[a,c]$ 和 $[c,b]$ 上可积,则 $f(x)$ 在 $[a,b]$ 上也可积,并且

$$\int_a^b f(x)\mathrm{d}x = \int_a^c f(x)\mathrm{d}x + \int_c^b f(x)\mathrm{d}x.$$

性质 3 如果在$[a,b]$上 $f(x)\equiv 1$,则

$$\int_a^b f(x)\mathrm{d}x = \int_a^b 1\mathrm{d}x = \int_a^b \mathrm{d}x = b-a.$$

性质 4(保号性) 设 $f(x)$在区间$[a,b]$上可积,且 $f(x)\geqslant 0$ $(x\in[a,b])$,则

$$\int_a^b f(x)\mathrm{d}x \geqslant 0.$$

推论 1(比较性质) 设 $f(x)$和 $g(x)$在$[a,b]$上可积,且在$[a,b]$上 $f(x)\leqslant g(x)$,则

$$\int_a^b f(x)\mathrm{d}x \leqslant \int_a^b g(x)\mathrm{d}x.$$

推论 2 设 $f(x)$在$[a,b]$上可积,则

$$\left|\int_a^b f(x)\mathrm{d}x\right| \leqslant \int_a^b |f(x)|\,\mathrm{d}x.$$

性质 5(估值定理) 设 $f(x)$在$[a,b]$上可积,且 M 和 m 分别为 $f(x)$在$[a,b]$上的最大值与最小值,则

$$m(b-a) \leqslant \int_a^b f(x)\mathrm{d}x \leqslant M(b-a).$$

性质 6(积分中值定理) 如果函数 $f(x)$在区间$[a,b]$上连续,则至少存在一个点 $\xi\in[a,b]$,使得

$$\int_a^b f(x)\mathrm{d}x = f(\xi)(b-a).$$

3. 微积分基本公式

(1) 积分上限的函数及其导数

设函数 $f(t)$在区间$[a,b]$上连续,则

$$\Phi(x) = \int_a^x f(t)\mathrm{d}t, \quad x\in[a,b]$$

为定义在区间$[a,b]$上的一个函数,通常称为积分上限的函数.

定理 3 设函数 $f(x)$在区间$[a,b]$上连续,则变上限积分

$$\Phi(x) = \int_a^x f(t)\mathrm{d}t$$

在$[a,b]$上可导,且

$$\Phi'(x) = \frac{\mathrm{d}}{\mathrm{d}x}\int_a^x f(t)\mathrm{d}t = f(x), \quad x\in[a,b].$$

注 如果 $f(x)$连续,$a(x)$和 $b(x)$可导,则

$$\frac{\mathrm{d}}{\mathrm{d}x}\int_{a(x)}^{b(x)} f(t)\mathrm{d}t = f(b(x))b'(x) - f(a(x))a'(x).$$

(2) 微积分学基本定理

定理 4 设函数 $f(x)$在区间$[a,b]$上连续, $F(x)$是 $f(x)$在$[a,b]$上的一个原函数,则

$$\int_a^b f(x)\mathrm{d}x = [F(x)]\Big|_a^b = F(b)-F(a).$$

4. 定积分的换元法与分部积分法

(1) 定积分的换元法

定理 5 设函数 $f(x)$在区间$[a,b]$上连续,函数 $x=\varphi(t)$满足:

① 在$[\alpha,\beta]$上具有连续的导数,且函数 $\varphi(t)$的值域 $\varphi([\alpha,\beta])=[a,b]$;

② $\varphi(\alpha)=a$, $\varphi(\beta)=b$,

则
$$\int_a^b f(x)\mathrm{d}x=\int_\alpha^\beta f(\varphi(t))\varphi'(t)\mathrm{d}t.$$

注 1 当条件②改为 $\varphi(\alpha)=b,\varphi(\beta)=a$ 时,
$$\int_a^b f(x)\mathrm{d}x=\int_\beta^\alpha f(\varphi(t))\varphi'(t)\mathrm{d}t.$$
所以定积分的换元法必须注意:**换元必须同时换限,上限对上限,下限对下限.**

注 2 常见代换与不定积分的换元法相同.

注 3 若 $f(x)$在区间$[-a,a]$上连续,则
$$\int_{-a}^a f(x)\mathrm{d}x=\begin{cases}0, & \text{当 } f(x) \text{ 为奇函数},\\ 2\int_0^a f(x)\mathrm{d}x, & \text{当 } f(x) \text{ 为偶函数}.\end{cases}$$
在计算对称区间上的定积分时,注意利用奇偶性化简.

(2) **定积分的分部积分法**

定理 6 设 $u(x),v(x)$在区间$[a,b]$上具有连续的导数,则
$$\int_a^b uv'\mathrm{d}x=(uv)\Big|_a^b-\int_a^b u'v\mathrm{d}x \quad 或 \quad \int_a^b u\mathrm{d}v=(uv)\Big|_a^b-\int_a^b v\mathrm{d}u.$$

注 常见类型与不定积分的分部积分法相同.

5. 定积分的应用

(1) **几何应用**

① 平面图形的面积

设函数 $f(x),g(x)$在区间$[a,b]$上连续,并且 $f(x)\geqslant g(x)$ $(x\in[a,b])$,则由曲线 $y=f(x)$与 $y=g(x)$以及直线 $x=a$ 和 $x=b$ 围成的图形的面积 A 为
$$A=\int_a^b[f(x)-g(x)]\mathrm{d}x.$$

设函数 $\psi(y),\varphi(y)$在区间$[c,d]$上连续,且 $\varphi(y)\leqslant\psi(y)$ $(y\in[c,d])$,则由曲线 $x=\varphi(y)$与 $x=\psi(y)$以及直线 $y=c$ 和 $y=d$ 围成的图形的面积 A 为
$$A=\int_c^d[\psi(y)-\varphi(y)]\mathrm{d}y.$$

② 旋转体的体积

由连续曲线 $y=f(x)$与直线 $x=a$, $x=b$ $(a<b)$以及 x 轴围成的平面图形绕 x 轴旋转一周所成旋转体的体积为
$$V=\int_a^b\pi f^2(x)\mathrm{d}x.$$

由连续曲线 $x=\varphi(y)$与直线 $y=c,y=d$ $(c<d)$以及 y 轴围成的平面图形绕 y 轴旋转一周所成旋转体的体积为
$$V=\int_c^d\pi\varphi^2(y)\mathrm{d}y.$$

③ 平面曲线的弧长

光滑曲线弧$\widehat{AB}$：$y=y(x)$ ($x\in[a,b]$)的弧长微元为

$$ds=\sqrt{(dx)^2+(dy)^2}=\sqrt{1+y'^2}dx.$$

弧长为

$$s=\int_a^b\sqrt{1+y'^2}dx.$$

光滑曲线弧$\widehat{AB}$：

$$\begin{cases}x=x(t),\\ y=y(t)\end{cases}\quad(\alpha\leqslant t\leqslant\beta)$$

的弧长微元为 $ds=\sqrt{x'^2(t)+y'^2(t)}dt$,弧长为

$$s=\int_\alpha^\beta\sqrt{x'^2(t)+y'^2(t)}dt.$$

(2) **定积分的物理应用**

① 变速直线运动的位移

以速度 $v=v(t)$做变速直线运动的物体在时间间隔$[T_1,T_2]$内的位移为

$$s=\int_{T_1}^{T_2}v(t)dt.$$

② 变力沿直线所做的功

物体沿力轴做直线运动,从位置 a 移动到位置 b,则方向和运动方向始终平行的变力$F(x)$对物体所做的功为

$$W=\int_a^bF(x)dx.$$

三、常见题型

1. 求原函数与不定积分.
2. 求定积分.
3. 积分上限函数的导数,往往和可微函数的单调性、极值以及极限的洛必达法则联系在一起.
4. 利用定积分计算平面图形的面积、旋转体的体积、平面曲线的弧长.
5. 利用定积分计算沿直线运动物体的位移,变力做功.

四、典型例题解析

例 1 (1) 设 $F(x)$是$\dfrac{\sin x^2}{x}$的原函数,则 $\dfrac{dF(\sqrt{x})}{dx}=$(　　).

(A) $\dfrac{\sin x}{\sqrt{x}}$; (B) $\dfrac{\sqrt{x}\cos x-\frac{1}{2\sqrt{x}}\sin x}{x}$;

(C) $\dfrac{2x^2\cos x^2-\sin x^2}{x^2}$; (D) $\dfrac{\sin x}{2x}$.

(2) 设 $f(x)$的一个原函数为 $x\ln x$,则 $\int f'(x)dx=$(　　).

(A) $x\ln x$; (B) $x\ln x+C$; (C) $\ln x+C$; (D) $\ln x+1$.

解 (1) 因为由复合函数求导法则知

$$\frac{\mathrm{d}F(\sqrt{x})}{\mathrm{d}x}=F'(\sqrt{x})\ \frac{1}{2\sqrt{x}},$$

而由原函数概念又有 $F'(x)=\frac{\sin x^2}{x}$,因此

$$\frac{\mathrm{d}F(\sqrt{x})}{\mathrm{d}x}=\frac{\sin(\sqrt{x})^2}{\sqrt{x}}\cdot\frac{1}{2\sqrt{x}}=\frac{\sin x}{2x}.$$

故选(D).

(2) 由原函数的概念有

$$f(x)=(x\ln x)'=\ln x+1,\quad 从而\quad \int f'(x)\mathrm{d}x=\ln x+C.$$

故应选(C).

例 2 设 $F(x)$是 $f(x)$的一个原函数,则 $\int\frac{1}{x^2}f\left(\frac{1}{x}\right)\mathrm{d}x=($ $)$.

(A) $F\left(\frac{1}{x}\right)$; (B) $-F\left(\frac{1}{x}\right)$; (C) $F\left(\frac{1}{x}\right)+C$; (D) $-F\left(\frac{1}{x}\right)+C$.

解 由凑微分法易知

$$\int\frac{1}{x^2}f\left(\frac{1}{x}\right)\mathrm{d}x=-\int f\left(\frac{1}{x}\right)\mathrm{d}\left(\frac{1}{x}\right)=-F\left(\frac{1}{x}\right)+C.$$

故应选(D).

例 3 计算下列不定积分:

(1) $\int\frac{\mathrm{e}^{\sqrt{x}}}{\sqrt{x}}\mathrm{d}x$; (2) $\int x^3\sqrt{1+x^2}\mathrm{d}x$; (3) $\int\frac{\mathrm{d}x}{(1-x^2)^{3/2}}$;

(4) $\int\frac{\mathrm{d}x}{x^2\sqrt{x^2-9}}$; (5) $\int x\ln(1+x^2)\mathrm{d}x$; (6) $\int\sin(\ln x)\mathrm{d}x$.

解 (1) $\int\frac{\mathrm{e}^{\sqrt{x}}}{\sqrt{x}}\mathrm{d}x=2\int\mathrm{e}^{\sqrt{x}}\ \frac{\mathrm{d}x}{2\sqrt{x}}=2\int\mathrm{e}^{\sqrt{x}}\mathrm{d}\sqrt{x}=2\mathrm{e}^{\sqrt{x}}+C.$

(2)
$$\begin{aligned}\int x^3\ \sqrt{1+x^2}\mathrm{d}x&=\frac{1}{2}\int[(x^2+1)-1]\ \sqrt{1+x^2}\mathrm{d}(x^2+1)\\&=\frac{1}{2}\int[(x^2+1)^{\frac{3}{2}}-(x^2+1)^{\frac{1}{2}}]\mathrm{d}(x^2+1)\\&=\frac{1}{2}\left[\frac{2}{5}(x^2+1)^{\frac{5}{2}}-\frac{2}{3}(x^2+1)^{\frac{3}{2}}\right]+C\\&=\frac{1}{5}(x^2+1)^{\frac{5}{2}}-\frac{1}{3}(x^2+1)^{\frac{3}{2}}+C.\end{aligned}$$

此题也可以用第二换元法计算:令 $x=\tan t$,则 $\sqrt{1+x^2}=\sec t$, $\mathrm{d}x=\sec^2t\mathrm{d}t$,从而

$$\begin{aligned}\int x^3\sqrt{1+x^2}\mathrm{d}x&=\int\tan^3t\sec^3t\mathrm{d}t=\int\tan^2t\sec^2t\mathrm{d}\sec t=\int(\sec^4t-\sec^2t)\mathrm{d}\sec t\\&=\frac{1}{5}\sec^5t-\frac{1}{3}\sec^3t+C=\frac{1}{5}(x^2+1)^{\frac{5}{2}}-\frac{1}{3}(x^2+1)^{\frac{3}{2}}+C.\end{aligned}$$

(3) 令 $x=\sin t$,则

$$\frac{1}{(1-x^2)^{\frac{3}{2}}}=\frac{1}{\cos^3 t},\quad \mathrm{d}x=\cos t\mathrm{d}t,$$

从而

$$\int\frac{1}{(1-x^2)^{\frac{3}{2}}}\mathrm{d}x=\int\frac{1}{\cos^2 t}\mathrm{d}t=\int\sec^2 t\mathrm{d}t=\tan t+C=\frac{x}{\sqrt{1-x^2}}+C.$$

此题也可以用凑微分的方法：

$$\int\frac{1}{(1-x^2)^{\frac{3}{2}}}\mathrm{d}x=\int\frac{\mathrm{d}x}{x^3\left(\frac{1}{x^2}-1\right)^{\frac{3}{2}}}=-\frac{1}{2}\int\left(\frac{1}{x^2}-1\right)^{-\frac{3}{2}}\mathrm{d}\left(\frac{1}{x^2}-1\right)$$

$$=-\frac{1}{2}\cdot\frac{1}{-\frac{3}{2}+1}\left(\frac{1}{x^2}-1\right)^{-\frac{1}{2}}+C=\frac{x}{\sqrt{1-x^2}}+C.$$

(4) 令 $x=3\sec t$,则 $\sqrt{x^2-9}=3\tan t$，$\mathrm{d}x=3\sec t\tan t\mathrm{d}t$,从而

$$\int\frac{\mathrm{d}x}{x^2\sqrt{x^2-9}}=\int\frac{3\sec t\tan t\mathrm{d}t}{9\sec^2 t\cdot 3\tan t}=\frac{1}{9}\int\cos t\mathrm{d}t$$

$$=\frac{1}{9}\sin t+C=\frac{1}{9}\cdot\frac{\sqrt{x^2-9}}{x}+C.$$

当然,此题也可以用倒代换：令 $x=\frac{1}{t}$,则

$$\int\frac{\mathrm{d}x}{x^2\sqrt{x^2-9}}=\int\frac{-\frac{1}{t^2}\mathrm{d}t}{\frac{1}{t^2}\frac{\sqrt{1-9t^2}}{t}}=-\int\frac{t\mathrm{d}t}{\sqrt{1-9t^2}}=\frac{1}{9}\int\frac{\mathrm{d}(1-9t^2)}{2\sqrt{1-9t^2}}$$

$$=\frac{1}{9}\sqrt{1-9t^2}+C=\frac{1}{9}\cdot\frac{\sqrt{x^2-9}}{x}+C;$$

还可以用凑微分法：

$$\int\frac{\mathrm{d}x}{x^2\sqrt{x^2-9}}=\int\frac{\mathrm{d}x}{x^3\sqrt{1-9x^{-2}}}=\frac{1}{9}\int\frac{\mathrm{d}(1-9x^{-2})}{2\sqrt{1-9x^{-2}}}$$

$$=\frac{1}{9}\sqrt{1-9x^{-2}}+C=\frac{1}{9}\cdot\frac{\sqrt{x^2-9}}{x}+C.$$

(5) $\int x\ln(1+x^2)\mathrm{d}x=\frac{1}{2}\int\ln(1+x^2)\mathrm{d}(1+x^2)$

$$=\frac{1}{2}\left[(1+x^2)\ln(1+x^2)-\int(1+x^2)\mathrm{d}\ln(1+x^2)\right]$$

$$=\frac{1}{2}\left[(1+x^2)\ln(1+x^2)-\int 2x\mathrm{d}x\right]$$

$$=\frac{1}{2}(1+x^2)[\ln(1+x^2)-1]+C.$$

此处直接将微分凑成 $\mathrm{d}(1+x^2)$而非 $\mathrm{d}x^2$,是因为注意到利用分部积分公式时,将出现 $\ln(1+x^2)$的导数$\frac{1}{1+x^2}$,从而可以起到化简作用.

(6) $\int \sin\ln x \mathrm{d}x = x\sin\ln x - \int x \mathrm{d}\sin\ln x = x\sin\ln x - \int \cos\ln x \mathrm{d}x$

$$= x\sin\ln x - \left(x\cos\ln x - \int x \mathrm{d}\cos\ln x\right)$$

$$= x\sin\ln x - \left(x\cos\ln x + \int \sin\ln x \mathrm{d}x\right),$$

因此
$$2\int \sin\ln x \mathrm{d}x = x\sin\ln x - x\cos\ln x + 2C,$$

从而
$$\int \sin\ln x \mathrm{d}x = \frac{x}{2}(\sin\ln x - \cos\ln x) + C.$$

当然，此题也可以先换元，令 $\ln x = t$，即 $x = \mathrm{e}^t$，将积分化为

$$\int \sin\ln x \mathrm{d}x = \int \mathrm{e}^t \sin t \mathrm{d}t,$$

再利用两次分部积分公式建立循环式子，求得 $\int \mathrm{e}^t \sin t \mathrm{d}t$，从而最终求得 $\int \sin\ln x \mathrm{d}x$.

例 4　设 $f(x)$ 的一个原函数为 $\frac{\ln x}{x}$，试求：

(1) $\int xf(x)\mathrm{d}x$；　　(2) $\int xf'(x)\mathrm{d}x$；　　(3) $\int xf''(x)\mathrm{d}x$.

解　(1) $\int xf(x)\mathrm{d}x = \int x\mathrm{d}\left(\frac{\ln x}{x}\right) = x\frac{\ln x}{x} - \int \frac{\ln x}{x}\mathrm{d}x = \ln x - \int \ln x \mathrm{d}\ln x$

$$= \ln x - \frac{1}{2}\ln^2 x + C.$$

(2) $\int xf'(x)\mathrm{d}x = \int x\mathrm{d}f(x) = xf(x) - \int f(x)\mathrm{d}x$，而由于 $\frac{\ln x}{x}$ 是 $f(x)$ 的原函数，所以

$$\int f(x)\mathrm{d}x = \frac{\ln x}{x} + C_1,\quad f(x) = \left(\frac{\ln x}{x}\right)' = \frac{1-\ln x}{x^2}.$$

因此
$$\int xf'(x)\mathrm{d}x = \frac{1-2\ln x}{x} + C,$$

其中 $C = -C_1$.

(3) $\int xf''(x)\mathrm{d}x = \int x\mathrm{d}f'(x) = xf'(x) - \int f'(x)\mathrm{d}x = xf'(x) - f(x) + C$,

而

$$f(x) = \left(\frac{\ln x}{x}\right)' = \frac{1-\ln x}{x^2},$$

$$f'(x) = \frac{-\frac{1}{x}x^2 - 2x(1-\ln x)}{x^4} = \frac{2\ln x - 3}{x^3},$$

因此

$$\int xf''(x)\mathrm{d}x = x\frac{2\ln x - 3}{x^3} - \frac{1-\ln x}{x^2} + C = \frac{3\ln x - 4}{x^2} + C.$$

例 5　设 $\mathrm{I} = \int_0^1 x\mathrm{d}x$，$\mathrm{II} = \int_0^1 \ln(1+x)\mathrm{d}x$，则(　　).

(A) Ⅰ＜Ⅱ；　(B) Ⅰ＞Ⅱ；　(C) Ⅰ＝Ⅱ；　(D) 以上结论均不正确.

解　因为在 $[0,1]$ 上，$\ln(1+x) \leqslant x$，且等号当且仅当 $x=0$ 时成立，故由比较性质有

$$\int_0^1 x\mathrm{d}x > \int_0^1 \ln(1+x)\mathrm{d}x.$$

所以选(B).

例 6 设 $f(x)=\sqrt{1-x^2}+x^2\int_0^1 f(x)\mathrm{d}x$,则(　　).

(A) $f(x)=\sqrt{1-x^2}+\frac{3\pi}{8}x^2$;　　(B) $f(x)=\sqrt{1-x^2}+\frac{\pi}{8}x^2$;

(C) $f(x)=\sqrt{1-x^2}+\frac{\pi}{3}x^2$;　　(D) $f(x)=\sqrt{1-x^2}+\frac{\pi}{24}x$.

解 令 $A=\int_0^1 f(x)\mathrm{d}x$,则 $f(x)=\sqrt{1-x^2}+Ax^2$.在$[0,1]$上积分得

$$\int_0^1 f(x)\mathrm{d}x=\int_0^1\sqrt{1-x^2}\mathrm{d}x+\int_0^1 Ax^2\mathrm{d}x.$$

由定积分的几何意义知,$\int_0^1\sqrt{1-x^2}\mathrm{d}x$ 为位于第一象限的四分之一单位圆的面积,所以

$$\int_0^1\sqrt{1-x^2}\mathrm{d}x=\frac{\pi}{4}.$$

注意到 $\int_0^1 f(x)\mathrm{d}x=A$,我们有

$$A=\frac{\pi}{4}+\frac{A}{3},$$

从而 $A=\frac{3\pi}{8}$.因此 $f(x)=\sqrt{1-x^2}+\frac{3\pi}{8}x^2$,应选(A).

例 7 (1) 证明:$\left(\frac{\sqrt{2}}{2}\right)^n\frac{\pi}{12}\leqslant\int_{\frac{\pi}{6}}^{\frac{\pi}{4}}\cos^n x\mathrm{d}x\leqslant\left(\frac{\sqrt{3}}{2}\right)^n\frac{\pi}{12}$;

(2) 计算极限 $\lim\limits_{n\to\infty}\int_{\frac{\pi}{6}}^{\frac{\pi}{4}}\cos^n x\mathrm{d}x$.

解 (1) 易证$\left[\frac{\pi}{6},\frac{\pi}{4}\right]$上 $\cos^n x$ 单调递减,所以

$$\left(\frac{\sqrt{2}}{2}\right)^n=\cos^n\frac{\pi}{4}\leqslant\cos^n x\leqslant\cos^n\frac{\pi}{6}=\left(\frac{\sqrt{3}}{2}\right)^n,$$

故由估值定理知

$$\left(\frac{\sqrt{2}}{2}\right)^n\frac{\pi}{12}=\left(\frac{\sqrt{2}}{2}\right)^n\left(\frac{\pi}{4}-\frac{\pi}{6}\right)\leqslant\int_{\frac{\pi}{6}}^{\frac{\pi}{4}}\cos^n x\mathrm{d}x\leqslant\left(\frac{\sqrt{3}}{2}\right)^n\left(\frac{\pi}{4}-\frac{\pi}{6}\right)=\left(\frac{\sqrt{3}}{2}\right)^n\frac{\pi}{12}.$$

(2) 因为

$$\lim_{n\to\infty}\left(\frac{\sqrt{2}}{2}\right)^n\frac{\pi}{12}=\lim_{n\to\infty}\left(\frac{\sqrt{3}}{2}\right)^n\frac{\pi}{12}=0,$$

所以由夹逼定理知

$$\lim_{n\to\infty}\int_{\frac{\pi}{6}}^{\frac{\pi}{4}}\cos^n x\mathrm{d}x=0.$$

例 8 计算

$$\lim_{x\to 0}\frac{\int_0^{x^2}\sin t\mathrm{d}t}{\int_x^0 t\ln(1+t^2)\mathrm{d}t}.$$

解 $$\lim_{x\to 0}\frac{\int_0^{x^2}\sin t\mathrm{d}t}{\int_x^0 t\ln(1+t^2)\mathrm{d}t}\xlongequal{\frac{0}{0}}\lim_{x\to 0}\frac{\sin(x^2)2x}{-x\ln(1+x^2)}=-2\lim_{x\to 0}\frac{\sin(x^2)}{\ln(1+x^2)}$$

$$\xlongequal{0\sim 0}-2\lim_{x\to 0}\frac{x^2}{x^2}=-2.$$

倒数第二个等式用了等价无穷小替换.其实不用也可以,只需再用一次洛必达法则即可.

例 9 计算下列定积分或反常积分:

(1) $\int_0^{\pi}\sqrt{\sin^3 x-\sin^5 x}\mathrm{d}x$; (2) $\int_1^4\frac{\mathrm{d}x}{x(1+\sqrt{x})}$;

(3) $\int_{-1}^1\frac{x\cos x}{\ln(1+x^2)}\mathrm{d}x$; (4) $\int_0^{+\infty}\mathrm{e}^{-\sqrt{x}}\mathrm{d}x$.

解 (1) $$\int_0^{\pi}\sqrt{\sin^3 x-\sin^5 x}\mathrm{d}x=\int_0^{\pi}\sqrt{\sin^3 x(1-\sin^2 x)}\mathrm{d}x=\int_0^{\pi}\sin^{\frac{3}{2}}x|\cos x|\ \mathrm{d}x$$

$$=\int_0^{\frac{\pi}{2}}\sin^{\frac{3}{2}}x\cos x\mathrm{d}x+\int_{\frac{\pi}{2}}^{\pi}\sin^{\frac{3}{2}}x(-\cos x)\mathrm{d}x$$

$$=\int_0^{\frac{\pi}{2}}\sin^{\frac{3}{2}}x\mathrm{d}\sin x-\int_{\frac{\pi}{2}}^{\pi}\sin^{\frac{3}{2}}x\mathrm{d}\sin x$$

$$=\frac{2}{5}\sin^{\frac{5}{2}}x\Big|_0^{\frac{\pi}{2}}-\frac{2}{5}\sin^{\frac{5}{2}}x\Big|_{\frac{\pi}{2}}^{\pi}=\frac{4}{5}.$$

遇到含有根式、绝对值的函数,以及分段函数,一定要分段考虑,去掉根号和绝对值符号.

(2) 令$\sqrt{x}=t$,即 $x=t^2$,则

$$\int_1^4\frac{\mathrm{d}x}{x(1+\sqrt{x})}=\int_1^2\frac{2t\mathrm{d}t}{t^2(1+t)}=2\int_1^2\frac{1}{t(1+t)}\mathrm{d}t=2\int_1^2\left(\frac{1}{t}-\frac{1}{t+1}\right)\mathrm{d}t$$

$$=2[\ln t-\ln(t+1)]\Big|_1^2=4\ln 2-2\ln 3.$$

利用换元法计算定积分时,根据具体情况选取适当的变换,换元一定同时换限,上限对上限,下限对下限.计算不定积分时用的几个典型的变换,也是定积分的典型变换.

(3) 因为 $f(x)=\frac{x\cos x}{\ln(1+x^2)}$是奇函数,所以

$$\int_{-1}^1\frac{x\cos x}{\ln(1+x^2)}\mathrm{d}x=0.$$

在计算对称区间上的定积分时,一定要注意利用奇偶性化简,特别是对一些选择填空题.

(4) 令$\sqrt{x}=t$,即 $x=t^2(t\in[0,+\infty))$,则

$$\int_0^b\mathrm{e}^{-\sqrt{x}}\mathrm{d}x=\int_0^{\sqrt{b}}\mathrm{e}^{-t}2t\mathrm{d}t=-2\int_0^{\sqrt{b}}t\mathrm{d}\mathrm{e}^{-t}$$

$$=-2\left(t\mathrm{e}^{-t}\Big|_0^{\sqrt{b}}-\int_0^{\sqrt{b}}\mathrm{e}^{-t\mathrm{d}t}\right)=-2\left(\sqrt{b}\mathrm{e}^{-\sqrt{b}}+\mathrm{e}^{-t}\Big|_0^{\sqrt{b}}\right)$$

$$=-2\left(\sqrt{b}\mathrm{e}^{-\sqrt{b}}+\mathrm{e}^{-\sqrt{b}}-1\right),$$

故

$$\int_0^{+\infty}\mathrm{e}^{-\sqrt{x}}\mathrm{d}x=\lim_{b\to+\infty}\int_0^b\mathrm{e}^{-\sqrt{x}}\mathrm{d}x=\lim_{b\to+\infty}\left[-2\left(\sqrt{b}\mathrm{e}^{-\sqrt{b}}+\mathrm{e}^{-\sqrt{b}}-1\right)\right]=2.$$

这里

$$\lim_{t\to+\infty}t\mathrm{e}^{-t}=\lim_{t\to+\infty}\frac{t}{\mathrm{e}^t}\xlongequal{\frac{0}{0}}\lim_{t\to+\infty}\frac{1}{\mathrm{e}^t}=0.$$

例 10 求抛物线 $y^2=2x$ 与其上一点 $A\left(\frac{1}{2},1\right)$ 处的法线围成的平面图形的面积.

解 方程 $y^2=2x$ 两端对 x 求导得

$$2yy'=2,\quad y'=\frac{1}{y}.$$

因此,抛物线在 $A\left(\frac{1}{2},1\right)$ 处的切线斜率为 $k_\tau=y'|_{\left(\frac{1}{2},1\right)}=1$,从而法线斜率为 $k_n=-\frac{1}{k_\tau}=-1$,因此法线方程为

$$y-1=-\left(x-\frac{1}{2}\right),\quad 即\quad y=\frac{3}{2}-x.$$

解联立方程组

$$\begin{cases}y^2=2x,\\ y=\frac{3}{2}-x,\end{cases}$$

得法线与抛物线的交点 $A\left(\frac{1}{2},1\right)$ 和 $B\left(\frac{9}{2},-3\right)$(如图 5.28 所示).

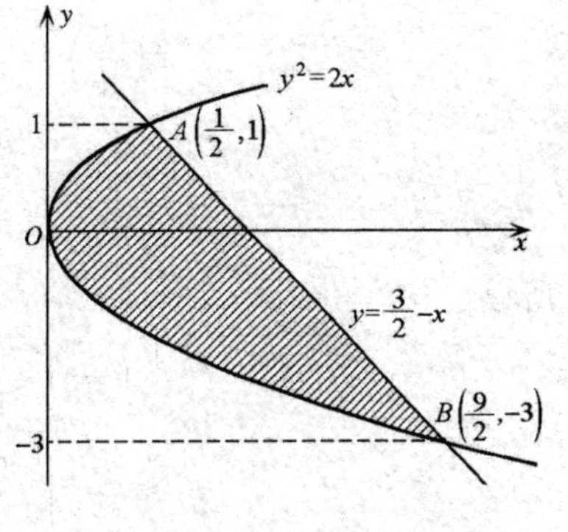

图 5.28

两线所围平面图形的面积为

$$S=\int_{-3}^1\left(\frac{3}{2}-y-\frac{y^2}{2}\right)\mathrm{d}y=\frac{16}{3}.$$

定积分还可用来计算旋转体的体积、曲线的弧长等几何问题,以及计算变速直线运动物体的位移,变力做功等物理问题,在此不再一一举例说明.

例 11 设 $f(x)$在$(-\infty,+\infty)$内连续,且 $F(x)=\int_0^x(x-2t)f(t)\mathrm{d}t$. 证明:

(1) 如果 $f(x)$是偶函数,则 $F(x)$也是偶函数;

(2) 如果 $f(x)$单调递增,则 $F(x)$单调递减.

证明 (1) 因为

$$F(-x)=\int_0^{-x}(-x-2t)f(t)\mathrm{d}t\xlongequal{令u=-t}\int_0^x(-x+2u)f(-u)(-\mathrm{d}u)$$

$$\xlongequal{奇偶性}\int_0^x(x-2u)f(u)\mathrm{d}u=\int_0^x(x-2t)f(t)\mathrm{d}t=F(x),$$

所以 $F(x)$也是偶函数.

(2) 因为

$$F(x)=x\int_0^x f(t)\mathrm{d}t-2\int_0^x tf(t)\mathrm{d}t,\quad x\in(+\infty,+\infty),$$

且 $f(t)$ 连续,所以 $F(x)$ 可导. 由变上限积分求导公式有

$$\begin{aligned}F'(x)&=\int_0^x f(t)\mathrm{d}t+xf(x)-2xf(x)\\&=\int_0^x f(t)\mathrm{d}t-xf(x)=\int_0^x (f(t)-f(x))\mathrm{d}t,\quad x\in(-\infty,+\infty).\end{aligned}$$

由于 $f(t)$ 单调递增,所以当 $t\in[0,x]$ 时, $f(t)\leqslant f(x)$,当且仅当 $t=x$ 时等式成立,从而

$$F'(x)\leqslant 0,\quad x\in(-\infty,+\infty),$$

并且当且仅当 $x=0$ 时等号成立. 因此,$F(x)$ 在 $(-\infty,+\infty)$ 内单调递减.

例 12 设 $f(x)=\int_1^x \frac{\ln t}{1+t}\mathrm{d}t\ (x>0)$. 试证明:

$$f(x)+f\left(\frac{1}{x}\right)=\frac{1}{2}\ln^2 x,\quad x>0.$$

分析 由于 $f(x)$ 和 $f\left(\frac{1}{x}\right)$ 都是函数 $\frac{\ln t}{1-t}$ 的定积分,但是积分区间不一样,因此,为了合并化简,我们必须首先将它们的积分限化成一样.

证明 由于

$$\begin{aligned}f\left(\frac{1}{x}\right)&=\int_1^{\frac{1}{x}}\frac{\ln t}{1+t}\mathrm{d}t\xlongequal{u=\frac{1}{t}}\int_1^x\frac{\ln\frac{1}{u}}{1+\frac{1}{u}}\left(-\frac{1}{u^2}\mathrm{d}u\right)\\&=\int_1^x\frac{\ln u}{u(u+1)}\mathrm{d}u=\int_1^x\frac{\ln t}{t(t+1)}\mathrm{d}t,\end{aligned}$$

所以

$$\begin{aligned}f(x)+f\left(\frac{1}{x}\right)&=\int_1^x\frac{\ln t}{1+t}\mathrm{d}t+\int_1^x\frac{\ln t}{t(t+1)}\mathrm{d}t=\int_1^x\left[\frac{\ln t}{1+t}+\frac{\ln t}{t(t+1)}\right]\mathrm{d}t\\&=\int_1^x\frac{\ln t}{t}\mathrm{d}t=\frac{1}{2}\ln^2 x.\end{aligned}$$

涉及定积分等式的证明,一般都和换元法有关. 由于我们一般假设被积函数连续,因而相应的积分上限函数是可导的,因此,这类题也可以用可导函数的恒等式证明方法证明.

令

$$F(x)=f(x)+f\left(\frac{1}{x}\right)-\frac{1}{2}\ln^2 x,\quad x>0,$$

由于被积函数 $\frac{\ln t}{1+t}$ 在 $(0,+\infty)$ 内连续,所以 $F(x)$ 在 $(0,+\infty)$ 内可导,且

$$\begin{aligned}F'(x)&=f'(x)+f'\left(\frac{1}{x}\right)\left(-\frac{1}{x^2}\right)-\frac{1}{x}\ln x\\&=\frac{\ln x}{1+x}+\frac{\ln\frac{1}{x}}{1+\frac{1}{x}}\left(-\frac{1}{x^2}\right)-\frac{1}{x}\ln x\\&=\frac{\ln x}{1+x}+\frac{\ln x}{x(1+x)}-\frac{\ln x}{x}=0,\end{aligned}$$

所以在$(0,+\infty)$内 $F(x)\equiv C$ (C 为常数). 特别取 $x=1$ 得

$$C=F(1)=2f(1)=0.$$

因此,当 $x\in(0,+\infty)$时, $F(x)\equiv 0$,即

$$f(x)+f\left(\frac{1}{x}\right)=\frac{1}{2}\ln^2 x,\quad x>0.$$

第六章 线性代数初步

线性代数在科学技术和工程中有着广泛的应用.线性方程组在线性代数的发展史上起着重要作用;行列式、矩阵是线性代数的重要组成部分,是研究近代数学以及许多应用科学不可缺少的工具.本章将在低维的情形下介绍线性方程组、行列式以及矩阵等线性代数的初步知识.

§6.1 线性方程组的行列式解法

一、线性方程组

未知量为一次的方程称为线性方程,如

$$ax+by+cz=d,$$

其中 x,y,z 为未知量,a,b,c 为非零常数,d 为任意常数.具有 n 个未知量的线性方程称为**n 元线性方程**.由 m 个 n 元线性方程联立而成的方程组称为**具有 m 个方程的 n 元线性方程组**.这样的方程组一般可以表示如下:

$$\begin{cases} a_{11}x_1+a_{12}x_2+\cdots+a_{1n}x_n=b_1, \\ a_{21}x_1+a_{22}x_2+\cdots+a_{2n}x_n=b_2, \\ \cdots\cdots\cdots\cdots\cdots\cdots\cdots\cdots\cdots\cdots \\ a_{m1}x_1+a_{m2}x_2+\cdots+a_{mn}x_n=b_m, \end{cases} \tag{1}$$

其中 a_{ij} $(1\leqslant i\leqslant m, 1\leqslant j\leqslant n)$ 和 b_i $(1\leqslant i\leqslant m)$ 为给定常数; $x_1,x_2,\cdots,x_n$ 为未知量.常数 a_{ij} 称为 x_j 的**系数**,它有两个下标,第一个下标 i 表示它在方程组中的第 i 个方程,第二个下标 j 表示它是第 j 个未知量的系数. 常数 $b_1,b_2,\cdots,b_m$ 称为方程组(1)的**常数项**.我们称任何一个使得方程组(1)中各个方程都成立的 n 元数组 $(x_1,x_2,\cdots,x_n)$ 为方程组(1)的一个**解**.所谓求方程组(1)的解就是求出它的所有解,即**通解**.

如果方程组(1)中的 $b_1=b_2=\cdots=b_m=0$,则称之为 **n 元齐次线性方程组**.如果 $b_1,b_2,\cdots,b_m$ 不全为 0,则称方程组(1)为 **n 元非齐次线性方程组**.

在中学代数中我们已经涉及具有两个方程的二元线性方程组以及一些简单的具有三个方程的三元线性方程组,即方程组(1)中 $m=n=2$ 或 3 的特殊情形,它们分别形如

$$\begin{cases} 3x-5y=1, \\ x+4y=3 \end{cases}$$

以及

$$\begin{cases} x+y+z=2, \\ 2x+3y-z=-1, \\ x-2y+3z=10. \end{cases}$$

本章将只介绍二元和三元线性方程组,所用方法可以推广到一般的 n 元线性方程组.

二、二阶和三阶行列式与二元和三元线性方程组的行列式解法

我们先来看看如何求解二元线性方程组

$$\begin{cases} a_{11}x_1+a_{12}x_2=b_1, \\ a_{21}x_1+a_{22}x_2=b_2. \end{cases} \tag{2}$$

这里 $a_{ij}(i,j=1,2)$ 为系数,b_1,b_2 为常数项. 将方程组(2)中第一个方程乘以 a_{22} 后减去(2)中第二个方程与 a_{12} 的积得

$$(a_{11}a_{22}-a_{12}a_{21})x_1=b_1a_{22}-a_{12}b_2.$$

类似地,消去 x_1 得

$$(a_{11}a_{22}-a_{12}a_{21})x_2=a_{11}b_2-b_1a_{21}.$$

因此,当 $D=a_{11}a_{22}-a_{12}a_{21}\neq 0$ 时,

$$x_1=\frac{b_1a_{22}-a_{12}b_2}{a_{11}a_{22}-a_{12}a_{21}},\quad x_2=\frac{b_2a_{11}-b_1a_{21}}{a_{11}a_{22}-a_{12}a_{21}}. \tag{3}$$

这就是方程组(2)的唯一解.

我们引入记号

$$\begin{vmatrix} a_{11} & a_{12} \\ a_{21} & a_{22} \end{vmatrix}=a_{11}a_{22}-a_{12}a_{21}, \tag{4}$$

并称之为**二阶行列式**. 它有两行两列,横的叫**行**,竖的叫**列**. 数 $a_{ij}(i,j=1,2)$ 称为行列式的**元素**,第一个下标 i 代表它所在的第 i 行,第二个下标 j 代表它所在的第 j 列,即 a_{ij} 是位于行列式第 i 行与第 j 列相交处的元素.

由定义知,二阶行列式是从左上角到右下角的对角线(**主对角线**)上的元素的乘积,与从右上角到左下角的对角线(**次对角线**)上的元素的乘积的代数和,前者取正号,后者取负号. 例如

$$\begin{vmatrix} 2 & -3 \\ 4 & 5 \end{vmatrix}=2\times 5-(-3)\times 4=22.$$

由行列式定义易知,(3)式中各个分子分母均可以用行列式来表示,由此得到关于二元线性方程组(2)如下的一个定理.

定理 6.1 若 $D=\begin{vmatrix} a_{11} & a_{12} \\ a_{21} & a_{22} \end{vmatrix}\neq 0$,则二元线性方程组(2)有唯一解

$$x_1=\frac{D_1}{D}=\frac{1}{D}\begin{vmatrix} b_1 & a_{12} \\ b_2 & a_{22} \end{vmatrix},\quad x_2=\frac{D_2}{D}=\frac{1}{D}\begin{vmatrix} a_{11} & b_1 \\ a_{21} & b_2 \end{vmatrix}, \tag{5}$$

其中 D 称为方程组(2)的系数行列式,

$$D_1=\begin{vmatrix} b_1 & a_{12} \\ b_2 & a_{22} \end{vmatrix},\quad D_2=\begin{vmatrix} a_{11} & b_1 \\ a_{21} & b_2 \end{vmatrix}.$$

就是分别将系数行列式中的第一列和第二列换成 b_1,b_2 得到的两个行列式.

例 1 解线性方程组$\begin{cases}3x+4y=2,\\4x+5y=3.\end{cases}$

解 因为

$$D=\begin{vmatrix}3 & 4\\4 & 5\end{vmatrix}=3\times5-4\times4=-1\neq0,$$

$$D_1=\begin{vmatrix}2 & 4\\3 & 5\end{vmatrix}=2\times5-4\times3=-2,$$

$$D_2=\begin{vmatrix}3 & 2\\4 & 3\end{vmatrix}=3\times3-2\times4=1,$$

所以,方程组有唯一解

$$x=\frac{D_1}{D}=\frac{-2}{-1}=2,\quad y=\frac{D_2}{D}=\frac{1}{-1}=-1.$$

类似地,我们引进**三阶行列式**

$$\begin{vmatrix}a_{11} & a_{12} & a_{13}\\a_{21} & a_{22} & a_{23}\\a_{31} & a_{32} & a_{33}\end{vmatrix}=a_{11}a_{22}a_{33}+a_{12}a_{23}a_{31}+a_{13}a_{21}a_{32}$$
$$-a_{11}a_{23}a_{32}-a_{12}a_{21}a_{33}-a_{13}a_{22}a_{31},\tag{6}$$

其中 $a_{ij}(i,j=1,2,3)$称为行列式的元素,第一个下标 i 表示元素位于第 i 行,第二个下标 j 表示元素位于第 j 列,即 a_{ij} 是位于行列式第 i 行与第 j 列相交处的元素.

从定义知,三阶行列式是六个项的代数和,其中每一项都是行列式中位于不同行与不同列的三个元素的乘积,并且恰好就是这种可能乘积的代数和,至于每个乘积前面的符号由下面图形决定:实线上三个元素之积取正,虚线上三个元素之积取负.

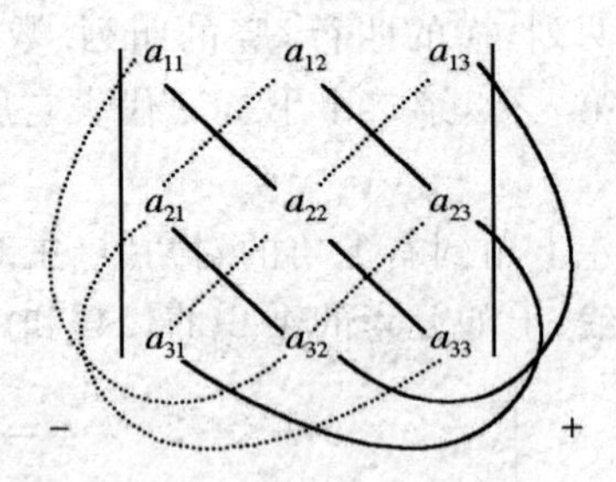

例 2 计算行列式

$$D=\begin{vmatrix}1 & -2 & 3\\2 & 3 & 1\\3 & 1 & -2\end{vmatrix}.$$

解 由三阶行列式的定义(6)式得

$$\begin{aligned}D&=1\times3\times(-2)+(-2)\times1\times3+3\times2\times1\\&\quad-1\times1\times1-(-2)\times2\times(-2)-3\times3\times3\\&=-42.\end{aligned}$$

例 3 计算行列式

$$D=\begin{vmatrix} a_{11} & a_{12} & a_{13} \\ 0 & a_{22} & a_{23} \\ 0 & 0 & a_{33} \end{vmatrix}. \tag{7}$$

解 由三阶行列式的定义(6)式得

$$\begin{aligned} D= & a_{11}a_{22}a_{33}+a_{12}a_{23}\cdot 0+a_{13}\cdot 0\cdot 0 \\ & -a_{11}a_{23}\cdot 0-a_{12}\cdot 0\cdot a_{33}-a_{13}a_{22}\cdot 0 \\ = & a_{11}a_{22}a_{33}. \end{aligned}$$

类似地,

$$\begin{vmatrix} a_{11} & 0 & 0 \\ a_{21} & a_{22} & 0 \\ a_{31} & a_{32} & a_{33} \end{vmatrix}=a_{11}a_{22}a_{33}. \tag{8}$$

(7)和(8)式中的行列式分别称为**上三角行列式**和**下三角行列式**,它们的值均为其对角线上元素的乘积. 由(7)或(8)式可以得到**对角形行列式**的值:

$$\begin{vmatrix} a_{11} & 0 & 0 \\ 0 & a_{22} & 0 \\ 0 & 0 & a_{33} \end{vmatrix}=a_{11}a_{22}a_{33}.$$

同二元线性方程组一样,关于三元线性方程组的解有如下定理.

定理 6.2 若系数行列式

$$D=\begin{vmatrix} a_{11} & a_{12} & a_{13} \\ a_{21} & a_{22} & a_{23} \\ a_{31} & a_{32} & a_{33} \end{vmatrix}\neq 0,$$

则三元线性方程组

$$\begin{cases} a_{11}x_1+a_{12}x_2+a_{13}x_3=b_1, \\ a_{21}x_1+a_{22}x_2+a_{23}x_3=b_2, \\ a_{31}x_1+a_{32}x_2+a_{33}x_3=b_3 \end{cases} \tag{9}$$

有唯一解

$$x_1=\frac{D_1}{D}, \quad x_2=\frac{D_2}{D}, \quad x_3=\frac{D_3}{D},$$

其中

$$D_1=\begin{vmatrix} b_1 & a_{12} & a_{13} \\ b_2 & a_{22} & a_{23} \\ b_3 & a_{32} & a_{33} \end{vmatrix}, \quad D_2=\begin{vmatrix} a_{11} & b_1 & a_{13} \\ a_{21} & b_2 & a_{23} \\ a_{31} & b_3 & a_{33} \end{vmatrix}, \quad D_3=\begin{vmatrix} a_{11} & a_{12} & b_1 \\ a_{21} & a_{22} & b_2 \\ a_{31} & a_{32} & b_3 \end{vmatrix},$$

即 $D_i(i=1,2,3)$ 就是将方程组(9)的系数行列式 D 中的第 i 列换为方程组(9)中的常数项得到的新的行列式.

证明 仅给出证明梗概,感兴趣的读者不妨自己把细节补充出来.

由方程组(9)中前两式,消去 x_3 得一个只含 x_1 和 x_2 的方程,由(9)中后面两式消去 x_3 又得到一个只含 x_1 和 x_2 的方程. 再在得到的这两个只含 x_1,x_2 的方程中消去 x_2 可得

$$\begin{aligned} & (a_{11}a_{22}a_{33}+a_{12}a_{23}a_{31}+a_{13}a_{21}a_{32}-a_{11}a_{23}a_{32}-a_{12}a_{21}a_{33}-a_{13}a_{22}a_{31})x_1 \\ & =b_1a_{22}a_{33}+a_{12}a_{23}b_3+a_{13}b_2a_{32}-b_1a_{23}a_{32}-a_{12}b_2a_{33}-a_{13}a_{22}b_3, \end{aligned}$$

即

$$\begin{vmatrix} a_{11} & a_{12} & a_{13} \\ a_{21} & a_{22} & a_{23} \\ a_{31} & a_{32} & a_{33} \end{vmatrix} x_1 = \begin{vmatrix} b_1 & a_{12} & a_{13} \\ b_2 & a_{22} & a_{23} \\ b_3 & a_{32} & a_{33} \end{vmatrix}, \quad 亦即\ Dx_1 = D_1.$$

由于 $D\neq 0$,所以 $x_1=\dfrac{D_1}{D}$.

同理可得

$$x_2 = \frac{D_2}{D}, \quad x_3 = \frac{D_3}{D}.$$

定理 6.1 和定理 6.2 统称为二元与三元线性方程组的**克拉默(Cramer)法则**.在下一节中,我们还将利用行列式的性质,给出克拉默法则一个新的证明.由定理 6.1 和定理 6.2 立刻可得下列两个推论.

推论 1 若齐次线性方程组

$$\begin{cases} a_{11}x_1 + a_{12}x_2 = 0, \\ a_{21}x_1 + a_{22}x_2 = 0 \end{cases} \tag{10}$$

和

$$\begin{cases} a_{11}x_1 + a_{12}x_2 + a_{13}x_3 = 0, \\ a_{21}x_1 + a_{22}x_2 + a_{23}x_3 = 0, \\ a_{31}x_1 + a_{32}x_2 + a_{33}x_3 = 0 \end{cases} \tag{11}$$

的系数行列式 $D\neq 0$,则它们都仅有零解.

推论 2 若齐次线性方程组(10),(11)有非零解,则它们的系数行列式 $D=0$.

推论 2 是推论 1 的逆否命题,显然成立.其实可以证明齐次线性方程组(10)和(11)仅有唯一解的充分必要条件是系数行列式 $D\neq 0$;(10)和(11)有非零解的充分必要条件是系数行列式 $D=0$.推论 1 仅给出了充分性的证明,至于必要性的证明需要进一步的知识,现不予讨论.

例 4 解线性方程组

$$\begin{cases} x+\ y+z=0, \\ 2x-\ y+z=6, \\ 4x+5y-z=1. \end{cases}$$

解 因为

$$\begin{aligned} D &= \begin{vmatrix} 1 & 1 & 1 \\ 2 & -1 & 1 \\ 4 & 5 & -1 \end{vmatrix} \\ &= 1\times(-1)\times(-1)+1\times1\times4+1\times2\times5 \\ &\quad -1\times1\times5-1\times2\times(-1)-1\times(-1)\times4=16, \\ D_1 &= \begin{vmatrix} 0 & 1 & 1 \\ 6 & -1 & 1 \\ 1 & 5 & -1 \end{vmatrix} \\ &= 0\times(-1)\times(-1)+1\times1\times1+1\times6\times5 \\ &\quad -0\times1\times5-1\times6\times(-1)-1\times(-1)\times1=38. \end{aligned}$$

同理可得

$$D_2=\begin{vmatrix}1 & 0 & 1\\ 2 & 6 & 1\\ 4 & 1 & -1\end{vmatrix}=-29,\quad D_3=\begin{vmatrix}1 & 1 & 0\\ 2 & -1 & 6\\ 4 & 5 & 1\end{vmatrix}=-9.$$

因此,原方程组的解为

$$x=\frac{D_1}{D}=\frac{38}{16}=\frac{19}{8},\quad y=\frac{D_2}{D}=-\frac{29}{16},\quad z=\frac{D_3}{D}=-\frac{9}{16}.$$

例 5 λ 为何值时,方程组

$$\begin{cases}2x_1-x_2+3x_3=0,\\ x_1-3x_2+4x_3=0,\\ -x_1+2x_2+\lambda x_3=0\end{cases}$$

只有零解?

解 由推论 1 及其后面的说明知,方程组仅有零解的充分必要条件是

$$D=\begin{vmatrix}2 & -1 & 3\\ 1 & -3 & 4\\ -1 & 2 & \lambda\end{vmatrix}\neq 0.$$

由于 $D=-5\lambda-15$,故要求

$$-5\lambda-15\neq 0,\quad 即\quad \lambda\neq -3.$$

因此,当 $\lambda\neq -3$ 时,方程组只有零解.

习 题 6.1

1. 计算下列行列式:

(1) $\begin{vmatrix}\sin\varphi & -\cos\varphi\\ \cos\varphi & \sin\varphi\end{vmatrix}$;　　(2) $\begin{vmatrix}1 & 2 & 3\\ 5 & 4 & 2\\ 1 & -2 & 1\end{vmatrix}$;

(3) $\begin{vmatrix}3 & 2 & -6\\ -4 & 3 & 5\\ -2 & 3 & 1\end{vmatrix}$;　　(4) $\begin{vmatrix}0 & 1 & 0\\ 1 & 1+x & 1\\ 1 & 1 & 1-x\end{vmatrix}$.

2. 用克拉默法则求解下列线性方程组:

(1) $\begin{cases}x_1-3x_2+x_3=-2,\\ 2x_1+x_2-x_3=6,\\ x_1+2x_2+2x_3=2;\end{cases}$　　(2) $\begin{cases}x_1-x_2+x_3=2,\\ x_1+x_2=1,\\ x_1+x_2+x_3=8.\end{cases}$

3. 如果方程组 $\begin{cases}\lambda x_1+x_2-x_3=0,\\ x_1+\lambda x_2-x_3=0,\\ 2x_1-x_2+x_3=0\end{cases}$ 仅有零解,λ 应取何值?

§6.2 行列式的性质和计算

§6.1 已经介绍了二、三阶行列式的概念以及用行列式求解特殊的二、三元线性方程组的克拉默法则. 本节介绍行列式的基本性质,并利用它们简化行列式的计算. 虽然我们仅围绕三

阶行列式展开讨论,所有性质对任何阶(当然包括二阶)行列式一样适合.

一、行列式的基本性质

将行列式

$$D=\begin{vmatrix} a_{11} & a_{12} & a_{13} \\ a_{21} & a_{22} & a_{23} \\ a_{31} & a_{32} & a_{33} \end{vmatrix}$$

的行与相应的列互换后得到的新行列式称为行列式 D 的**转置行列式**,记为 D' 或 D^{T},即

$$D'=\begin{vmatrix} a_{11} & a_{21} & a_{31} \\ a_{12} & a_{22} & a_{32} \\ a_{13} & a_{23} & a_{33} \end{vmatrix}.$$

行列式具有如下性质:

性质 1 转置行列式与原行列式有相同的值,即 $D'=D$.

性质 2 将行列式中的某一行(列)的每个元素同乘以数 k 所得的新行列式等于该行列式的 k 倍,如

$$\begin{vmatrix} a_{11} & a_{12} & a_{13} \\ ka_{21} & ka_{22} & ka_{23} \\ a_{31} & a_{32} & a_{33} \end{vmatrix}=k\begin{vmatrix} a_{11} & a_{12} & a_{13} \\ a_{21} & a_{22} & a_{23} \\ a_{31} & a_{32} & a_{33} \end{vmatrix}.$$

性质 3 如果行列式中某一行(列)所有元素都是两个数的和,则此行列式等于两个行列式的和,而且这两个行列式这一行(列)的元素分别为对应的两个数中的一个,其余行(列)的元素与原行列式的对应元素相同,如

$$\begin{vmatrix} a_{11} & a_{12} & a_{13} \\ a_{21}+a_{21}' & a_{22}+a_{22}' & a_{23}+a_{23}' \\ a_{31} & a_{32} & a_{33} \end{vmatrix}=\begin{vmatrix} a_{11} & a_{12} & a_{13} \\ a_{21} & a_{22} & a_{23} \\ a_{31} & a_{32} & a_{33} \end{vmatrix}+\begin{vmatrix} a_{11} & a_{12} & a_{13} \\ a_{21}' & a_{22}' & a_{23}' \\ a_{31} & a_{32} & a_{33} \end{vmatrix}.$$

性质 4 如果行列式中两行(列)对应元素相同,则行列式等于 0.

性质 1 至性质 4 均可由行列式的定义直接验证.

由性质 2 易得如下推论:

推论 3 如果行列式中一行(列)的元素全是 0,则行列式等于 0.

由性质 2 和性质 4 可得如下推论:

推论 4 如果行列式中有两行(列)的元素成比例,则行列式等于 0.

性质 5 将行列式中的某行(列)的所有元素乘一个常数 k,然后加到另一行(列)的对应元素上,所得新行列式的值不变,如

$$\begin{vmatrix} a_{11} & a_{12} & a_{13} \\ a_{21}+ka_{11} & a_{22}+ka_{12} & a_{23}+ka_{13} \\ a_{31} & a_{32} & a_{33} \end{vmatrix}=\begin{vmatrix} a_{11} & a_{12} & a_{13} \\ a_{21} & a_{22} & a_{23} \\ a_{31} & a_{32} & a_{33} \end{vmatrix}.$$

证明 仅对上式证明,其他类似.

$$\begin{vmatrix} a_{11} & a_{12} & a_{13} \\ a_{21}+ka_{11} & a_{22}+ka_{12} & a_{23}+ka_{13} \\ a_{31} & a_{32} & a_{33} \end{vmatrix}=\begin{vmatrix} a_{11} & a_{12} & a_{13} \\ a_{21} & a_{22} & a_{23} \\ a_{31} & a_{32} & a_{33} \end{vmatrix}+\begin{vmatrix} a_{11} & a_{12} & a_{13} \\ ka_{11} & ka_{12} & ka_{13} \\ a_{31} & a_{32} & a_{33} \end{vmatrix}$$

$$=\begin{vmatrix}a_{11}&a_{12}&a_{13}\\a_{21}&a_{22}&a_{23}\\a_{31}&a_{32}&a_{33}\end{vmatrix}+k\begin{vmatrix}a_{11}&a_{12}&a_{13}\\a_{11}&a_{12}&a_{13}\\a_{31}&a_{32}&a_{33}\end{vmatrix}$$

$$=\begin{vmatrix}a_{11}&a_{12}&a_{13}\\a_{21}&a_{22}&a_{23}\\a_{31}&a_{32}&a_{33}\end{vmatrix}+0=\begin{vmatrix}a_{11}&a_{12}&a_{13}\\a_{21}&a_{22}&a_{23}\\a_{31}&a_{32}&a_{33}\end{vmatrix},$$

其中,第一步用了性质 3,第二步用了性质 2,最后一步用了性质 4.

性质 6 互换行列式中的任意两行(列),行列式仅改变符号.

证明 不妨仅就交换第一、二行证明性质 6. 本来可以由行列式定义直接验证,但是这里利用性质 5 来证明.

$$\begin{vmatrix}a_{11}&a_{12}&a_{13}\\a_{21}&a_{22}&a_{23}\\a_{31}&a_{32}&a_{33}\end{vmatrix}\times 1=\begin{vmatrix}a_{11}+a_{21}&a_{12}+a_{22}&a_{13}+a_{23}\\a_{21}&a_{22}&a_{23}\\a_{31}&a_{32}&a_{33}\end{vmatrix}\times(-1)$$

$$=\begin{vmatrix}a_{11}+a_{21}&a_{12}+a_{22}&a_{13}+a_{23}\\-a_{11}&-a_{12}&-a_{13}\\a_{31}&a_{32}&a_{33}\end{vmatrix}\times 1$$

$$=\begin{vmatrix}a_{21}&a_{22}&a_{23}\\-a_{11}&-a_{12}&-a_{13}\\a_{31}&a_{32}&a_{33}\end{vmatrix}=-\begin{vmatrix}a_{21}&a_{22}&a_{23}\\a_{11}&a_{12}&a_{13}\\a_{31}&a_{32}&a_{33}\end{vmatrix}.$$

这里,第一步将第二行加到第一行,第二步将第一行乘(−1)加到第二行,第三步将第二行加到第一行. 以上三步均应用了性质 5,最后一步利用了性质 2.

例 1 计算行列式

$$D=\begin{vmatrix}2&-4&2\\1&2&3\\2&1&5\end{vmatrix}.$$

解 由行列式性质得

$$D=\begin{vmatrix}2&-4&2\\1&2&3\\2&1&5\end{vmatrix}\begin{matrix}\times 2\\\times(-1)\end{matrix}=\begin{vmatrix}2&0&0\\1&4&2\\2&5&3\end{vmatrix}\times(-1/2)=\begin{vmatrix}2&0&0\\1&4&0\\2&5&1/2\end{vmatrix}=4.$$

例 2 计算行列式

$$D=\begin{vmatrix}a&b&b\\b&a&b\\b&b&a\end{vmatrix}.$$

解 由行列式性质得

$$D=\begin{vmatrix} a & b & b \\ b & a & b \\ b & b & a \end{vmatrix}=\begin{vmatrix} a+2b & b & b \\ a+2b & a & b \\ a+2b & b & a \end{vmatrix}=(a+2b)\begin{vmatrix} 1 & b & b \\ 1 & a & b \\ 1 & b & a \end{vmatrix}$$

$$=(a+2b)\begin{vmatrix} 1 & b & b \\ 0 & a-b & 0 \\ 0 & 0 & a-b \end{vmatrix}=(a+2b)(a-b)^2.$$

由例1和例2所用的是一种常用的方法,即通过行列式的性质将行列式化成上三角行列式或下三角行列式来计算.

例3 计算行列式

$$D=\begin{vmatrix} a+b & c & c \\ a & b+c & a \\ b & b & c+a \end{vmatrix}.$$

解 由行列式的性质得

$$D=\begin{vmatrix} a+b & c & c \\ a & b+c & a \\ b & b & c+a \end{vmatrix}=\begin{vmatrix} 0 & -2b & -2a \\ a & b+c & a \\ b & b & c+a \end{vmatrix}$$

$$=-2\begin{vmatrix} 0 & b & a \\ a & b+c & a \\ b & b & c+a \end{vmatrix}=-2\begin{vmatrix} 0 & b & a \\ a & c & 0 \\ b & 0 & c \end{vmatrix}=4abc.$$

例4 证明三阶反对称行列式等于0.

证明 每行提取公因子(−1)可得

$$D=\begin{vmatrix} 0 & a_{12} & a_{13} \\ -a_{12} & 0 & a_{23} \\ -a_{13} & -a_{23} & 0 \end{vmatrix}=(-1)^3\begin{vmatrix} 0 & -a_{12} & -a_{13} \\ a_{12} & 0 & -a_{23} \\ a_{13} & a_{23} & 0 \end{vmatrix}=-D'=-D,$$

所以 $D=0$.

二、行列式的按行(列)展开

二阶行列式显然比三阶行列式简单,因此希望将三阶行列式转化为一些二阶行列式来计算. 先引进余子式和代数余子式的概念.

设 D 是一个(二阶或三阶)行列式,去掉元素 a_{ij} 所在的第 i 行和第 j 列的元素后,剩下的元素组成的(一阶或二阶)行列式称为 a_{ij} 的**余子式**,记为 M_{ij},而称 $A_{ij}=(-1)^{i+j}M_{ij}$ 为 a_{ij} 的**代数余子式**. 例如,行列式 $\begin{vmatrix} a_{11} & a_{12} \\ a_{21} & a_{22} \end{vmatrix}$ 中元素 $a_{11},a_{12},a_{21},a_{22}$ 的余子式和代数余子式分别为

$$M_{11}=a_{22},\quad M_{12}=a_{21},\quad M_{21}=a_{12},\quad M_{22}=a_{11};$$

$$A_{11}=a_{22},\quad A_{12}=-a_{21},\quad A_{21}=-a_{12},\quad A_{22}=a_{11}.$$

又如,行列式

$$\begin{vmatrix} a_{11} & a_{12} & a_{13} \\ a_{21} & a_{22} & a_{23} \\ a_{31} & a_{32} & a_{33} \end{vmatrix}$$

中元素 a_{23} 的余子式和代数余子式分别为

$$M_{23} = \begin{vmatrix} a_{11} & a_{12} \\ a_{31} & a_{32} \end{vmatrix},$$

$$A_{23} = (-1)^{2+3} M_{23} = -\begin{vmatrix} a_{11} & a_{12} \\ a_{31} & a_{32} \end{vmatrix}.$$

由二阶行列式的定义易知

$$\begin{vmatrix} a_{11} & a_{12} \\ a_{21} & a_{22} \end{vmatrix} = a_{11}A_{11} + a_{12}A_{12} = a_{21}A_{21} + a_{22}A_{22},$$

$$\begin{vmatrix} a_{11} & a_{12} \\ a_{21} & a_{22} \end{vmatrix} = a_{11}A_{11} + a_{21}A_{21} = a_{12}A_{12} + a_{22}A_{22}.$$

一般地,我们有如下的**拉普拉斯(Laplace)定理.**

定理 6.3 设 $n(n=2$ 或 $3)$ 阶行列式 D 的值等于它的任意一行(列)的元素与其对应的代数余子式的乘积的和,即

$$D = \sum_{j=1}^{n} a_{ij}A_{ij} \quad (1 \leqslant i \leqslant n), \tag{1}$$

$$D = \sum_{i=1}^{n} a_{ij}A_{ij} \quad (1 \leqslant j \leqslant n). \tag{2}$$

证明 二阶行列式已验证,这里仅对三阶行列式 $i=1$ 的情形证明(1)式,其余证法相同.由定义知

$$\begin{aligned} D &= \begin{vmatrix} a_{11} & a_{12} & a_{13} \\ a_{21} & a_{22} & a_{23} \\ a_{31} & a_{32} & a_{33} \end{vmatrix} \\ &= a_{11}a_{22}a_{33} + a_{12}a_{23}a_{31} + a_{13}a_{21}a_{32} \\ &\quad - a_{11}a_{23}a_{32} - a_{12}a_{21}a_{33} - a_{13}a_{22}a_{31} \\ &= a_{11}(a_{22}a_{33} - a_{23}a_{32}) + a_{12}(a_{23}a_{31} - a_{21}a_{33}) \\ &\quad + a_{13}(a_{21}a_{32} - a_{22}a_{31}) \\ &= a_{11}\begin{vmatrix} a_{22} & a_{23} \\ a_{32} & a_{33} \end{vmatrix} - a_{12}\begin{vmatrix} a_{21} & a_{23} \\ a_{31} & a_{33} \end{vmatrix} + a_{13}\begin{vmatrix} a_{21} & a_{22} \\ a_{31} & a_{32} \end{vmatrix} \\ &= a_{11}A_{11} + a_{12}A_{12} + a_{13}A_{13}. \end{aligned}$$

(1)式和(2)式称为**拉普拉斯展开式.**

例 5 分别将行列式 $\begin{vmatrix} 2 & 1 & 2 \\ -4 & 3 & 1 \\ 2 & 3 & 5 \end{vmatrix}$ 按第一行、第二列展开计算行列式.

解 按第一行展开得

$$\begin{vmatrix} 2 & 1 & 2 \\ -4 & 3 & 1 \\ 2 & 3 & 5 \end{vmatrix} = 2\times(-1)^{1+1}\begin{vmatrix} 3 & 1 \\ 3 & 5 \end{vmatrix} + 1\times(-1)^{1+2}\begin{vmatrix} -4 & 1 \\ 2 & 5 \end{vmatrix} + 2\times(-1)^{1+3}\begin{vmatrix} -4 & 3 \\ 2 & 3 \end{vmatrix}$$

$$= 2\times(15-3)-(-20-2)+2\times(-12-6)=10;$$

按第二列展开得

$$\begin{vmatrix} 2 & 1 & 2 \\ -4 & 3 & 1 \\ 2 & 3 & 5 \end{vmatrix} = 1\times(-1)^{1+2}\begin{vmatrix} -4 & 1 \\ 2 & 5 \end{vmatrix} + 3\times(-1)^{2+2}\begin{vmatrix} 2 & 2 \\ 2 & 5 \end{vmatrix} + 3\times(-1)^{3+2}\begin{vmatrix} 2 & 2 \\ -4 & 1 \end{vmatrix}$$

$$=-(-20-2)+3\times(10-4)-3\times(2+8)=10.$$

一般地,先利用行列式的性质将行列式的某行(列)的元素尽可能化为0,然后再将行列式按这行(列)展开来计算是十分简捷的.

例 6 计算范德蒙德(Vandermonde)行列式

$$\begin{vmatrix} 1 & 1 & 1 \\ a & b & c \\ a^2 & b^2 & c^2 \end{vmatrix}.$$

解 由行列式性质以及拉普拉斯展开式得

(第一列分别乘 $\times(-1)$ 加到第二、三列)

$$\begin{vmatrix} 1 & 1 & 1 \\ a & b & c \\ a^2 & b^2 & c^2 \end{vmatrix} = \begin{vmatrix} 1 & 0 & 0 \\ a & b-a & c-a \\ a^2 & b^2-a^2 & c^2-a^2 \end{vmatrix}$$

$$=1\times(-1)^{1+1}\begin{vmatrix} b-a & c-a \\ b^2-a^2 & c^2-a^2 \end{vmatrix} + 0\times(-1)^{1+2}\begin{vmatrix} a & c-a \\ a^2 & c^2-a^2 \end{vmatrix}$$

$$+0\times(-1)^{1+3}\begin{vmatrix} a & b-a \\ a^2 & b^2-a^2 \end{vmatrix} \quad \text{(按第一行展开)}$$

$$=(b-a)(c-a)\begin{vmatrix} 1 & 1 \\ b+a & c+a \end{vmatrix} \quad \text{(第一、二列分别提取因式)}$$

$$=(b-a)(c-a)(c-b)$$

$$=(a-b)(b-c)(c-a).$$

推论 5 $n(=2,3)$阶行列式D的某一行(列)的元素与另一行(列)对应元素的代数余子式乘积之和等于0,即

$$\sum_{k=1}^{3} a_{ik}A_{jk} = a_{i1}A_{j1} + a_{i2}A_{j2} + a_{i3}A_{j3} = 0 \quad (1 \leqslant i \neq j \leqslant n); \tag{3}$$

$$\sum_{k=1}^{3} a_{ki}A_{kj} = a_{1i}A_{1j} + a_{2i}A_{2j} + a_{3i}A_{3j} = 0 \quad (1 \leqslant i \neq j \leqslant n). \tag{4}$$

证明 设

$$D = \begin{vmatrix} a_{11} & a_{12} & a_{13} \\ a_{21} & a_{22} & a_{23} \\ a_{31} & a_{32} & a_{33} \end{vmatrix}.$$

我们仅对公式(3)中的 $i=2,j=3$ 加以验证,其余情形读者不难自己验证.

由拉普拉斯展开式知

$$a_{21}A_{31}+a_{22}A_{32}+a_{23}A_{33}=\begin{vmatrix}a_{11} & a_{12} & a_{13}\\ a_{21} & a_{22} & a_{23}\\ a_{21} & a_{22} & a_{23}\end{vmatrix}=0 \quad (\text{行列式性质}).$$

$$\sum_{k=1}^{3}a_{ki}A_{kj}=a_{1i}A_{1j}+a_{2i}A_{2j}+a_{3i}A_{3j}=0 \quad (i\neq j).$$

公式(1),(2)和(3),(4)可以合写为如下简便形式:

$$\sum_{k=1}^{3}a_{ik}A_{jk}=\sum_{k=1}^{3}a_{ki}A_{kj}=\begin{cases}D, & i=j,\\ 0, & i\neq j.\end{cases} \tag{5}$$

最后利用推论 5 给出线性方程组的克拉默法则(定理 6.2)的新证明如下:

定理 6.2 的新证明 设 $A_{ij}(i,j=1,2,3)$ 为定理 6.2 中的线性方程组(9)的行列式 D 的代数余子式.用 D 中第一列各元素的代数余子式 A_{11},A_{21},A_{31} 分别乘以定理 6.2 中的方程组(9)中的第一、二、三个方程,然后相加,整理得

$$\begin{aligned}&(a_{11}A_{11}+a_{21}A_{21}+a_{31}A_{31})x_1+(a_{12}A_{11}+a_{22}A_{21}+a_{33}A_{31})x_2\\ &\quad+(a_{13}A_{11}+a_{23}A_{21}+a_{33}A_{31})x_3\\ &=b_1A_{11}+b_2A_{21}+b_3A_{31},\end{aligned}$$

由拉普拉斯展开定理(定理 6.3)及其推论 5 知

$$Dx_1+0\cdot x_2+0\cdot x_3=D_1,$$

而 $D\neq 0$,所以

$$x_1=\frac{D_1}{D}.$$

同理可得

$$x_2=\frac{D_2}{D},\quad x_3=\frac{D_3}{D}.$$

习 题 6.2

1. 计算下列行列式:

(1) $\begin{vmatrix}3 & 2 & 2\\ 2 & 3 & 2\\ 2 & 2 & 3\end{vmatrix}$; (2) $\begin{vmatrix}1 & -4 & 2\\ -2 & 5 & -1\\ 3 & 2 & 4\end{vmatrix}$;

(3) $\begin{vmatrix}x & a & a\\ -a & x & a\\ -a & -a & x\end{vmatrix}$; (4) $\begin{vmatrix}-ab & ac & ae\\ bd & -cd & de\\ bf & cf & -ef\end{vmatrix}$;

(5) $\begin{vmatrix}1+\cos\varphi & 1+\sin\varphi & 1\\ 1-\sin\varphi & 1+\cos\varphi & 1\\ 1 & 1 & 1\end{vmatrix}$; (6) $\begin{vmatrix}1 & 2 & 3\\ 1 & 1+x & 3\\ 1 & 2 & 1+x\end{vmatrix}$;

(7) $\begin{vmatrix}1+a_1 & 1 & 1\\ 1 & 1+a_2 & 1\\ 1 & 1 & 1+a_3\end{vmatrix}$; (8) $\begin{vmatrix}1 & 1 & 1\\ a+1 & b+1 & c+1\\ a^2+a & b^2+b & c^2+c\end{vmatrix}$.

2. 证明下列等式：

(1) $\begin{vmatrix} a^2 & ab & b^2 \\ 2a & a+b & 2b \\ 1 & 1 & 1 \end{vmatrix}=(a-b)^3$；

(2) $\begin{vmatrix} b_1+c_1 & c_1+a_1 & a_1+b_1 \\ b_2+c_2 & c_2+a_2 & a_2+b_2 \\ b_3+c_3 & c_3+a_3 & a_3+b_3 \end{vmatrix}=2\begin{vmatrix} a_1 & b_1 & c_1 \\ a_2 & b_2 & c_2 \\ a_3 & b_3 & c_3 \end{vmatrix}$.

3. 试问 a,b,c 满足什么条件时，方程组

$$\begin{cases} x_1+x_2+x_3=a+b+c, \\ ax_1+bx_2+cx_3=a^2+b^2+c^2, \\ bcx_1+acx_2+abx_3=3abc \end{cases}$$

有唯一解，并求之.

4. 解下列方程：

(1) $\begin{vmatrix} a & a & x \\ m & m & m \\ b & x & b \end{vmatrix}=0\ (m\neq 0)$；　　(2) $\begin{vmatrix} 15-2x & 11 & 10 \\ 11-3x & 17 & 16 \\ 7-x & 14 & 13 \end{vmatrix}=0$.

5. 求二次多项式 $P(x)$，使得 $P(1)=-1, P(-1)=9, P(2)=-3$.

§6.3　矩阵与线性方程组的消元法

在§6.1介绍了特殊的三元线性方程组的行列式求解方法，即克拉默法则. 本节介绍一般矩阵的概念以及三元线性方程组的求解方法——消元法.

一、矩阵的概念

线性方程组

$$\begin{cases} a_{11}x_1+a_{12}x_2+\cdots+a_{1n}x_n=b_1, \\ a_{21}x_1+a_{22}x_2+\cdots+a_{2n}x_n=b_2, \\ \cdots\cdots\cdots\cdots\cdots\cdots\cdots\cdots \\ a_{m1}x_1+a_{m2}x_2+\cdots+a_{mn}x_n=b_m \end{cases}$$

的系数以及常数项可分别按顺序排列成数表

$$\begin{bmatrix} a_{11} & a_{12} & \cdots & a_{1n} \\ a_{21} & a_{22} & \cdots & a_{2n} \\ \vdots & \vdots & & \vdots \\ a_{m1} & a_{m2} & \cdots & a_{mn} \end{bmatrix} \quad 和 \quad \begin{bmatrix} b_1 \\ b_2 \\ \vdots \\ b_n \end{bmatrix}.$$

给定一个线性方程组就唯一地确定了这样的两个数表；反之，给定两个这样的数表就唯一确定了一个线性方程组.

在自然科学、工程技术以及经济等领域中常常用到这种矩形数表，由此抽象出矩阵的概念. 我们称由 $m\times n$ 个实数 a_{ij} 排成的矩形数表

$$\begin{bmatrix} a_{11} & a_{12} & \cdots & a_{1n} \\ a_{21} & a_{22} & \cdots & a_{2n} \\ \vdots & \vdots & & \vdots \\ a_{m1} & a_{m2} & \cdots & a_{mn} \end{bmatrix}$$

为一个 m 行 n 列的**矩阵**,或 $m\times n$ 阶矩阵. 称 a_{ij} 为该矩阵的元素,第一下标 i 表示元素所在的行,第二下标 j 表示元素所在的列. 通常将矩阵记为 $\boldsymbol{A}$ 或 (a_{ij}),为了指明矩阵的行与列,有时又记为 $\boldsymbol{A}_{m\times n}$ 或 $(a_{ij})_{m\times n}$. $n\times n$ 阶矩阵简称为 n 阶**方阵**;称 $1\times n$ 阶矩阵

$$\boldsymbol{A}=(a_{11}\quad a_{12}\quad \cdots \quad a_{1n})$$

为**行矩阵**;称 $m\times 1$ 阶矩阵

$$\boldsymbol{A}=\begin{bmatrix} a_{11} \\ a_{21} \\ \vdots \\ a_{m1} \end{bmatrix}$$

为**列矩阵**.

设 $\boldsymbol{A}$ 为一个 n 阶方阵,如果从 $\boldsymbol{A}$ 的左上角到右下角的对角线(**主对角线**)下方的元素全为零,即

$$\boldsymbol{A}=\begin{bmatrix} a_{11} & a_{12} & \cdots & a_{1n} \\ 0 & a_{22} & \cdots & a_{2n} \\ \vdots & \vdots & & \vdots \\ 0 & 0 & \cdots & a_{nn} \end{bmatrix},$$

则称之为**上三角矩阵**;如果 $\boldsymbol{A}$ 的主对角线上方的元素全为零,即

$$\boldsymbol{A}=\begin{bmatrix} a_{11} & 0 & \cdots & 0 \\ a_{21} & a_{22} & \cdots & 0 \\ \vdots & \vdots & & \vdots \\ a_{n1} & a_{n2} & \cdots & a_{nn} \end{bmatrix},$$

则称之为**下三角矩阵**;如果 $\boldsymbol{A}$ 的主对角线以外的元素全为零,即

$$\boldsymbol{A}=\begin{bmatrix} a_{11} & 0 & \cdots & 0 \\ 0 & a_{22} & \cdots & 0 \\ \vdots & \vdots & & \vdots \\ 0 & 0 & \cdots & a_{nn} \end{bmatrix},$$

则称之为**对角阵**. 主对角线上元素全为 1 的 n 阶对角阵称为 n 阶**单位矩阵**,记为 $\boldsymbol{E}_n$ 或 $\boldsymbol{E}$,即

$$\boldsymbol{E}=\begin{bmatrix} 1 & 0 & \cdots & 0 \\ 0 & 1 & \cdots & 0 \\ \vdots & \vdots & & \vdots \\ 0 & 0 & \cdots & 1 \end{bmatrix}.$$

所有元素都为零的 $m\times n$ 阶矩阵称之为 $m\times n$ **零矩阵**,记为 $\boldsymbol{O}_{m\times n}$ 或 $\boldsymbol{O}$,即

$$\boldsymbol{O}=\begin{bmatrix}0 & 0 & \cdots & 0\\0 & 0 & \cdots & 0\\\vdots & \vdots & & \vdots\\0 & 0 & \cdots & 0\end{bmatrix}.$$

单位矩阵和零矩阵是非常重要的两个矩阵,下一节中再详细介绍.

必须指出的是:前面介绍的二阶和三阶行列式表面上看似乎也是一个“数表”,但其实质是将所有元素按照一定规则相乘相加而成的一个数,是与二阶和三阶方阵完全不同的概念,应严加区别.

设

$$\boldsymbol{A}=\begin{bmatrix}a_{11} & a_{12} & a_{13}\\a_{21} & a_{22} & a_{23}\\a_{31} & a_{32} & a_{33}\end{bmatrix}$$

为一个三阶方阵,则称与之对应的三阶行列式

$$\begin{vmatrix}a_{11} & a_{12} & a_{13}\\a_{21} & a_{22} & a_{23}\\a_{31} & a_{32} & a_{33}\end{vmatrix}$$

为**方阵 $\boldsymbol{A}$ 的行列式**,记为 $|\boldsymbol{A}|$ 或 $\det\boldsymbol{A}$. 二阶方阵的行列式类似定义.

后面主要介绍 $m,n\leqslant 3$ 的低阶矩阵.

二、三元线性方程组的消元法

线性方程组的消元法是求解线性方程组的重要的普适方法,下面以例子对此进行简单介绍.

例 1 解方程组

$$\begin{cases}2x_1 \qquad + 3x_3 = 1,\\ x_1 - x_2 + 2x_3 = 1,\\ x_1 - 3x_2 + 4x_3 = 2.\end{cases} \tag{1}$$

解 将方程组(1)中的第二个方程分别乘 -2 和 -1,然后分别加到第一、三个方程上去,方程组就变成

$$\begin{cases}2x_2 - x_3 = -1,\\ x_1 - x_2 + 2x_3 = 1,\\ -2x_2 + 2x_3 = 1.\end{cases} \tag{2}$$

再将方程组(2)中的第一个方程加到第三个方程得

$$\begin{cases}2x_2 - x_3 = -1,\\ x_1 - x_2 + 2x_3 = 1,\\ x_3 = 0.\end{cases} \tag{3}$$

将方程组(3)中的第三个方程分别乘以 $1,-2$,然后分别加到第一、二个方程上得

$$\begin{cases}2x_2 = -1,\\ x_1 - x_2 = 1,\\ x_3 = 0.\end{cases}$$

用$\frac{1}{2}$乘以上述方程组中的第一个方程，并且将它加到第二个方程得

$$\begin{cases} x_2 = -\frac{1}{2}, \\ x_1 = \frac{1}{2}, \\ x_3 = 0. \end{cases} \tag{4}$$

互换方程组(4)中的第一、二个方程得

$$\begin{cases} x_1 = \frac{1}{2}, \\ x_2 = -\frac{1}{2}, \\ x_3 = 0 \end{cases} \quad \text{即原方程组的解为} \quad \begin{cases} x_1 = \frac{1}{2}, \\ x_2 = -\frac{1}{2}, \\ x_3 = 0. \end{cases}$$

分析一下例 1 的解法，不难看出，它实际上是反复地对方程组进行以下三种变换：

(1) 用一非零的数乘某一方程；

(2) 把一个方程的倍数加到另一个方程；

(3) 互换两个方程的位置.

以上三种变换称为**线性方程组的初等变换**. 不难证明，通过初等变换得到的新的方程组与原方程组有相同的解. 这种通过反复地对方程组进行初等变换最终求出方程组的解的方法，称为(高斯)**消元法**.

进一步分析不难发现，方程组(1)甚至可以忽略各未知量而抽象成如下矩阵：

$$\left[\begin{array}{ccc:c} 2 & 0 & 3 & 1 \\ 1 & -1 & 2 & 1 \\ 1 & -3 & 4 & 2 \end{array}\right],$$

这个矩阵称为方程组(1)的**增广矩阵**，它是由方程组(1)的系数矩阵和常数项组成的. 对方程组做初等变换就相当于对增广矩阵做相应的变换：

(1) 用一非零的数乘矩阵的某一行；

(2) 将一个矩阵的某行的倍数加到另一行；

(3) 互换矩阵中两行的位置.

称对矩阵做的这三种变换为矩阵的**初等行变换**. 因此，例 1 的求解过程也可以用矩阵的初等行变换表示如下：

对增广矩阵做初等行变换

$$\left[\begin{array}{ccc:c} 2 & 0 & 3 & 1 \\ 1 & -1 & 2 & 1 \\ 1 & -3 & 4 & 2 \end{array}\right] \begin{matrix} \times(-2) \\ \times(-1) \end{matrix} \to \left[\begin{array}{ccc:c} 0 & 2 & -1 & -1 \\ 1 & -1 & 2 & 1 \\ 0 & -2 & 2 & 1 \end{array}\right] \times 1 \to \left[\begin{array}{ccc:c} 0 & 2 & -1 & -1 \\ 1 & -1 & 2 & 1 \\ 0 & 0 & 1 & 0 \end{array}\right] \begin{matrix} \times(-2) \\ \times 1 \end{matrix}$$

$$\to \left[\begin{array}{ccc:c} 0 & 2 & 0 & -1 \\ 1 & -1 & 0 & 1 \\ 0 & 0 & 1 & 0 \end{array}\right] \times\left(\frac{1}{2}\right) \to \left[\begin{array}{ccc:c} 0 & 1 & 0 & -\frac{1}{2} \\ 1 & -1 & 0 & 1 \\ 0 & 0 & 1 & 0 \end{array}\right] \times 1$$

$$\rightarrow\left[\begin{array}{ccc:c}0&1&0&-\frac{1}{2}\\1&0&0&\frac{1}{2}\\0&0&1&0\end{array}\right]\rightarrow\left[\begin{array}{ccc:c}1&0&0&\frac{1}{2}\\0&1&0&-\frac{1}{2}\\0&0&1&0\end{array}\right],$$

还原回方程组即是方程组(4).所以,原方程组的解为 $x_1=\frac{1}{2}$, $x_2=-\frac{1}{2}$, $x_3=0$.

一般地采用这种利用增广矩阵的初等行变换来表述利用消元法的求解线性方程组的过程更为简便.

例 2 求解线性方程组

$$\begin{cases}2x_1+x_2-2x_3=4,\\3x_1+2x_2-x_3=6,\\x_1+x_2+x_3=2.\end{cases}\tag{5}$$

解 对方程组的增广矩阵进行初等行变换,

$$\left[\begin{array}{ccc:c}2&1&-2&4\\3&2&-1&6\\1&1&1&2\end{array}\right]\rightarrow\left[\begin{array}{ccc:c}1&1&1&2\\3&2&-1&6\\2&1&-2&4\end{array}\right]\xrightarrow{\times(-3),\ \times(-2)}\left[\begin{array}{ccc:c}1&1&1&2\\0&-1&-4&0\\0&-1&-4&0\end{array}\right]\xrightarrow{\times(-1)}$$

$$\rightarrow\left[\begin{array}{ccc:c}1&0&-3&2\\0&-1&-4&0\\0&0&0&0\end{array}\right]\xrightarrow{\times(-1)}\left[\begin{array}{ccc:c}1&0&-3&2\\0&1&4&0\\0&0&0&0\end{array}\right],$$

所以原方程组化简为

$$\begin{cases}x_1\quad-3x_3=2,\\\quad x_2+4x_3=0,\end{cases}\tag{6}$$

故原方程组的通解为

$$\begin{cases}x_1=2+3x_3,\\x_2=-4x_3,\\x_3=x_3,\end{cases}$$

其中 x_3 可以取任意实数,称为方程组(5)的**自由未知量**.因此方程组(5)有无穷多个解.

三元线性方程组的通解中最多可出现 2 个自由未知量.当熟练后,没必要写出(6)式,而可以直接从增广矩阵写出通解.

例 3 求解线性方程组

$$\begin{cases}x_1+x_2+x_3=1,\\2x_1+2x_2+2x_3=2,\\3x_1+3x_2+3x_3=3.\end{cases}\tag{7}$$

解 对方程组的增广矩阵进行初等行变换,

$$\left[\begin{array}{ccc:c}1&1&1&1\\2&2&2&2\\3&3&3&3\end{array}\right]\xrightarrow{\times(-2),\ \times(-3)}\left[\begin{array}{ccc:c}1&1&1&1\\0&0&0&0\\0&0&0&0\end{array}\right],$$

所以方程组化简为

$$x_1+x_2+x_3=1.$$

故原方程的通解为

$$\begin{cases}x_1=x_1,\\ x_2=x_2,\\ x_3=1-x_1-x_2,\end{cases}$$

其中 x_1 与 x_2 可以取任意值,称为方程组(7)的自由未知量. 因此方程组(7)有无穷多个解.

例 4 求解线性方程组

$$\begin{cases}2x_1-x_2+3x_3=1,\\ 4x_1-2x_2+5x_3=4,\\ 2x_1-x_2+4x_3=0.\end{cases} \tag{8}$$

解 对方程组的增广矩阵进行初等行变换,

$$\left[\begin{array}{ccc:c}2&-1&3&1\\4&-2&5&4\\2&-1&4&0\end{array}\right]\xrightarrow[\times(-1)]{\times(-2)}\left[\begin{array}{ccc:c}2&-1&3&1\\0&0&-1&2\\0&0&1&-1\end{array}\right]\xrightarrow{\times 1}\left[\begin{array}{ccc:c}2&-1&3&1\\0&0&-1&2\\0&0&0&1\end{array}\right],$$

所以方程组变成

$$\begin{cases}2x_1-x_2+3x_3=1,\\ \qquad\quad -x_3=4,\\ \qquad\qquad 0=1.\end{cases} \tag{9}$$

由于方程组(9)中的最后一式永不成立,因此方程组(8)无解.

方程组(9)中的最后一个方程严格地写出来应该是 $0x_1+0x_2+0x_3=1$. 为了方便,通常就简写为 $0=1$ 了.

习　题　6.3

1. 用消元法求解下列线性方程组:

(1) $\begin{cases}2x_1+3x_2+x_3=4,\\ x_1-2x_2+4x_3=-5,\\ 3x_1+8x_2-2x_3=13,\\ 4x_1-x_2+9x_3=-6;\end{cases}$

(2) $\begin{cases}x_1+2x_2-x_3=1,\\ 2x_1+4x_2+x_3=5,\\ x_1+2x_2+2x_3=4;\end{cases}$

(3) $\begin{cases}x_1+2x_2-x_3=2,\\ 2x_1-x_2+2x_3=10,\\ x_1+3x_2=2;\end{cases}$

(4) $\begin{cases}x_1+x_3=0,\\ x_1-x_2+2x_3=-1,\\ 2x_1+x_2+x_3=2,\\ 5x_1+x_2+4x_3=1;\end{cases}$

(5) $\begin{cases}2x_1+x_2-x_3=0,\\ 4x_1+2x_2-2x_3=0.\end{cases}$

§6.4 矩阵的运算

本节介绍矩阵的加法、矩阵与数的乘法、矩阵与矩阵的乘法以及矩阵的转置等运算,为此首先给出两个矩阵相等的概念：如果两个阶数相同的矩阵的对应元素相等，则称这两个**矩阵相等**.

一、矩阵的加减法和矩阵与数的乘积

将两个阶数相同的矩阵 $\boldsymbol{A}$ 和 $\boldsymbol{B}$ 的对应元素相加，所得到的新矩阵称为矩阵 $\boldsymbol{A}$ 和 $\boldsymbol{B}$ 的**和**，记为 $\boldsymbol{A}+\boldsymbol{B}$；而将对应元素做差得到的新矩阵称为矩阵 $\boldsymbol{A}$ 和 $\boldsymbol{B}$ 的**差**，记为 $\boldsymbol{A}-\boldsymbol{B}$. 例如，如果

$$\boldsymbol{A}=\begin{bmatrix}3&1&4\\2&0&-1\\-2&-1&0\end{bmatrix},\quad \boldsymbol{B}=\begin{bmatrix}0&-1&3\\2&-9&4\\7&6&1\end{bmatrix},$$

则
$$\boldsymbol{A}+\boldsymbol{B}=\begin{bmatrix}3+0&1-1&4+3\\2+2&0-9&-1+4\\-2+7&-1+6&0+1\end{bmatrix}=\begin{bmatrix}3&0&7\\4&-9&3\\5&5&1\end{bmatrix},$$

而
$$\boldsymbol{A}-\boldsymbol{B}=\begin{bmatrix}3-0&1-(-1)&4-3\\2-2&0-(-9)&-1-4\\-2-7&-1-6&0-1\end{bmatrix}=\begin{bmatrix}3&2&1\\0&9&-5\\-9&-7&-1\end{bmatrix}.$$

由定义知，只有在两个矩阵的行数和列数都对应相同时才能做加法和减法.

不难验证，矩阵加法具有如下性质：

(1) 交换律：$\boldsymbol{A}+\boldsymbol{B}=\boldsymbol{B}+\boldsymbol{A}$；

(2) 结合律：$(\boldsymbol{A}+\boldsymbol{B})+\boldsymbol{C}=\boldsymbol{A}+(\boldsymbol{B}+\boldsymbol{C})$，

(3) 对任意矩阵 $\boldsymbol{A}$，均有 $\boldsymbol{A}+\boldsymbol{O}=\boldsymbol{A}$，其中 $\boldsymbol{A},\boldsymbol{B},\boldsymbol{C}$ 为阶数相同的矩阵，$\boldsymbol{O}$ 为阶数与 $\boldsymbol{A}$ 相同的零矩阵.

将矩阵 $\boldsymbol{A}$ 的所有元素都变成它自己的相反数而得到的新矩阵称为矩阵 $\boldsymbol{A}$ 的**负矩阵**，记为 $-\boldsymbol{A}$. 如，若 $\boldsymbol{A}=\begin{bmatrix}1&2&3\\2&1&0\end{bmatrix}$，则 $-\boldsymbol{A}=\begin{bmatrix}-1&-2&-3\\-2&-1&0\end{bmatrix}$.

显然，

$$\boldsymbol{A}+(-\boldsymbol{A})=\boldsymbol{O},\quad \boldsymbol{A}-\boldsymbol{B}=\boldsymbol{A}+(-\boldsymbol{B}).$$

用一个实数 k 乘以矩阵 $\boldsymbol{A}$ 中的每一个元素，所得矩阵称为**数 k 与矩阵 $\boldsymbol{A}$ 的乘积**，简称**数乘**，记为 $k\boldsymbol{A}$. 如

$$3\begin{bmatrix}1&2&3\\2&1&0\end{bmatrix}=\begin{bmatrix}3&6&9\\6&3&0\end{bmatrix}.$$

不难验证：

$$(k+l)\boldsymbol{A}=k\boldsymbol{A}+l\boldsymbol{A};\qquad k(\boldsymbol{A}+\boldsymbol{B})=k\boldsymbol{A}+k\boldsymbol{B};$$
$$k(l\boldsymbol{A})=(kl)\boldsymbol{A};\qquad 1\boldsymbol{A}=\boldsymbol{A};$$
$$0\boldsymbol{A}=\boldsymbol{O};\qquad (-1)\boldsymbol{A}=-\boldsymbol{A},$$

其中 $\boldsymbol{A},\boldsymbol{B}$ 为同阶矩阵，$\boldsymbol{O}$ 为同阶的零矩阵，而 k,l 为任意实数.

例 1 已知

$$\boldsymbol{A}=\begin{bmatrix}3&-1&2\\1&5&7\\2&4&5\end{bmatrix},\quad \boldsymbol{B}=\begin{bmatrix}7&5&-2\\5&1&9\\4&2&1\end{bmatrix},$$

且 $\boldsymbol{A}+2\boldsymbol{X}=\boldsymbol{B}$，求矩阵 $\boldsymbol{X}$.

解 由已知条件知

$$\boldsymbol{X}=\frac{1}{2}(\boldsymbol{B}-\boldsymbol{A})$$

$$=\frac{1}{2}\left(\begin{bmatrix}7&5&-2\\5&1&9\\4&2&1\end{bmatrix}-\begin{bmatrix}3&-1&2\\1&5&7\\2&4&5\end{bmatrix}\right)$$

$$=\frac{1}{2}\begin{bmatrix}4&6&-4\\4&-4&2\\2&-2&-4\end{bmatrix}=\begin{bmatrix}2&3&-2\\2&-2&1\\1&-1&-2\end{bmatrix}.$$

二、矩阵的乘法

设 $\boldsymbol{A}$ 和 $\boldsymbol{B}$ 分别为 $m\times s$ 矩阵和 $s\times n$ 矩阵:

$$\boldsymbol{A}=\begin{bmatrix}a_{11}&a_{12}&\cdots&a_{1s}\\a_{21}&a_{22}&\cdots&a_{2s}\\\vdots&\vdots&&\vdots\\a_{m1}&a_{m2}&\cdots&a_{ms}\end{bmatrix},\quad \boldsymbol{B}=\begin{bmatrix}b_{11}&b_{12}&\cdots&b_{1n}\\b_{21}&b_{22}&\cdots&b_{2n}\\\vdots&\vdots&&\vdots\\b_{s1}&b_{s2}&\cdots&b_{sn}\end{bmatrix}.$$

由 $\boldsymbol{A}$ 和 $\boldsymbol{B}$ 可以做一个新的 $m\times n$ 矩阵

$$\boldsymbol{C}=\begin{bmatrix}c_{11}&c_{12}&\cdots&c_{1n}\\c_{21}&c_{22}&\cdots&c_{2n}\\\vdots&\vdots&&\vdots\\c_{m1}&c_{m2}&\cdots&c_{mn}\end{bmatrix},$$

其中 $$c_{ij}=\sum_{k=1}^{s}a_{ik}b_{kj}\quad(1\leqslant i\leqslant m,\ 1\leqslant j\leqslant n).$$

称这个新矩阵 $\boldsymbol{C}$ 为**矩阵 $\boldsymbol{A}$ 和矩阵 $\boldsymbol{B}$ 的乘积**,并记为

$$\boldsymbol{C}=\boldsymbol{AB}.$$

矩阵乘积的定义中有两点是必须注意的:

(1) 只有当矩阵 $\boldsymbol{A}$ 的列数和矩阵 $\boldsymbol{B}$ 的行数相等时,它们才能相乘,也就是说乘积 $\boldsymbol{AB}$ 才有意义. 此时乘积矩阵 $\boldsymbol{AB}$ 的行数等于左边矩阵 $\boldsymbol{A}$ 的行数 m,而 $\boldsymbol{AB}$ 的列数等于右边矩阵 $\boldsymbol{B}$ 的列数 n. 为了强调这一点,有时也记为

$$\boldsymbol{A}_{m\times s}\boldsymbol{B}_{s\times n}=\boldsymbol{C}_{m\times n}.$$

(2) 矩阵 $\boldsymbol{C}$ 中第 i 行第 j 列的元素 c_{ij} 是矩阵 $\boldsymbol{A}$ 中第 i 行的元素分别与矩阵 $\boldsymbol{B}$ 中第 j 列的对应元素之积的和,如下所示:

$$\begin{bmatrix}c_{11}&c_{12}&\cdots&c_{1n}\\c_{21}&\boxed{c_{22}}&\cdots&c_{2n}\\\vdots&\vdots&&\vdots\\c_{m1}&c_{m2}&\cdots&c_{mn}\end{bmatrix}=\begin{bmatrix}a_{11}&a_{12}&\cdots&a_{1s}\\\boxed{a_{21}\ \ a_{22}\ \ \cdots\ \ a_{2s}}\\\vdots&\vdots&&\vdots\\a_{m1}&a_{m2}&\cdots&a_{ms}\end{bmatrix}\begin{bmatrix}b_{11}&\boxed{b_{21}}&\cdots&b_{1n}\\b_{21}&\boxed{b_{22}}&\cdots&b_{2n}\\\vdots&\vdots&&\vdots\\b_{s1}&\boxed{b_{s2}}&\cdots&b_{sn}\end{bmatrix}.$$

例 2 设

$$\boldsymbol{A}=\begin{bmatrix}1&2\\1&-1\end{bmatrix},\quad \boldsymbol{B}=\begin{bmatrix}1&2&-3\\-1&1&2\end{bmatrix},$$

计算 $\boldsymbol{AB}$.

解 由矩阵乘法公式得

$$\boldsymbol{AB}=\begin{bmatrix}1 & 2\\ 1 & -1\end{bmatrix}\begin{bmatrix}1 & 2 & -3\\ -1 & 1 & 2\end{bmatrix}$$

$$=\begin{bmatrix}1\times1+2\times(-1) & 1\times2+2\times1 & 1\times(-3)+2\times2\\ 1\times1+(-1)\times(-1) & 1\times2+(-1)\times1 & 1\times(-3)+(-1)\times2\end{bmatrix}$$

$$=\begin{bmatrix}-1 & 4 & 1\\ 2 & 1 & -5\end{bmatrix}.$$

但是,由于 $\boldsymbol{B}$ 的列数为 3,$\boldsymbol{A}$ 的行数为 2,所以 $\boldsymbol{B}$ 与 $\boldsymbol{A}$ 不能相乘,即 $\boldsymbol{BA}$ 无意义.

例 3 设 $\boldsymbol{A}=\begin{bmatrix}1 & 1\\ -1 & -1\end{bmatrix}$, $\boldsymbol{B}=\begin{bmatrix}1 & -1\\ -1 & 1\end{bmatrix}$. 试计算 $\boldsymbol{AB}$ 和 $\boldsymbol{BA}$.

解 由矩阵乘法公式得

$$\boldsymbol{AB}=\begin{bmatrix}1 & 1\\ -1 & -1\end{bmatrix}\begin{bmatrix}1 & -1\\ -1 & 1\end{bmatrix}$$

$$=\begin{bmatrix}1\times1+1\times(-1) & 1\times(-1)+1\times1\\ -1\times1+(-1)\times(-1) & -1\times(-1)+(-1)\times1\end{bmatrix}$$

$$=\begin{bmatrix}0 & 0\\ 0 & 0\end{bmatrix},$$

$$\boldsymbol{BA}=\begin{bmatrix}1 & -1\\ -1 & 1\end{bmatrix}\begin{bmatrix}1 & 1\\ -1 & -1\end{bmatrix}$$

$$=\begin{bmatrix}1\times1+(-1)\times(-1) & 1\times1+(-1)\times(-1)\\ (-1)\times1+1\times(-1) & (-1)\times1+1\times(-1)\end{bmatrix}$$

$$=\begin{bmatrix}2 & 2\\ -2 & -2\end{bmatrix}.$$

例 3 表明:即使 $\boldsymbol{AB}$ 和 $\boldsymbol{BA}$ 均有意义,也未必有 $\boldsymbol{AB}=\boldsymbol{BA}$;即使 $\boldsymbol{A}\neq\boldsymbol{O},\boldsymbol{B}\neq\boldsymbol{O}$,也可能有 $\boldsymbol{AB}=\boldsymbol{O}$. 这也说明,从 $\boldsymbol{AB}=\boldsymbol{O}$ 不能推出 $\boldsymbol{A}=\boldsymbol{O}$ 或 $\boldsymbol{B}=\boldsymbol{O}$.

利用矩阵的乘法,线性方程组

$$\begin{cases}a_{11}x_1+a_{12}x_2+a_{13}x_3=b_1,\\ a_{21}x_1+a_{22}x_2+a_{23}x_3=b_2,\\ a_{31}x_1+a_{32}x_2+a_{33}x_3=b_3\end{cases}\tag{1}$$

可以写成矩阵的形式

$$\begin{bmatrix}a_{11} & a_{12} & a_{13}\\ a_{21} & a_{22} & a_{23}\\ a_{31} & a_{32} & a_{33}\end{bmatrix}\begin{bmatrix}x_1\\ x_2\\ x_3\end{bmatrix}=\begin{bmatrix}b_1\\ b_2\\ b_3\end{bmatrix}.$$

如果令

$$\boldsymbol{A}=\begin{bmatrix}a_{11} & a_{12} & a_{13}\\ a_{21} & a_{22} & a_{23}\\ a_{31} & a_{32} & a_{33}\end{bmatrix},\quad \boldsymbol{X}=\begin{bmatrix}x_1\\ x_2\\ x_3\end{bmatrix},\quad \boldsymbol{B}=\begin{bmatrix}b_1\\ b_2\\ b_3\end{bmatrix},$$

则线性方程组又可以简写为

$$AX = B.$$

矩阵的乘积具有下列性质(假定下列出现的矩阵乘积均有意义):

(1) 结合律:$(AB)C=A(BC)$;

(2) 分配律:$A(B\pm C)=AB\pm AC,(B\pm C)A=BA\pm CA$;

(3) $A_{m\times n}E_{n\times n}=E_{m\times m}A_{m\times n}=A_{m\times n}$(其中 $E_{n\times n},E_{m\times m}$ 均为单位阵);

(4) $(\lambda A)B=\lambda(AB)=A(\lambda B)$(其中 λ 为任意实数).

关于这些性质的证明我们不作要求.

三、矩阵的转置

将矩阵的所有的行换成相应的列所得到的新矩阵称为矩阵 A 的**转置矩阵**,记为 A' 或 A^{T}. 显然,当 A 是 $m\times n$ 阶矩阵时,A' 就是 $n\times m$ 阶矩阵. 例如,矩阵 $A=\begin{bmatrix}1 & 2 & 3\\2 & -3 & 1\end{bmatrix}$ 的转置矩阵为 $A'=\begin{bmatrix}1 & 2\\2 & -3\\3 & 1\end{bmatrix}$;矩阵 $B=\begin{bmatrix}b_1\\b_2\\b_3\end{bmatrix}$ 的转置矩阵为 $B'=(b_1\quad b_2\quad b_3)$.

转置矩阵具有下列性质:

$$(A')'=A,\quad (A+B)'=A'+B',\quad (AB)'=B'A',\quad (kA)'=kA'.$$

除上面的第三式外,其他各式都易于验证. 这里就不证明了.

如果 n 阶方阵 $A=(a_{ij})$ 满足 $A'=A$,即 $a_{ij}=a_{ji}(1\leqslant i,j\leqslant n)$,则称之为**对称矩阵**,如果 $A'=-A$,即 $a_{ij}=-a_{ji}(1\leqslant i,j\leqslant n)$,则称之为**反对称矩阵**.

四、方阵的行列式性质

定理 6.4 设 A,B 均为三(或二)阶方阵,则

$$|AB|=|A||B|,\qquad |A'|=|A|.$$

定理 6.4 对一般的 n 阶方阵都成立,这里我们略去证明.

例 4 设二阶方阵

$$A=\begin{bmatrix}1 & 3\\-1 & 2\end{bmatrix},\quad B=\begin{bmatrix}2 & -3\\1 & 1\end{bmatrix},$$

计算 $|AB'|$.

解 由定理 6.4,

$$|AB'|=|A||B'|=|A||B|=\begin{vmatrix}1 & 3\\-1 & 2\end{vmatrix}\begin{vmatrix}2 & -3\\1 & 1\end{vmatrix}=5\times 5=25.$$

习 题 6.4

1. 设

$$A=\begin{bmatrix}a_1\\a_2\\a_3\end{bmatrix},\quad B=(b_1\quad b_2\quad b_3),$$

求 $\boldsymbol{AB}$ 和 $\boldsymbol{BA}$.

2. 设

(1) $\boldsymbol{A}=\begin{bmatrix}1 & 3\\ 2 & -1\end{bmatrix}$, $\boldsymbol{B}=\begin{bmatrix}3 & 0\\ 1 & 2\end{bmatrix}$;

(2) $\boldsymbol{A}=\begin{bmatrix}3 & 1 & 1\\ 2 & 1 & 2\\ 1 & 2 & 3\end{bmatrix}$, $\boldsymbol{B}=\begin{bmatrix}1 & 1 & -1\\ 2 & -1 & 0\\ 1 & 0 & 1\end{bmatrix}$,

计算 $2\boldsymbol{A}-3\boldsymbol{B}$, $\boldsymbol{AB}-\boldsymbol{BA}$, $\boldsymbol{A}^2-\boldsymbol{B}^2$.

3. 如果 $\boldsymbol{AB}=\boldsymbol{BA}$,则称 $\boldsymbol{B}$ 与 $\boldsymbol{A}$ **可交换**.求所有与 $\boldsymbol{A}$ 可交换的矩阵 $\boldsymbol{B}$:

(1) $\boldsymbol{A}=\begin{bmatrix}1 & 1\\ 0 & 0\end{bmatrix}$; (2) $\boldsymbol{A}=\begin{bmatrix}1 & 1\\ 0 & 1\end{bmatrix}$.

4. 设 $f(x)=ax^2+bx+c$,$\boldsymbol{A}$ 为 n 阶方阵,$\boldsymbol{E}$ 为 n 阶单位矩阵.定义 $f(\boldsymbol{A})=a\boldsymbol{A}^2+b\boldsymbol{A}+c\boldsymbol{E}$.试计算以下各题中的 $f(\boldsymbol{A})$:

(1) 已知 $f(x)=x^2-x-1$, $\boldsymbol{A}=\begin{bmatrix}2 & -1\\ -3 & 3\end{bmatrix}$;

(2) 已知 $f(x)=x^2-2x+3$, $\boldsymbol{A}=\begin{bmatrix}2 & 1 & 1\\ 3 & 1 & 2\\ 1 & -1 & 0\end{bmatrix}$.

5. 计算:

(1) $(x\quad y\quad z)\begin{bmatrix}1 & 2 & 0\\ 0 & 2 & 1\\ 1 & 2 & 1\end{bmatrix}\begin{bmatrix}x\\ y\\ z\end{bmatrix}$; (2) $\begin{bmatrix}\frac{1}{2} & -\frac{1}{2}\\ -\frac{1}{2} & \frac{1}{2}\end{bmatrix}^2$;

(3) $\left|\begin{bmatrix}3 & 2\\ -4 & -2\end{bmatrix}^5\right|$; (4) $\left|\begin{bmatrix}1 & 1 & -1\\ 0 & 2 & 2\\ 1 & -1 & 0\end{bmatrix}\begin{bmatrix}1 & 2 & -3\\ 0 & 1 & 2\\ 0 & 0 & 1\end{bmatrix}\right|$.

6. 设

$$\boldsymbol{A}=\begin{bmatrix}2 & 1 & 1 & 2\\ 1 & 2 & 2 & 2\\ 3 & 4 & 3 & 1\end{bmatrix},\quad \boldsymbol{B}=\begin{bmatrix}4 & 2 & 0\\ -1 & 1 & -1\\ 2 & -2 & 0\\ 1 & 1 & -1\end{bmatrix},$$

且 $(2\boldsymbol{A}-\boldsymbol{X})+2(\boldsymbol{B}'-\boldsymbol{X})=\boldsymbol{O}$,求矩阵 $\boldsymbol{X}$.

7. 证明:$\boldsymbol{AA}'$,$\boldsymbol{A}'\boldsymbol{A}$ 都是对称矩阵.

§6.5 可逆矩阵与逆矩阵简介

在§6.4 中我们看到,矩阵和实数相似,有加,减,乘三种运算. 矩阵的乘法是否也像实数那样有逆运算呢？本节将对此作简单介绍.

利用矩阵的乘法运算容易验证，对任意 n 阶单位方阵 $\boldsymbol{A}$ 均有

$$\boldsymbol{AE}=\boldsymbol{EA}=\boldsymbol{A},$$

其中 $\boldsymbol{E}$ 为 n 阶单位方阵. 因此,就乘法运算而言，n 阶单位方阵在 n 阶方阵中的地位与实数 1 在实数中的地位一样. 一个实数 $a\neq 0$ 的倒数 a^{-1} 可以用等式

$$aa^{-1}=a^{-1}a=1$$

来刻画. 因此，类似地引入方阵的逆.

设 $\boldsymbol{A}$ 是一个 n 阶方阵. 若存在一个 n 阶方阵 $\boldsymbol{B}$,使得

$$\boldsymbol{AB}=\boldsymbol{BA}=\boldsymbol{E},$$

则称 $\boldsymbol{A}$ 是**可逆矩阵**，并称 $\boldsymbol{B}$ 为 $\boldsymbol{A}$ 的**逆矩阵**.

由定义知,可逆矩阵一定是方阵,并且它的逆矩阵亦为同阶方阵. 如果 $\boldsymbol{B}$ 是 $\boldsymbol{A}$ 的逆矩阵，那么 $\boldsymbol{B}$ 也是可逆矩阵,并且 $\boldsymbol{A}$ 是 $\boldsymbol{B}$ 的逆矩阵. 如果 $\boldsymbol{A}$ 是可逆矩阵,则其逆矩阵是唯一的，并记为 $\boldsymbol{A}^{-1}$. 事实上，如果 $\boldsymbol{B}$ 和 $\boldsymbol{C}$ 均为 $\boldsymbol{A}$ 的逆矩阵，则

$$\boldsymbol{AB}=\boldsymbol{BA}=\boldsymbol{E},\quad \boldsymbol{AC}=\boldsymbol{CA}=\boldsymbol{E}.$$

因而

$$\boldsymbol{B}=\boldsymbol{BE}=\boldsymbol{B}(\boldsymbol{AC})=(\boldsymbol{BA})\boldsymbol{C}=\boldsymbol{EC}=\boldsymbol{C}.$$

此外,如果 $\boldsymbol{A}$ 是可逆的,则 $|\boldsymbol{A}|\neq 0$. 事实上,因为 $\boldsymbol{A}$ 可逆,所以存在矩阵 $\boldsymbol{B}$,使得

$$\boldsymbol{AB}=\boldsymbol{BA}=\boldsymbol{E}.$$

从而由方阵的行列式性质知，$|\boldsymbol{A}|\,|\boldsymbol{B}|=1$，因此，$|\boldsymbol{A}|\neq 0$.

例 1 设 $\boldsymbol{A}=\begin{bmatrix} a & b \\ c & d \end{bmatrix}$为二阶方阵,且 $|\boldsymbol{A}|=ad-bc\neq 0$. 试验证 $\boldsymbol{B}=\dfrac{1}{|\boldsymbol{A}|}\begin{bmatrix} d & -b \\ -c & a \end{bmatrix}$为 $\boldsymbol{A}$ 的逆矩阵.

解 因为

$$\boldsymbol{AB}=\begin{bmatrix} a & b \\ c & d \end{bmatrix}\left(\frac{1}{|\boldsymbol{A}|}\begin{bmatrix} d & -b \\ -c & a \end{bmatrix}\right)=\frac{1}{|\boldsymbol{A}|}\begin{bmatrix} a & b \\ c & d \end{bmatrix}\begin{bmatrix} d & -b \\ -c & a \end{bmatrix}$$
$$=\frac{1}{|\boldsymbol{A}|}\begin{bmatrix} ad-bc & 0 \\ 0 & ad-bc \end{bmatrix}=\begin{bmatrix} 1 & 0 \\ 0 & 1 \end{bmatrix}=\boldsymbol{E}_2,$$

并且

$$\boldsymbol{BA}=\left(\frac{1}{|\boldsymbol{A}|}\begin{bmatrix} d & -b \\ -c & a \end{bmatrix}\right)\begin{bmatrix} a & b \\ c & d \end{bmatrix}=\frac{1}{|\boldsymbol{A}|}\begin{bmatrix} d & -b \\ -c & a \end{bmatrix}\begin{bmatrix} a & b \\ c & d \end{bmatrix}$$
$$=\frac{1}{|\boldsymbol{A}|}\begin{bmatrix} ad-bc & 0 \\ 0 & ad-bc \end{bmatrix}=\begin{bmatrix} 1 & 0 \\ 0 & 1 \end{bmatrix}=\boldsymbol{E}_2,$$

故由定义知,$\boldsymbol{B}=\dfrac{1}{|\boldsymbol{A}|}\begin{bmatrix} d & -b \\ -c & a \end{bmatrix}$为 $\boldsymbol{A}$ 的逆矩阵.

例 2 求方阵 $\boldsymbol{A}=\begin{bmatrix} 1 & 2 \\ 3 & 4 \end{bmatrix}$的逆矩阵.

解 因为

$$|\boldsymbol{A}|=\begin{vmatrix} 1 & 2 \\ 3 & 4 \end{vmatrix}=1\times 4-2\times 3=-2\neq 0,$$

所以由例 1 知，

$$A^{-1}=\frac{1}{|A|}\begin{bmatrix}d & -b\\ -c & a\end{bmatrix}=-\frac{1}{2}\begin{bmatrix}4 & -2\\ -3 & 1\end{bmatrix}=\begin{bmatrix}-2 & 1\\ \frac{3}{2} & -\frac{1}{2}\end{bmatrix}.$$

习 题 6.5

1. 求矩阵 $A=\begin{bmatrix}1 & 2\\ 2 & 5\end{bmatrix}$ 的逆矩阵.

2. 设 $A=\begin{bmatrix}a & 0 & 0\\ 0 & b & 0\\ 0 & 0 & c\end{bmatrix}$ 且 $abc\neq 0$，试验证 $B=\begin{bmatrix}\frac{1}{a} & 0 & 0\\ 0 & \frac{1}{b} & 0\\ 0 & 0 & \frac{1}{c}\end{bmatrix}$ 为 A 的逆矩阵.

3. 试验证矩阵 $A=\begin{bmatrix}1 & 4 & 5\\ 0 & 2 & 7\\ 0 & 0 & 3\end{bmatrix}$ 的逆矩阵为 $B=\begin{bmatrix}1 & -2 & 3\\ 0 & \frac{1}{2} & -\frac{7}{6}\\ 0 & 0 & \frac{1}{3}\end{bmatrix}$.

§6.6 本章内容小结与学习指导

一、本章知识结构图

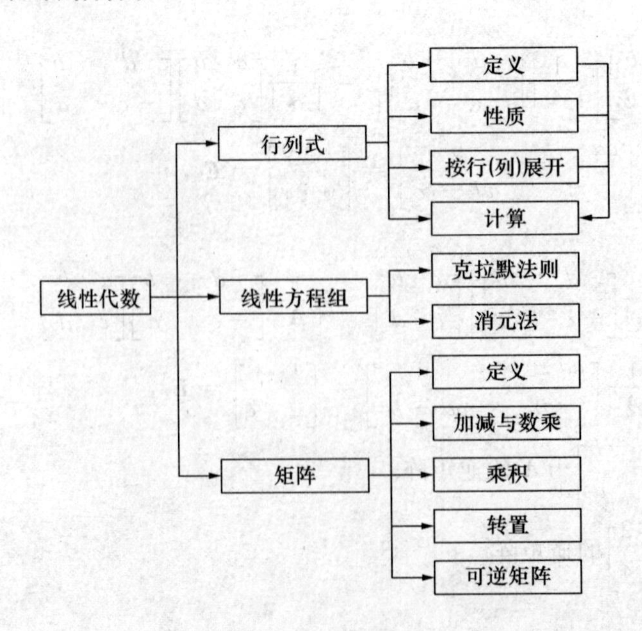

二、内容小结

(一) 行列式

1. 行列式的概念

(1) 二阶行列式与三阶行列式

$$\begin{vmatrix} a_{11} & a_{12} \\ a_{21} & a_{22} \end{vmatrix} = a_{11}a_{22} - a_{12}a_{21},$$

$$\begin{vmatrix} a_{11} & a_{12} & a_{13} \\ a_{21} & a_{22} & a_{23} \\ a_{31} & a_{32} & a_{33} \end{vmatrix} = a_{11}a_{22}a_{33} + a_{12}a_{23}a_{31} + a_{13}a_{21}a_{32} - a_{11}a_{23}a_{32} - a_{12}a_{21}a_{33} - a_{13}a_{22}a_{31}.$$

(2) 余子式

二阶行列式中划去 a_{ij} 元素所在的第 i 行和第 j 列的元素，剩下的元素称为 a_{ij} 的余子式，记为 M_{ij}，而称 $A_{ij}=(-1)^{i+j}M_{ij}$ 为 a_{ij} 的代数余子式.

三阶行列式中划去 a_{ij} 元素所在的第 i 行和第 j 列的元素，剩下的元素按原次序构成的二阶行列式称为 a_{ij} 的余子式，记为 M_{ij}，而称 $A_{ij}=(-1)^{i+j}M_{ij}$ 为 a_{ij} 的代数余子式.

2. 行列式的性质与计算

(1) 基本性质

性质 1 转置行列式与原行列式有相同的值，即 $D'=D$.

性质 2 将行列式中的某一行(列)的每个元素同乘以数 k 所得的新行列式等于 k 乘以该行列式.

推论 如果行列式中一行(列)的元素全是 0，则行列式等于 0.

性质 3 如果行列式中某一行(列)所有元素都是两个数的和，则此行列式等于两个行列式的和，而且这两个行列式这一行(列)的元素分别为对应的两个数中的一个，其余行(列)的元素与原行列式的对应元素相同，如

$$\begin{vmatrix} a_{11} & a_{12} & a_{13} \\ a_{21}+a_{21}' & a_{22}+a_{22}' & a_{23}+a_{23}' \\ a_{31} & a_{32} & a_{33} \end{vmatrix} = \begin{vmatrix} a_{11} & a_{12} & a_{13} \\ a_{21} & a_{22} & a_{23} \\ a_{31} & a_{32} & a_{33} \end{vmatrix} + \begin{vmatrix} a_{11} & a_{12} & a_{13} \\ a_{21}' & a_{22}' & a_{23}' \\ a_{31} & a_{32} & a_{33} \end{vmatrix}.$$

性质 4 如果行列式中两行(列)对应元素相同，则行列式等于 0.

推论 如果行列式中有两行(列)的元素成比例，则行列式等于 0.

性质 5 将行列式中的某行(列)的所有元素乘一个常数 k，然后加到另一行(列)的对应元素上，所得新行列式的值不变.

性质 6 互换行列式中的任意两行(列)，行列式仅改变符号.

(2) 行列式的拉普拉斯式

定理 1 $n(=2,3)$ 阶行列式 D 的值等于它的任意一行(列)的元素与其对应的代数余子式的乘积之和，即

$$D=\sum_{j=1}^{n}a_{ij}A_{ij} \quad (1\leqslant i\leqslant n),$$

$$D=\sum_{i=1}^{n}a_{ij}A_{ij}\quad(1\leqslant j\leqslant n).$$

推论 设 D 是 $n(=2,3)$ 阶行列式，A_{ij} 为 a_{ij} 的代数余子式，则

$$\sum_{k=1}^{n}a_{ik}A_{jk}=\begin{cases}D, & i=j,\\ 0, & i\neq j;\end{cases}$$

$$\sum_{k=1}^{n}a_{ki}A_{kj}=\begin{cases}D, & i=j,\\ 0, & i\neq j.\end{cases}$$

(3) 行列式计算方法

① 利用定义直接计算；

② 利用行列式性质化简后(例如化成上(下)三角形行列式)，再计算；

③ 利用拉普拉斯展开式计算(最好先利用行列式性质将某行(列)除一个元素外全化为0).

为了熟练计算行列式，需要记住以下特殊行列式的值：

三角行列式

$$\begin{vmatrix}a_{11} & a_{12} & a_{13}\\ 0 & a_{22} & a_{23}\\ 0 & 0 & a_{33}\end{vmatrix}=a_{11}a_{22}a_{33},$$

$$\begin{vmatrix}a_{11} & 0 & 0\\ a_{21} & a_{22} & 0\\ a_{31} & a_{32} & a_{33}\end{vmatrix}=a_{11}a_{22}a_{33}.$$

范德蒙德行列式

$$\begin{vmatrix}1 & 1 & 1\\ a & b & c\\ a^2 & b^2 & c^2\end{vmatrix}=(a-b)(b-c)(c-a).$$

(4) 克拉默法则

定理 2 若 $D=\begin{vmatrix}a_{11} & a_{12}\\ a_{21} & a_{22}\end{vmatrix}\neq 0$，则二元线性方程组

$$\begin{cases}a_{11}x_1+a_{12}x_2=b_1,\\ a_{21}x_1+a_{22}x_2=b_2\end{cases}$$

有唯一解

$$x_1=\frac{D_1}{D}=\frac{1}{D}\begin{vmatrix}b_1 & a_{12}\\ b_2 & a_{22}\end{vmatrix},\quad x_2=\frac{D_2}{D}=\frac{1}{D}\begin{vmatrix}a_{11} & b_1\\ a_{21} & b_2\end{vmatrix}.$$

定理 3 若 $D=\begin{vmatrix}a_{11} & a_{12} & a_{13}\\ a_{21} & a_{22} & a_{23}\\ a_{31} & a_{32} & a_{33}\end{vmatrix}\neq 0$，则三元线性方程组

$$\begin{cases} a_{11}x_1 + a_{12}x_2 + a_{13}x_3 = b_1, \\ a_{21}x_1 + a_{22}x_2 + a_{23}x_3 = b_2, \\ a_{31}x_1 + a_{32}x_2 + a_{33}x_3 = b_3 \end{cases}$$

有唯一解

$$x_1 = \frac{D_1}{D}, \quad x_2 = \frac{D_2}{D}, \quad x_3 = \frac{D_3}{D},$$

其中

$$D_1 = \begin{vmatrix} b_1 & a_{12} & a_{13} \\ b_2 & a_{22} & a_{23} \\ b_3 & a_{32} & a_{33} \end{vmatrix}, \quad D_2 = \begin{vmatrix} a_{11} & b_1 & a_{13} \\ a_{21} & b_2 & a_{23} \\ a_{31} & b_3 & a_{33} \end{vmatrix}, \quad D_3 = \begin{vmatrix} a_{11} & a_{12} & b_1 \\ a_{21} & a_{22} & b_2 \\ a_{31} & a_{32} & b_3 \end{vmatrix},$$

即 $D_i(i=1,2,3)$就是将行列式 D 中的第 i 列换为方程组的常数项得到的新的行列式.

推论 1 若齐次线性方程组的系数行列式 $D\neq 0$,则它仅有零解.

推论 2 若齐次线性方程组有非零解,则它的系数行列式必为零.

(二) 矩阵

1. 矩阵及其运算

(1) 矩阵的定义

由 $m\times n$ 个实数 a_{ij} 排成的矩形数表

$$\begin{bmatrix} a_{11} & a_{12} & \cdots & a_{1n} \\ a_{21} & a_{22} & \cdots & a_{2n} \\ \vdots & \vdots & & \vdots \\ a_{m1} & a_{m2} & \cdots & a_{mn} \end{bmatrix}$$

称为一个 m 行 n 列的矩阵,简称 $m\times n$ 矩阵,记为 $\boldsymbol{A}=(a_{ij})_{m\times n}$,简记为 $\boldsymbol{A}=(a_{ij})$.

(2) 矩阵的运算

① 矩阵的加法与数乘

将两个阶数相同的矩阵 $\boldsymbol{A}=(a_{ij})$与 $\boldsymbol{B}=(b_{ij})$的对应元素相加,所得到的新矩阵$(a_{ij}+b_{ij})$称为矩阵 $\boldsymbol{A}$ 与 $\boldsymbol{B}$ 的和,记为 $\boldsymbol{A}+\boldsymbol{B}$. 实数 k 与矩阵 $\boldsymbol{A}=(a_{ij})$的各个元素相乘所得到的新矩阵(ka_{ij})称为实数 k 与矩阵 $\boldsymbol{A}$ 的乘积,记为 $k\boldsymbol{A}$.

矩阵加法与数乘具有如下性质(假定 $\boldsymbol{A},\boldsymbol{B},\boldsymbol{C}$ 为同阶矩阵,$\boldsymbol{O}$ 为同阶零矩阵):

1° $\boldsymbol{A}+\boldsymbol{B}=\boldsymbol{B}+\boldsymbol{A}$; 2° $(\boldsymbol{A}+\boldsymbol{B})+\boldsymbol{C}=\boldsymbol{A}+(\boldsymbol{B}+\boldsymbol{C})$;

3° $\boldsymbol{A}+\boldsymbol{O}=\boldsymbol{A}$; 4° $\boldsymbol{A}+(-\boldsymbol{A})=\boldsymbol{O}$;

5° $(k+l)\boldsymbol{A}=k\boldsymbol{A}+l\boldsymbol{A}$; 6° $k(\boldsymbol{A}+\boldsymbol{B})=k\boldsymbol{A}+k\boldsymbol{B}$;

7° $k(l\boldsymbol{A})=(kl)\boldsymbol{A}$; 8° $1\boldsymbol{A}=\boldsymbol{A}$;

9° $0\boldsymbol{A}=\boldsymbol{O}$; 10° $(-1)\boldsymbol{A}=-\boldsymbol{A}$.

② 矩阵的乘法

$$\begin{bmatrix} a_{11} & a_{12} & \cdots & a_{1s} \\ \boxed{a_{21} \quad a_{22} \quad \cdots \quad a_{2s}} \\ \vdots & \vdots & & \vdots \\ a_{m1} & a_{m2} & \cdots & a_{ms} \end{bmatrix} \begin{bmatrix} b_{11} & \boxed{b_{12}} & \cdots & b_{1n} \\ b_{21} & \boxed{b_{22}} & \cdots & b_{2n} \\ \vdots & \boxed{\vdots} & & \vdots \\ b_{s1} & \boxed{b_{s2}} & \cdots & b_{sn} \end{bmatrix} = \begin{bmatrix} c_{11} & c_{12} & \cdots & c_{1n} \\ c_{21} & \boxed{c_{22}} & \cdots & c_{2n} \\ \vdots & \vdots & & \vdots \\ c_{m1} & c_{m2} & \cdots & c_{mn} \end{bmatrix},$$

其中 $$c_{ij}=\sum_{k=1}^{s}a_{ik}b_{kj}\quad(1\leqslant i\leqslant m,1\leqslant j\leqslant n).$$

矩阵乘法的性质(假定下列出现的矩阵乘法均有意义)：

1° $(\boldsymbol{AB})\boldsymbol{C}=\boldsymbol{A}(\boldsymbol{BC})$；

2° $\boldsymbol{A}(\boldsymbol{B}\pm\boldsymbol{C})=\boldsymbol{AB}\pm\boldsymbol{AC}$；

3° $(\boldsymbol{B}\pm\boldsymbol{C})\boldsymbol{A}=\boldsymbol{BA}\pm\boldsymbol{CA}$；

4° $\boldsymbol{A}_{m\times n}\boldsymbol{E}_{n\times n}=\boldsymbol{E}_{m\times m}\boldsymbol{A}_{m\times n}=\boldsymbol{A}_{m\times n}$(其中 $\boldsymbol{E}_{n\times n}$,$\boldsymbol{E}_{m\times m}$ 均为单位矩阵)；

5° $(\lambda\boldsymbol{A})\boldsymbol{B}=\lambda(\boldsymbol{AB})=\boldsymbol{A}(\lambda\boldsymbol{B})$(其中 λ 为任意实数).

矩阵乘法需要注意以下几点：

1° 只有当矩阵 $\boldsymbol{A}$ 的列数和矩阵 $\boldsymbol{B}$ 的行数相等时,$\boldsymbol{A}$ 才能与 $\boldsymbol{B}$ 相乘,也就是说乘积 $\boldsymbol{AB}$ 才有意义.此时乘积矩阵 $\boldsymbol{AB}$ 的行数等于左边矩阵 $\boldsymbol{A}$ 的行数 m,而列数等于右边矩阵 $\boldsymbol{B}$ 的列数 n.

2° 矩阵乘法不满足交换律,即一般情况下 $\boldsymbol{AB}\neq\boldsymbol{BA}$.

3° 矩阵乘法不满足消去律,即若 $\boldsymbol{A}\neq\boldsymbol{O}$,从 $\boldsymbol{AB}=\boldsymbol{AC}$ 不能推出 $\boldsymbol{B}=\boldsymbol{C}$,特别地,从 $\boldsymbol{AB}=\boldsymbol{O}$ 不能推出 $\boldsymbol{A}=\boldsymbol{O}$ 或 $\boldsymbol{B}=\boldsymbol{O}$.

③ 矩阵的转置运算

将矩阵所有的行换成相应的列所得到的新矩阵称为矩阵 $\boldsymbol{A}$ 的转置矩阵,记为 $\boldsymbol{A}'$ 或 $\boldsymbol{A}^{\mathrm{T}}$.

矩阵的转置满足以下规律：

$$(\boldsymbol{A}')'=\boldsymbol{A},\quad(\boldsymbol{A}+\boldsymbol{B})'=\boldsymbol{A}'+\boldsymbol{B}',\quad(\boldsymbol{AB})'=\boldsymbol{B}'\boldsymbol{A}',\quad(k\boldsymbol{A})'=k\boldsymbol{A}'.$$

(3) 方阵乘积的行列式

定理 设 $\boldsymbol{A}$,$\boldsymbol{B}$ 均为三(或二)阶方阵,则

$$|\boldsymbol{AB}|=|\boldsymbol{A}||\boldsymbol{B}|,\quad|\boldsymbol{A}'|=|\boldsymbol{A}|.$$

2. 逆矩阵

(1) 逆矩阵的概念

设 $\boldsymbol{A}$ 是一个 n 阶方阵.若存在一个 n 阶方阵 $\boldsymbol{B}$,使得

$$\boldsymbol{AB}=\boldsymbol{BA}=\boldsymbol{E},$$

则称 $\boldsymbol{A}$ 是可逆矩阵,并称 $\boldsymbol{B}$ 为 $\boldsymbol{A}$ 的逆矩阵.

(三) 二元、三元线性方程组的求解方法

1. 克拉默法则

见行列式部分.

2. 消元法

反复地对方程组进行：

(1) 用一非零的数乘某一方程；

(2) 把一个方程的倍数加到另一个方程；

(3) 互换两个方程的位置,

最终求出方程组的解的方法,称为消元法.

这一过程可看成是对方程组的增广矩阵进行初等行变换：

(1) 用一非零的数乘矩阵的某一行；

(2) 把矩阵的某一行的倍数加到另一行；

(3) 互换矩阵两行的位置.

三、常见题型

(1) 行列式计算,按行或列将行列式展开.

(2) 利用克拉默法则以及消元法求解三元线性方程组.

(3) 矩阵的加、减、乘、数乘以及转置运算.

(4) 验证简单矩阵的逆矩阵.

四、典型例题解析

例 1 (1) 设 $\boldsymbol{A}$ 是一个三阶方阵,λ 是一个实数,则下列各式成立的是(　　).

(A) $|\lambda\boldsymbol{A}|=\lambda|\boldsymbol{A}|$; (B) $|\lambda\boldsymbol{A}|=|\lambda||\boldsymbol{A}|$; (C) $|\lambda\boldsymbol{A}|=\lambda^3|\boldsymbol{A}|$; (D) $|\lambda\boldsymbol{A}|=|\lambda|^3|\boldsymbol{A}|$.

(2) 设 $\boldsymbol{A}$ 是一个 $n(n=2,3)$ 阶方阵, $|\boldsymbol{A}|=-2$,则 $|\boldsymbol{A}^2|=$(　　).

(A) -2; (B) 4; (C) -4; (D) 2.

解 (1) 应选(C). 事实上,设

$$\boldsymbol{A}=\begin{bmatrix} a_{11} & a_{12} & a_{13} \\ a_{21} & a_{22} & a_{23} \\ a_{31} & a_{32} & a_{33} \end{bmatrix},$$

则

$$|\lambda\boldsymbol{A}|=\begin{vmatrix} \lambda a_{11} & \lambda a_{12} & \lambda a_{13} \\ \lambda a_{21} & \lambda a_{22} & \lambda a_{23} \\ \lambda a_{31} & \lambda a_{32} & \lambda a_{33} \end{vmatrix} \xlongequal[\text{公因子 }\lambda]{\text{每行提取}} \lambda^3 \begin{vmatrix} a_{11} & a_{12} & a_{13} \\ a_{21} & a_{22} & a_{23} \\ a_{31} & a_{32} & a_{33} \end{vmatrix}=\lambda^3|\boldsymbol{A}|.$$

(2) 应选(B). 事实上,由方阵行列式的性质 $|\boldsymbol{AB}|=|\boldsymbol{A}||\boldsymbol{B}|$ 知

$$|\boldsymbol{A}^2|=|\boldsymbol{A}|^2=(-2)^2=4.$$

例 2 (1) 行列式 $\begin{vmatrix} -1 & x & 2 \\ 1 & -1 & 4 \\ 2 & 3 & 5 \end{vmatrix}$ 中 x 的系数为(　　).

(A) 3; (B) -1; (C) -2; (D) -3.

(2) 设 $\boldsymbol{A}$ 为三阶方阵,且 $\boldsymbol{AA}'=\boldsymbol{E}$,则(　　).

(A) $|\boldsymbol{A}|=1$; (B) $|\boldsymbol{A}|=-1$; (C) $|\boldsymbol{A}|=1$,或 -1; (D) $|\boldsymbol{A}|=0$.

解 (1) 按第一行展开行列式

$$\begin{vmatrix} -1 & x & 2 \\ 1 & -1 & 4 \\ 2 & 3 & 5 \end{vmatrix}=-1(-1)^{1+1}\begin{vmatrix} -1 & 4 \\ 3 & 5 \end{vmatrix}+x(-1)^{1+2}\begin{vmatrix} 1 & 4 \\ 2 & 5 \end{vmatrix}+2(-1)^{1+3}\begin{vmatrix} 1 & -1 \\ 2 & 3 \end{vmatrix},$$

所以 x 的系数为 $(-1)^{1+2}\begin{vmatrix} 1 & 4 \\ 2 & 5 \end{vmatrix}=3$,故应选(A).

(2) 因为 $\boldsymbol{AA}'=\boldsymbol{E}$,由方阵行列式的性质,

$$|\boldsymbol{AA}'|=|\boldsymbol{E}|=1, \quad \text{即} \quad |\boldsymbol{A}||\boldsymbol{A}'|=1,$$

再由转置行列式的性质 $|\boldsymbol{A}'|=|\boldsymbol{A}|$ 得 $|\boldsymbol{A}|^2=1$,所以 $|\boldsymbol{A}|=\pm1$,故应选(C).

例 3 设 $\boldsymbol{A},\boldsymbol{B},\boldsymbol{C}$ 是 n 阶方阵,下列结论中错误的是(　　).

(A) $\boldsymbol{A}+\boldsymbol{B}=\boldsymbol{B}+\boldsymbol{A}$; (B) $(\boldsymbol{A}+\boldsymbol{B})+\boldsymbol{C}=\boldsymbol{A}+(\boldsymbol{B}+\boldsymbol{C})$;

(C) $\boldsymbol{AB}=\boldsymbol{BA}$; (D) $(\boldsymbol{AB})\boldsymbol{C}=\boldsymbol{A}(\boldsymbol{BC})$.

解 应选(C),因为矩阵乘积不满足交换律.

例 4 计算行列式

$$D=\begin{vmatrix} x & a & a \\ -a & x & a \\ -a & -a & x \end{vmatrix}.$$

解 **法一** 直接用定义:

$$D=\begin{vmatrix} x & a & a \\ -a & x & a \\ -a & -a & x \end{vmatrix}$$
$$=x^3+(-a)^2a+(-a)a^2-ax(-a)-a(-a)x-xa(-a)$$
$$=x^3+3a^2x.$$

法二 按行展开:

$$D=\begin{vmatrix} x & a & a \\ -a & x & a \\ -a & -a & x \end{vmatrix}\xrightarrow{\text{第3列}\times(-1)\text{加到第2列}}=\begin{vmatrix} x & 0 & a \\ -a & x-a & a \\ -a & -(a+x) & x \end{vmatrix}$$
$$=x(-1)^{1+1}\begin{vmatrix} x-a & a \\ -(a+x) & x \end{vmatrix}+a(-1)^{1+3}\begin{vmatrix} -a & x-a \\ -a & -(a+x) \end{vmatrix}$$
$$=x[x(x-a)+a(a+x)]-a[a(a+x)+a(x-a)]$$
$$=x^3+3a^2x.$$

法三 按列展开:

$$D=\begin{vmatrix} x & a & a \\ -a & x & a \\ -a & -a & x \end{vmatrix}=\begin{vmatrix} x-a & a & a \\ 0 & x & a \\ 0 & -a & x \end{vmatrix}+\begin{vmatrix} a & a & a \\ -a & x & a \\ -a & -a & x \end{vmatrix}\begin{matrix} \\ \times 1 \\ \times 1 \end{matrix}$$
$$=(x-a)\begin{vmatrix} x & a \\ -a & x \end{vmatrix}+\begin{vmatrix} a & a & a \\ 0 & x+a & 2a \\ 0 & 0 & x+a \end{vmatrix}$$
$$=(x-a)(x^2+a^2)+a\begin{vmatrix} x+a & 2a \\ 0 & x+a \end{vmatrix}$$
$$=(x-a)(x^2+a^2)+a(x+a)^2$$
$$=x^3+3a^2x.$$

例 5 求线性方程组$\begin{cases} x_1+x_2-3x_3=1, \\ 3x_1-x_2-3x_3=4, \\ x_1+5x_2-9x_3=0 \end{cases}$的通解.

解 对方程组的增广矩阵进行初等行变换:

$$\left[\begin{array}{ccc:c} 1 & 1 & -3 & 1 \\ 3 & -1 & -3 & 4 \\ 1 & 5 & -9 & 0 \end{array}\right]\begin{matrix} \\ \times(-3) \\ \times(-1) \end{matrix}\rightarrow\left[\begin{array}{ccc:c} 1 & 1 & -3 & 1 \\ 0 & -4 & 6 & 1 \\ 0 & 4 & -6 & -1 \end{array}\right]\begin{matrix} \\ \\ \times 1 \end{matrix}$$

$$\rightarrow\begin{bmatrix}1&1&-3&\vdots&1\\0&-4&6&\vdots&1\\0&0&0&\vdots&0\end{bmatrix}\xleftarrow{\times\left(-\frac{1}{4}\right)}\rightarrow\begin{bmatrix}1&1&-3&\vdots&1\\0&1&-\frac{3}{2}&\vdots&-\frac{1}{4}\\0&0&0&\vdots&0\end{bmatrix}\times(-1)$$

$$\rightarrow\begin{bmatrix}1&0&-\frac{3}{2}&\vdots&\frac{5}{4}\\0&1&-\frac{3}{2}&\vdots&-\frac{1}{4}\\0&0&0&\vdots&0\end{bmatrix}.$$

因此,原方程组化为

$$\begin{cases}x_1\quad-\dfrac{3}{2}x_3=\dfrac{5}{4},\\ x_2-\dfrac{3}{2}x_3=-\dfrac{1}{4},\end{cases}\quad\text{故通解为}\quad\begin{cases}x_1=\dfrac{3}{2}x_3+\dfrac{5}{4},\\ x_2=\dfrac{3}{2}x_3-\dfrac{1}{4},\\ x_3=x_3,\end{cases}$$

其中 x_3 为自由未知量.

例 6 求线性方程组 $\begin{cases}-x_1+x_2+x_3=1,\\ x_1-x_2+x_3=-1,\\ x_1+x_2-x_3=1\end{cases}$ 的解.

解 对方程组的增广矩阵进行初等行变换:

$$\begin{bmatrix}-1&1&1&\vdots&1\\1&-1&1&\vdots&-1\\1&1&-1&\vdots&1\end{bmatrix}\begin{matrix}\times1\\ \times1\end{matrix}\rightarrow\begin{bmatrix}-1&1&1&\vdots&1\\0&0&2&\vdots&0\\0&2&0&\vdots&2\end{bmatrix}\begin{matrix}\leftarrow\times(-1)\\ \leftarrow\times\left(\frac{1}{2}\right)\\ \leftarrow\times\frac{1}{2}\end{matrix}$$

$$\rightarrow\begin{bmatrix}1&-1&-1&\vdots&-1\\0&0&1&\vdots&0\\0&1&0&\vdots&1\end{bmatrix}\begin{matrix}\times1\\ \times1\end{matrix}\rightarrow\begin{bmatrix}1&0&0&\vdots&0\\0&0&1&\vdots&0\\0&1&0&\vdots&1\end{bmatrix}$$

$$\rightarrow\begin{bmatrix}1&0&0&\vdots&0\\0&1&0&\vdots&1\\0&0&1&\vdots&0\end{bmatrix}.$$

因此,原方程组化成了

$$\begin{cases}x_1=0,\\ x_2=1,\\ x_3=0,\end{cases}$$

即为方程组的解.

例 7 k 为何值时,方程组

$$\begin{cases}kx_1+x_2+x_3=0,\\ x_1+kx_2-x_3=0,\\ 2x_1-x_2+x_3=0\end{cases}$$

只有零解.

解 齐次方程组只有零解的充分必要条件是

$$D=\begin{vmatrix} k & 1 & 1 \\ 1 & k & -1 \\ 2 & -1 & 1 \end{vmatrix}=(k+1)(k-4)\neq 0,$$

即当 $k\neq -1,4$ 时,方程组只有零解.

习题参考答案与提示

习 题 1.1

1. 略.

2. (1) $[-1,2]$; (2) $(1.5,3)$; (3) $(-\infty,-1]$;

(4) $[1,+\infty)$; (5) $(-1,1)$; (6) $(a-\delta,a)\cup(a,a+\delta)$.

3. (1) $-3<x<1$; (2) $-2\leqslant x\leqslant 1$; (3) $\frac{1}{6}<x<\frac{1}{4}$;

(4) $x<1$ 或 $x>3$; (5) $-2<x<3$; (6) $0\leqslant x\leqslant 4$ 且 $x\neq 2$.

4. (C).

习 题 1.2

1. (1) 定义域 $[0,+\infty)$,值域 $[0,+\infty)$;

(2) 定义域 $(-\infty,0)\cup(0,+\infty)$,值域 $(-\infty,0)\cup(0,+\infty)$;

(3) 定义域 $x\neq\pm\frac{(2k+1)}{2}\pi,k=0,1,2,\cdots$,值域 $(-\infty,+\infty)$;

(4) 定义域 $(-\infty,1)$,值域 $(-\infty,+\infty)$; (5) 定义域 $(-\infty,+\infty)$,值域 $[-1,1]$;

(6) 定义域 $(-\infty,+\infty)$,值域 $(-\infty,+\infty)$; (7) 定义域 $(-\infty,+\infty)$,值域 $[1,+\infty)\cup\{0\}$.

2. (1) 不是,当 $x<0$ 时的对应法则不同;

(2) 不是,当 $x<0$ 时 $f(x)$ 有定义,而 $g(x)$ 无定义;

(3) 不是,当 $x<0$ 时 $f(x)$ 有定义,而 $g(x)$ 无定义;

(4) 不是,当 $x=0$ 时 $f(x)$ 有定义,而 $g(x)$ 无定义.

3. (1) $f(0)=1,f(1)=\sqrt{2},f(a)=\sqrt{1+a^2},f(1-a)=\sqrt{a^2-2a+2}$;

(2) $f(1+h)=\sin(1+h),\frac{f(1+h)-f(1)}{h}=\frac{2\sin\frac{h}{2}\cos\frac{2+h}{2}}{h}$;

(3) $f(-1)=1,f(1)=0,f(0)=1,f(3)=4$;

(4) $f(0)=1,f(1)=-1,f(1.5)=\frac{13}{4},f(1+k)=\begin{cases}k^2+2k+2, & k>0 \text{ 或 } k<-2,\\ -2k-1, & -2\leqslant k\leqslant 0.\end{cases}$

4. $y=\begin{cases}1.015lx, & x\leqslant 120,\\ lx+1.8l+0.03(x-120)l, & x>120.\end{cases}$

习 题 1.3

1. (1) 有界,因为 $|\cos x|\leqslant 1$,当 $x\in(-\infty,+\infty)$;

(2) 无界,因为 $\tan x$ 可大于任何正数,当 $x\in\left(0,\frac{\pi}{2}\right)$;

(3) 有界,因为 $|e^{-x^2}|\leqslant 1$,当 $x\in(-\infty,+\infty)$;

(4) 有界,因为 $|e^x|\leqslant e$,当 $x\in[-1,1]$;

(5) 有界,因为 $\frac{1}{2}\leqslant\frac{1}{x+1}\leqslant 1$,当 $x\in[0,1]$;

(6) 无界,因为$\frac{1}{1+x}$可大于任何正数,当 $x\in(-1,0)$;

(7) 有界,因为$\left|\sin\frac{1}{x}\right|\leqslant 1$,当 $x\in(0,+\infty)$;

(8) 无界,因为 $\ln x$ 可大于任何正数,当 $x\in(0,+\infty)$.

2. (1) 单调增加; (2) 单调增加; (3) 单调减少;

(4) 当 $x\geqslant 1$ 时单调增加,当 $x\leqslant 1$ 时单调减少;

(5) 当 $x>0$ 时单调增加,当 $x\leqslant 0$ 时单调减少;

(6) 当 $x>-1$ 时单调增加,当 $x<-1$ 时单调增加.

3. (1) 非奇非偶; (2) 奇函数; (3) 奇函数;

(4) 偶函数; (5) 偶函数; (6) 偶函数;

(7) 非奇非偶; (8) 奇函数; (9) 偶函数.

4. (1) 是,周期为 π; (2) 不是; (3) 是,周期为 π;

(4) 是,周期为 π; (5) 是,周期为 2π; (6) 是,周期为 2π.

5. $f(x)=\frac{f(x)+f(-x)}{2}+\frac{f(x)-f(-x)}{2}=\varphi(x)+\psi(x)$.

6. $f(x)=\begin{cases}x^2, & 0\leqslant x\leqslant 1,\\ (x-1)^2, & 1\leqslant x<2,\\ 0, & x=2.\end{cases}$

习 题 1.4

1. (1) $y=\frac{1-e^x}{2}$,定义域$[0,+\infty)$; (2) $y=x^3-2$,定义域$(-\infty,+\infty)$;

(3) $y=\frac{2-x}{1+x}$,定义域$(-\infty,-1)\cup(-1,+\infty)$; (4) $y=2\arccos\frac{x}{2}$,定义域$[-2,2]$.

2. (1) $y=\ln^2 x$,定义域$(0,+\infty)$; (2) $y=\sqrt{e^x-1}$,定义域$[0,+\infty)$;

(3) $y=\arcsin e^x$,定义域$(-\infty,0]$;

(4) $y=\ln\sin x^2$,定义域$\sqrt{2n\pi}<x<\sqrt{(2n+1)\pi}$,$-\sqrt{(2n+1)\pi}<x<-\sqrt{2n\pi}$,$n=0,1,2,\cdots$.

3. (1) $y=\arccos u, u=\sqrt{x}$; (2) $y=\ln u, u=v^2, v=\sin x$;

(3) $y=e^u, u=e^x$; (4) $y=\sqrt{u}, u=\tan v, v=x^2$.

4. $f(g(x))=e^{2x}, g(f(x))=e^{x^2}$.

5. $y=f^{-1}(x)=\begin{cases}\sqrt{x}, & x\geqslant 0,\\ x, & x<0.\end{cases}$

6. $f[f(x)]=x^4$.

习 题 1.5

1. (1) $x\neq 0$; (2) $-1\leqslant x\leqslant\frac{1}{3}$; (3) $x\neq k\pi+\frac{\pi}{2}+1, k=0,\pm 1,\cdots$;

(4) $x>-2$; (5) $x\neq -1$; (6) $x>-1$;

(7) $x<-2$ 或 $x\geqslant 2$; (8) $-\frac{1}{2}\leqslant x\leqslant 0$.

2. 略.

3. $y=2ax^2+\frac{4aV}{x}$,其中 x 是底边边长,a 是四壁的单位面积造价.

4. $R=\begin{cases}\frac{4a}{5}x, & x>50,\\ ax, & x\leqslant 50.\end{cases}$

5. (1) $-1\leqslant x\leqslant 1$. (2) $1\leqslant x\leqslant e$. (3) $0\leqslant x\leqslant\ln 2$.

(4) $a>\frac{1}{2}$时,定义域为空集$\varnothing$;当$a\leqslant\frac{1}{2}$时,定义域为$a\leqslant x\leqslant 1-a$.

6. (D). **7.** (B)

习 题 2.1

1. (1) $1,\frac{2}{3},\frac{3}{5},\frac{4}{7},\frac{5}{9},\cdots$; (2) $1,0,-\frac{1}{3},0,\frac{1}{5},\cdots$;

(3) $\frac{1}{3},\frac{1}{3^2},\frac{1}{3^3},\frac{1}{3^4},\frac{1}{3^5},\cdots$; (4) $1,\frac{3}{2},\frac{11}{6},\frac{25}{12},\frac{137}{60},\cdots$;

(5) $1,2,\frac{1}{3},4,\frac{1}{5},\cdots$.

2. (1) $a_n=(-1)^{n-1}\frac{1}{n}$, $\lim\limits_{n\to\infty}a_n=0$; (2) $a_n=2^n$, $\lim\limits_{n\to\infty}a_n$ 不存在;

(3) $a_n=\frac{1}{(\sqrt{2})^{n-1}}$, $\lim\limits_{n\to\infty}a_n=0$; (4) $a_n=\frac{1+(-1)^{n+1}}{2}$, $\lim\limits_{n\to\infty}a_n$ 不存在.

3. $\lim\limits_{n\to\infty}\sin n$ 不存在. **4.** 略. **5.** $\lim\limits_{n\to\infty}\sin x_n=0$.

6. (1) $\frac{2}{3}$; (2) 1; (3) 3; (4) $\frac{1}{2}$; (5) $\frac{9}{16}$; (6) $\frac{1}{\mathrm{e}}$. **7.** $a=0,b=2$. **8.** 0.

习 题 2.2

1. (1) 收敛; (2) 发散; (3) 收敛; (4) 收敛.

2. (1) 收敛,$s=1$; (2) 收敛,$s=\frac{1}{4}$;

(3) $|a|\leqslant 1$时发散,$|a|>1$时收敛,$s=\frac{a}{a^2-1}$; (4) 收敛,$s=\frac{5}{12}$.

3. (1) 收敛; (2) 发散; (3) 发散; (4) 发散.

4. 发散.

习 题 2.3

1. (1) 1; (2) 0; (3) 不存在; (4) $\frac{\pi}{4}$; (5) 1; (6) 不存在;

(7) 0; (8) 1; (9) $x_0^{\frac{1}{3}}$; (10) 不存在; (11) 1.

2. (1) 不存在; (2) 不存在; (3) 0; (4) 1.

3. (1) 94; (2) 3; (3) 1; (4) $-\frac{2}{3}$; (5) 1; (6) 0; (7) -1; (8) $\frac{1}{4}$.

4. (1) 5; (2) $\frac{2}{3}$; (3) 1; (4) 2; (5) x; (6) e^2; (7) e^{-3}; (8) e^3;

(9) $\mathrm{e}^{-\frac{1}{2}}$; (10) e.

习 题 2.4

1. (1) 无穷小量; (2) 不是无穷小量,也不是无穷大量; (3) 无穷小量;

(4) 不是无穷小量,也不是无穷大量; (5) 无穷小量; (6) 无穷大量; (7) 无穷小量;

(8) 无穷大量; (9) 无穷大量; (10) 无穷小量.

2. (1) 0; (2) 0; (3) 0; (4) 0; (5) 0; (6) 0; (7) 0; (8) 0.

3. (1) 同阶; (2) 同阶; (3) 等价; (4) 高阶; (5) 高阶; (6) 高阶. **4.** 略.

习 题 2.5

1. (1) $(-\infty,+\infty)$； (2) $[0,1),(1,2]$，间断点 $x=1$.

2. (1) $x=-1,x=2$ 都是无穷间断点，第二类； (2) $x=0$，可去间断点，第一类；
(3) $x=0$，跳跃间断点，第一类； (4) $x=0$，可去间断点，第一类.

3. $k=\ln 2$.

4. (1) $\sqrt{2}$； (2) 0； (3) 1； (4) 1； (5) e^2； (6) $\cos a$； (7) e^2； (8) e^3.

5. 提示：令 $f(x)=x+e^x$. **5.** 略. **6.** (D).

7. 跳跃，无穷(或第一类，第二类). **8.** (C).

习 题 3.1

1. (1) 1； (2) 3； (3) 0. **2.** 切线方程 $y=\frac{x}{2}+\frac{1}{2}$，法线方程 $y=-2x+3$.

3. (1) v_0-gt_0； (2) $t=\frac{v_0}{g}$； (3) $\frac{1}{2}\cdot\frac{v_0^2}{g}$.

4. 2. **5.** 切点(4,16)，切线方程 $y=8x-16$. **6.** (B). **7.** $5\pi\mathrm{m}^2/\mathrm{m}$.

习 题 3.2

1. (1) $4x^3-6x+1$； (2) $3x^2+\frac{3}{x^4}$； (3) $\frac{3}{2}x^{\frac{1}{2}}+\frac{1}{3}x^{-\frac{2}{3}}$； (4) $2x-\sin x+e^x$；

(5) $\frac{\sin x}{2\sqrt{x}}+\sqrt{x}\cos x$； (6) $e^x(x+1)$； (7) $\frac{e^x(x\sin x+x\cos x-\sin x)}{x^2}$； (8) $\arctan x+\frac{x}{1+x^2}$；

(9) $\sin x\ln x+x\cos x\ln x+\sin x$.

2. (1) $e^{-2x}(1-2x)$； (2) $-\frac{1}{1-2x}$； (3) $\frac{1}{x\ln x}$； (4) $\sin x^2+2x^2\cos x^2$； (5) $e^{\cos\frac{1}{x^2}}\frac{2}{x^3}\sin\frac{1}{x^2}$；

(6) $\frac{2}{\sqrt{2-4x^2+4x}}$； (7) $\frac{a^2}{(a^2-x^2)^{3/2}}$； (8) $\frac{1}{2\sqrt{x+\sqrt{x}}}\left(1+\frac{1}{2\sqrt{x}}\right)$； (9) $-e^{-x}(\cos 2x+2\sin 2x)$；

(10) $\frac{2\sin x(\cos x\sin x^2-x\sin x\cos x^2)}{(\sin x^2)^2}$； (11) $\sqrt{a^2-x^2}$； (12) $-\frac{2}{(x+\sqrt{x})^3}\left(1+\frac{1}{2\sqrt{x}}\right)$.

3. 切线方程：$y-1=2\left(x-\frac{\pi}{4}\right)$，法线方程：$y-1=-\frac{1}{2}\left(x-\frac{\pi}{4}\right)$.

4. $f'(\sin x)\cos x$. **5.** 略. **6.** $f'(x)=\begin{cases}2\cos 2x, & x>0,\\ 2x+1, & x<0.\end{cases}$

7. $a=2,b=-3,c=0,d=1$. **8.** (C).

习 题 3.3

1. (1) $12x+2$； (2) $-\sin x-4\cos 2x$； (3) $e^x(x^2+4x+2)$； (4) $e^{-x^2}(4x^2-2)$；

(5) $\frac{2}{(1+x^2)^2}$； (6) $\frac{2x^3-6x}{(1+x^2)^3}$； (7) $x^x(\ln x+1)^2+x^{x-1}$；

(8) $x^x(\ln x+1)^2\ln x+x^{x-1}\left(3\ln x+2-\frac{1}{x}\right)$.

2. $8!$.

3. (1) $n!$； (2) $2^n\sin\left(2x+\frac{n\pi}{2}\right)+2^n\cos\left(2x+\frac{n\pi}{2}\right)$； (3) $e^x(x+n)$；

(4) $y^{(n)}=\begin{cases}\dfrac{(-1)^n(n-2)!}{x^{n-1}}, & n\geqslant 2,\\ \ln x+1, & n=1;\end{cases}$ (5) $\dfrac{1}{2}\left(\dfrac{(-1)^n n!}{(x-1)^{n+1}}-\dfrac{(-1)^n n!}{(x+1)^{n+1}}\right)$.

4. 略. **5.** $f''(x^2)4x^2+2f'(x^2)$.

习 题 3.4

1. $\Delta y=0.1306$, $\mathrm{d}y=0.13$.

2. (1) $2^{\sin x}\cos x\ln 2\mathrm{d}x$; (2) $\dfrac{1-x^2}{(x^2+1)^2}\mathrm{d}x$; (3) $\left(\dfrac{1}{2\sqrt{x}}+\dfrac{1}{x}\right)\mathrm{d}x$; (4) $\mathrm{e}^{\sqrt{x}}\left(\dfrac{\sin x}{2\sqrt{x}}+\cos x\right)\mathrm{d}x$;

(5) $\dfrac{-x}{|x|\sqrt{1-x^2}}\mathrm{d}x$; (6) $\mathrm{e}^x(\sin 2x+2\cos 2x)\mathrm{d}x$; (7) $2x\sin(2x^2)\mathrm{d}x$;

(8) $\dfrac{1}{3}\left(\dfrac{1}{x}+\dfrac{1}{x+1}-\dfrac{1}{x+2}-1\right)\sqrt[3]{\dfrac{x(x+1)}{(x+2)\mathrm{e}^x}}\mathrm{d}x$.

3. $\dfrac{\mathrm{d}y}{\mathrm{d}x}=\dfrac{\psi'(t)\mathrm{d}t}{\varphi'(t)\mathrm{d}t}=\dfrac{\psi'(t)}{\varphi'(t)}$.

4. (1) $2x+C$; (2) $\dfrac{x^2}{2}+C$; (3) $2\arctan x+C$; (4) $\dfrac{(x+2)^2}{2}+C$; (5) $\dfrac{\sin 2x}{2}+C$;

(6) $\dfrac{\mathrm{e}^{2x}}{2}+C$; (7) $\ln|x|+C$; (8) $2\sqrt{x}+C$; (9) $\tan x+C$; (10) $\arcsin x+C$.

5. 0.7904. **6.** $0.1257(\mathrm{cm})^3$.

习 题 4.1

1. (A). **2.** (C). **3.** (1) 不满足; (2) 满足, $\xi=\sqrt{\dfrac{4-\pi}{\pi}}$.

4. 两个根,一个在$(-1,0)$内,另一个在$(0,2)$内. **5.** 提示:请参考本节例3的证明.

习 题 4.2

1. (1) (A); (2) (C); (3) (D); (4) (C); (5) (C); (6) (C); (7) (C); (8) (B).

2. (1) 2; (2) $\dfrac{2}{5}$; (3) 1; (4) 2; (5) $\dfrac{1}{2}$; (6) e; (7) 1; (8) 1;

(9) 0; (10) $\mathrm{e}^{-\frac{2}{\pi}}$; (11) ln3. (12) $\dfrac{1}{\mathrm{e}}$.

3. $k=\dfrac{1}{2}$. **4.** $a=0$.

习 题 4.3

1. (1) (A); (2) (B); (3) (C); (4) (C).

2. (1) 单调减少区间为$(-1,3)$,单调增加区间为$(-\infty,-1)$和$(3,+\infty)$;

(2) 单调减少区间为$\left(-\infty,-\dfrac{1}{2}\right)$,单调增加区间为$\left(-\dfrac{1}{2},+\infty\right)$;

(3) 单调减少区间为$\left(0,\dfrac{1}{\mathrm{e}}\right)$,单调增加区间为$\left(\dfrac{1}{\mathrm{e}},+\infty\right)$;

(4) 单调减少区间为$(-\infty,0)$和$(2,+\infty)$,单调增加区间为$(0,2)$.

4*. 提示:利用连续函数的零点存在定理以及函数的单调性.

习 题 4.4

1. (1) (A); (2) (C); (3) (B); (4) (D).

2. (1) 当 $x=3$ 时函数取得极小值 $y=-51$;当 $x=-1$ 时函数取得极大值 $y=13$.
(2) 当 $x=\mathrm{e}$ 时函数取得极大值 $y=1/\mathrm{e}$.
(3) 当 $x=-1$ 时函数取得极小值 $y=-1/2$;当 $x=1$ 时函数取得极大值 $1/2$.
(4) 当 $x=0$ 时函数取得极小值 $y=0$;当 $x=2$ 时函数取得极大值 $y=4\mathrm{e}^{-2}$.
(5) 当 $x=1$ 时函数取得极大值 $y=2$.
(6) 当 $x=-\frac{1}{2}\ln 2$ 时函数取得极小值 $y=2\sqrt{2}$.

3. 当 $a^2-3b<0$ 时，$f(x)$一定没有极值;当 $a^2-3b=0$ 时，$f(x)$可能有一个极值;当 $a^2-3b>0$ 时，$f(x)$可能有两个极值.

习　题　4.5

1. (1) 最大值 $y\big|_{x=4}=80$,最小值 $y(-1)=-5$;　(2) 最大值 $y\big|_{x=1}=\frac{1}{2}$;最小值 $y(0)=0$;
(3) 最大值 $y\big|_{x=\frac{\pi}{4}}=1$,最小值 $y(0)=0$;　(4) 最大值 $y\big|_{x=2}=\sqrt[3]{4}$,最小值 $y(-1)=-\sqrt[3]{2}$.

2. D 点应设计在离 A 点 30 km 处.　**3.** $\alpha=2\pi\sqrt{\frac{2}{3}}$.　**4.** $4\sqrt{\frac{6}{4+\pi}}$ m$\approx$3.6664 m.　**5.** $2ab$.

习　题　4.6

1. (1) (A);　(2) (C);　(3) (C);　(4) (B);　(5) (A).
2. (1) 凸区间$(-\infty,0)$;凹区间$(0,+\infty)$;拐点$(0,1)$.
(2) 凸区间$(0,\mathrm{e}^{\frac{3}{2}})$;凹区间$(\mathrm{e}^{\frac{3}{2}},+\infty)$;拐点$\left(\mathrm{e}^{\frac{3}{2}},\frac{3}{2}\mathrm{e}^{-\frac{3}{2}}\right)$.
(3) 凸区间$(-\infty,-1)$,$(1,+\infty)$;凹区间$(-1,1)$;拐点$(-1,\ln 2)$,$(1,\ln 2)$.
(4) 凸区间$(-\infty,2)$;凹区间$(2,+\infty)$;拐点$(2,2\mathrm{e}^{-2})$.
(5) 凸区间$(-1,1)$;凹区间$(-\infty,-1)$,$(1,+\infty)$;拐点$(-1,0)$,$(1,0)$.
3. $a=-1$,$b=3$.

习　题　5.1

1. (1) (D);　(2) (C);　(3) (D);　(4) (D);　(5) (C).　**2.** $\mathrm{e}^{-x}\frac{1}{2\sqrt{x}}$.

3. (1) $\frac{x^3}{3}+\frac{1}{x}+\frac{1}{3}x^{\frac{3}{2}}+C$;　(2) $x+\frac{2}{3}x^3+\frac{1}{5}x^5+C$;
(3) $\frac{2}{5}x^{\frac{5}{2}}-\frac{2}{3}x^{\frac{3}{2}}+\frac{1}{2}x^2-x+C$;　(4) $2x-\tan x+C$;
(5) $\frac{3^x}{\ln 3}-2\arcsin x+C$;　(6) $\frac{12^x}{\ln 12}+C$;
(7) $\frac{4}{7}x^{\frac{7}{4}}+4x^{-\frac{1}{4}}+C$;　(8) $x+\mathrm{e}^x+C$;　(9) $\mathrm{e}^x-\arctan x+C$;
(10) $-x-\cot x+C$;　(11) $x-\arctan x+C$;　(12) $\ln x+\arctan x+C$;
(13) $\frac{1}{2}(x+\sin x)+C$;　(14) $\tan x-\sec x+C$;　(15) $\sin x-\cos x+C$;
(16) $\tan x-\sec x+C$;　(17) $-\cot x-\tan x+C$.
4. $y=2\ln x+1$.

习　题　5.2

1. (1) $\frac{1}{3}$;　(2) $\frac{1}{6}$;　(3) $-\frac{1}{2}$;　(4) $\frac{1}{6}$;　(5) $-\frac{1}{3}$;　(6) -1;

(7) -2； (8) $-\frac{1}{4}$； (9) $\frac{1}{\sqrt{3}}$； (10) $\frac{1}{3}$； (11) $\frac{1}{2}$； (12) $\frac{1}{3}$.

2. (1) (B)； (2) (D)； (3) (A)； (4) $-\sin\frac{1}{x}+C$； (5) $\frac{1}{6}e^{2x^3}+C$；

(6) $\frac{1}{x}+C$； (7) $\frac{1}{4}f^2(x^2)+C$.

3. (1) $-\frac{1}{3}(1-2x)^{3/2}+C$； (2) $\frac{1}{2}\ln|3+2x|+C$；

(3) $\frac{1}{25}(5x+1)^5+C$； (4) $\frac{1}{3}e^{3x+2}+C$； (5) $\frac{1}{3}\ln|\csc(3x-1)-\cot(3x-1)|+C$；

(6) $-2\cos\sqrt{x}+C$； (7) $-e^{\frac{1}{x}}+C$； (8) $\arctan(e^x)+C$； (9) $\frac{1}{3}\ln^3 x+C$；

(10) $\arcsin\ln x+C$； (11) $-\frac{1}{2(x^2+1)}+C$； (12) $\frac{1}{4}\arctan\frac{1}{2}x^2+C$；

(13) $-\frac{1}{2}e^{-x^2}+C$； (14) $\frac{2}{3}(\ln x+1)^{\frac{3}{2}}+C$； (15) $\frac{1}{12}\ln\frac{3x-2}{3x+2}+C$；

(16) $\frac{1}{6}\arctan\frac{2}{3}x+C$； (17) $\frac{1}{3}\ln\frac{x-1}{x+2}+C$； (18) $\ln(x+x^2+2)+C$；

(19) $\arctan e^x+C$； (20) $\frac{1}{2}\arctan^2 x+C$； (21) $-\frac{1}{\arcsin x}+C$；

(22) $\frac{1}{2}\ln(x^2+x+1)+\frac{\sqrt{3}}{3}\arctan\frac{2x+1}{\sqrt{3}}+C$； (23) $\arcsin x-\sqrt{1-x^2}+C$；

(24) $\ln|\csc 2x-\cot 2x|+C$； (25) $\frac{1}{2}\arctan\left(\frac{\tan x}{2}\right)+C$； (26) $e^{e^x}+C$.

4. (1) $\frac{1}{2}x-\frac{1}{8}\sin 4x+C$； (2) $\frac{1}{3}\sin^3 x-\frac{1}{5}\sin^5 x+C$；

(3) $\frac{2}{\sqrt{\cos x}}+C$； (4) $\ln|\sin x|+C$； (5) $\frac{3}{2}(\sin x-\cos x)^{\frac{2}{3}}+C$；

(6) $\frac{3}{8}x-\frac{1}{4}\sin 2x+\frac{1}{32}\sin 4x+C$； (7) $-\frac{2}{3}\cos^3 x+C$；

(8) $\frac{1}{4}\sin 2x-\frac{1}{16}\sin 8x+C$； (9) $\ln(\cos x)+\frac{1}{2}\tan^2 x+C$；

(10) $\ln|\sin x|-\frac{1}{2}\sin^2 x+C$； (11) $\frac{1}{2}\sin x-\frac{1}{20}\sin 5x-\frac{1}{28}\sin 7x+C$；

(12) $\ln|x+\cos x|+C$； (13) $\frac{1}{2}\ln x+\frac{1}{4}\sin(2\ln x)+C$.

5. (1) $\sqrt{2x-1}-\ln(\sqrt{2x-1}+1)+C$； (2) $\ln x-\frac{1}{8}\ln(x^8+1)+C$；

(3) $\frac{1}{a^2}\frac{x}{\sqrt{a^2-x^2}}+C$； (4) $\frac{1}{a^2}\frac{x}{\sqrt{a^2+x^2}}+C$； (5) $-\frac{1}{a^2}\frac{x}{\sqrt{x^2-a^2}}+C$；

(6) $\frac{1}{2}a^2\arcsin\frac{x}{a}-\frac{1}{2}x\sqrt{a^2-x^2}+C$； (7) $\ln|x+\sqrt{x^2-a^2}|-\frac{\sqrt{x^2-a^2}}{x}+C$；

(8) $-\frac{1}{3a^2}\frac{(\sqrt{a^2+x^2})^3}{x^3}+C$； (9) $\frac{1}{a^2}\frac{\sqrt{x^2-a^2}}{x}+C$； (10) $-\frac{1}{a^2}\frac{\sqrt{a^2-x^2}}{x}+C$.

习 题 5.3

1. (1) $\cos x+x\sin x+C$； (2) $x(\ln x-1)+C$； (3) $x\arccos x-\sqrt{1-x^2}+C$；

(4) $-e^{-x}(1+x)+C$； (5) $\frac{1}{2}(x^2+1)\ln(x^2+1)-\frac{1}{2}(x^2+1)+C$；

(6) $\frac{1}{4}\sin 2x-\frac{1}{2}x\cos 2x+C$；　(7) $x\tan x+\ln\cos x-\frac{1}{2}x^2+C$；

(8) $-2e^{-\frac{1}{2}x}(2+x)+C$；　(9) $\frac{1}{4}(\arcsin x)(2x^2-1)+\frac{1}{4}x\sqrt{1-x^2}+C$；

(10) $x(\ln^2x-2\ln x+2)+C$；　(11) $\frac{1}{6}x^3+\frac{1}{8}(1-2x^2)\sin 2x-\frac{1}{4}x\cos 2x+C$；

(12) $-\frac{6}{x}-\frac{6}{x}\ln x-\frac{3}{x}\ln^2x-\frac{1}{x}\ln^3x+C$；　(13) $e^{-2x}\left(\frac{1}{5}\sin x-\frac{2}{5}\cos x\right)+C$；

(14) $x\ln(x+\sqrt{x^2+1})-\sqrt{x^2+1}+C$；

(15) $2e^{\sqrt{x}}(\sqrt{x}-1)+C$；　(16) $-2\sqrt{1-x}\arccos x-4\sqrt{1+x}+C$；

(17) $\frac{1}{8}(\sin 2x-2x\cos 2x)+C$；　(18) $-\frac{1}{2}x\csc^2x-\frac{1}{2}\cot x+C$.

2. (1) $xe^{-x}+C$；　(2) $-x^2e^{-x}+C$；　(3) $(x^2+x+1)e^{-x}+C$.

习　题　5.4

1. (1) 1；　(2) 3；　(3) 2；　(4) 1.

2. (1) 特解；　(2) 特解；　(3) 通解；　(4) 通解.

3. (1) $y=C(x+1)+1$；　(2) $y=e^{Cx}$；　(3) $y=\sin(\arcsin x+C)$；

(4) $\frac{1}{2}e^{2x}+e^{-y}=C$；　(5) $y=Ce^{-2\sqrt{1+x^2}}$；　(6) $(e^x+1)(e^y-1)=C$.

(5) $y=(2e^{x^2}+C)e^{-x^2}$；　(6) $y=\frac{1}{x}(-\cos x+C)$；　(7) $x=\frac{y^2}{6}+C\cdot\frac{1}{y}$.

4. (1) $y=\frac{4}{x^2}$；　(2) $y=\arccos\left(\frac{1}{\sqrt{2}\cos x}\right)$；　(3) $(1-x^2)(1+y^2)=2$.

5. $y=x^2+x$.

习　题　5.5

1. (1) $\frac{5}{2}$；　(2) π.　**2*.** $\frac{7}{3}$.　**3*.** $\int_0^1\frac{1}{1+x}dx$.

习　题　5.6

1. (1) (B)；　(2) (B)；　(3) (C)；　(4) (B).

2. (1) $\frac{\pi\sqrt{2}}{8}\leqslant\int_{\frac{\pi}{4}}^{\frac{\pi}{2}}\sin x\,dx\leqslant\frac{\pi}{4}$；　(2) $\frac{1}{e}\leqslant\int_0^1 e^{-x^2}dx\leqslant 1$；

(3) $\frac{2}{5}\leqslant\int_1^2\frac{x}{1+x^2}dx\leqslant\frac{1}{2}$；　(4) $\frac{\pi}{9}\leqslant\int_{\frac{1}{\sqrt{3}}}^{\sqrt{3}}x\arctan x\,dx\leqslant\frac{2\pi}{3}$.

3. (1) $\int_0^1 x\,dx>\int_0^1 x^2dx$；　(2) $\int_1^2 x^2dx<\int_1^2 x^3dx$；

(3) $\int_0^{\frac{\pi}{2}}x\,dx>\int_0^{\frac{\pi}{2}}\sin x\,dx$；　(4) $\int_0^1 x\,dx>\int_0^1\ln(1+x)dx$.

习　题　5.7

1. (1) (D)；　(2) (D)；　(3) (B)；　(4) (D)；　(5) (C)；　(6) (B).

2. (1) $e^{\tan x}\sec^2x$；　(2) $-(|\sin x|\sin x+|\cos x|\cos x)$；　(3) $dy=\frac{2xy}{\sqrt{1+y^2}-x^2}dx$；　(4) $\frac{dy}{dx}=-2t$.

3. (1) $\frac{1}{2}\pi$； (2) $\frac{1}{6}\pi$； (3) $\frac{ae-1}{\ln(ae)}$； (4) $\frac{1}{4}\pi-\frac{2}{3}$； (5) $\frac{\pi}{2}-1$； (6) $1-\frac{1}{4}\pi$；

(7) 4； (8) $\frac{5}{2}$； (9) $\frac{7}{3}$； (10) $\frac{4}{15}$； (11) $\frac{3}{2}$； (12) $2\ln2-\ln3$.

4. (1) -1； (2) 0. **5.** 提示：注意 $F'(x)=\frac{f(x)(x-a)-\int_0^x f(t)\mathrm{d}t}{(x-a)^2}=\frac{\int_0^x [f(x)-f(t)]\mathrm{d}t}{(x-a)^2}\geqslant 0$.

习 题 5.8

1. (1) (D)； (2) (A)； (3) (D)； (4) (B)； (5) (A).

2. (1) $\frac{5}{3}$； (2) $\frac{3}{2}\ln\frac{5}{2}$； (3) $\frac{22}{3}$； (4) $\frac{1}{2}$； (5) $2-\frac{\pi}{2}$； (6) $\sqrt{3}-\frac{\pi}{3}$；

(7) $\sqrt{2}-\frac{2}{3}\sqrt{3}$； (8) $\frac{\pi}{16}a^4$； (9) $\frac{1}{2}\ln\frac{e+1}{3(e-1)}$； (10) $\frac{4}{5}$.

3. (1) $-\frac{2}{\pi^2}$； (2) $\frac{1}{8}\pi\sqrt{2}-\frac{1}{2}\sqrt{2}+1$； (3) $\frac{1}{4}\pi-\frac{1}{2}$； (4) $10e^{\frac{1}{2}}-16$；

(5) $\ln2-\frac{1}{2}$； (6) $\frac{1}{4}-\frac{3}{4}e^{-2}$； (7) $\frac{\pi}{4}+\frac{1}{2}\ln2$； (8) $\frac{1}{2}(1+e^{-\pi})$；

(9) $2(1-e^{-1})$； (10) $1-\frac{\sqrt{3}}{6}\pi$； (11) e.

4. 极小值为 $f(0)=0$，拐点为$(1,1-2e^{-1})$.

5,6,7,8 题可用换元法证明，其中 **5,8** 题也可以利用变上限积分的可导性，结合证明可导函数恒等式的方法证明.

9. $\frac{2}{\pi}$.

10. (1) $\frac{1}{2}$； (2) 1； (3) π.

习 题 5.9

1. (1) $\frac{1}{6}$； (2) $\frac{32}{3}$； (3) $\frac{8}{3}$； (4) $\frac{16}{3}p^2$.

2. (1) $\frac{\pi}{2}$； (2) $\frac{13}{6}\pi$； (3) $V_x=\frac{38}{15}\pi$, $V_y=\frac{5}{6}\pi$.

3. (1) $\ln3-\frac{1}{2}$； (2) $8a$； (3) $\frac{y}{2p}\sqrt{p^2+y^2}+\frac{p}{2}\ln\frac{y+\sqrt{p^2+y^2}}{p}$.

4. $\frac{52}{3}$. **5.** $\frac{1}{600}$ J. **6.** $\frac{27}{7}kc^{\frac{2}{3}}a^{\frac{7}{3}}$(其中 k 为比例常数).

7*. $1875\times10^3\pi g$ (J)，其中 g 为重力加速度. 提示：$\mathrm{d}W=(\rho g\pi y^2\cdot\mathrm{d}x)x$,

$W=\int_0^{15}\rho g\pi\left(-\frac{2}{3}x+10\right)^2x\mathrm{d}x$，其中 $\rho=1000\ \mathrm{kg/m^3}$ 为水的密度.

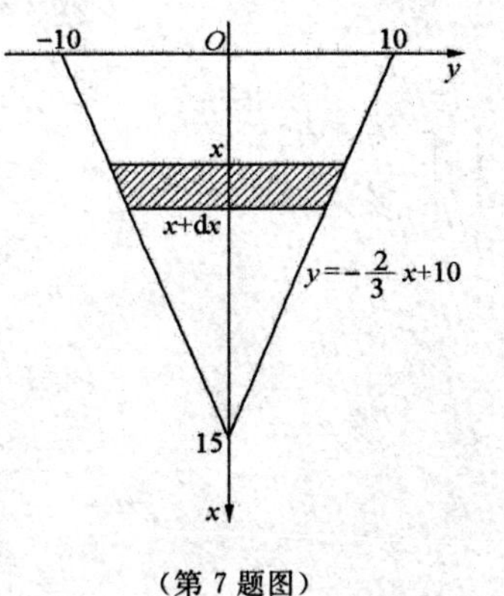

(第7题图)

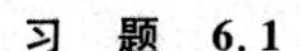

习 题 6.1

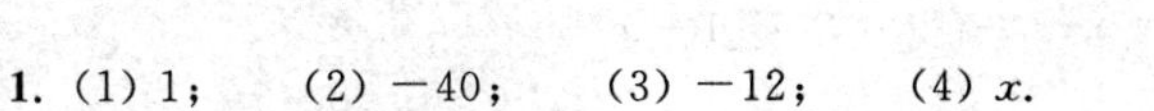

1. (1) 1； (2) -40； (3) -12； (4) x.

2. (1) $x_1=2, x_2=1, x_3=-1$； (2) $x_1=-2, x_2=3, x_3=7$. **3.** $\lambda\neq-2$, $\lambda\neq1$.

习 题 6.2

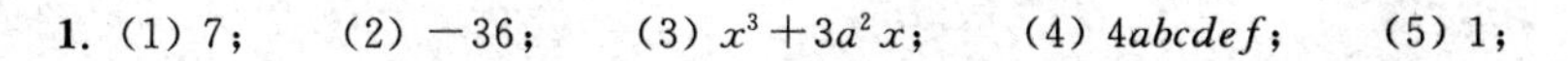

1. (1) 7； (2) -36； (3) x^3+3a^2x； (4) $4abcdef$； (5) 1；

(6) $(x-1)(x-2)$；　(7) $a_1a_2+a_1a_3+a_2a_3+a_1a_2a_3$；　(8) $(a-b)(b-c)(c-a)$.

2. 略.　**3.** 当 a,b,c 互不相等时有唯一解：$x_1=a$，$x_2=b$，$x_3=c$.

4. (1) $x=a,b$；　(2) $x=4$.　**5.** $P(x)=x^2-5x+3$.

习　题　6.3

1. (1) $x_1=-2x_3-1$，$x_2=x_3+2$；　(2) $x_1=2-2x_2$，$x_3=1$；

(3) $x_1=4$，$x_2=-\frac{2}{3}$，$x_3=\frac{2}{3}$；　(4) 无解.

(5) $\begin{cases} x_1=x_1, \\ x_2=x_2, \\ x_3=2x_1+x_2. \end{cases}$

习　题　6.4

1. $\begin{bmatrix} a_1b_1 & a_1b_2 & a_1b_3 \\ a_2b_1 & a_2b_2 & a_2b_3 \\ a_3b_1 & a_3b_2 & a_3b_3 \end{bmatrix}$，$a_1b_1+a_2b_2+a_3b_3$.

2. (1) $\begin{bmatrix} -7 & 6 \\ 1 & -8 \end{bmatrix}$，$\begin{bmatrix} 3 & -3 \\ 0 & -3 \end{bmatrix}$，$\begin{bmatrix} -2 & 0 \\ -5 & 3 \end{bmatrix}$；　(2) $\begin{bmatrix} 3 & -1 & 5 \\ -2 & 5 & 4 \\ -1 & 4 & 3 \end{bmatrix}$，$\begin{bmatrix} 2 & 2 & -2 \\ 2 & 0 & 0 \\ 4 & -4 & -2 \end{bmatrix}$，$\begin{bmatrix} 10 & 6 & 10 \\ 10 & 4 & 12 \\ 8 & 8 & 14 \end{bmatrix}$.

3. (1) $\begin{bmatrix} a+b & a \\ 0 & b \end{bmatrix}$；　(2) $\begin{bmatrix} a & b \\ 0 & a \end{bmatrix}$.　**4.** (1) $\begin{bmatrix} 4 & -4 \\ -12 & 8 \end{bmatrix}$；　(2) $\begin{bmatrix} 7 & 0 & 2 \\ 5 & 3 & 1 \\ -3 & 2 & 2 \end{bmatrix}$.

5. (1) $x^2+2y^2+z^2+2xy+3yz+zx$；　(2) $\begin{bmatrix} 1/2 & -1/2 \\ -1/2 & 1/2 \end{bmatrix}$；　(3) 32；　(4) 6.　**6.** $\begin{bmatrix} 4 & 0 & 2 & 2 \\ 2 & 2 & 0 & 2 \\ 2 & 2 & 2 & 0 \end{bmatrix}$.

7. 略.

习　题　6.5

1. $\begin{bmatrix} 5 & -2 \\ -2 & 1 \end{bmatrix}$.

后　　记

经全国高等教育自学考试指导委员会同意，由公共课课程指导委员会负责高等教育自学考试数学类教材的审定工作.

《高等数学（工专）》自学考试教材由南方科技大学吴纪桃教授、北京航空航天大学漆毅教授担任主编.

参加本教材审稿讨论会并提出修改意见的有中国地质大学（北京）数理学院陈兆斗教授、北京工商大学理学院杨益民教授. 全书由吴纪桃教授统编定稿.

编审人员付出了大量努力，在此一并表示感谢！

全国高等教育自学考试指导委员会
公共课课程指导委员会
2018 年 10 月